# 剑指Vue3
# 从入门到实践

尚硅谷教育◎编著

電子工業出版社
Publishing House of Electronics Industry
北京·BEIJING

## 内 容 简 介

本书基于 Vue3 讲解，共 10 章。第 1～4 章，一步步讲解如何搭建 Vue3 运行环境、Vue 核心语法、Vue3 新语法和组件化编程技术；第 5～8 章，深入讲解 Vue3 项目开发中必备的技术和插件库，包括 Vue 路由（VueRouter）、数据请求（axios）、状态管理（Vuex 和 Pinia）、UI 框架（Element Plus 和 Vant4）；第 9～10 章，主要讲解 TypeScript 的核心语法，以及 TypeScript 与 Vue3 相关技术的整合应用开发。

本书内容翔实，知识点覆盖全面且细致，既注重理论知识，又辅以大量初学者容易上手的代码案例，让读者可以轻松掌握 Vue3 应用开发的各种实用技巧，为实际应用开发打下良好的基础。

本书既可以作为已掌握前端基础技术的人员，以及 Vue2 或 Vue3 项目开发人员的参考书，也可以作为高等院校和培训学校相关专业的教材或教辅材料。



**图书在版编目（CIP）数据**

剑指 Vue3：从入门到实践 / 尚硅谷教育编著.
北京 ：电子工业出版社, 2024. 7. -- (程序员硬核技
术丛书). -- ISBN 978-7-121-48137-6

Ⅰ. TP393.092.2

中国国家版本馆 CIP 数据核字第 2024WG7255 号

责任编辑：李　冰
印　　刷：中煤（北京）印务有限公司
装　　订：中煤（北京）印务有限公司
出版发行：电子工业出版社
　　　　　北京市海淀区万寿路 173 信箱　　　邮编：100036
开　　本：850×1168　1/16　印张：20.5　字数：650 千字
版　　次：2024 年 7 月第 1 版
印　　次：2025 年 3 月第 2 次印刷
定　　价：90.00 元

凡所购买电子工业出版社图书有缺损问题，请向购买书店调换。若书店售缺，请与本社发行部联系，联系及邮购电话：（010）88254888，88258888。

质量投诉请发邮件至 zlts@phei.com.cn，盗版侵权举报请发邮件至 dbqq@phei.com.cn。

本书咨询联系方式：libing@phei.com.cn。

# 前言

当今的前端技术日新月异，而 Vue.js（以下简称为 Vue）作为一款快速、灵活且易于学习的 JavaScript 框架，已经成为众多开发者的首选。Vue 通过其直观的语法、响应式数据绑定和组件化开发的思想，使构建现代化的 Web 应用变得更加高效和灵活。

本书由具有多年前端开发与教学经验的一线讲师团队创作完成，反复打磨，精益求精，作为开发者及教育工作者，我们更懂初学者的痛。本书内容全面、讲解细致、通俗易懂、深入浅出，非常契合初学者，并且针对学习过程中容易出现的问题做了详尽剖析。在本书中，我们深入探索 Vue3 的各个方面，并通过丰富的案例，带领读者逐步掌握 Vue3 的开发技巧。无论是已经熟悉 Vue2 的开发者，还是初次接触 Vue 的初学者，本书都可以为其提供实用的指导与帮助。

本书共 10 章。第 1～4 章，一步步讲解如何搭建 Vue3 运行环境、Vue 核心语法、Vue3 新语法和组件化编程技术；第 5～8 章，深入讲解 Vue3 项目开发中必备的技术和插件库，包括 Vue 路由（VueRouter）、数据请求（axios）、状态管理（Vuex 和 Pinia）、UI 框架（Element Plus 和 Vant4）；第 9～10 章，主要讲解 TypeScript 的核心语法，以及 TypeScript 与 Vue3 相关技术的整合应用开发。

无论读者是想提升现有项目的技术水平，还是准备开发新的 Vue3 项目，笔者都希望本书成为读者的良师益友，旨在帮助读者成为一位合格的 Vue3 开发者，并运用所学知识构建出令人惊艳的 Web 应用程序。

本书采用单色印刷，无法显示彩色效果，请读者结合程序实际运行效果进行学习。

本书附赠了资料及视频教程，读者可以关注“尚硅谷教育”公众号（微信号：atguigu），回复“Vue3”关键字免费获取，也可以在哔哩哔哩网站中搜索尚硅谷官方账号，免费在线学习。

尚硅谷教育

## 关于我们

尚硅谷是一家专业的 IT 教育培训机构，现拥有北京、深圳、上海、武汉、西安、成都 6 处分校，开设“JavaEE”“HTML5 前端”“大数据”“嵌入式”等多门课程，累计发布视频教程两千多集，总计时长四千多小时，广受赞誉。通过面授课程、视频分享、在线学习、直播课堂、图书出版等多种方式，满足全国编程爱好者对多样化学习场景的需求。

尚硅谷一直坚持“技术为王”的发展理念，设有独立的研究院，与多家互联网大型企业的研发团队保持技术交流，保障教学内容始终基于研发一线，坚持聘用名校、名企的技术专家进行技术讲解。

希望通过我们的努力，帮助更多需要帮助的人，让天下没有难学的技术，为中国的软件人才培养尽一点绵薄之力。

# 目 录

# 第1章 Vue.js 概述

2016 年，一项针对 JavaScript 的调查结果显示：有一款框架拥有 89%的开发者满意度，在 GitHub 上它平均每天都能收获 95 颗星，成为 GitHub 上有史以来星标数第 3 名的项目，它就是 Vue.js（后文简称为 Vue）。Vue 是一款用于构建用户界面的渐进式 JavaScript 框架，它本身只关注视图层，不仅易于上手，还便于与第三方库或既有项目整合，同时能够驱动复杂的单页应用或多页应用。

本章作为前置知识出现，将带着读者认识 Vue，了解它的作用和发展历程、Vue3 的新特性，安装 Vue 开发者调试工具，创建并运行第 1 个 Vue 项目。

## 1.1 六何分析 Vue

了解一个事物简单且行之有效的方法就是 1932 年美国政治学家拉斯维尔提出的 5W 分析法，在那之后经过人们的不断运用和总结，逐步形成了一套成熟的“5W+1H”模式，这就是所谓的六何分析。它将从事件对象（What）、事件相关人员（Who）、事件发展历程（When）、事件应用场景（Where）、事件原因（Why），以及如何了解、应用与掌握该事件（How）6 个方面进行多角度、全方位的剖析。

本书将要讨论的主要内容是 Vue3，那么它到底是什么？它是由谁开发的？谁会使用它？诞生至今，它已经发展了多久？它可以被应用于哪些方面、哪些平台及哪些应用？面对激烈的市场竞争，与同类型产品相比，为什么要选择它？在解决了上述诸多问题后，再来考虑应该如何学习 Vue3。

### 1.1.1 Vue 是什么

在 Vue 官方网站的首页中，对 Vue 有一个概要性的定义：它是一款渐进式 JavaScript 框架，易学易用，性能出色，适用场景丰富。Vue 基于标准 HTML、CSS 和 JavaScript 构建，提供了一套声明式的、组件化的编程模型，可以帮助开发者高效地开发用户界面。无论是简单还是复杂的用户界面开发，Vue 都可以胜任。前面提到了一个新名词“渐进式”，它类似于迭代开发，Vue 只包含一些核心代码，可以让开发者搭建基本页面，如果开发者所开发项目的页面功能相对比较丰富，那么需要使用相关插件去完成搭建。

这里还提到了插件，所谓插件，就是一些功能代码模块。简单来说，它是用来给已经完成的功能代码额外添加功能的。Vue 官方插件有 Pinia、Vuex、VueRouter 等，而 Vue 第三方插件也是用来额外添加功能的，是非官方人员编写的插件，如 VueLazyload、VeeValidate、Element Plus 等。

其实，Vue 是以数据操作为核心的，动态显示页面，将工作内容主要控制在业务流程方向，这涉及声明式渲染、响应式等核心概念。其中，声明式渲染可以理解为，Vue 基于标准 HTML 拓展了一套模板语法，使得开发者可以声明式地描述最终输出的 HTML 和 JavaScript 状态之间的关系；响应式可以理解为，Vue 会自动跟踪 JavaScript 的状态变化，并在状态发生改变时响应式地更新 DOM。这两者的结合使得 HTML

和 JavaScript 之间建立了双向互动的界面显示与业务逻辑操作互动模式，让应用开发变得快捷、方便。

### 1.1.2 Vue 是由谁开发的

Vue 的主要作者是尤雨溪（Evan You），他主导并开发了 Vue 这一优秀的前端功能性框架。不过，随着前端技术体系复杂度的增加，以及业界生态的拓展，一个人去完成整个技术体系的延伸显然是不现实的，从精力、能力、时间等众多方面来说都不被现实允许。因此，Vue 在开源的基础上赢得了大量的参与者与跟随者，在 GitHub 中也可以看出相关人员有很多，这相当于一个团队，而且是一个由几十人甚至上百人组成的规模庞大的团队，也正是因为这样，Vue 的发展才能如此顺风顺水。GitHub 中的 Vue 如图 1-1 所示。

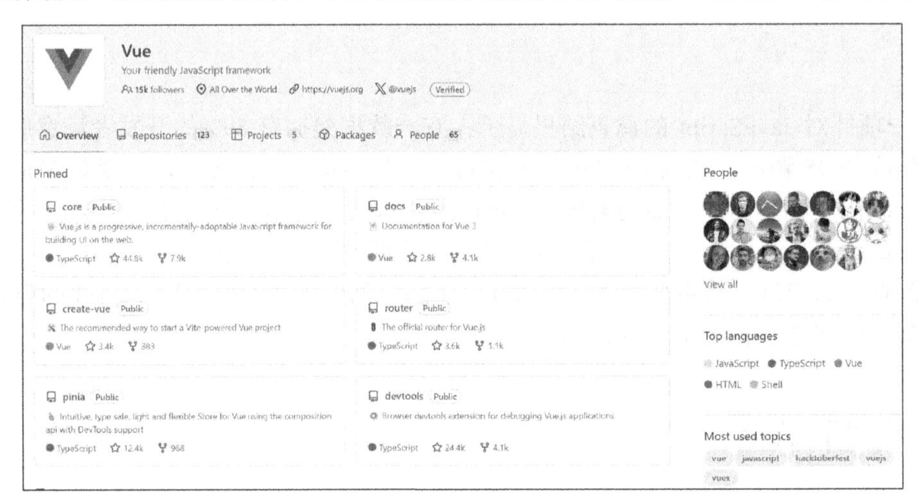


图 1-1　GitHub 中的 Vue

Vue 在国内中小型企业中是一款应用率非常高的技术框架，包括哔哩哔哩（B 站）、搜狐 H5 移动端、掘金等众多平台都使用了以 Vue 为技术核心的平台架构模式。对于规模比较小的企业与平台，他们更愿意选择以 Vue 为核心的技术路线，据统计，国内至少一半的企业与项目投入了 Vue 的怀抱。

### 1.1.3 Vue 的发展历程

为什么这么多的企业会选择 Vue 作为核心的技术体系呢？这是因为 Vue 的发展已经经历了互联网技术革新浪潮的肆虐，在起起伏伏的海浪中不断地完善与加强自身，最终到达了美丽的海岸。所以，Vue 的诞生与发展不是一蹴而就的，而是有坚实的基础与沉淀的，它的发展历程足以证明它是一款非常优秀的前端框架。细数 Vue 的发展历程就可以确认，它不再是孱弱的婴儿，而是已经成长为一个健硕的青年。

Vue 的发展历程如下。

- 2013 年，在 Google 工作的尤雨溪，受到 Angular 的启发，开发出了一款轻量级框架，其最初被命名为 Seed。
- 2013 年 12 月，Seed 被更名为 Vue，图标颜色是代表勃勃生机的绿色，版本号是 0.6.0。
- 2014 年 1 月 24 日，Vue 正式对外发布，版本号是 0.8.0。
- 2014 年 2 月 25 日，0.9.0 被发布，Vue 有了自己的代号，即 Animatrix，此后，重要的版本都会有自己的代号。
- 2015 年 6 月 13 日，0.12.0 被发布，代号为 Dragon Ball，Laravel 社区（一款流行的 PHP 框架的社区）首次使用 Vue。
- 2015 年 10 月 26 日，1.0.0 被发布，代号为 Evangelion，Evangelion 是 Vue 历史上的第 1 个里程碑。同年，VueRouter、Vuex、Vue CLI 相继被发布，标志着 Vue 从一个视图层库发展为一款渐进式框架。

- 2016 年 10 月 1 日，2.0.0 被发布，这是 Vue 第 2 个重要的里程碑，它吸收了 React 的虚拟 DOM 方案，还支持服务器端渲染。自从 2.0.0 被发布之后，Vue 就成了前端领域的热门话题。
- 2019 年 2 月 5 日，2.6.0 被发布，这是一个承前启后的版本，在它之后，将推出 3.0.0。
- 2020 年 9 月 18 日，3.0 被发布，代号为 One Piece。3.0 是 Vue 第 3 个重要的里程碑，3.0 相比 2.0 更快、更小、更易维护、更易于原生、让开发者更轻松。
- 2021 年 8 月 9 日，3.2 被发布，对 Vue 3.0 的 API 和性能进行了进一步优化。
- 2022 年 2 月 7 日，Vue 的默认版本切换到了 3.x。

在日益更新、快速迭代的互联网环境中，有多少项目能够坚持 10 年之久？大多数公司与项目在一两年中就已经走完一生，到达生命的终点，而 Vue 到目前为止发展了 10 年之久，足以说明它具有顽强的生命力与美好的发展趋势，因此学习与掌握它对于互联网前端人员来说成了一个必备技能。

值得一提的是，在 Vue 发展的过程中，历经了一次重要的蜕变，那就是 Vue3 的诞生。这次迭代不仅仅是版本上的更新，更重要的是底层实现的改变，在本书后续章节中将会进行详细讲解。

### 1.1.4 Vue 用在哪些项目的开发中

到底可以使用 Vue 进行什么样的项目开发呢？

随着互联网不同用户操作与入口模式的日益增多，应用对于技术体系不同入口模式的适应性要求也越来越高。现在除了众所周知的网站、微信公众号等，还有微信小程序、抖音、小红书、企业级应用程序、操作系统级桌面软件等流量入口。那么 Vue 技术体系是否能够适应这些流量入口的应用开发，就成了 Vue 是否能够得以大量应用与发展的关键。事实上，由于 Vue 架构的合理性与前瞻性，它的应用场景非常广泛，完全可以达到刚才所述的这些目标。而且，因为众多入口模式的新增，现在以 Vue 为核心的二次封装框架都可以实现一次编码多端适配的操作模式，像 uniapp 这样的框架就是 Vue 二次升级的产物。

### 1.1.5 为什么要选择 Vue

为什么有这么多企业与个人选择学习与使用 Vue 呢？很多人会觉得是民族情节，毕竟其作者尤雨溪是一名中国人，我们要支持民族产品。那么事实真是如此吗？或许在 Vue 初始诞生与推广的时候，曾有过这样的口碑与流量模式，但这绝不是它经久不衰的主要原因。国产框架有很多种，由大厂开发的国产项目更多，那么为什么要选择一款以个人为主导核心的技术框架呢？笔者想这应该是由 Vue 框架的内在优势决定的。

这里总结了 4 点 Vue 的优势，具体如下。

（1）入门相对简单：Vue 的官方文档非常契合新手的学习习惯与思维模式，它已经将 Vue 的核心概念与知识点都做了简明扼要的介绍与简单示例的演示。

（2）功能强大：在以 Vue 这一功能性框架为核心的生态环境中，逐步向外延伸出以 Vue 官方为代表的辅助插件，如 VueRouter、Vuex、Pinia 等。除此之外，还诞生了大量的 Vue 第三方插件，如 VueLazyload、VeeValidate、Element Plus 等。这些插件可以给 Vue 带来功能上的强大辅助支持。还有一些专业的 UI 框架，像 element-plus、antdv 等则简化了 Vue 项目开发时页面烦琐布局的控制。

（3）适应性强：其实 Vue 只是一个技术核心，它的强大适应性让其能够在 PC 网站、H5 移动端应用、微信公共号、微信小程序、独立 App、计算机桌面端应用等不同环境下发挥应用价值。而随着国内企业对于不同入口模式的全面需求，需要有一种技术体系能够满足全入口模式覆盖的需求。这样可以大幅度减少技术人员学习应用的成本，也可以在企业项目开发中减少技术人员的投入成本。

（4）市场需求：其实技术的发展也是市场供求关系博弈的结果，正是因为 Vue 抓住了用户的心理，提供了更好的服务，得到了国内中小型企业乃至一些大型企业的偏爱，所以才有了较好的应用场景。而反过来正是因为 Vue 得到了诸多企业的认可与需求，所以企业对于掌握 Vue 技术体系的技术人员的需求也在逐步扩大。

### 1.1.6 如何学习 Vue

对于任何内容的掌握一定要注意学习的方法，方法不需要有很多种，也不需要很复杂，只要适合自己就可以。本书在学习前期选择使用六何分析来分析问题，这其实也是一种帮助读者快速理解与掌握所学内容的方法。

如果读者在学习之前已经对其他技术有所了解和掌握，那么可以将 Vue 的内容与之进行对比，结合之前掌握内容的学习思路进行双轨模式的延伸学习。如果准备从 0 开始学习 Vue，则可以按部就班，逐步了解与掌握 Vue 的关键知识点。

## 1.2 Vue3 的新特性

尤雨溪在 2020 年 9 月 18 日发布 Vue3 后，其相较于 Vue2 推出了很多新的功能与特性，并且历经了 2～3 年的稳定与完善，Vue3 已经逐步成了 Vue 技术体系的新主流。值得一提的是，自 2022 年 2 月 7 日起，Vue3 已经成为项目开发的默认安装版本。

Vue2 是以 JavaScript 为开发基础的，而 Vue3 是从 0 开始重构的，将开发基础切换为 TypeScript，不仅可以满足中小型项目的开发，还更适合中大型项目的构建，而且 Vue3 为开发人员带来了许多新功能和新变化，所有这些都旨在帮助开发者更好地开发项目和提高框架的整体稳定性、速度和可维护性。

Vue3 借鉴了其他框架和库的功能与优势，迸发出了自己的创新灵感，成功实现了 API 的高度抽象，这样做的目的是使 Vue3 能够适应更多的应用场景，满足更多的开发群体。现在除前端开发人员以外，后端开发人员也能够快速适应并掌握与应用它了。

那么 Vue3 具体有哪些显著的改进呢？它又添加了哪些新的功能与特性呢？这里抽取一些具有代表性的特性，进行简单罗列与说明。

### 1.2.1 内在核心的变化

Vue3 并不是简单的版本与功能升级，而是进行了新版本的重构，它不仅采用了浏览器中的一些新特性，像 Proxy 与 Reflect 等，还选择了更适合团队项目开发的 TypeScript 作为基础，更是将数据响应式的实现从 defineProperty 更替为了 Proxy。Vue 的技术团队预测到 TypeScript 在未来的企业与项目中将有大的发展，因此果断采用这一新程序语言，将弱类型程序语言开发转向强类型程序语言开发。

在 Vue2 时代，想在项目中集成与应用 TypeScript 并不是一件容易的事，需要额外安装像 vue-property-decorator 这种第三方辅助插件，在类型约束与代码提示结合应用时，还不能够实现完美契合。而 Vue3 默认已经实现 TypeScript 的完美支撑，开发人员可以利用该开发工具实现强大的语法提示，以及全方位的类型约束，这并不需要第三方的辅助，一切都已内置，从而进行更好的维护与更高效的开发。

虽然 Vue3 的内在核心发生了翻天覆地的变化，但是其外表并没有改变很多，这也能让原来 Vue 的开发人员无缝衔接。也就是说，Vue3 对于 Vue2 的功能与语法结构绝大多数是支持的，只是在 Vue2 的语法结构上再次升级，提供了新的语法结构与功能特性而已。这就让原来的 Vue 开发人员可以快速学习并且很容易地接纳版本升级后的 Vuc，甚至 Vue3 不强制要求开发人员使用 TypeScript，开发人员依然可以使用 JavaScript 进行项目的开发，从而提高项目的性能与开发效率。

### 1.2.2 渲染引擎的改进

Vue3 底层的渲染引擎就被做了改进，并且采用新的虚拟 DOM 算法。渲染方法默认被框架引擎暴露，可以通过函数的引入方式进行调用执行，轻松替代原来旧的渲染引擎操作。而新引擎中的模板编译则是被重新打造的，其使用了更为高效的缓存技术管理与操作渲染的元素内容。这种新的方式可以更好地控制虚拟 DOM 算法，并且可以利用属性计算的方式进行动态元素的生成处理。

## 1.2.3　新的内置组件

Vue3 添加了一些新的内置组件，开发人员可以利用它们来解决一些常见的问题，虽然这些组件的功能在 Vue2 中也同样可以实现，但一般是以第三方插件进行应用的，而 Vue3 核心团队已经将其添加到新版本的核心框架中。下面简单罗列一些新添加的内置组件。

### 1．Fragment

在 Vue2 中，单文件组件的模板中有且只能有一个根标签来包裹多个子标签，对于下面的代码，div 元素则不能省略，否则就会有多个根标签，但从页面显示效果来看，如果外层的 div 元素不包含自定义样式，那么 div 元素是没有存在的意义的，因此，Vue2 的限制导致组件的页面产生了一层标签嵌套。

```
<template>
  <div>
    <p>这是第 1 个元素</p>
    <Child>这是自定义组件</Child>
  </div>
</template>
```

Vue3 提供了 Fragment 组件来减少组件外层不必要的根标签，我们可以在组件的模板中使用 Fragment 组件标签来包裹多个子标签，而在组件最终生成的页面中是不包含 Fragment 组件标签的，示例代码如下。

```
<template>
  <Fragment>
    <p>这是第 1 个元素</p>
    <Child>这是自定义子组件</Child>
  </Fragment>
</template>
```

Vue3 提供了对应的简洁语法，可以使用<></>包裹多个子标签来简化代码，示例代码如下。

```
<template>
  <>
    <p>这是第 1 个元素</p>
    <Child>这是自定义子组件</Child>
  </>
</template>
```

在 Vue3 的组件中，还可以进一步简化代码，其允许用户在模板中直接编写多个根标签，示例代码如下。

```
<template>
  <p>这是第 1 个元素</p>
  <Child>这是自定义子组件</Child>
</template>
```

### 2．Teleport

Teleport 是瞬移组件，也称为传送门组件，顾名思义，它是一个可以使元素从一个组件转到另一个组件的组件。乍一看这个组件的功能似乎很奇怪，但它有很多的应用场景，如对话框、自定义菜单、警告提示、徽章，以及许多其他需要出现在特殊位置的自定义 UI 组件。假设现在页面中有两个元素，分别为 div 元素和 button 按钮元素，在当前页面中这两个元素是并列元素，代码如下。

```
<template>
  <div class="target-portal">div 元素</div>
  <button>按钮</button>
</template>
```

但如果想要将 button 按钮元素放置于 div 这一目标元素下，则可以直接利用 Teleport 组件，将 button 按钮元素内容瞬间移动至目标元素下。例如，设置 to 属性为“.target-portal”，那么 button 按钮元素就成了 div 元素的嵌套子元素，它们不再是并列关系，而是嵌套结构，代码结构如下。

```
<template>
  <div class="target-portal">div 元素</div>
  <Teleport to=".target-portal">
    <button>按钮</button>
  </Teleport>
</template>
```

#### 3. Suspense

当等待数据的时间比开发人员希望的时间要长时，应该如何显示为用户定制的加载器呢？在 Vue3 中无须自定义代码即可实现，只需要通过 Suspense 组件管理这一过程。该组件除了可以给定默认加载数据后的渲染视图，还可以设置加载数据时的应急视图。例如，在数据加载过程中，会先显示 fallback 中加载数据时的应急装置组件；在数据加载完毕后，再显示 default 中默认的渲染视图组件，代码结构如下。也就是说，在 Vue3 中，开发人员并不需要关心数据加载的状态，新的 Vue 组合式 API 将了解组件的当前状态，而且它能够区分组件是正在加载还是已准备好显示。

```
<template>
  <Suspense>
    <template #default>
      <!-- 默认加载数据后的渲染视图组件 -->
      <data-view />
    </template>
    <template #fallback>
      <!-- 加载数据时的应急装置组件 -->
      <loading-gears />
    </template>
  </Suspense>
</template>
```

### 1.2.4　API 的修改

为了让 Vue3 的开发更加简洁，开发人员在 Vue3 中进行了一些 API 的修改，其中一部分内容是中断式更新，另一部分内容则是添加。不过 Vue2 的对象化开发方式仍旧被相对完好地保留下来，因此 Vue2 的语法结构仍旧可以使用，这也是众多开发人员选择 Vue 而不是其他框架的原因。

Vue3 中的变化主要体现在 3 个方面，分别是新添加了一些语法，比如组合式 API（ref、reactive）、初始化应用 createApp 等；删除了一些 API，比如将过滤器替换为计算属性或者函数、事件总线相关 API $on 和$off 替换为第三方库 mitt 等；更新了一些 API，比如 v-for 和 v-of 的优先级、v-model 等。

接下来简单地介绍一些 Vue3 的变化，读者可以快速对它们有一个了解，后面章节会进行深入讲解。

#### 1. 组合式 API

组合式 API 是 Vue3 中最为重大的一个升级内容。它提供了一种全新的组件创建方式，使用最为优化的代码编写方式开发项目，而且在组合式 API 创建的组件中，也完美支持 TypeScript 类型检查。不仅如此，用户还可以将接口的可重复部分及其功能提取到可重用的代码段中，实现高度代码重用目标。仅此一项就可以使用户的应用程序在可维护性和灵活性方面走得更远。组合式 API 通常会与<script setup>搭配使用，其中，setup 属性是一个标识，用于告知 Vue 在编译时要进行的一些处理，让用户可以更简洁地使用组合式 API。

比如，<script setup>中的导入、顶层变量和函数都能够在模板中被直接使用。下面是使用组合式 API 与<script setup>创建的组件代码结构。

```
<script setup>
import { ref, onMounted } from 'vue'
// 响应式状态
const count = ref(0)
// 用来修改状态、触发更新的函数
function increment() {
  count.value++
}
// 生命周期钩子函数
onMounted(() => {
  console.log(`The initial count is ${count.value}.`)
})
</script>
<template>
  <button @click="increment">Count is: {{ count }}</button>
</template>
```

值得注意的是，Vue3 虽然提供了组合式 API 的新功能，但并不代表传统的选项式 API 被抛弃了，对于开发人员来说，两种方式的支持可以为其提供更多组件创建方式的选择。

### 2. filter 过滤器的摒弃

Vue2 中经常使用的 filter 过滤器功能，在 Vue3 中已经不再提供，而是利用一般方法进行数据的过滤筛选操作。

在 Vue2 中可以使用过滤器，代码如下。

```
{{ textString | filter }}
```

在 Vue3 中只需要定义一个方法来进行与上面对等的操作，代码如下。

```
{{ filter(textString) }}
```

### 3. bus 总线的移除

在 Vue2 中，通常会给当前的 Vue 实例添加一个属性，该属性的内容是一个全新的 Vue 实例对象，利用该实例对象的属性内容可实现任意组件之间的通信操作。正是因为 Vue2 有$on、$once、$emit、$off 等实例方法，所以利用订阅与发布模式的应用方式可以实现任何层次结构之间的消息订阅与事件发布操作。

但是随着业务内容的增多，众多组件之间都需要订阅-发布、发布-订阅，那么整个 bus 总线的代码结构将会变得非常混乱，甚至可能成为蜘蛛网状的结构，因此在 Vue3 中移除了这种操作模式。如果在 Vue3 的项目开发过程中，开发人员仍旧想使用订阅发布模式处理消息，那么官方推荐使用 mitt 这样的第三方插件进行支撑。

### 4. 不再有全局 Vue 实例的$mount 方法

在 Vue2 中，我们通常导入整个 Vue，并在挂载应用前给全局 Vue 添加插件、过滤器、混入、指令、组件、路由器和 Vuex 仓库等，最终对 Vue 实例进行挂载操作，代码如下。

```
import Vue from 'vue'
import Vuex from 'vuex'
import App from './App.vue'
Vue.use(Vuex)
const store = new Vuex.store({})
new Vue({
  store,
  render: (h) => h(App),
}).$mount('#app')
```

但在 Vue3 中，其挂载模式发生了改变，我们需要逐一使用插件、组件、路由器和 Vuex 仓库等内容，最终实现挂载操作，通常可以采用链式写法，代码如下。

```
import { createApp } from 'vue'
```

```
import { createStore } from 'vuex'
import App from './App.vue'
const store = createStore({})
createApp(App).use(store).mount('#app')
```

利用这种代码模式，开发人员可以在一个全局应用程序中创建不同的 Vue 应用，插件、组件、路由器与 Vuex 仓库等内容在各个 Vue 应用中都不会产生冲突。

#### 5. v-model

在 Vuc2 中，可以在子组件标签上用 v-model 来实现父子组件之间的双向通信，它的本质是“v-bind:value”与“v-on:input”的结合。这也就意味着一个子组件标签上只能有一个 v-model，如果想绑定其他属性和自定义事件的组合，就需要用.sync 修饰符来实现。在 Vue3 中去除了.sync 语法，将 v-model 语法设计为可以绑定任意属性和任意自定义事件的组合，这样在一个子组件标签上就可以使用多个 v-model 了。下面展示了 v-model 的 v-bind 与 v-on 的拆解代码。

```
<template>
  <input :value="value" @input="$emit('input', $event)" />
</template>
<script>
export default {
  props: {
    value: String,
  },
}
</script>
```

Vue3 将 v-model 的设计原理进行了改造，v-model 不再单纯是“v-bind:value”与“v-on:input”的结合，已经演化为“v-bind:modelValue”与“v-on:['update:modelValue']”的结合，直接绑定 modelValue 并且监听 update:modelValue 就可以实现 v-model 双向数据绑定的操作。因此，原来 Vue2 中 v-model 的绑定代码将转化成如下代码。

```
<template>
  <input :modelValue="modelValue"
  v-on:['update:modelValue']="$emit('update:modelValue', $event)" />
</template>
<script>
export default {
  props: {
    modelValue: String,
  },
}
</script>
```

为什么 Vue3 需要进行如此的改进与设计呢？因为 Vue2 中的 v-model 只能双向绑定一个数据，而 Vue3 直接改造成了 modelValue 与 update:modelValue 的形式，并且可以自定义其他动态属性和事件，所以可以进行多个值的拆解与绑定处理。比如，在一个组件中接收多个属性与事件的发射可以使用下方代码。

```
<script>
export default {
  props: {
    name: String,
    email: String,
  },
  methods: {
    updateUser(name, email) {
      this.$emit('update:name', name)
      this.$emit('update:email', email)
```

```
    },
  },
}
</script>
```

那么在组件调用的时候，则可以进行多次 v-model 的双向数据绑定处理。

```
<template>
  <custom-component v-model:name="name" v-model:email="email" />
</template>
```

如此一来还可以将原来 Vue2 中的.sync 操作模式进行移除处理。

### 6. 样式的强化

在 Vue2 中操作样式主要包括全局样式、局部作用域样式，以及具有穿透功能的深度样式，而在 Vue3 中，操作样式还增加了组件作用域样式中的深度作用域选择器、全局选择器、插槽选择器，以及样式模块化与动态样式绑定几个方面，让开发人员在进行页面操作与样式处理时，可以有更多选择。

# 1.3 Vue3 的运行环境

在了解了 Vue3 和其新特性后，本节开始尝试搭建其运行环境，以便我们快速进入 Vue 的开发流程。

## 1.3.1 运行环境搭建

那么 Vue3 的运行环境搭建主要包括几种方式呢？其包括两种方式，分别是页面直接引入 Vue 库和通过脚手架创建 Vue 项目。

### 1. 页面直接引入 Vue 库

页面直接引入 Vue 库是指在 HTML 网页中借助 script 标签直接通过 CDN（Content Delivery Network，内容分发网络）或者本地来引入并使用 Vue，这种方式并不涉及"构建步骤"，不过可以让用户以简洁的代码模式，快速了解 Vue3 的一些核心语法。

这里介绍 BootCDN，读者可自行查找其官方网站，首页如图 1-2 所示。

图 1-2 BootCDN 首页

新建一个 start.html 文件，在页面中直接引入 Vue 脚本资源。需要注意的是，引入的版本为 3.x.x，而且脚本资源为 vue.global.js 全局构建版本。首先在 body 标签中设置一个 id 为 app 的 div 元素，这是 Vue 最终挂载的 DOM 元素，并且标签体内的内容为插值表达式，将 Vue 中的响应式数据动态渲染到该表达式中。然后在 script 标签中解构 createApp 方法，调用该方法传递参数，设置 data 方法返回一个 message 的字符串信息。最后将方法运行的结果实现 mount 挂载，挂载目标就是之前设置的 div 元素。

start.html 文件代码如下。

```
<!DOCTYPE html>
<html lang="en">
  <head>
    <meta charset="UTF-8" />
    <title>Vue3 的运行环境搭建</title>
    <script src="https://cdn.bootcdn.net/ajax/libs/vue/3.2.40/vue.global.js"></script>
```

```
  </head>
  <body>
    <div id="app">{{ message }}</div>
    <script>
      const { createApp } = Vue

      createApp({
        data() {
          return {
            message: 'Hello Vue3!',
          }
        },
      }).mount('#app')
    </script>
  </body>
</html>
```

运行页面后，可以看到页面已经渲染并显示“Hello Vue3!”，这就表明 Vue3 的运行环境已经被成功搭建。

2. 通过脚手架创建 Vue 项目

因为直接引入 Vue 库只适用于部分场景，在进行中大型项目工程化管理时，操作起来并不方便，所以下面来讲解通过脚手架创建 Vue 项目的方式。脚手架工具也有多种，Vue 官方提供了 Vue CLI 和 Vite 两个完全不同的脚手架工具，其中，Vue CLI 在 Vue2 中就已经被使用，它创建的是基于 Webpack 打包的 Vue 项目；而 Vite 是 Vue 官方专门针对 Vue3 开发的一个全新的工具，它不再基于 Webpack 打包，而是在运行时打包，启动速度会提升很多。下面分别进行介绍。

（1）使用 Vue CLI 创建 Vue 项目。

首先确认已经安装 V16 及 V16 以上版本的 Node，再开始 Vue CLI 的模块安装。

在 cmd 终端中执行下方命令。

```
npm install -g @vue/cli
```

在安装完@vue/cli 后，就可以在 cmd 终端中利用命令行接口模式创建 Vue 项目了。值得一提的是，使用 Vue CLI 创建 Vue 项目的方式支持 Vue 的不同版本，只不过 Vue3 在 2022 年 2 月 7 日已经成为新的默认版本。

在 cmd 终端中执行下方命令。

```
vue create vue3-new-feature-start-webpack
```

此时会出现如下所示的选项提示，包括默认 Vue3 环境及创建 Vue2 的 Vue 项目类型。当然开发者还可以手动配置更多详细内容，可以利用键盘上的上下方向键进行选项切换。

```
? Please pick a preset: (Use arrow keys)
❯ Default ([Vue 3] babel, eslint)
Default ([Vue 2] babel, eslint)
Manually select features
```

如果选择了“Manually select features”选项，则后续会出现更多的参数配置项，包括是否支持 TypeScript、路由、Vuex 状态管理器、CSS 预编译样式、Linter 提示、Formatter 格式化、单元测试等。除了利用键盘上的上下方向键切换，还可以利用空格键选择，最终可以通过按 Enter 键确认。

```
? Please pick a preset: Manually select features
? Check the features needed for your project: (Press <space> to select, <a> to
toggle all, <i> to invert selection, and <enter> to proceed)
❯◉ Babel
◯ TypeScript
◯ Progressive Web App (PWA) Support
◯ Router
◯ Vuex
```

```
○ CSS Pre-processors
◉ Linter / Formatter
○ Unit Testing
○ E2E Testing
```

因为是手动配置，所以还需要明确操作的 Vue 目标版本是 3.x 还是 2.x 系列。

```
? Please pick a preset: Manually select features
? Check the features needed for your project: Babel, Linter? Choose a version of Vue.js
that you want to start the project with (Use arrow
keys)
❯ 3.x
2.x
```

如果项目中需要进行 Sass、Less、Stylus 等样式预编译，则开发者可以自行选择确认。

```
? Please pick a preset: Manually select features
? Check the features needed for your project: Babel, CSS Pre-processors, Linter? Choose a
version of Vue.js that you want to start the project with 3.x
? Pick a CSS pre-processor (PostCSS, Autoprefixer and CSS Modules are supported
by default): (Use arrow keys)
❯ Sass/SCSS (with dart-sass)
Less
Stylus
```

如果还选择了 Linter 及 Formatter，则可以考虑使用不同的 ESLint 提示方案，如 Standard（标准模式）、Airbnb（团队建议模式）或 Prettier（格式化提示模式）。

```
? Please pick a preset: Manually select features
? Check the features needed for your project: Babel, CSS Pre-processors, Linter? Choose a
version of Vue.js that you want to start the project with 3.x
? Pick a CSS pre-processor (PostCSS, Autoprefixer and CSS Modules are supported
by default): Less
? Pick a linter / formatter config: (Use arrow keys)
❯ ESLint with error prevention only
ESLint + Airbnb config
ESLint + Standard config
ESLint + Prettier
```

开发者可以确认 Lint 起效的时机（是在进行代码保存时起效，还是在 git 提交时起效）。

```
? Please pick a preset: Manually select features
? Check the features needed for your project: Babel, CSS Pre-processors, Linter? Choose a
version of Vue.js that you want to start the project with 3.x
? Pick a CSS pre-processor (PostCSS, Autoprefixer and CSS Modules are supported
by default): Less
? Pick a linter / formatter config: Prettier
? Pick additional lint features: (Press <space> to select, <a> to toggle all,
<i> to invert selection, and <enter> to proceed)
❯◉ Lint on save
○ Lint and fix on commit
```

并且可以明确项目的环境配置是放置于独立的配置文件中，还是统一设置在 package.json 配置文件中。

```
? Please pick a preset: Manually select features
? Check the features needed for your project: Babel, CSS Pre-processors, Linter? Choose a
version of Vue.js that you want to start the project with 3.x
? Pick a CSS pre-processor (PostCSS, Autoprefixer and CSS Modules are supported
by default): Less
? Pick a linter / formatter config: Prettier
? Pick additional lint features: Lint on save
? Where do you prefer placing config for Babel, ESLint, etc.? (Use arrow keys)
❯ In dedicated config files
In package.json
```

最终可以将当前的配置过程保存为一个项目创建的“预设方案”，从而在下次创建项目时可以方便地利用当前项目的配置规则立即创建。当然，开发者也可以不保存“预设方案”，直接创建项目。

```
? Please pick a preset: Manually select features
? Check the features needed for your project: Babel, CSS Pre-processors, Linter? Choose a
version of Vue.js that you want to start the project with 3.x
? Pick a CSS pre-processor (PostCSS, Autoprefixer and CSS Modules are supported
by default): Less
? Pick a linter / formatter config: Prettier
? Pick additional lint features: Lint on save
? Where do you prefer placing config for Babel, ESLint, etc.? In dedicated
config files
? Save this as a preset for future projects? (y/N)
```

图 1-3　文件结构（1）

在确认创建项目的所有选择后，按 Enter 键，项目会自动构建并安装所有项目的依赖内容。项目创建成功以后，在项目根目录下运行“yarn serve”命令即可运行项目，此时，文件结构如图 1-3 所示。

（2）使用 Vite 创建 Vue 项目。

使用 Vite 创建的 Vue 项目将使用基于 Vite 的构建设置，并允许开发者使用 Vue 的单文件组件（SFC）。使用 Vite 创建 Vue 项目主要分为两步。

第 1 步：在 cmd 终端中运行下方命令。

```
npm init vue@latest
```

第 2 步：上方命令将会安装并执行 create-vue。create-vue 是 Vue 官方提供的项目脚手架工具，在安装过程中可以看到一些可选功能提示，这里与使用 Vue CLI 创建 Vue 项目的提示内容类似，读者可对照上面进行参考，不再赘述，具体如下。

```
✔ Project name: … vue3-new-feature-start
✔ Add TypeScript? … No / Yes
✔ Add JSX Support? … No / Yes
✔ Add Vue Router for Single Page Application development? … No / Yes
✔ Add Pinia for state management? … No / Yes
✔ Add Vitest for Unit testing? … No / Yes
✔ Add Cypress for both Unit and End-to-End testing? … No / Yes
✔ Add ESLint for code quality? … No / Yes
✔ Add Prettier for code formatting? … No / Yes
```

如果不确定某个功能是否需要使用，则可以直接按 Enter 键，这代表开发者选择的是 No。当这些功能都被选择完成后，命令行中将会出现如下几行命令，帮助开发者安装依赖和启动服务器。

```
cd <your-project-name>
npm install
npm run dev
```

此时，文件结构如图 1-4 所示。

执行了上面的步骤后，会出现如图 1-5 所示的页面，这代表开发者已经运行起来第 1 个 Vue 项目。

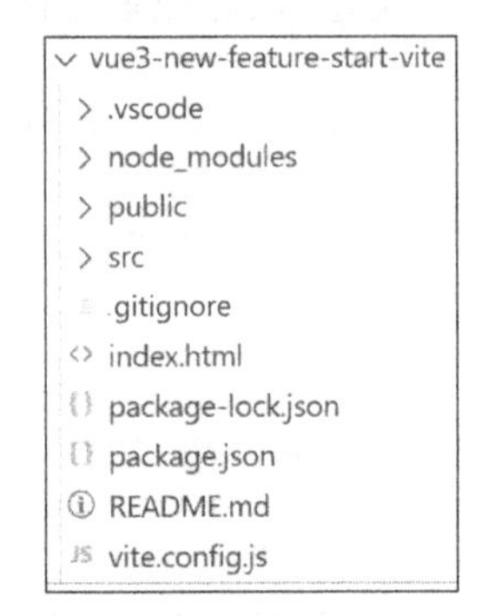


图 1-4　文件结构（2）

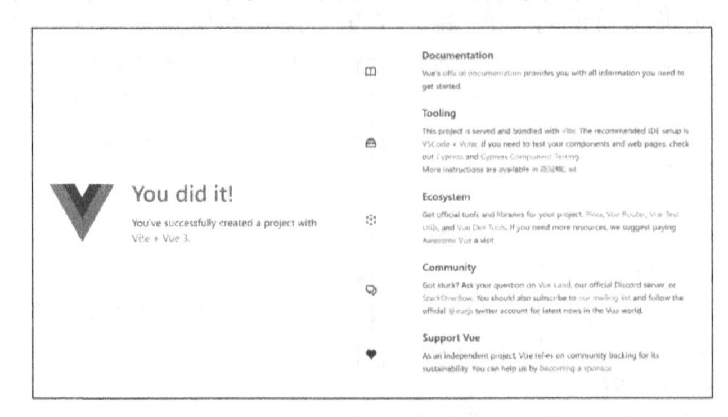


图 1-5　项目运行效果

## 1.3.2 Vue 开发者调试工具

vue-devtools 是基于 Google Chrome 浏览器的一个用于调试 Vue 应用的开发者浏览器扩展，可以在 Vue 开发者调试工具下调试代码。vue-devtools 可以向开发者实时显示页面的组件构成，以及每个组件内的数据状态，能极大地帮助开发者提高程序的调试效率。本节将介绍如何安装 Vue 开发者调试工具 vue-devtools。

vue-devtools 的安装方式有 3 种：第 1 种是在 Chrome 应用商店中安装；第 2 种是在国内插件网站中下载插件后安装；第 3 种是下载源码后安装。本节讲解第 3 种安装方式，这也是笔者推荐的安装方式（官方商店不能直接访问，国内网站后期可能无法访问），安装步骤如下所示。

（1）到 GitHub 上下载源码，也可以在 GitHub 首页中搜索 vue-devtools，vue-devtools 页面如图 1-6 所示。

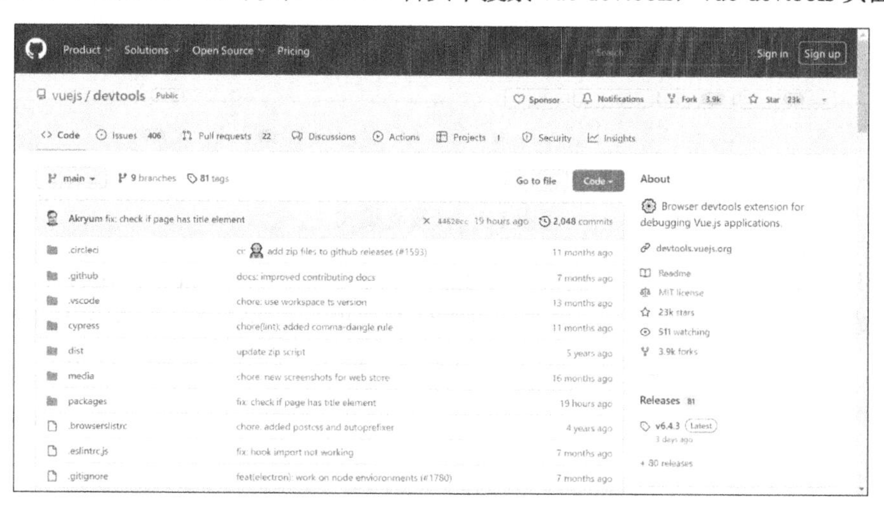


图 1-6 GitHub 中的 vue-devtools 页面

（2）下载压缩包，如图 1-7 所示。

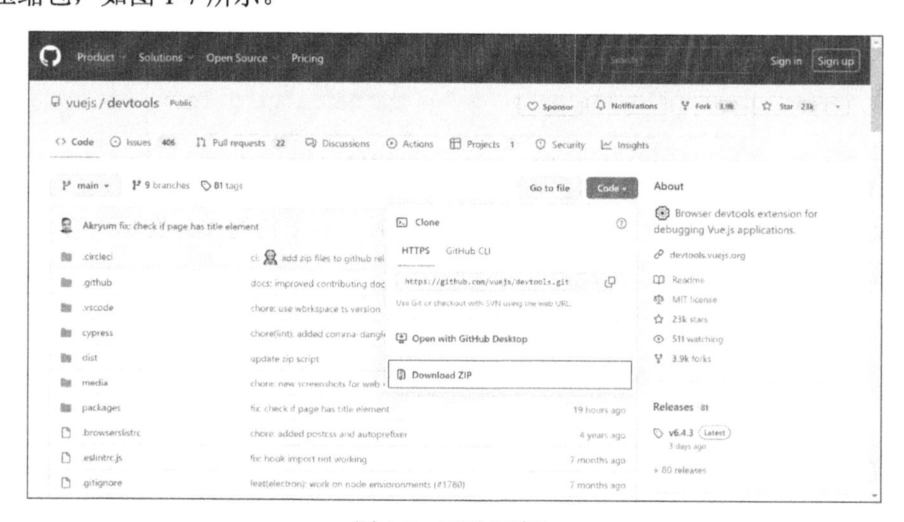


图 1-7 下载压缩包

（3）解压缩后进入命令提示符窗口，输入命令 npm install，下载第三方依赖并安装。

（4）安装完毕后，输入命令 npm run build，编译源程序。

（5）打开 Google Chrome 浏览器，点击浏览器地址栏右上角的 ⋮ 图标，在弹出的下拉列表中选择“更多工具”→“扩展程序”选项，如图 1-8 所示。

（6）执行完上面的步骤后，确保“开发者模式”处于打开状态，如图 1-9 所示。

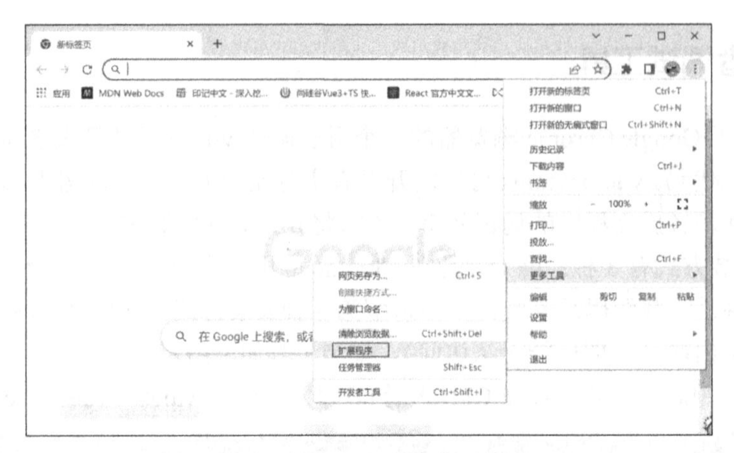


图 1-8　选择“扩展程序”选项

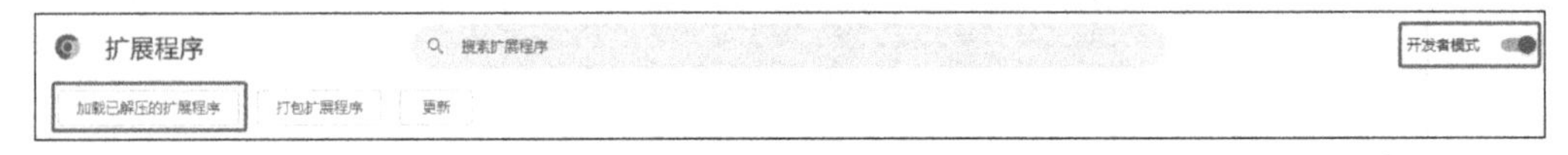


图 1-9　开发者模式

（7）点击“加载已解压的扩展程序”链接，此时会弹出选择框，选择 vue-devtools 下的“shells\chrome”。

（8）配置完成后，在 Google Chrome 浏览器右上角会出现 Vue 的图标，如图 1-10 所示。

图 1-10　Vue 的图标

值得一提的是，当通过浏览器浏览使用 Vue 写的项目时，右上角的 Vue 图标就会变亮。

# 第2章

# 核心语法

Vue 凭借其简单、易用、高效等优点，自问世以来广受关注。本章内容包括模板语法、计算属性、监听、绑定动态样式、条件渲染指令、列表渲染指令、事件处理、收集表单数据、Vue 实例的生命周期、过渡与动画、内置指令。这些内容在实际开发中经常被使用，是不可或缺的知识点。本章结合知识点与实际开发案例进行演示和讲解，使得读者可以快速掌握 Vue 中的核心语法。

在第 1 章中提过，当前 Vue 语法分为选项式 API（Options API）和组合式 API（Composition API）两种，本章采用选项式 API 的方式进行讲解。

## 2.1 模板语法

随着前端交互复杂度的不断提升，各种字符拼接、循环遍历、DOM 节点的操作也变得复杂多样。当数据量大、交互频繁时，无论是从用户体验还是性能优化上，都会面临前端渲染的问题。

Vue 使用了一种基于 HTML 的模板语法，使用户能够声明式地将应用或组件实例的数据绑定到呈现的 DOM 上。模板中除了 HTML 的结构，还包含两个 Vue 模板的特有语法：插值和指令。插值语法只有一个功能，就是向标签体中插入一个动态的值。指令语法用来操作其所在的标签，比如指定动态属性值、绑定事件监听、控制显示隐藏等。

在底层机制中，Vue 会将模板编译成高度优化的 JavaScript 代码。结合响应式系统，当应用状态数据变更时，Vue 能够自动更新需要变化的 DOM 节点，并做到最小化更新。

### 2.1.1 插值语法

前面我们提过，插值语法用来向标签体中插入一个动态的值。插值语法的结构很固定，用双大括号包含一个 JavaScript 表达式，即{{JavaScript 表达式}}。值得一提的是，插值语法只可以作为一个标签的标签体文本或者标签体文本的一部分，不能作为标签的一个属性值。双大括号中可以包含任意 JavaScript 表达式，可以是一个常量、一个变量，或一个变量对象的方法调用，甚至可以是一个三目表达式。

但需要注意的是，模板中的变量读取数据的来源都是配置指定的 data 对象。后续还会讲解其他的数据来源，在这里读者暂时只需要理解为 data 对象。

来看一个简单的 Vue 使用实例，同时读者可以思考下方代码的运行效果。

```
<div id="app">
    <p>{{123}}</p>
    <p>{{msg}}</p>
    <p>{{msg.toUpperCase()}}</p>
    <p>{{score<60 ? '入学测试未通过, 暂时不可以来尚硅谷学习' : '入学测试通过，欢迎来尚硅谷学习'}}</p>
```

```
</div>

<script src="https://cdn.bootcdn.net/ajax/libs/vue/3.2.31/vue.global.min.js"></script>
<script>
const {createApp} = Vue

createApp({
  data () {
    return {
      msg: 'Welcome to Atguigu',
      score: 59
    }
  }
}).mount('#app')
</script>
```

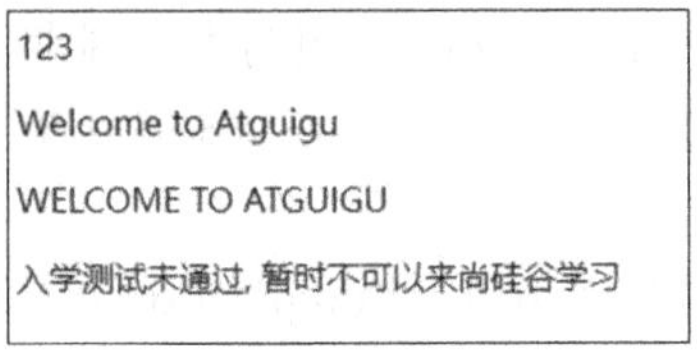

上面的代码使用插值语法分别包含了常量“123”、变量“msg”、变量对象的方法调用“msg.toUpperCase()”，以及三目表达式“score<60 ? '入学测试未通过，暂时不可以来尚硅谷学习' : '入学测试通过，欢迎来尚硅谷学习'”。前面我们说过，模板中的所有变量读取的都是 data 对象中的数据，除常量“123”不需要读取数据以外，后三者都会读取 data 对象中对应的数据。因此，页面效果如图 2-1 所示。

123
Welcome to Atguigu
WELCOME TO ATGUIGU
入学测试未通过，暂时不可以来尚硅谷学习

图 2-1　页面效果

## 2.1.2　指令语法

指令（Directive）是带有“v-”前缀的 Vue 自定义标签属性，其属性值一般是一个 JavaScript 表达式。Vue 中包含了一些不同功能的指令，比如 v-bind 用来给标签指定动态属性值，v-on 用来给标签绑定事件监听，v-if 和 v-show 用来控制标签是否显示。但需要注意的是，不管是什么功能的指令，它们操作的目标都是指令属性所在的标签。

下面以 v-bind 与 v-on 为例来演示指令语法的使用，同时读者可以思考下方代码的运行效果。

这里先将这两个指令的语法进行展示，以便于读者后续的理解。

- v-bind:属性名="JavaScript 表达式"。
- v-on:事件名="方法名表达式"。

代码如下所示。

```
<div id="app">
  <a v-bind:href="url">去学习 IT 技术</a>
  <br>
  <button v-on:click="confirm">确认一下</button>
</div>

<script src="https://cdn.bootcdn.net/ajax/libs/vue/3.2.31/vue.global.min.js"></script>
<script>
const {createApp} = Vue

createApp({
  data () {
    return {
      url: 'http://www.atguigu.com',
    }
  },
```

```
    // methods 中配置的方法，在模板中可以直接调用
    methods: {
      confirm () {
        if (window.confirm('确定要来学习吗? ')) {
          window.location.href = 'http://www.atguigu.com'
        }
      }
    }
  }).mount('#app')
</script>
```

上面这段代码使用 v-bind 为 a 标签指定了动态属性值 url，此时 a 标签的 href 属性值就是 data 对象中定义的 url 值，如图 2-2 所示；使用 v-on 为 button 标签绑定事件监听并指定回调 confirm 函数，当点击按钮时触发该函数执行对应操作。通过控制台查看该效果，如图 2-3 和图 2-4 所示。

图 2-2 a 标签的 href 属性值

图 2-3 弹出对话框

图 2-4 点击“确定”按钮后跳转至尚硅谷官方网站

其实 Vue 允许将“v-bind:属性名”简化为“:属性名”，“v-on:事件名”简化为“@事件名”的形式，并且在实际项目开发中，前端工程师基本上会使用简化的语法进行开发。

例如，可以将上面的相关代码简化为下面的代码。

```
<div id="app">
  <a :href="url">去学习 IT 技术</a>
  <br>
  <button @click="confirm">确认一下</button>
</div>
```

### 2.1.3 data 和 methods 配置项

在通过 createApp 创建应用对象时，需要为其指定一个配置对象，这个配置对象中有两个基本的配置项，分别是 data 和 methods。下面我们就对这两个配置项进行具体讲解。

首先来讲解 data 配置项。它的值必须是函数，且返回一个包含 *n* 个可变属性的对象，我们一般称此对象为 data 对象。此对象中的属性，我们常称为 data 属性。在模板中可以读取任意 data 属性进行动态显示。

然后来讲解 methods 配置项。它是一个包含 *n* 个方法的对象。在方法中用户可以通过 this.xxx 来读取或更新 data 对象中对应的属性。当更新了对应的 data 属性后，页面会自动更新。

有一点需要特别说明，data 函数和 method 方法中的 this，本质上是一个代理（Proxy）对象。它代理了 data 对象中所有属性的读/写操作。也就是说，用户可以通过 this 来读取或更新 data 对象中的属性。在 methods 对象中定义的所有方法最终也会被添加到代理对象中，同理，也可以在方法中通过 this 来更新 data 属性，从而触发页面自动更新。至于模板中的表达式读取变量或函数，本质上也都是从代理对象上查找的。

下面通过一段代码对 data 函数和 methods 对象进行具体演示，这里建议读者也对下方代码的运行效果进行思考。

```
<div id="app">
  <h2>count: {{count}}</h2>
  <button @click="updateCount">更新</button>
</div>

<script src="https://cdn.bootcdn.net/ajax/libs/vue/3.2.31/vue.global.min.js"></script>
<script>
const {createApp} = Vue

const app = createApp({
  // data 函数返回 data 对象，data 对象中的所有属性在代理对象上都会有对应名称的属性
  data () {
    console.log(this)
    return {
      count: 0
    }
  },

  // methods 中的所有方法，都会成为代理对象的方法
  methods: {
    updateCount () {
      this.count += 1
    }
  }
})
// console.log(app)

const vm = app.mount('#app')
// 通过代理对象 vm 读取定义在 data 对象中的 count 属性
console.log(vm.count)

// 2 秒后通过代理对象 vm 直接更新 data 对象中的 count 属性值，页面会自动更新
setTimeout(() => {
  vm.count += 2
}, 2000)

// 4 秒后通过代理对象 vm 调用 methods 中定义的方法来更新 count 属性值，页面会自动更新
setTimeout(() => {
  vm.updateCount()
}, 4000)
</script>
```

运行代码，初始页面效果如图 2-5 所示，2 秒后界面上的 count 属性值从 0 更新显示为 2，4 秒后更新显示为 3。

在上面的代码中，我们设置了 2 个定时器，分别在 2 秒和 4 秒后调用，2 秒后将 data 对象中的 count 属性值进行更新（增加 2），4 秒后调用 vm 的方法更新 count 属性值（增加 3）。这部分内容比较简单，不再对其做详细讲解。

图 2-5　初始页面效果

值得一提的是，上面的代码在 data 函数中输出了 this 来验证前面提到的“data 对象中的所有属性都在代理对象上”和“methods 对象中的方法会成为代理对象的方法”，具体来看控制台输出的结果，如图 2-6 所示。

```
▼ Proxy {updateCount: f, …}
  ▶ [[Handler]]: Object
  ▼ [[Target]]: Object
      count: (…)
    ▶ updateCount: f ()
      $: (…)
      $attrs: (…)
      $data: (…)
      $el: (…)
      $emit: (…)
      $forceUpdate: (…)
      $nextTick: (…)
      $options: (…)
      $parent: (…)
      $props: (…)
      $refs: (…)
      $root: (…)
      $slots: (…)
      $watch: (…)
      _: (…)
      __v_skip: true
    ▶ get count: ()=>P[F]
    ▶ set count: ()=>{}
    ▶ get $: ()=>Oi[e](t)
    ▶ set $: ()=>{}
    ▶ get $attrs: ()=>Oi[e](t)
    ▶ set $attrs: ()=>{}
    ▶ get $data: ()=>Oi[e](t)
    ▶ set $data: ()=>{}
    ▶ get $el: ()=>Oi[e](t)
    ▶ set $el: ()=>{}
    ▶ get $emit: ()=>Oi[e](t)
    ▶ set $emit: ()=>{}
    ▶ get $forceUpdate: ()=>Oi[e](t)
    ▶ set $forceUpdate: ()=>{}
    ▶ get $nextTick: ()=>Oi[e](t)
    ▶ set $nextTick: ()=>{}
    ▶ get $options: ()=>Oi[e](t)
```

图 2-6　data 函数中输出的代理对象

这里只对控制台输出的部分结果进行截取，在其中我们可以清晰地看到，代理对象中确实有 data 对象中的属性 count 和 methods 对象中的方法 updateCount（具体见图 2-6 中的矩形框）。这也充分验证了我们之前的说法。

## 2.2　计算属性

2.1 节详细讲解了模板的基本语法，我们可以发现在模板中使用表达式是非常便利的，但是表达式更适用于简单运算，如果使用表达式来处理复杂的逻辑，则会让模板变得非常臃肿且难以维护。Vue 为了帮助用户处理复杂的逻辑，提供了计算属性和监听，本节将会对计算属性进行讲解。

### 2.2.1　计算属性的基本使用

在 2.1.1 节的案例中，通过三目表达式动态判断 data 中 score 的值，从而决定显示的文本。这个动态判断的过程可以称为计算。这里将 2.1.1 节中三目表达式的模板编码单列出来，并对其进行分析。

```
<p>{{score<60 ? '入学测试未通过， 暂时不可以来尚硅谷学习' : '入学测试通过，欢迎来尚硅谷学习'}}</p>
```

上面的模板看起来有些复杂，可读性较差。而对于这段代码来说，更重要的是，如果页面中有多处需要同样的计算，这个计算的模板就需要重复编写多遍。

为了解决这一问题，Vue 框架专门设计了一个重要语法：计算属性。当模板显示的某个数据需要通过已有数据进行一定的逻辑计算才能确定时，就可以选择用计算属性语法来实现。先来看利用计算属性语法重构后的代码，具体如下。

```
<div id="app">
  <!-- 读取 data 数据显示 -->
  <h2>测评得分: {{score}}</h2>
  <!-- 读取计算属性数据显示 -->
  <h3>测评结果: {{resultText}}</h3>
</div>

<script src="https://cdn.bootcdn.net/ajax/libs/vue/3.2.31/vue.global.min.js"></script>
<script>
const {createApp} = Vue

createApp({
  data () {
    return {
      score: 59
```

```
    }
  },

  // 所有计算属性都被定义在 computed 配置对象中
  computed: {
    // 一个函数类型的计算属性，返回计算的结果
    resultText () {
      console.log('computed resultText()')
      // 根据 score 进行计算，产生模板需要显示的结果
      const result = this.score<60 ? '入学测试未通过， 暂时不可以来尚硅谷学习'
                   : '入学测试通过，欢迎来尚硅谷学习'
      // 返回结果数据
      return result
    }
  },
}).mount('#app')
</script>
```

对比 2.1.1 节中的代码，可以明显地看出，在重构的代码中多出一个配置对象 computed。实际上这就是 Vue 中计算属性定义的位置，整个代理对象需要的计算属性都需要定义在 computed 配置对象中。

我们结合上面这段代码来分析，“测评得分”的数据就是在读取 data 数据，这并没有什么特别的，我们不对其多做讲解。“测评结果”需要根据“测评得分”来显示对应的结果，该结果需要根据 score 的数据来决定，这满足了计算属性的条件，因此使用了计算属性来实现。这里在 computed 配置对象中定义了名称为 resultText 的计算属性，它本质上就是一个函数，内部可以根据已有的 data 数据进行计算，产生要显示的结果数据并返回它。需要注意的是，计算属性函数中的 this 就是当前组件对象，通过它可以直接访问 data 中的数据。在模板中可以读取计算属性函数 resultText，当初始化显示时，系统会自动调用这个计算属性函数得到返回值并显示到页面上。

此时，data 中 score 的值为 59，因此返回的“测评结果”为“入学测试未通过，暂时不可以来尚硅谷学习”。页面效果如图 2-7 所示。

**测评得分: 59**

**测评结果: 入学测试未通过, 暂时不可以来尚硅谷学习**

图 2-7　页面效果

如果更新了计算属性依赖的数据会怎么样呢？

比如我们更新了 data 中的 score，那么计算属性函数 resultText 会重新执行计算并返回新的结果值，对应的页面元素会自动更新。下面通过代码对其进行测试。

```
<div id="app">
    <!-- 读取 data 数据显示 -->
    <h2>测评得分: {{score}}</h2>
    <!-- 读取计算属性数据显示 -->
    <h3>测评结果: {{resultText}}</h3>
    <button @click="reExam">学习一段时间后重新测评</button>
</div>

<script src="https://cdn.bootcdn.net/ajax/libs/vue/3.2.31/vue.global.min.js"></script>
<script>
const {createApp} = Vue

createApp({
  data () {
    return {
      score: 59
    }
  },
```

```
  computed: {
    resultText () {
      console.log('computed resultText()')
      const result = this.score<60 ? '入学测试未通过， 暂时不可以来尚硅谷学习'
                : '入学测试通过，欢迎来尚硅谷学习'
      return result
    }
  },

  methods: {
    // 更新 data 中的 score
    reExam () {
      this.score += 10
    }
  }
}).mount('#app')
</script>
```

我们为其增加了一个按钮“学习一段时间后重新测评”，当点击该按钮更新 score 的值后，h2 标签中的内容也会被更新。同时计算属性函数 resultText 重新执行返回新的值，h3 标签也显示为最新的计算属性值，如图 2-8 和图 2-9 所示。这里需要注意的是，每次更新依赖数据，计算属性函数都会重新执行计算。

图 2-8　点击按钮前

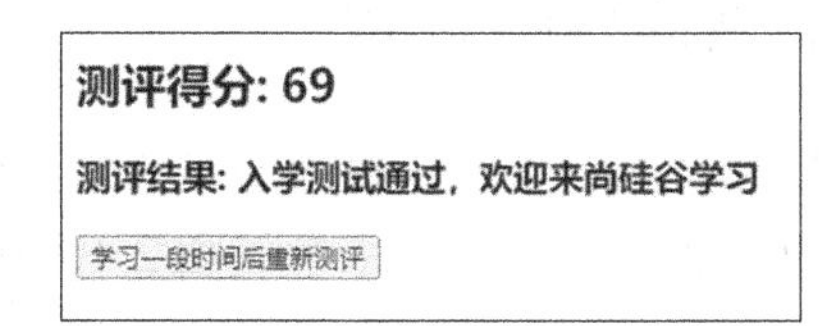


图 2-9　点击按钮后

## 2.2.2　计算属性和 method 方法

2.2.1 节中计算属性的效果还可以通过在模板中调用 method 方法实现，它的实现结果与计算属性是一样的。

下面通过在模板中调用 method 方法来实现 2.2.1 节中测评结果的功能。

模板代码片段如下。

```
<!-- 调用 method 方法显示 -->
<h4>测评结果(method 实现)：{{getResultText()}}</h4>
```

methods 代码片段如下。

```
methods: {
  getResultText () {
    console.log('method getResultText()')
    const result = this.score<60 ? '入学测试未通过， 暂时不可以来尚硅谷学习'
              : '入学测试通过，欢迎来尚硅谷学习'
    return result
  }
}
```

无论是初始化显示还是更新显示，其效果跟计算属性的效果都是一样的。尽管如此，我们在开发时还是会选择使用计算属性来实现。这是因为计算属性内会将计算属性函数返回的结果数据进行缓存处理，如果结果数据需要在页面中显示多次，那么计算属性函数只会执行 1 次，但 method 方法会对应执行多次。这样对比下来，计算属性的效率明显要比方法高。

下面修改一下模板，对计算属性和 method 方法再次进行测试。

```
<div id="app">
```

```
  <!-- 读取 data 数据显示 -->
  <h2>测评得分: {{score}}</h2>

  <!-- 读取计算属性数据显示 3处 -->
  <h3>测评结果(computed 实现): {{resultText}}</h3>
  <h3>测评结果(computed 实现): {{resultText}}</h3>
  <h3>测评结果(computed 实现): {{resultText}}</h3>

  <!-- 调用 method 方法显示 3处 -->
  <h4>测评结果(method 实现): {{getResultText()}}</h4>
  <h4>测评结果(method 实现): {{getResultText()}}</h4>
  <h4>测评结果(method 实现): {{getResultText()}}</h4>

  <button @click="reExam">学习一段时间后重新测评</button>
</div>
```

当页面初始化显示时，计算属性函数只执行了 1 次，而 method 方法执行了 3 次。点击按钮更新，计算属性函数只执行了 1 次，而 method 方法执行了 3 次。因此当有可能存在结果数据需要显示多次的情况时，明显应该选择计算属性，因为其效率更高，但如果确定只显示一次，则 method 方法也是一个可以接受的选择。

## 2.2.3 计算属性的 setter

计算属性在默认情况下仅能通过计算属性函数得出结果。当开发者尝试修改一个计算属性时，会收到一个运行时警告提示。我们来看如图 2-10 所示的页面效果。

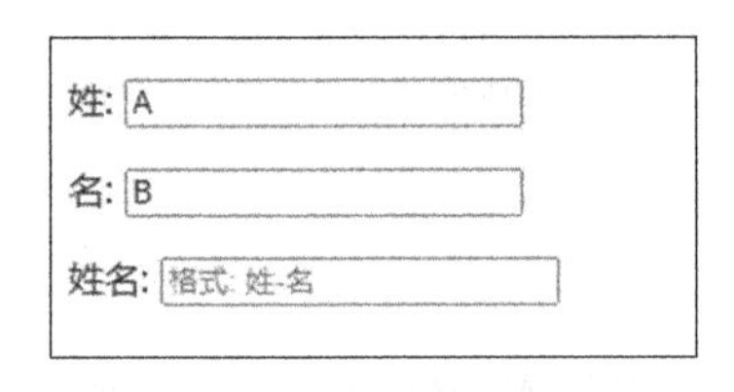

图 2-10　页面效果

现有 3 个需求，具体如下。

① 姓名由“姓-名”组成，姓名的初始显示为“A-B”。

② 当改变姓或名时，姓名能自动同步变化。

③ 姓和名能实时与姓名同步。

下面对数据进行分析和设计。可以将“姓”和“名”设计为 2 个 data 数据，我们可以利用 v-model 实现双向数据绑定，但因为“姓名”是由“姓”和“名”动态确定的，所以我们可以将“姓名”设计为计算属性，同样用 v-model 绑定到 input 标签上。具体实现代码如下。

```
<div id="app">
  <p>
    姓: <input type="text" v-model="firstName">
  </p>
  <p>
    名: <input type="text" v-model="lastName">
  </p>
  <p>
    姓名: <input type="text" placeholder="格式: 姓-名" v-model="fullName">
  </p>
</div>

  <script src="https://cdn.bootcdn.net/ajax/libs/vue/3.2.31/vue.global.min.js"></script>
  <script>
  const {createApp} = Vue

  createApp({
    data () {
      return {
```

```
        firstName: 'A',
        lastName: 'B'
      }
    },

    computed: {
      fullName () {
        return this.firstName + '-' + this.lastName
      }
    }
  }).mount('#app')
  </script>
```

在上面的代码中，我们在 data 对象中定义了 firstName 和 lastName 两个计算属性，在 computed 配置中定义了计算属性 fullName，并通过 v-model 将其绑定到对应的 input 标签上。初始显示实现了需求①中“姓名”的显示要求，如图 2-11 所示；当修改“姓”或“名”的内容时，“姓名”也会自动同步变化，这样也实现了需求②中“姓名”同步变化的要求，如图 2-12 所示。

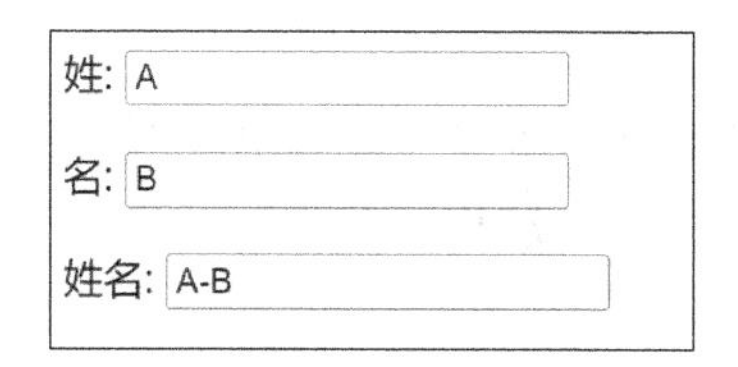


图 2-11　初始显示

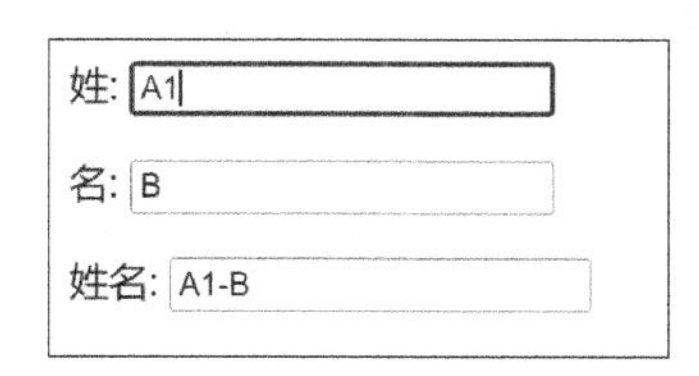


图 2-12　数据同步改变

那么问题来了，当我们在输入框（input）中改变“姓名”的内容时，v-model 会自动将输入值赋给计算属性 fullName，Vue 框架会抛出警告提示，如图 2-13 所示。

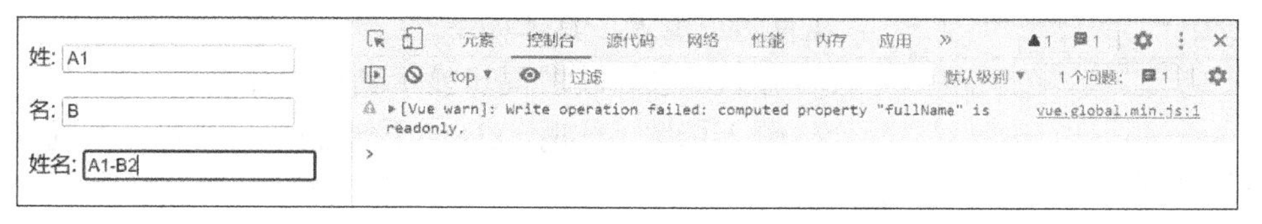


图 2-13　抛出警告提示

警告提示表示写操作失败，因为计算属性 fullName 是只读的，也就是只能计算返回一个值。那么应该如何设置计算属性值呢？答案是：可以通过同时提供 getter 和 setter 的计算属性来实现。下面修改一下计算属性 fullName 的实现，代码如下。

```
computed: {
  fullName: {
    get () {
      console.log('fullName, get()')
      return this.firstName + '-' + this.lastName
    },
    set (value) {
      console.log('fullName set()', value)
      const names = value.split('-')
      this.firstName = names[0]
      this.lastName = names[1]
    }
  }
}
```

此时的计算属性 fullName 是一个对象，包含 get 方法（常称为 getter）和 set 方法（常称为 setter）。前面写的计算属性函数的功能等同于 get 方法，当它在初始化时会执行一次，并且任意依赖数据发生变化时会再次执行，也就实现了“姓名”的初始动态显示与修改“姓”或“名”的内容时会同步更新显示的功能。而 set 方法则是在修改 fullName 属性值后，会自动执行。也就是说，当修改“姓名”的内容时，计算属性的 set 方法就会自动执行，在 set 方法中接收 fullName 指定的最新值，并分隔出两个值的数组分别去更新 firstName 和 lastName，这样就实现了需求③中的要求。

## 2.3 监听

计算属性可以根据已有的一个或多个数据，通过同步计算返回一个新的用于显示的数据。在计算数据的依赖数据发生变化时，计算属性函数会重新执行并返回一个新的值进行显示。但有的时候，在依赖数据发生变化时，我们需要让其产生一些“副作用”。例如，直接更新 DOM，或者执行异步操作后，更新其他数据。此时我们可以使用 Vue 的监听语法来实现。

### 2.3.1 监听的基本使用

在选项式 API 中，我们可以通过 watch 选项配置一个函数来监听某个响应式属性的变化。监听回调函数默认在数据发生变化时回调，且接收新值和旧值两个参数。其语法格式如下。

```
watch: {
    xxx(newVal, oldVal){
        // 处理 xxx 数据发生变化后的逻辑
    }
}
```

下面我们利用监听来实现如图 2-14 所示的页面效果。

标题: 输入内容同步到标题
问题:

图 2-14　页面效果

现有两个需求，具体如下。

① 输入标题，实时同步显示到页面标题上。

② 输入标题，实时 AJAX 请求获取一个最匹配的问题并显示到输入框下面。

下面我们对需求进行分析：输入的标题可以通过 v-model 收集到 data 对象中的 title 属性上，同时用 watch 选项来监听 title 属性的变化，在监听回调函数中将最新的值设置给文档的标题。同时发送 AJAX 请求，根据 title 属性获取一个最匹配的问题并设置给 data 对象中的 question 属性，显示到输入框下面。

实现代码如下所示。

Vue 代码如下。

```
<div id="app">
    标题: <input type="text" placeholder="输入内容同步到标题" v-model="title"><br>
    问题: <span>{{question}}</span>
</div>
```

JavaScript 代码如下。

```
const { createApp } = Vue

createApp({
    data () {
        return {
            title: '',
            question: ''
        }
    },
```

```
    watch: {
        title (newVal, oldVal) {
            console.log(newVal, oldVal)
            // 直接更新 DOM
            document.title = newVal
            // 模拟请求异步获取对应的答案
            setTimeout(() => {
                    const question = `${newVal}最匹配的问题?`
                    this.question = question
                }, 1000)
        },
    }
}).mount('#app')
```

运行代码后，我们在输入框中输入 Vue，会发现 1 秒后显示问题。

其实 watch 选项不仅可以监听 data 对象中外部的属性，还可以监听其内部的属性。现有一个 person 对象，内部有 name 和 age 两个属性，我们使用 watch 选项对 name 属性进行监听。其语法格式如下。

```
data () {
    return {
        person: {
            name: 'tom',
            age: 12
        }
    }
},

watch: {
    // 监听 data 中 person 对象的 name 属性的变化
    'person.name': function (newVal, oldVal) {
        // 处理 person 对象中 name 属性变化后的逻辑
    }
}
```

## 2.3.2　即时回调与深度监听

watch 回调默认是在数据发生变化时自动调用，如果我们需要在初始化时就执行一次监听的回调，那么要如何实现呢？

Vue 的 watch 语法也支持这种场景需求，但是用法有些许差别，watch 的属性不能再是一个函数了，需要是一个配置对象，并通过 handler 配置来指定监听回调函数。同时我们可以通过配置 immediate 为 true 来指定监听回调函数在初始化过程中执行第 1 次，当然在被监听数据发生改变时也会执行。

思考下面代码的运行效果。

Vue 代码如下。

```
<div id="app">
    <h3>name: {{person.name}}</h3>
    <h3>likes: {{person.likes}}</h3>
    <button @click="updateP">更新人员信息</button>
</div>
```

JavaScript 代码如下。

```
const { createApp } = Vue

createApp({
    data (){
        return{
            person:{
```

```
                name: 'tom',
                likes: ['football', 'basketball']
            }
        }
    },

    watch:{
        person:{
            handler (newVal, oldVal){
                // 模拟异步将人员信息提交给后台
                setTimeout(() => {
                    alert('向后台提交人员信息' + JSON.stringify(newVal))
                }, 1000)
            },
            immediate: true // 标识立即执行: 也就是在初始化时会执行第 1 次
        }
    },

    methods:{
        updateP (){
            // 更新 person: 指定一个新的人员对象
            this.person ={
                name: this.person.name + '--',
                likes: [...this.person.likes, 'atguigu']
            }
        }
    }
}).mount('#app')
```

运行代码后，页面上展示了 person 中的 name 属性和 likes 属性，如图 2-15 所示。

由于我们配置了 immediate 为 true，因此 watch 的回调在初始化时就会执行 1 次。我们又通过定时器模拟异步向后台提交请求，即提交当前 person 的信息数据，如图 2-16 所示。

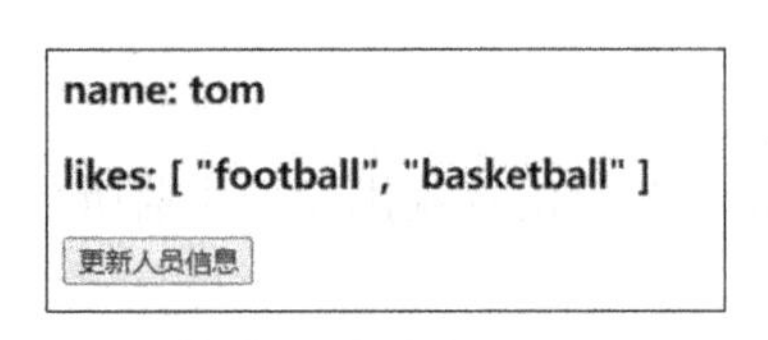


图 2-15　页面效果（1）

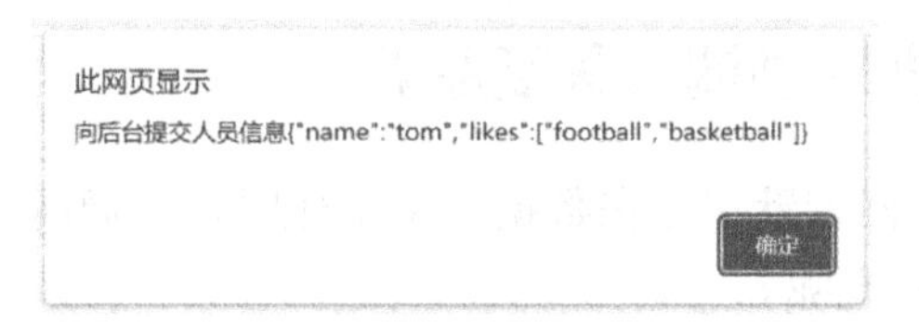


图 2-16　模拟异步向后台提交请求（1）

点击“更新人员信息”按钮，直接将当前 person 更新为一个新的人员对象，监听的回调也会执行，用来模拟异步向后台提交请求，发送最新的人员信息，如图 2-17 和图 2-18 所示。

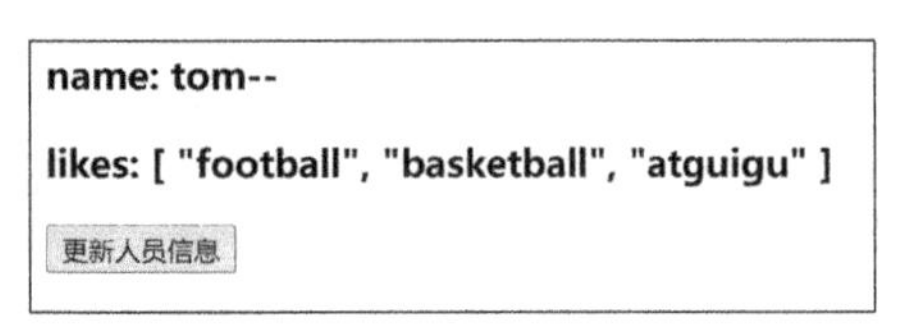


图 2-17　点击“更新人员信息”按钮后页面发生变化

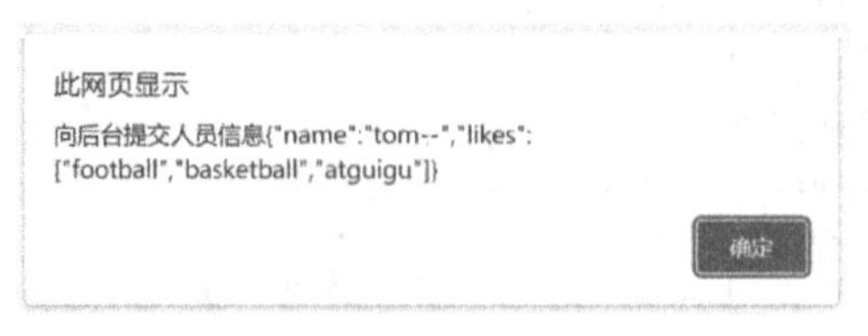


图 2-18　模拟异步向后台提交请求（2）

watch 默认是浅层监听，只有在被监听属性本身发生变化时才会触发回调，它监听不到属性对象内部的数据变化。

对于上面的案例来说，如果只是更新 person 对象中的内部属性，比如 name 属性，那么 watch 的回调就不会执行。

```
updateP () {
    // 更新 person 对象中的 name 属性
    this.person.name += '--'
}
```

点击“更新人员信息”按钮后，页面上的 name 属性值会发生改变，但是不会触发 watch 中的异步操作，因此页面上不会弹出警告提示，如图 2-19 所示。

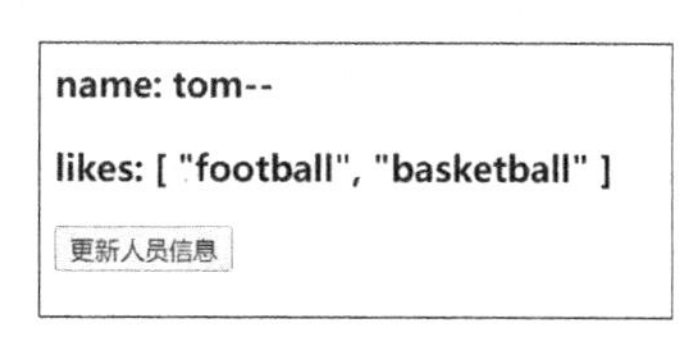


图 2-19　点击“更新人员信息”按钮后的页面效果

那么如何才能深度监听到对象或数组内任意数据的变化呢？其实可以通过将 deep 配置为 true 来实现。也就是说，deep 的默认值为 false，因此之前 watch 监听不到内部数据的修改。现在修改一下 watch 的配置，具体如下。

```
watch: {
    person: {
        handler (newVal, oldVal) {
            // 模拟异步将人员信息提交给后台
            setTimeout(() => {
                alert('向后台提交人员信息' + JSON.stringify(newVal))
            }, 1000)
        },
        immediate: true, // 标识立即执行：也就是在初始化时会执行第 1 次
        deep: true, // 深度监听
    }
}
```

此时我们再次重复当前的操作，可以发现除了页面发生变化，1 秒后还弹出了警告提示，证明此时已经监听到内部数据了，如图 2-20 所示。

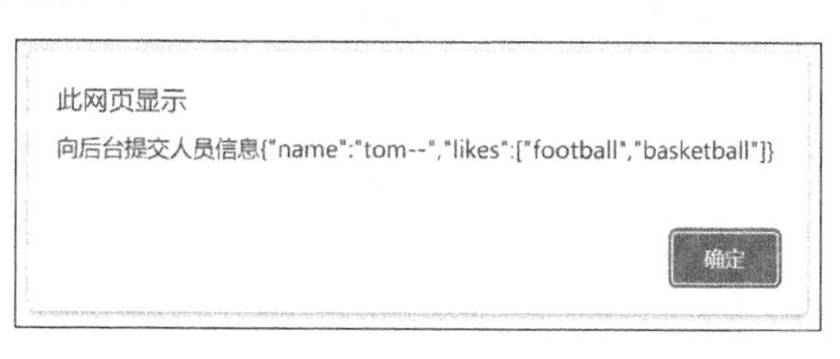


图 2-20　模拟异步向后台提交请求（3）

其实，无论是更新 person 对象的 name 属性，还是更新 person 对象中的 likes 属性，监听的回调都会调用，会将最新的人员信息提交给后台，如下代码所示。

```
updateP () {
    // 更新 person 对象中的 likes 属性
    this.person.likes.push('atguigu')
}
```

重复点击“更新人员信息”按钮，这次 likes 属性的数组中新增了一项“atguigu”，这个修改同样被监听到了，也会异步向后台提交数据，如图 2-21 和图 2-22 所示。

name: tom

likes: [ "football", "basketball", "atguigu" ]

更新人员信息

图 2-21　页面效果（2）

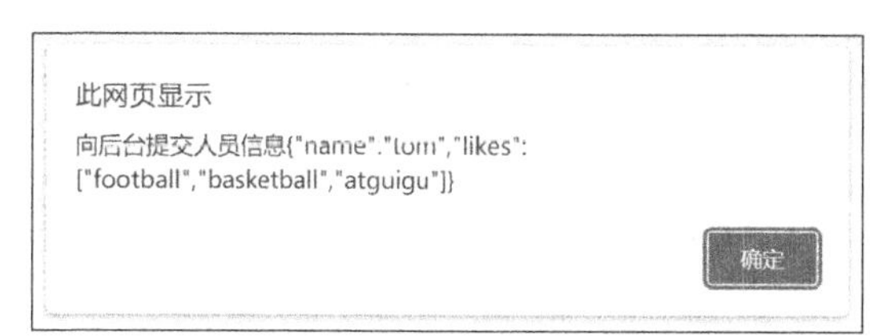


图 2-22　模拟异步向后台提交请求（4）

## 2.4 绑定动态样式

在项目开发中，动态的页面中除了要绑定动态的数据，还要绑定动态的样式。在模板中，给标签绑定动态样式的方式有两种，分别是 class 绑定和 style 绑定。在 HTML 中这两者的值都是字符串类型，而在 Vue 中自然也可以绑定动态的字符串值，但频繁地使用连接字符串对于开发者来说，不仅操作冗余枯燥，同时也很容易出现错误。

为此，Vue 专门增强了 class 和 style 的绑定语法，Vue 不仅可以支持动态字符串，还可以指定对象和数组类型值。本节主要讲解 Vue 绑定动态样式的两种方式。

### 2.4.1 class 绑定

class 绑定就是通过“v-bind:class="表达式"”来绑定动态类名样式的，当然我们一般会使用“:class="表达式"”的简写方式。表达式的值支持字符串、对象和数组 3 种类型，而且这 3 种类型的写法的使用场景也不尽相同，本节将带领读者依次学习和使用。

我们首先明确这 3 种类型的写法的使用场景（见表 2-1），然后思考下面代码的运行效果。

**表 2-1 写法的使用场景**

| 写法 | 使用场景 |
| --- | --- |
| 字符串写法 | 样式的类名不确定，需要动态指定 |
| 对象写法 | 要绑定的样式的个数确定、名字也确定，但要动态地决定是否使用 |
| 数组写法 | 要绑定的样式的个数不确定、名字也不确定 |

值得一提的是，在一个标签上静态 class 与动态 class 可以同时存在，最终编译后，Vue 会将动态 class 与静态 class 合并，并指定为标签对象的 class 样式。

我们来看下面的代码，读者在阅读代码时可以思考对应标签最终应用了哪个样式。

CSS 代码如下。

```
<style>
  .basic{
    width: 200px;
    height: 100px;
    line-height: 100px;
    text-align: center;
    border: 1px solid black;
    margin-bottom: 10px;
  }

  .normal{
    background-color: skyblue;
  }
  .happy{
    background-color: rgba(255, 255, 0, 0.644);
  }
  .sad{
    background-color: gray;
  }

  .atguigu1{
    background-color: yellowgreen;
  }
```

```
  .atguigu2{
    font-size: 30px;
  }
  .atguigu3{
    border-radius: 20px;
  }
</style>
```

Vue 代码如下。

```
<div id="app">
  <h2>测试 class 绑定(点击更新)</h2>
  <!-- 绑定 class 样式——字符串写法，使用场景：样式的类名不确定，需要动态指定 -->
  <div class="basic" :class="classStr" @click="updateClass1">尚硅谷 1</div>
  <!-- 绑定 class 样式——对象写法，使用场景：要绑定的样式的个数确定、名字也确定，但要动态地决定是否使用 -->
  <div class="basic" :class="classObj" @click="updateClass2">尚硅谷 2</div>

  <!-- 绑定 class 样式——数组写法，使用场景：要绑定的样式的个数不确定、名字也不确定 -->
  <div class="basic" :class="classArr" @click="updateClass3">尚硅谷 3</div>
</div>
```

JavaScript 代码如下。

```
const {createApp} = Vue

  createApp({
    data () {
      return {
        classStr: 'normal',
          classObj:{
            atguigu1: true,
            atguigu2: false,
          },
          classArr: ['atguigu1','atguigu2','atguigu3'],
      }
    },

    methods: {
      // 更新动态的字符串类型 class
      updateClass1(){
        const arr = ['happy','sad','normal']
        const index = Math.floor(Math.random()*3)
        this.classStr = arr[index]
      },

      // 更新动态的对象类型 class
      updateClass2 () {
        this.classObj.atguigu1 = !this.classObj.atguigu1
        this.classObj.atguigu2 = !this.classObj.atguigu2
      },

      // 更新动态的数组类型 class
      updateClass3 () {
        this.classArr.pop()
      }
    },
  }).mount('#app')
```

代码运行后的初始页面效果和此时元素应用的类名如图 2-23 和图 2-24 所示。

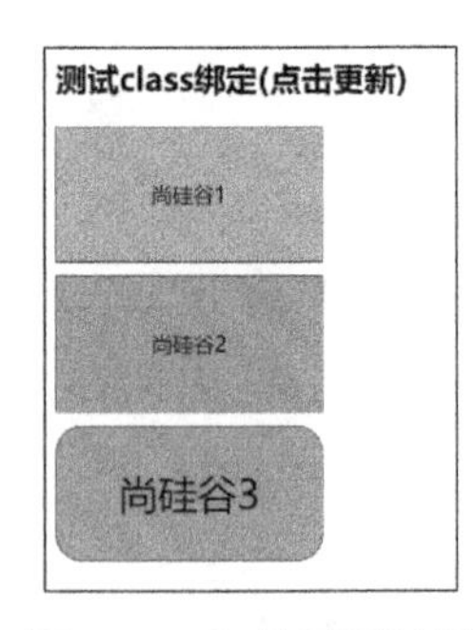


图 2-23　初始页面效果

```
▼<div id="app" data-v-app> == $0
   <h2>测试class绑定(点击更新)</h2>
   <!-- 绑定class样式——字符串写法，使用场景：样式的类名不确定，需要动态指定 -->
   <div class="basic normal">尚硅谷1</div>
   <!-- 绑定class样式——对象写法，使用场景：要绑定的样式的个数确定、名字也确定，但要动态地决定是否使用 -->
   <div class="basic atguigu1">尚硅谷2</div>
   <!-- 绑定class样式——数组写法，使用场景：要绑定的样式的个数不确定、名字也不确定 -->
   <div class="basic">尚硅谷3</div>
 </div>
```

图 2-24　此时元素应用的类名

在上面的代码中，每个 div 元素都有一个静态 class "basic"。

当点击第 1 个 div 元素时，它的样式会在 normal、sad 和 happy 这 3 个类名中随机切换，显示的样式也会随之更新。

当点击第 2 个 div 元素时，它的样式会在 atguigu1 和 atguigu2 这 2 个类名中来回切换，显示的样式也会随之更新。

当点击第 3 个 div 元素时，第 1 次点击类名中减少 atguigu3，第 2 次点击类名中减少 atguigu2，第 3 次点击类名中减少 atguigu1。此时再点击 div 元素，页面不会发生变化，只会应用静态 class 的效果，因为此时已经没有动态的类名了。

## 2.4.2　style 绑定

与 class 绑定类似，style 绑定同样是通过"v-bind:style="表达式""来绑定动态 style 样式的，当然我们一般会使用":style="表达式""的简写方式。表达式的值支持字符串、对象和数组 3 种类型，但是在实际开发中，开发者一般使用对象类型的写法。下面我们来编码测试一下。

CSS 代码如下。

```
<style>
    .basic{
      width: 200px;
      height: 100px;
      line-height: 100px;
      text-align: center;
      border: 1px solid black;
      margin-bottom: 10px;
    }
</style>
```

Vue 代码如下。

```
<div id="app">
  <h2>测试 style 绑定(点击更新)</h2>
  <div class="basic" :style="styleStr" @click="updateStyle1">尚硅谷 4</div>
  <div class="basic" :style="styleObj" @click="updateStyle2">尚硅谷 5</div>
  <div class="basic" :style="styleArr" @click="updateStyle3">尚硅谷 6</div>
</div>
```

JavaScript 代码如下。

```
const {createApp} = Vue

  createApp({
    data () {
      return {
        styleStr: 'font-size: 30px; color: red',
        styleObj: {
```

```
                fontSize: '40px',
                color:'green',
            },
        styleArr: [
                {
                    fontSize: '40px',
                    color:'blue',
                },
                {
                    backgroundColor:'gray'
                }
            ]
        }
    },

    methods: {
      // 更新动态的字符串类型 style
      updateStyle1(){
        this.styleStr = 'font-size: 20px; color: blue'
      },
      // 更新动态的对象类型 style
      updateStyle2(){
        this.styleObj.fontSize = '50px'
        this.styleObj.color = 'blue'
      },
      // 更新动态的数组类型 style
      updateStyle3 () {
        this.styleArr[0].color = 'red'
      },
    },
}).mount('#app')
```

在上面的代码中，我们分别为 3 个 div 元素动态地绑定了 data 方法中的字符串、对象和数组，并且同时为其添加了点击事件。

当点击第 1 个 div 元素时，触发 updateStyle1 方法，动态地将字符串的值变为“font-size: 20px; color: blue”。

当点击第 2 个 div 元素时，触发 updateStyle2 方法，动态地将对象中 fontSize 和 color 的值变为“50px”和“blue”。

当点击第 3 个 div 元素时，触发 updateStyle3 方法，动态地将数组中 color 的值变为“red”。

运行代码后，初始页面效果如图 2-25 所示，更新后的页面效果如图 2-26 所示。

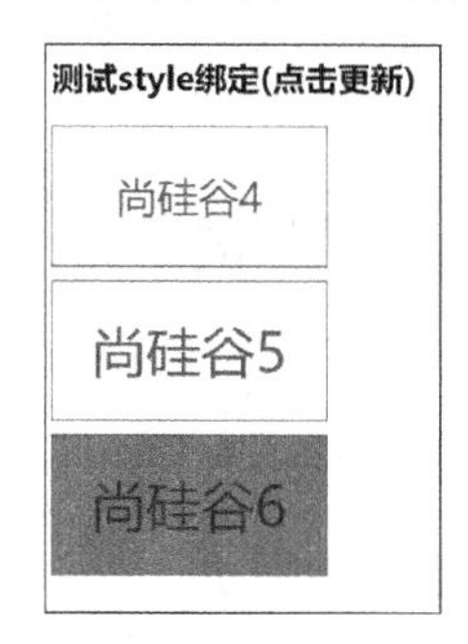


图 2-25　初始页面效果

图 2-26　更新后的页面效果

## 2.5 条件渲染指令

在实际项目开发中，有两种场景非常常见：第 1 种是局部页面需要在满足某种条件后显示；第 2 种是在多个不同的页面效果之间进行切换显示。无论哪一种场景，都只有在满足某种条件后才能渲染显示。在 Vue 中将其称为条件渲染，可以通过 v-if 相关指令或 v-show 指令实现。

### 2.5.1 v-if 相关指令

v-if 指令用于控制元素的显示或者隐藏，其相关指令包含 v-if、v-else 和 v-else-if。v-if 与 v-else-if 指令的表达式类型需要是布尔类型，当结果为 true 时，也就是满足条件后，才显示对应的元素；v-else 指令不需要指定表达式，只需要指定属性名，当元素前面的 v-if 和 v-else-if 指令都不满足条件时才会显示。

如果只有一个页面的条件渲染，则推荐使用 v-if 指令来渲染；如果有两个页面的条件渲染，则推荐配合使用 v-if 与 v-else 指令来渲染；如果超过两个页面的条件渲染，则推荐配合使用 v-if、v-else-if 和 v-else 指令来渲染。

先阅读下方代码并思考其运行效果，然后在下方代码的基础上进行优化。

```
<div id="app">
  <h1>你的入学测试得分：{{score}}</h1>
  <button @click="examAgin">学习后再复试一次</button>
</div>
<script src="https://cdn.bootcdn.net/ajax/libs/vue/3.2.31/vue.global.min.js"></script>
<script>
const {createApp} = Vue

createApp({
  data () {
    return {
      score: 55
    }
  },
  methods: {
    examAgin () {
      this.score += 10
    }
  }
}).mount('#app')
</script>
```

这段代码比较简单，页面上会显示 data 方法中 score 的值和一个按钮，当点击按钮后，score 的值增加 10。初始页面效果如图 2-27 所示，点击按钮后的页面效果如图 2-28 所示。

图 2-27 初始页面效果

图 2-28 点击按钮后的页面效果

现在的需求是：只有当入学测试得分小于 60 分的时候元素才会显示。

此时我们就可以通过 v-if 指令来实现。在 button 按钮上做简单改动，具体如下。

```
<button @click="examAgin" v-if="score<60">学习后再复试一次</button>
```

当 v-if 指定的表达式的值为 true 时，元素才会显示。对于上方代码来说，初始时 score 的值为 55，按钮被显示，点击按钮后，因为 score 的值大于 60，所以按钮自动消失了。

现在添加一个新需求：当入学测试得分大于或等于 60 分时，显示绿色的 h3 文本提示；当入学测试得分小于 60 分时，显示红色的 h4 文本提示。文本提示如图 2-29 所示。

欢迎来尚硅谷学习!

很遗憾, 你的面试没有通过 ……

图 2-29　文本提示（1）

根据前面的学习，读者可能想到了使用 v-if 指令对 h3 和 h4 标签进行控制，但实际上，Vue 提供了更便捷的方式，前面提到过 v-if 的相关指令，对于这个需求就可以配合使用 v-if 和 v-else 实现。不过需要注意的是，v-else 指令不需要指定表达式。

此时 Vue 代码变为下方代码。

```
<h2 v-if="score>=60" style="color: green;">欢迎来尚硅谷学习!</h2>
<h3 v-else style="color: red;">很遗憾， 你的面试没有通过……</h3>
```

v-if 指令的页面效果与上一段代码的页面效果相同，这里不做过多讲解，但当不满足 v-if 指令的条件时，就会显示 v-else 指令所在的元素。此时 data 方法中的 score 值为 55，不满足条件，只会显示“很遗憾，你的面试没有通过……”。

用户的需求总是多变的。现在需求再次更改：当入学测试得分大于或等于 60 分时，显示绿色的 h2 文本提示；当入学测试得分小于 50 分时，显示红色的 h3 文本提示；当入学测试得分在 50～60 分（包括 50 分）时，显示黄色的 h4 文本提示。文本提示如图 2-30 所示。

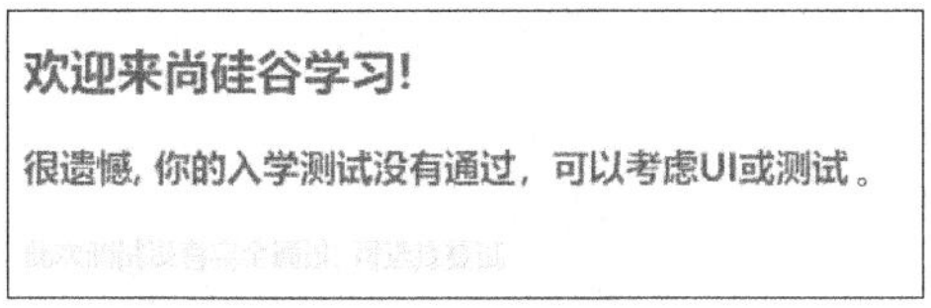

欢迎来尚硅谷学习!

很遗憾, 你的入学测试没有通过，可以考虑UI或测试。

图 2-30　文本提示（2）

此时可以配合使用 v-if、v-else-if 和 v-else 指令来实现。需要注意的是，只有当 v-else-if 指令指定的表达式的值为 true 时，对应的标签才会显示。

Vue 代码变为下方代码。

```
<h2 v-if="score>=60" style="color: green;">欢迎来尚硅谷学习!</h2>
<h3 v-else-if="score<50" style="color: red;">很遗憾，你的入学测试没有通过，可以考虑 UI 或测试。</h3>
<h4 v-else style="color: yellow;">此次测试没有完全通过，可选择复试。</h4>
```

当 score 的值大于或等于 60 时，显示“欢迎来尚硅谷学习!”；当 score 的值在 50～60（包括 50）时，会显示“此次测试没有完全通过，可选择复试。”；其余情况则显示“很遗憾，你的入学测试没有通过，可以考虑 UI 或测试。”。

前面都是对一个标签进行条件渲染，那么如果有多个标签要怎么处理呢？

我们可以用 template 标签来包含要实现条件渲染的多个标签，并在 template 标签上使用 v-if 指令来判断元素是否显示。需要注意的是，template 标签只在模板中存在，并不会产生任何 HTML 标签，具体如下。

```
<h1>你的入学测试得分: {{score}}</h1>
<button @click="examAgin">学习后再复试一次</button>
<template v-if="score>=60">
  <button>去找咨询老师办理入学</button>
  <button>去找技术老师深入交流技术疑问</button>
  <button>去找就业老师了解就业信息</button>
</template>
```

运行代码后，因为 score 的值初始为 55，不满足 v-if 指令的条件，所以只显示入学测试得分和“学习后再复试一次”按钮。当点击“学习后再复试一次”按钮后，score 的值更改为 65，满足 v-if 指令的条件，显示其余 3 个按钮。

此时我们观察页面结构，发现没有 template 标签，验证了“template 标签只在模板中存在，并不会产生任何 HTML 标签”的说法，如图 2-31 所示。

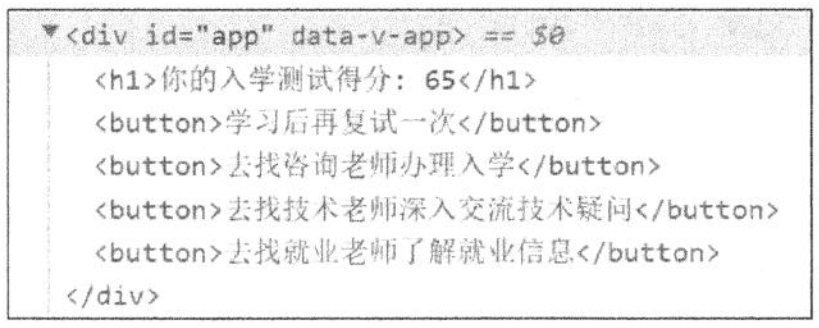

```
▼<div id="app" data-v-app> == $0
    <h1>你的入学测试得分: 65</h1>
    <button>学习后再复试一次</button>
    <button>去找咨询老师办理入学</button>
    <button>去找技术老师深入交流技术疑问</button>
    <button>去找就业老师了解就业信息</button>
  </div>
```

图 2-31　页面结构

## 2.5.2　v-show 指令

在 Vue 中，v-show 指令也可以实现条件渲染。当 v-show 指令指定的表达式的值为 true 时，对应的标签才会显示。

下面我们将 v-if 指令中涉及的案例使用 v-show 指令来实现。

代码片段 1 如下。

```
<button @click="examAgin" v-show="score<60">学习后再复试一次</button>
```

当 score 的值小于 60 时，显示“学习后再复试一次”按钮。

代码片段 2 如下。

```
<h2 v-show="score>=60" style="color: green;">欢迎来尚硅谷学习!</h2>
<h3 v-show="score<60" style="color: red;">很遗憾，你的入学测试没有通过……</h3>
```

当 score 的值大于或等于 60 时，显示“欢迎来尚硅谷学习!”；当 score 的值小于 60 时，显示“很遗憾，你的入学测试没有通过……”。

代码片段 3 如下。

```
<h2 v-show="score>=60" style="color: green;">欢迎来尚硅谷学习!</h2>
<h3 v-show="score<50" style="color: red;">很遗憾，你的入学测试没有通过，可以考虑 UI 或测试。</h3>
<h4 v-show="score<60 && score>=50" style="color: yellow;">此次测试没有完全通过，可选择复试。</h4>
```

当 score 的值大于或等于 60 时，显示“欢迎来尚硅谷学习!”；当 score 的值在 50～60（包括 50 分）时，会显示“此次测试没有完全通过，可选择复试。”；其余情况则显示“很遗憾，你的入学测试没有通过，可以考虑 UI 或测试。”。

因为初始 score 的值是 55，所以当点击按钮时，文本提示会切换显示，按钮也会被隐藏。需要注意的是，v-show 指令是不能与 v-else 和 v-else-if 指令配合使用的。当需要在多个标签之间切换显示时，要使用多个 v-show 指令来实现。还有一点要特别注意，v-show 指令不能用在 template 标签上。

## 2.5.3 比较 v-if 和 v-show 指令

通过前面的学习我们得知，v-if 和 v-show 指令实现的功能是一致的，但实际上，二者内部的实现机制截然不同，这一点是在理论面试时经常被提问的问题。

在初始化解析显示时，如果表达式的值为 true，那么二者的内部处理相同；如果表达式的值为 false，则内部处理完全不同。v-if 指令对应的模板标签结构不会被解析，也就不会产生对应的 HTML 标签结构；而 v-show 指令则会解析模板标签结构，生成 HTML 标签结构，只不过它会通过指定 display 为 none 的样式来隐藏标签结构。

在更新数据后，表达式的值变为 true，需要显示标签结构。v-if 指令的标签会新建 HTML 标签结构并显示，而 v-show 指令只需要去除 display 为 none 的样式让标签结构重新显示出来。

当再次更新数据后，表达式的值变为 false，需要隐藏标签结构。v-if 指令的标签直接被删除，内存中 v-show 指令不再有对应的 DOM 结构；v-show 指令的标签通过指定 display 为 none 的样式来隐藏标签结构。

通过下方代码进行验证。

Vue 代码如下。

```
<div id="app">
  <h1 v-if="isShow">尚硅谷 IT 教育 1</h1>
  <h2 v-show="isShow">尚硅谷 IT 教育 2</h2>
  <button @click="isShow=!isShow">切换标识</button>
</div>
```

JavaScript 代码如下。

```
const {createApp} = Vue

createApp({
  data () {
    return {
      isShow: false
```

```
    }
  }
}).mount('#app')
```

在上方代码中，通过 v-if 指令控制 h1 标题的显示/隐藏，通过 v-show 指令控制 h2 标题的显示/隐藏。

在初始显示时，由于 isShow 的值为 false，因此 h1 与 h2 两个标题都不可见。通过查看页面结构可以发现 h1 标题不存在，但 h2 标题是存在的，只是通过指定 display 为 none 的样式来隐藏标签结构，如图 2-32 所示。

点击“切换标识”按钮对 isShow 标识进行取反，isShow 的值更新为 true。此时 h1 和 h2 两个标题都会显示，但通过 v-if 指定控制的 h1 标题是新创建的，而 h2 标题是通过删除 display 为 none 的样式显示出来的，如图 2-33 所示。

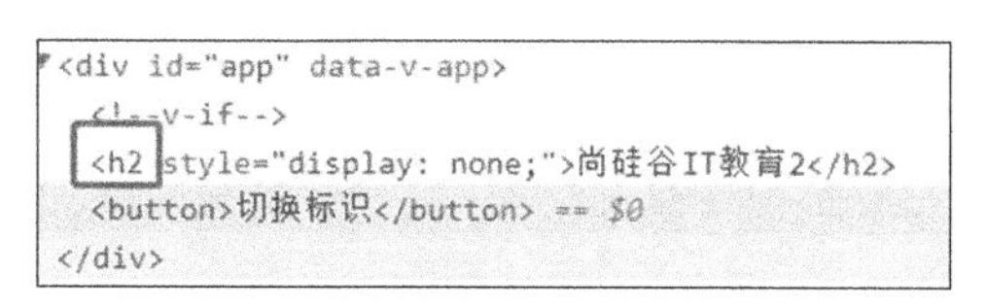


图 2-32 查看页面结构（1）

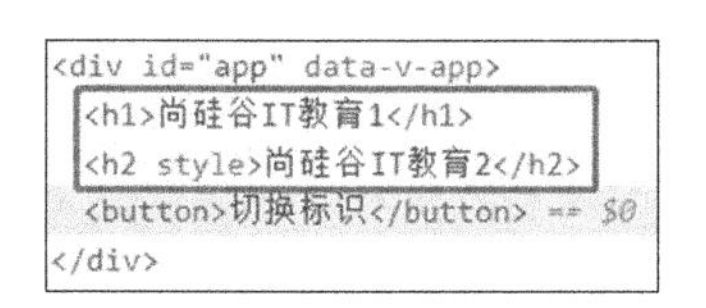


图 2-33 查看页面结构（2）

当再次点击“切换标识”按钮时，isShow 的值更新为 false。此时 h1 标题和 h2 标题都会消失，但 v-if 指令控制的 h1 标题被删除，而通过 v-show 指令控制的 h2 标题存在，只是添加了 display 为 none 的样式。

最后简单总结一下 v-if 与 v-show 指令的区别，在隐藏时，v-if 指令会删除标签，而 v-show 指令只是通过样式控制标签不显示；当再次显示时，v-if 指令需要重新创建标签，而 v-show 指令只需要更新一下样式就可以显示。

对于使用场景的选择，如果条件渲染的条件变化相对频繁或要控制的标签结构比较大，那么选择 v-show 指令比较合适。因为 v-if 指令在从隐藏变为显示时，需要重新创建 DOM 结构，效率相对低一些，但 v-show 指令在隐藏时，标签结构没有被删除，比 v-if 指令占用的内存更大一些。这也就是编程世界中经常说到的：“以空间换时间的技术”，即用更大的占用空间，换取后面更少的执行时间。

还有一点需要注意的是，如果初始渲染条件的值为 false，则 v-if 指令是不会解析模板产生 HTML 标签的，有时也称它为懒加载，但 v-show 指令不是懒加载。

## 2.6 列表渲染指令

在项目开发的页面中，有很多列表效果需要动态显示。这在 Vue 中被称为列表渲染，可以通过 v-for 指令来实现。通过 v-for 指令可以遍历多种不同类型的数据，数组是较为常见的一种类型，当然类型还可以是对象或数值。

动态显示列表后，我们可以对列表进行添加、删除、修改、过滤、排序等操作。在通过 v-for 指令进行列表渲染时，有一个特别重要的属性 key，本节会对其背后的原理专门进行分析。

### 2.6.1 列表的动态渲染

当我们在模板中通过 v-for 指令来遍历数组显示列表时，指令的完整写法如下。

```
v-for="(item, index) in array"
```

其中，item 为被遍历的 array 数组的元素别名，index 为数组元素的下标。如果不需要下标，则可以简化为“v-for="item in array"”。item 和 index 的名称不是固定的，也可以使用其他的合法名称。

当我们使用 v-for 指令遍历一个对象时，遍历的是对象自身所有可遍历的属性，指令的完整写法如下。

```
v-for="(value, name) in obj"
```

其中，value 为被遍历的 obj 对象的属性值，name 为属性名。如果只需要属性值，则可以简化为“v-for= "value in object"”。value 和 name 的名称不是固定的，也可以使用其他的合法名称。

当 v-for 指令遍历的目标是一个正整数 n 时，其一般用于让当前模板在 1～n 的取值范围内重复产生 n 次，指令的完整写法如下。

```
v-for="value in n"
```

其中，value 为从 1 开始到 n 为止依次递增的数值。

请思考下方代码的运行效果。

Vue 代码如下。

```
<div id="app">
    <h2>测试遍历数组<人员列表>（用得很多）</h2>
    <ul>
        <li v-for="(p,index) in persons">
            {{index}}--{{p.name}}--{{p.age}}
        </li>
    </ul>

    <h2>测试遍历对象<汽车信息>（用得较少）</h2>
    <ul>
        <li v-for="(value,name) in car">
            {{name}}--{{value}}
        </li>
    </ul>

    <h2>测试遍历指定次数（用得较少）</h2>
    <ul>
        <li v-for="value in num">
            {{value}}
        </li>
    </ul>
</div>
```

JavaScript 代码如下。

```
const {createApp} = Vue

createApp({
    data (){
        return{
            persons:[
                {id:'001',name:'张三',age:22},
                {id:'002',name:'李四',age:24},
                {id:'003',name:'王五',age:23}
            ],
            car:{
                name:'奥迪 A8',
                price:'70 万元',
                color:'黑色'
            },
            num: 5
        }
    }
}).mount('#app')
```

在上方代码中，分别演示了遍历的数据类型为数组、对象、数值的 3 种情况。这部分代码比较简单，我们直接来看页面效果，如图 2-34 所示。

与 v-if 指令类似，我们也可以在 template 标签上使用 v-for 指令，实现对多个标签的列表渲染。

具体代码如下。

```
<h2>在 template 标签上使用 v-for 指令</h2>
<ul>
    <template v-for="p in persons">
        <li>{{p.name}}--{{p.age}}</li>
        <span>来自尚硅谷学员</span>
    </template>
</ul>
```

上方代码在 template 标签上使用 v-for 指令实现了标签列表的循环，此时页面中的每个 li 和 span 都是一组，页面效果如图 2-35 所示。

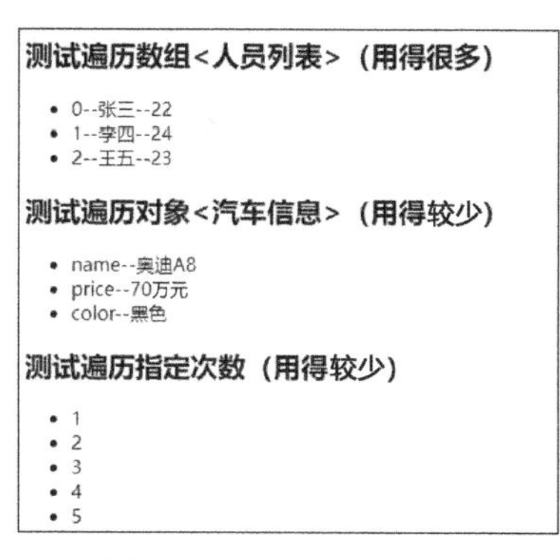


图 2-34　页面效果（1）

在template标签上使用v-for指令

- 张三--22
  来自尚硅谷学员
- 李四--24
  来自尚硅谷学员
- 王五--23
  来自尚硅谷学员

图 2-35　页面效果（2）

此时我们可以利用 v-for 指令对数据进行循环，但是在阅读 Vue 官方文档时可以发现，Vue 官方建议在使用 v-for 指令进行列表渲染时，最好同时指定唯一的 key 属性。这个 key 属性可以提高列表更新渲染的性能，且 key 属性的值最好不要使用下标，因为某个数组元素的下标是不稳定的，这样会影响内部 DOM Diff 算法的效率，甚至有可能产生错误的效果。key 属性的值应该是数组元素对应的稳定的数值或字符串值，比如数组元素的 id 属性。现在对前面编写的人员列表代码进行完善，完整代码应该是下方这样的。

```
<h2>在使用 v-for 指令进行列表渲染时指定唯一的 key 属性</h2>
<ul>
    <li v-for="(p,index) in persons" :key="p.id">
        {{index}}--{{p.name}}--{{p.age}}
    </li>
</ul>
```

## 2.6.2　列表的增、删、改

在实际项目开发中，在动态显示数组列表后，一般不会使其只作为展示存在，可能还需要对其进行增、删、改操作。

图 2-36 展示了一个简易的列表，初始显示张三、李四、王五共 3 个人员信息列表，请读者思考如何实现页面效果和需求。

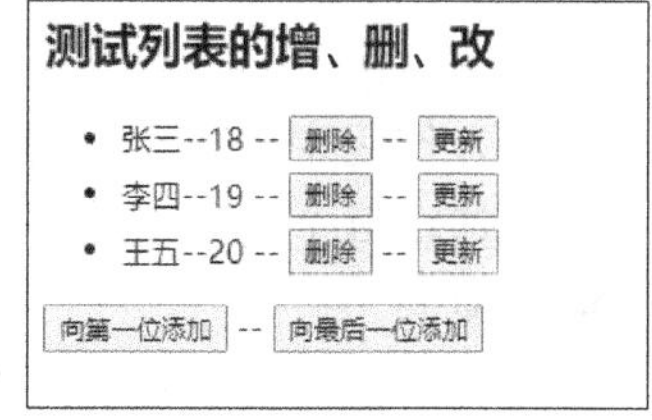


图 2-36　简易的列表

用户需求如下。

① 点击“向第一位添加”按钮，在第一个人员信息列表前面添加一条随机产生的人员信息。

② 点击“向最后一位添加”按钮，在最后一个人员信息列表后面添加一条随机产生的人员信息。

③ 点击“删除”按钮，直接删除对应的人员信息。

④ 点击“更新”按钮，将对应的人员信息替换为一条随机产生的人员信息。

实现代码如下所示。

Vue 代码如下。

```
<div id="app">
    <h2>测试列表的增、删、改</h2>
    <ul>
        <li v-for="(p,index) in persons" :key="p.id" style="margin-top: 5px;">
            {{p.name}}--{{p.age}}
            -- <button @click="deleteItem(index)">删除</button>
            --<button @click="updateItem(index, {id: Date.now(), name: '小兰', age: 12})">
更新</button>
        </li>
    </ul>
    <button @click="addFirst({id: Date.now(), name: '小明', age: 10})">向第一位添加</button>
--
    <button @click="addLast({id: Date.now(), name: '小红', age: 11})">向最后一位添加</button>
</div>
```

JavaScript 代码如下。

```
const {createApp} = Vue

createApp({
    data (){
        return{
            persons:[
                {id:'001',name:'张三',age:18},
                {id:'002',name:'李四',age:19},
                {id:'003',name:'王五',age:20}
            ],
        }
    },

    methods:{
        addFirst (newP){              // 在第一个人员信息列表前面添加
            this.persons.unshift(newP)
        },
        addLast (newP){               // 在最后一个人员信息列表后面添加
            this.persons.push(newP)
        },
        deleteItem (index){           // 删除指定下标的人员信息
            this.persons.splice(index, 1)
        },
        updateItem (index, newP){     // 将指定下标的人员信息替换为新添加的人员信息
            this.persons.splice(index, 1, newP)
        },
    }
}).mount('#app')
```

在上方代码中为每个功能按钮都封装了相应的方法来实现对应的功能，从而实现对数组列表的增、删、改操作。其实每个功能方法内部，都是通过调用数组变更内部元素的方法（包括 unshift、push 和 splice 方法）来实现的。

那读者可能会想，如果不调用这些方法，直接通过下标来添加或者替换数组列表，能触发页面自动更新吗？答案是：在 Vue2 中不可以，但在 Vue3 中是完全没问题的。而通过调用数组变更内部元素的方法来操作元素，不管是 Vue2 还是 Vue3，都是可以触发页面自动更新的。这是因为 Vue 内部对 data 中的数组的一系列变更方法进行了重写包装，被包装的变更方法一共有 7 个，分别是 push、pop、shift、unshift、splice、sort 和 reverse 方法，这 7 个方法内部会先对数组列表进行相应操作，再更新页面。

在 Vue3 中，如果想在最后一个人员信息列表后面添加一条人员信息，就可以使用下方代码。

```
this.persons[this.persons.length] = newP
```

如果将指定下标的人员信息替换为新添加的人员信息，就可以使用下方代码。

```
this.persons[index] = newP
```

## 2.6.3 列表的过滤

对列表进行过滤显示，是项目开发中常见的功能之一。列表过滤分为两种，分别是后台过滤和前台过滤。后台过滤是发送请求并提交条件参数给后台，由后台计算出过滤后的数组返回前台显示；而前台过滤是后台返回所有数据的数组，由前台进行过滤处理后显示。本节要实现的就是前台的列表过滤效果。

现在的需求为：当输入框没有任何输入时，显示所有人员的列表；当输入姓名时，下方会实时显示所有匹配的人员列表。初始页面效果如图 2-37 所示，过滤页面效果如图 2-38 所示。

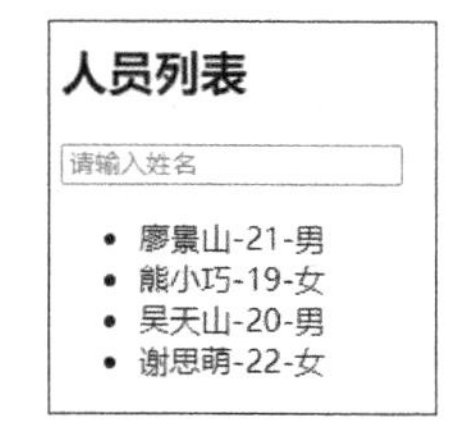


图 2-37 初始页面效果

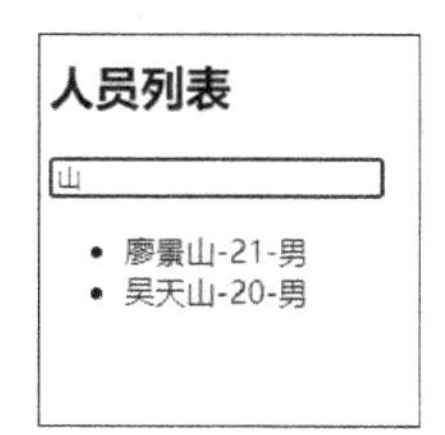


图 2-38 过滤页面效果

我们先对上方需求进行分析，然后编写实现代码。

页面由标题、输入框和列表组成。对于输入框输入的姓名，可以使用 v-model 指令将输入的数据收集到 data 对象的 keyword 属性中。下方显示的列表无疑是通过遍历数据得到的，但是这个数据不能直接是所有人员的列表（初始列表），它需要是一个根据 keyword 属性进行过滤后的列表。对于这部分的处理，我们可以先在 data 对象中定义包含所有人员的数组 persons，再定义一个根据 keyword 属性进行过滤的计算属性 filterPerons，其过滤的条件就是人员的 name 中包含 keyword 属性。

此时整体逻辑已经十分清晰，读者可以先尝试写出实现代码，再对照下方实现代码进行优化。如果思路还是不清晰，那么可以先对下方代码进行阅读思考，再独立写出实现代码。

完整实现代码如下。

Vue 代码如下。

```
<div id="app">
    <h2>人员列表</h2>
    <input type="text" placeholder="请输入姓名" v-model="keyword">
    <ul>
        <li v-for="(p,index) of filterPerons" :key="index">
            {{p.name}}-{{p.age}}-{{p.sex}}
        </li>
    </ul>
</div>
```

JavaScript 代码如下。

```
const {createApp} = Vue

createApp({
    data (){
        return{
            persons:[ // 所有人员的列表
                {id: '001', name: '廖景山', age: 21, sex: '男'},
                {id: '002', name: '熊小巧', age: 19, sex: '女'},
                {id: '003', name: '吴天山', age: 20, sex: '男'},
                {id: '004', name: '谢思萌', age: 22, sex: '女'}
```

```
            ],
            keyword:'', // 输入的姓名
        }
    },

    computed:{
        filterPerons(){// 过滤后用于显示人员列表的计算属性
            return this.persons.filter((p)=>{
                return p.name.indexOf(this.keyword) !== -1
            })
        }
    }
}).mount('#app')
```

## 2.6.4 列表的排序

2.6.3 节对列表的过滤进行了相关讲解，对于大部分网站和用户来讲，这个功能并不够完善。下面就在 2.6.3 节案例的基础上对需求进行升级，现在的需求为：在对人员列表进行过滤的同时，提供排序的功能。需要增加 3 个按钮，分别是“年龄升序”“年龄降序”“原顺序”，点击“年龄升序”或“年龄降序”按钮，根据年龄对人员列表进行升序或者降序处理，点击“原顺序”按钮，人员列表变为原本顺序。下面就来实现新增的需求。

根据需求，我们需要实现如图 2-39 所示的页面效果。

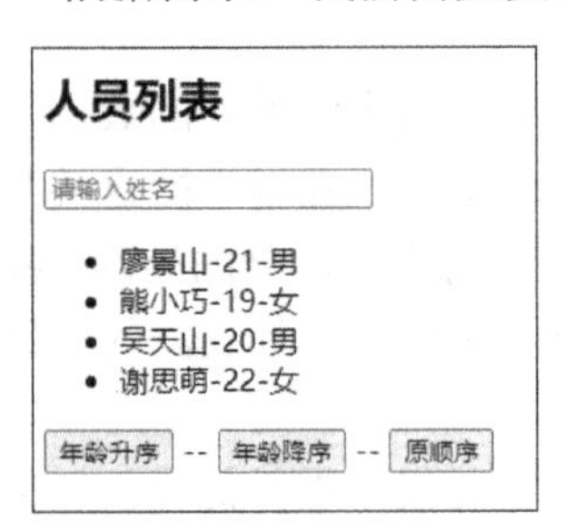


图 2-39 页面效果

下面对这个需求进行分析。过滤后的人员列表有 3 种状态：升序、降序和原顺序。这里可以设计一个 data 数据 sortType 来标识这 3 种状态。因为有 3 种状态，所以不能将其设计为布尔类型，number 类型和字符串类型都可以满足，这里将其设计为 number 类型。用 0 代表原顺序，1 代表降序，2 代表升序，值指定为 0。点击按钮时，sortType 更新相应的数值。在 filterPerons 计算属性中，先根据 keyword 产生一个过滤后的数组，再根据 sortType 选择是否进行排序，从而决定是进行升序排列还是降序排列。

此时整体逻辑已经十分清晰，读者可以先尝试写出实现代码，再对照下方实现代码进行优化。如果思路还是不清晰，则可以先对下方代码进行阅读思考，再独立写出实现代码。

完整实现代码如下。

Vue 代码如下。

```
<div id="app">
    <h2>人员列表</h2>
    <input type="text" placeholder="请输入姓名" v-model="keyword">
    <ul>
        <li v-for="(p,index) of filterPerons" :key="p.id">
            {{p.name}}-{{p.age}}-{{p.sex}}
        </li>
    </ul>
    <button @click="sortType = 2">年龄升序</button> --
    <button @click="sortType = 1">年龄降序</button> --
    <button @click="sortType = 0">原顺序</button>
</div>
```

JavaScript 代码如下。

```
const {createApp} = Vue

createApp({
    data (){
```

```
        return{
            persons:[ // 所有人员的列表
                {id: '001', name: '廖景山', age: 21, sex: '男'},
                {id: '002', name: '熊小巧', age: 19, sex: '女'},
                {id: '003', name: '吴天山', age: 20, sex: '男'},
                {id: '004', name: '谢思萌', age: 22, sex: '女'}
            ],
            keyword: '', // 输入的姓名
            sortType: 0, //0 代表原顺序，1 代表降序，2 代表升序
        }
    },

    computed:{
        // 过滤并排序后的人员列表
        filterPerons(){
            // 取出依赖数据
            const {persons, keyword, sortType} = this

            // 对总数组进行过滤产生过滤后的数组
            const arr = persons.filter((p)=>{
                return p.name.indexOf(keyword) !== -1
            })
            // 只有当 sortType 的值不为 0 时，才进行排序
            if(sortType != 0){
                arr.sort((p1, p2)=>{
                    if (sortType===1){ // 降序
                        return p2.age-p1.age
                    } else { // 升序
                        return p1.age-p2.age
                    }
                })
            }
            return arr
        }
    }
}).mount('#app')
```

## 2.7 事件处理

2.5 节和 2.6 节已经多次演示通过在 button 上绑定点击事件监听来处理点击响应的操作了，本节就来详细介绍 Vue 中的事件处理。在学习之前需要说明一点，Vue 既支持原生 DOM 事件处理，也支持 Vue 自定义事件处理，但本节只关注原生 DOM 事件处理，至于 Vue 自定义事件处理，我们会在 4.6 节中进行详细讲解。

### 2.7.1 绑定事件监听

我们可以在 HTML 标签上使用 v-on 指令来绑定原生 DOM 事件监听，基本语法格式如下。

```
v-on:事件名="handler"
```

当然，在通常情况下，我们一般使用简化形式“@事件名="handler"”。handler 为事件处理器，Vue 支持多种 handler 的写法。下面会对 handler 的写法分别进行讲解，先来看一下初始代码。

Vue 代码如下。

```
<div id="app">
  <h2>num: {{num}}</h2>
```

```
  <button>测试 event1(点击提示按钮的文本)</button><br><br>
  <button>测试 event2(点击提示指定的数据)</button><br><br>
  <button>测试 event3(点击 num 的数量加 3)</button><br><br>
  <button>测试 event4(点击提示按钮的文本和指定的数据)</button><br><br>
</div>
```

JavaScript 代码如下。

```
const {createApp} = Vue

createApp({
    data (){
        return{
            num: 2
        }
    }
}).mount('#app')
```

handler 有 3 种写法，下面进行具体讲解。

（1）handler 是一个方法名，对应 methods 配置中的一个同名方法。

当事件触发时，对应的方法会被自动调用。这是用得最多的一种写法，我们可以使用它来实现第 1 个按钮的点击功能。代码如下。

Vue 代码如下。

```
<button @click="handleClick1">测试 event1(点击提示按钮的文本)</button>
```

JavaScript 代码如下。

```
methods: {
  handleClick1 (event) {
    alert(event.target.innerHTML)
  }
}
```

对于上方代码来说，当点击按钮时触发 handleClick1 方法。需要特别说明的是，handleClick1 方法中定义的形式参数（形参）event，接收的就是事件对象，这是原生 DOM 事件监听回调原本的特性。

（2）handler 是一条语句，只是这条语句有两种含义：可以是调用 methods 配置中某个方法的语句，也可以是直接更新 data 数据的语句。

下面分别进行说明。

① 比如现在要实现点击第 2 个按钮，提示指定的数据。我们就可以让 handler 是调用 methods 配置中某个方法的语句，并传入自定义数据。在这种情况下，一般会省略语句最后的分号，来看下方代码。

Vue 代码如下。

```
<button @click="handleClick2('特定任意类型数据')">测试 event2(点击指定的数据)</button>
```

JavaScript 代码如下。

```
methods: {
  handleClick2 (msg) {
    alert(msg)
  }
}
```

需要特别说明的是，方法调用的语句在事件发生前不会被执行，只有在事件发生后，才会被自动调用执行。

② 比如现在要实现点击第 3 个按钮，让 num 的数量加 3。我们就可以让 handler 是直接更新 data 数据 num 的语句。同样省略分号，来看下方代码。

Vue 代码如下。

```
<button @click="num += 3">测试 event3(点击 num 的数量加 3)</button>
```

（3）handler 是一个箭头函数，它就是事件监听回调函数，可以接收一个 event 对象。

我们可以在箭头函数中调用方法或直接更新 data 数据，来看下方代码。

Vue 代码如下。

```
<button  @click="event  =>  handleClick2('特定任意类型数据')">测试 event2(点击提示指定的数据)</button>
<button @click="event => num += 3">测试 event3(点击 num 的数量加 3)</button>
```

上方代码使用箭头函数的方式重写了之前代码的实现。

当然如果不需要 event，就可以在定义时省略。在这种情况下，明显第 2 种写法比第 3 种写法要简单，但如果在调用方法时既需要 event，也需要自定义数据，就需要用第 3 种写法来实现了。比如现在要实现点击第 4 个按钮，提示按钮的文本和指定的数据。我们可以用 handler 的第 3 种写法来实现，代码如下。

Vue 代码如下。

```
<button  @click="event  =>  handleClick4('特定任意类型数据',  event)">测试 event4(点击提示按钮的文本和指定的数据)</button>
```

JavaScript 代码如下。

```
methods: {
  handleClick4 (msg, event) {
    alert(msg + '--' + event.target.innerHTML)
  }
}
```

但这并不是最简化的实现方式，当 handler 是方法调用语句时，Vue 提供了一个隐含的变量$event 来代表 event 对象。这样我们可以用更简化的代码实现上面的需求。

```
<button  @click="handleClick4('特定任意类型数据',  $event)">测试 event4(点击提示按钮的文本和指定的数据)</button>
```

其实在实际开发中，箭头函数写法的使用频率很小。这是因为我们完全可以选择最后提供的方式来代替。

## 2.7.2　事件修饰符

在原生 DOM 事件处理中，我们可以在事件监听回调函数中通过 event.preventDefault 来阻止事件默认行为，还可以通过 event.stopPropagation 来停止事件冒泡。Vue 设计了简洁的事件修饰符语法来实现对事件的这两种操作及其他操作。

事件修饰符是用点表示的事件指令后缀，比如“@事件名.事件修饰符名="handler"”。常用的事件修饰符有下面几个。

- .stop：停止事件冒泡。
- .prevent：阻止事件默认行为。
- .once：事件只处理一次。

下面通过案例来演示常用事件修饰符的使用方法。

Vue 代码如下。

```
<div id="app">
  <a href="http://www.baidu.com" @click.prevent="test1">去百度</a>
  <br>
  <br>
  <div style="width:200px;height:200px;background: yellow;" @click="test2">
    outer
    <div style="width:100px;height:100px;background:green;"
        @click.stop="test3">inner</div>
  </div>
  <br>
  <button @click.once="test4">只响应一次点击</button>
</div>
```

JavaScript 代码如下。

```
const {createApp} = Vue

createApp({
    data (){
        return{
            num: 2
        }
    },

methods: {
  test1 () {
    alert('响应点击链接')
  },
  test2 () {
    alert('点击 outer')
  },
  test3 () {
    alert('点击 inner')
  },
  test4 () {
    alert('响应点击')
  }
},
}).mount('#app')
```

在通常情况下，点击链接默认会跳转页面，而上方代码通过“.prevent”事件修饰符阻止事件默认行为，最终就不会跳转页面了。

我们在外部 div 和内部 div 上都绑定了点击事件。当点击内部 div 的绿色区域时，默认内部 div 会响应，但是由于事件冒泡，因此外部 div 也会响应。而上方代码通过“.stop”事件修饰符停止事件冒泡，外部 div 就不会响应了。

因为上方代码为按钮指定了“.once”事件修饰符，所以点击按钮时，其只会响应一次。

## 2.7.3 按键修饰符

每个键盘按键都有一个对应的 key 值，用户可以通过 event.key 得到各个按键的 key 值。请思考下方代码的运行效果。

Vue 代码如下。

```
<input type="text" @keyup="hint">
```

JavaScript 代码如下。

```
const {createApp} = Vue

createApp({
   methods: {
     hint(event) {
       alert(event.key)
     }
   },
}).mount('#app')
```

在输入框获取焦点后，用户按任意键盘按键其就可以提示对应的 key 值。比如，按 Enter 键提示 Enter；按 A 键，提示 a；按上方向键，提示 ArrowUp。如果我们想要在按某个键盘按键时进行警告提示处理，又该如何实现呢？

最直接的处理方式就是在方法中判断 key 值。Vue 提供了键盘按键修饰符来简化此操作，基本语法为"@事件名.key="handler""，事件名可以是任意 DOM 支持的按键事件，比如 keydown 或 keyup，key 为按键对应 key 值的 kebab-case 形式，比如 Enter 键为 enter，上方向键为 arrow-up，具体如下。

```
<!-- 当Enter键抬起时触发 -->
<input type="text" @keyup.enter="hint">
<!-- 当上方向键抬起时触发 -->
<input type="text" @keyup.arrow-up="hint">
<!-- 当A键抬起时触发 -->
<input type="text" @keyup.a="hint">
```

但事实上一些按键的 key 值并不是特别友好的，为此 Vue 提供了更加友好的按键别名来进一步简化代码，具体如下。

- .space：空格键。
- .up：上方向键。
- .down：下方向键。
- .left：左方向键。
- .right：右方向键。

这里以.up 为例进行演示，具体如下。

```
<!-- 当上方向键抬起时触发 -->
<input type="text" @keyup.up="hint">
```

除了键盘按键修饰符，Vue 还提供了鼠标按键修饰符和系统按键修饰符，如表 2-2 所示。

表 2-2　鼠标按键修饰符和系统按键修饰符

| | 修饰符 | 含义 |
|---|---|---|
| 鼠标按键修饰符 | .left | 鼠标左键 |
| | .right | 鼠标右键 |
| | .middle | 鼠标中键 |
| 系统按键修饰符 | .ctrl | Ctrl 键 |
| | .alt | Alt 键 |
| | .shift | Shift 键 |

值得一提的是，系统按键修饰符一般会与键盘按键修饰符或鼠标按键修饰符配合使用，下面就是 Alt 键与 Enter 键的组合。

```
<input @keyup.alt.enter="hint" />
```

## 2.8　收集表单数据

在项目开发中，表单是常见的页面效果。我们常常需要让表单输入框根据 JavaScript 中的变量数据来实现动态显示，同时需要将用户输入的数据实时同步到 JavaScript 变量中。在 Vue 中，比较原始的做法是给输入框绑定动态 value 属性和 input 监听来实现，语法格式如下。

```
<input :value="msg" @input="msg = $event.target.value">
```

其实可以通过 v-model 指令来简化代码，具体如下。

```
<input v-model="msg">
```

使用这种方式，输入框可以根据 msg 初始化动态显示和更新动态显示。同时用户在输入时，输入的数据会自动保存到 msg 上。这就是前面所说的双向数据绑定的效果。

下面具体讲解使用 v-model 指令收集表单数据的相关内容。

## 2.8.1 使用 v-model 指令

v-model 指令可应用在各种不同类型的表单输入元素上，包括 input、textarea、select。

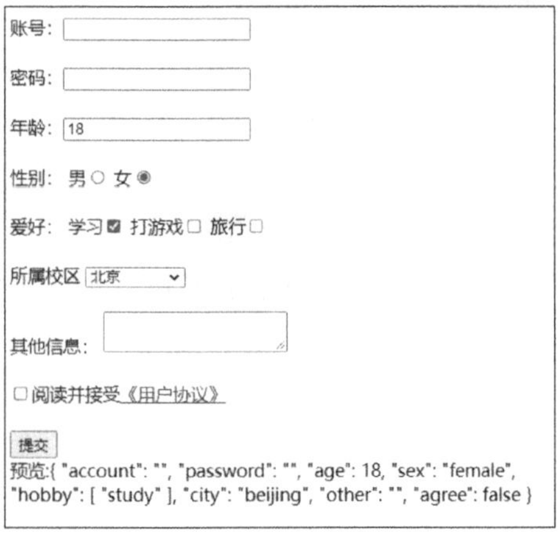
账号:
密码:
年龄: 18
性别: 男 女
爱好: 学习 打游戏 旅行
所属校区 北京
其他信息:
阅读并接受《用户协议》
提交
预览:{ "account": "", "password": "", "age": 18, "sex": "female", "hobby": [ "study" ], "city": "beijing", "other": "", "agree": false }

图 2-40　表单页面

它会根据所应用的元素的不同，自动扩展到不同的 DOM 属性和事件监听上。下面列举了 3 种情况。

- text 类型和 password 类型的 input 和 textarea：value 属性和 input 事件监听。
- radio 类型和 checkbox 类型的 input：checked 属性和 change 事件监听。
- select：value 属性和 change 事件监听。

下面通过一个案例来演示使用 v-model 指令收集用户注册表单的各种数据的方法，如图 2-40 所示。

该表单页面中共有 8 个表单输入元素，其中账号、密码和年龄为输入框，性别为单选按钮，爱好、阅读并接受《用户协议》为复选框，所属校区为下拉列表，其他信息为文本框。

读者可以先尝试写出实现代码，或者整理出大体思路，再对照下方实现代码进行学习。如果思路不清晰，可以先对下方代码进行阅读思考，再独立写出实现代码。当然，下面也会给出分析和说明，以帮助读者更好地理解本案例。如图 2-40 所示的表单页面及其功能的完整实现代码如下。

Vue 代码如下。

```
<div id="app">
    <form @submit.prevent="confirm">
        账号: <input type="text" v-model="userInfo.account"> <br/><br/>
        密码: <input type="password" v-model="userInfo.password"> <br/><br/>
        年龄: <input type="number" v-model="userInfo.age"> <br/><br/>
        性别:
        男<input type="radio" name="sex" v-model="userInfo.sex" value="male">
        女<input type="radio" name="sex" v-model="userInfo.sex" value="female"> <br/><br/>
        爱好:
        学习<input type="checkbox" v-model="userInfo.hobby" value="study">
        打游戏<input type="checkbox" v-model="userInfo.hobby" value="game">
        旅行<input type="checkbox" v-model="userInfo.hobby" value="eat">
        <br/><br/>
        所属校区
        <select v-model="userInfo.city">
            <option value="">请选择校区</option>
            <option value="beijing">北京</option>
            <option value="shanghai">上海</option>
            <option value="shenzhen">深圳</option>
            <option value="wuhan">武汉</option>
        </select>
        <br/><br/>
        其他信息:
        <textarea v-model="userInfo.other"></textarea> <br/><br/>
        <input type="checkbox" v-model="userInfo.agree">阅读并接受<a href="http://www.
atguigu.com">《用户协议》</a><br/><br/>
        <button>提交</button>
    </form>
    <div>预览:{{userInfo}}</div>
</div>
```

JavaScript 代码如下。

```
const {createApp} = Vue

createApp({
    data (){
        return{
            userInfo:{
                account:'',
                password:'',
                age:18,
                sex:'female',
                hobby:['study'],
                city:'beijing',
                other:'',
                agree:false
            }
        }
    },

    methods:{
        confirm(){
            alert(`提交注册请求 用户信息: ${JSON.stringify(this.userInfo)}`)
        }
    }
}).mount('#app')
```

在这个案例中，我们利用 v-model 指令收集 input、textarea 和 select 表单元素的数据。这里有几点需要注意。

（1）如果我们想将多个表单元素输入数据收集到一个单独的对象 userInfo 中，那么 v-model 指令指定的表达式必须是 userInfo.xxx，而 xxx 则需要是对象 userInfo 中的某个已有的属性名，用来存储当前表单元素输入数据。

（2）具有多个 radio 的单选按钮，必须指定用于收集的不同 value 属性，否则效果完全不正确。值得一提的是，如果 v-model 指令指定的是同一个表达式 userInfo.sex，则收集的是被选中的某个 radio 的 value 属性。如果初始想选中某个 radio，则需要让 sex 的初始值为被选中 radio 的 value 属性。

（3）具有多个 checkbox 的复选框，需要指定用于收集的不同 value 属性。与单选按钮类似，v-model 指令指定的也是同一个表达式 userInfo.hobby，收集到的是所有被选中 checkbox 的 value 属性组成的数组。如果初始想选中某个 checkbox，则 hobby 数组的初始值需要包含其 value 属性。

（4）具有单个 checkbox 的复选框，不需要指定 value 属性，v-model 指令收集的是布尔值，具体地说，当被选中时为 true，反之为 false。

（5）select 上的 v-model 指令用于收集被选中的 option 的 value 属性。

（6）表单提交监听需要绑定在 form 标签上，同时需要通过.prevent 事件修饰符来阻止表单自动提交。

（7）案例中的点击按钮@submit.prevent="confirm"，在 confirm 回调中发送注册的 AJAX 请求。

## 2.8.2　相关指令修饰符

Vue 为 v-model 指令提供了相关的指令修饰符，用于满足特定场景的需求，基本语法为“v-model.指令修饰符名”。下面就来学习 v-model 指令相关的 3 个指令修饰符。

1）.lazy

在默认情况下，绑定 v-model 指令的输入框在用户输入过程中，会自动将输入数据实时同步到 data 的对应属性上。而加上.lazy 修饰符后，在用户输入过程中输入数据不会被实时同步到 data 的对应属性上，只有当输入框失去焦点时输入数据才会被同步。

事实上，在不添加.lazy 修饰符时，内部绑定的是 input 事件，而添加.lazy 修饰符后，内部绑定的是 change 事件。input 事件在输入过程中触发，而 change 事件在输入数据被修改且输入框失去焦点后触发。

2）.trim

在默认情况下，输入文本两端的空格会被同步到 data 的对应属性上，如果手动去除这些空格，对于开发者来说会比较麻烦，此时可以直接通过.trim 修饰符将文本两端的空格自动去除后，再同步到 data 的对应属性上。

3）.number

在默认情况下，一个非 number 类型的输入框收集的都是文本字符串，即便输入的内容是数值，也会被转换为数值字符串。通过.number 修饰符可以在输入的是纯数值文本，或者前面部分是数值文本的情况下，将数据自动转换为数值后再同步到 data 的对应属性上。如果前面部分不是数值文本，则会直接将文本字符串同步到 data 的对应属性上。

下面通过一个综合案例来演示上面 3 种指令修饰符的使用方法，如下代码所示。

Vue 代码如下。

```
<div id="app">
    <form @submit.prevent="confirm">
        账号 1: <input type="text" v-model.lazy="userInfo.account1"> <br/><br/>
        账号 2: <input type="text" v-model.trim="userInfo.account2"> <br/><br/>
        账号 3: <input type="text" v-model.number="userInfo.account3"> <br/><br/>
        <button>提交</button>
    </form>
    <div>预览:{{userInfo}}</div>
</div>
```

JavaScript 代码如下。

```
const {createApp} = Vue

createApp({
    data (){
        return{
            userInfo:{
                account1:'',
                account2: '',
                account3: ''
            }
        }
    },

    methods:{
        confirm(){
            alert(`提交注册请求 用户信息: ${JSON.stringify(this.userInfo)}`)
        }
    }
}).mount('#app')
```

运行代码后，在账号 1 对应的输入框中输入数据时，输入过程中，account1 不会发生变化，只有在输入框失去焦点后，才变化为输入框中输入的数据，如图 2-41 和图 2-42 所示。

在账号 2 对应的输入框中输入文本并在其左右输入空格时，account2 不会发生变化；在输入框失去焦点后，输入框中输入的空格自动消失，如图 2-43 和图 2-44 所示。

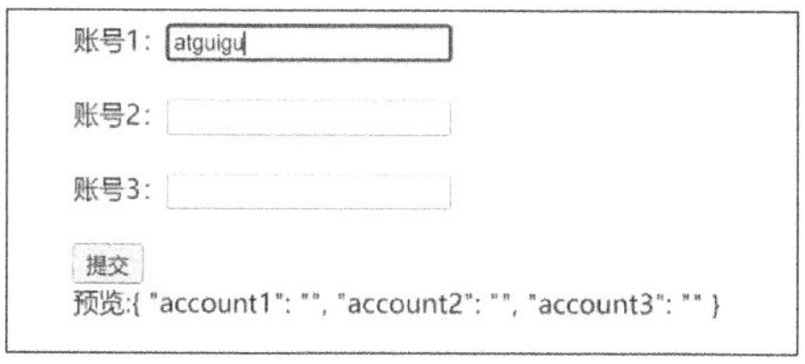

图 2-41　输入框未失去焦点时的页面效果（1）

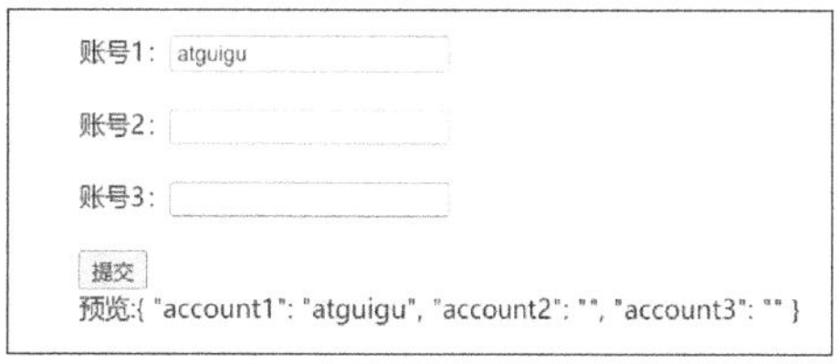

图 2-42　输入框失去焦点后的页面效果（1）

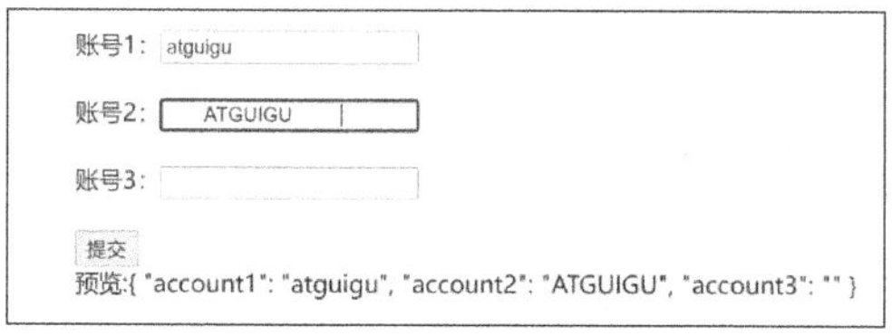

图 2-43　输入框未失去焦点时的页面效果（2）

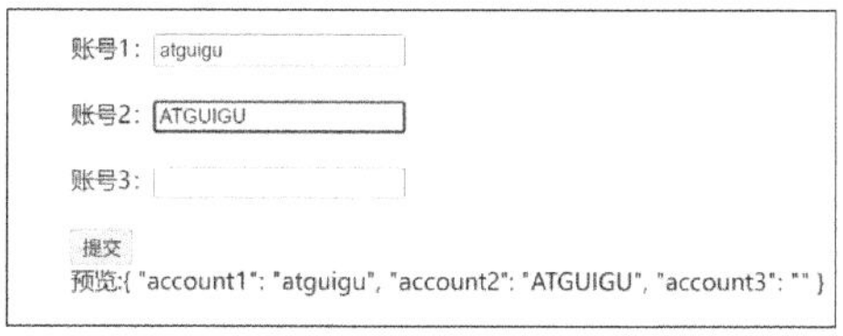

图 2-44　输入框失去焦点后的页面效果（2）

在账号 3 对应的输入框中输入 6 时，account3 的值为数值 6；在输入 67a 时，account3 的值为数值 67；但在输入 a6 时，account3 的值为字符串 a6，如图 2-45、图 2-46 和图 2-47 所示。

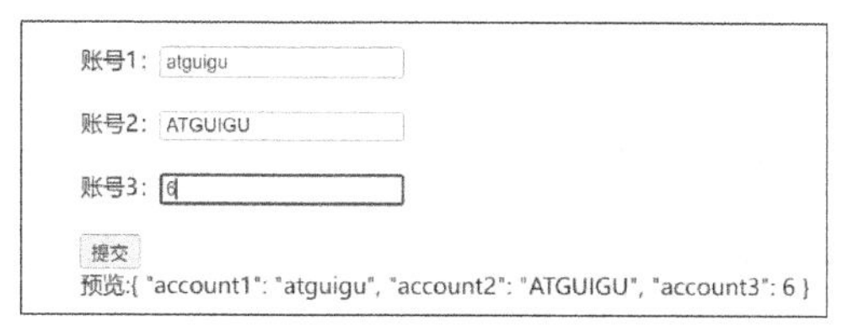


图 2-45　在输入框中输入 6 时

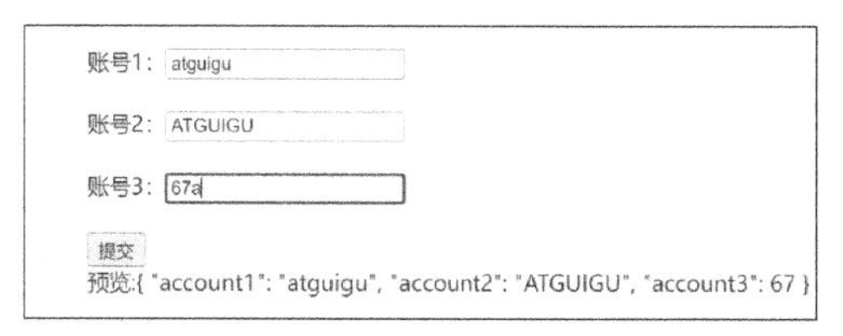


图 2-46　在输入框中输入 67a 时

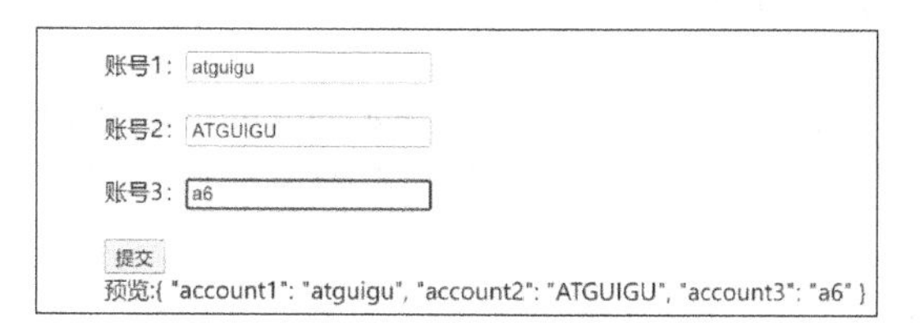


图 2-47　在输入框中输入 6a 时

## 2.9　Vue 实例的生命周期

任何事物都有生命发展过程，它们都需要经历诞生、成长和消亡的过程。Vue 实例也是一样的，其在应用过程中也会经历初始、挂载、更新及销毁的过程，我们将这个过程称为 Vue 实例的生命周期。在生命周期的不同阶段会触发不同的事件，这就像人在婴儿时期需要喝奶汲取营养，在幼儿时期需要练习语言与行走，在少儿时期需要学习知识与成长，在青年、中年时期需要工作与发展，在迟暮之年渐渐步入死亡。对应在开发中，Vue 实例在不同阶段会主动通过调用特定的回调函数来通知应用程序，我们将其称为“生命周期钩子函数”。

### 2.9.1　生命周期流程图

Vue 实例的生命周期主要包括初始、挂载、更新、销毁几个不同的阶段，它们是按照顺序依次执行的。值得一提的是，所有阶段的执行次数和目标不都是相同的。其中，初始、挂载和销毁这 3 个阶段就像人的诞生与死亡一样，都只执行一次；更新阶段就像人的成长一样，是在不断发展和变化的，可以被不断地触发。下面通过图 2-48 来演示 Vue 实例的生命周期。

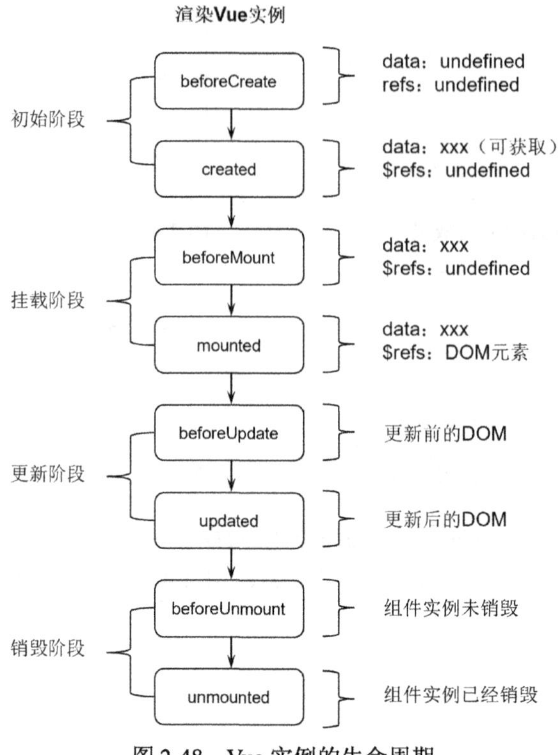

图 2-48　Vue 实例的生命周期

## 2.9.2　Vue 实例的生命周期分析

Vue 实例的生命周期钩子函数的代码编写位置与 data、methods、computed、watch 等配置属于同级并列关系。2.9.1 节中说过，每个阶段生命周期钩子函数发生的情况都不同，下面我们结合代码来分析每个生命周期钩子函数的差异。

请思考下面这段代码的含义。

```
<!DOCTYPE html>
<html lang="en">
<head>
    <meta charset="UTF-8">
    <meta http-equiv="X-UA-Compatible" content="IE=edge">
    <meta name="viewport" content="width=device-width, initial-scale=1.0">
    <title>生命周期</title>
    <script src="https://cdn.bootcdn.net/ajax/libs/vue/3.2.40/vue.global.js"></script>
</head>
<body>
    <div id="app">
        <p ref="pRef">{{message}}</p>
        <button @click="message = '尚硅谷可以提供优质的互联网技术培训'">更新内容</button>
    </div>
    <script>
        const {
            createApp
        } = Vue

        const app = createApp({
            data() {
                return {
                    message: '欢迎来到尚硅谷',
```

```
                }
            },
            beforeCreate() {
                console.log('beforeCreate', this.message, this.$refs.pRef)
            },
            created() {
                console.log('created', this.message, this.$refs.pRef)
            },
            beforeMount() {
                console.log('beforeMount', this.message, this.$refs.pRef)
            },
            mounted() {
                console.log('mounted', this.message, this.$refs.pRef)
            },
            beforeUpdate() {
                console.log('beforeUpdate')
                debugger;
            },
            updated() {
                console.log('updated')
            },
            beforeUnmount() {
                console.log('beforeUnmount', this.$refs.pRef)
                debugger;
            },
            unmounted() {
                console.log('unmounted', this.$refs.pRef)
            }
        })

        app.mount('#app');
        setTimeout(() => {
            app.unmount();
        }, 5000);
    </script>
        </script>
</body>
</html>
```

上面的代码中演示了 8 个生命周期钩子函数，下面分别进行分析。

1）beforeCreate

beforeCreate 是 Vue 实例的第 1 个生命周期钩子函数。在该生命周期钩子函数中出现了 this 对象，这个 this 指向的是当前 Vue 的实例对象。如果实例对象上有数据或者方法等内容，则后续可以通过 this.xxx 方式调用。值得一提的是，这个生命周期钩子函数是在 Vue 实例完成后立即触发的，但此时 props（属性接收）、data（数据初始化）、methods（方法调用）、computed（属性计算）及 watch（监听）等内容都还没有进行初始化，更不用说$el 的真实 DOM 了。因此在该生命周期钩子函数中，this.message 数据内容和 this.$refs.pRef 获取的真实 DOM 都为 undefined（未定义）。

2）created

created 生命周期钩子函数是在处理完所有与状态相关的选项后被调用的，这就意味着在调用该生命周期钩子函数之前，props、data、methods、computed、watch 等内容已经设置完成。因此，this.message 数据内容会打印出“欢迎来到尚硅谷”字符串内容，但是因为挂载阶段还没有开始，所以 this.$refs.pRef 属性仍旧为 undefined。

3）beforeMount

beforeMount 是在挂载真实 DOM 之前被触发的生命周期钩子函数。如果有 template 模板内容，则会将其编译成 render 函数并调用。因为这一阶段还没有获取真实 DOM，所以相关的内容都停留在虚拟 DOM 阶段。因此在这一阶段，this.message 数据内容会打印出“欢迎来到尚硅谷”字符串内容，但 this.$refs.pRef 属性仍旧为 undefined。

4）mounted

在这一阶段的网页中，el 元素对象最终被实例的$el 元素对象内容代替，成功地将虚拟 DOM 内容渲染到了真实 DOM 上。用户现在可以查看到网页元素最终渲染的效果，因此当前 this.$refs.pRef 打印出来的结果是一个真实 DOM。

到这里，前面出现的生命周期钩子函数都只会按照讲解顺序执行一次。我们可以将其称为“初始挂载阶段”，生命周期顺序以及相关内容输出打印的结果如图 2-49 所示。

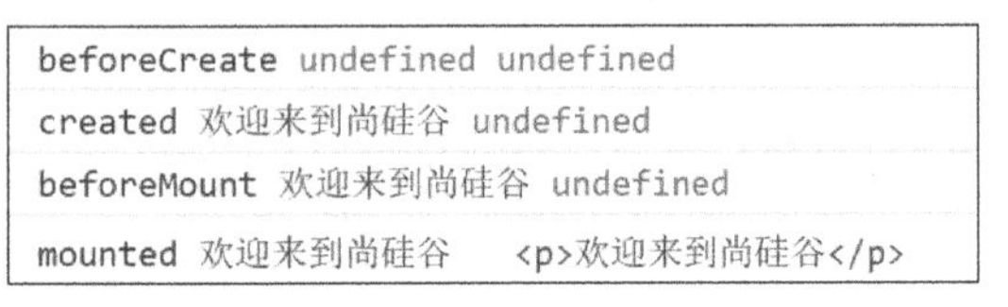


图 2-49　生命周期顺序以及相关内容输出打印的结果

5）beforeUpdate

组件在因为一个响应式状态变更即将更新真实 DOM 前，会调用 beforeUpdate 生命周期钩子函数。比如在示例代码中可以通过按钮修改 message 信息，这就产生了一个响应式数据的变更。示例代码在生命周期钩子函数中设置了一个 debugger 断点进行效果的查看，最终会发现页面中显示的仍旧是数据修改之前的真实 DOM，如图 2-50 所示。

6）updated

updated 生命周期钩子函数与 beforeUpdate 生命周期钩子函数类似，区别是前者在更新真实 DOM 前被调用，后者在更新真实 DOM 后被调用。将之前的断点调试继续运行，则会发现页面中的 message 内容已经被替换成“尚硅谷可以提供优质的互联网技术培训”字符串内容，如图 2-51 所示。

图 2-50　设置 debugger 断点查看效果

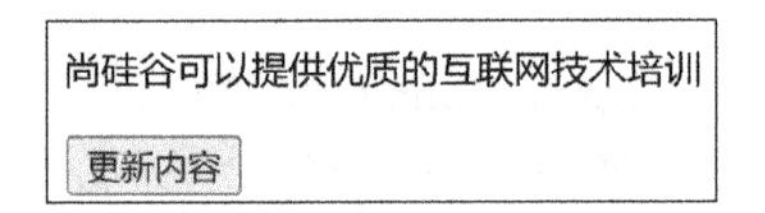


图 2-51　message 内容已经被替换

7）beforeUnmount

当调用当前的 beforeUnmount 生命周期钩子函数时，组件实例依然具有全部的功能。同样在该生命周期钩子函数中进行 debugger 断点调试，并且利用定时器进行组件实例的 unmount 销毁操作后，就可以看到 beforeUnmount 生命周期钩子函数。此时页面中仍将保留真实 DOM 显示的状态，控制台中的 this.$refs.pRef 仍旧显示真实 DOM，如图 2-52 所示。

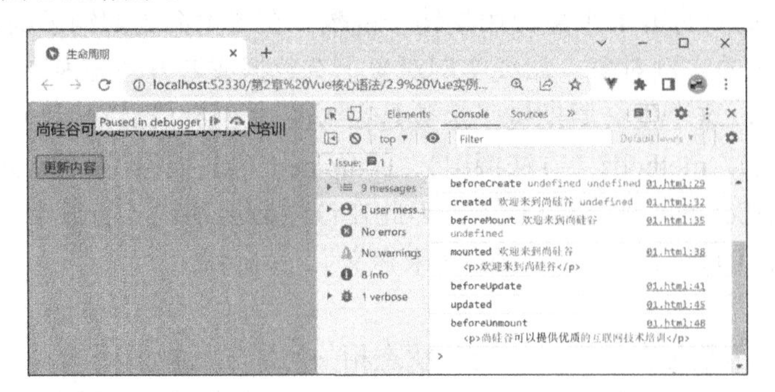


图 2-52　调用 beforeUnmount 生命周期钩子函数后的页面状态

8）unmounted

unmounted 生命周期钩子函数在一个组件实例被销毁后被调用，此时对应组件实例的真实 DOM 也不复存在。继续当前的 debugger 调试，程序会进入 unmounted 生命周期，显然 this.$refs.pRef 对象内容已经被清空，网页中不再显示任何的真实 DOM，如图 2-53 所示。

```
beforeCreate undefined undefined          01.html:29
created 欢迎来到尚硅谷 undefined             01.html:32
beforeMount 欢迎来到尚硅谷 undefined         01.html:35
mounted 欢迎来到尚硅谷                       01.html:38
  <p>欢迎来到尚硅谷</p>
beforeUpdate                              01.html:41
updated                                   01.html:45
beforeUnmount                             01.html:48
  <p>尚硅谷可以提供优质的互联网技术培训</p>
unmounted null                            01.html:52
```

图 2-53　网页中不再显示任何的真实 DOM

### 2.9.3　常用的生命周期钩子函数

Vue 拥有这么多的生命周期钩子函数，哪些才是项目开发中常用的呢？下面结合实际情况从 6 个方面对各个生命周期钩子函数进行分析。

（1）对于 beforeCreate 来说，通用 this 不能操作数据、不能调用方法，也不能操作真实 DOM，能够处理的内容少之又少，只能设置一些无关数据操作的定时器与网络连接。

（2）虽然 created 中已经拥有 data、method、computed、watch 等内容，这就意味着可以尝试进行数据请求并修改的操作，但此时并没有真实 DOM，谁也无法确保在 Vue 实例化过程中是否会出现异常，从而导致真实 DOM 无法渲染，最终造成数据请求和数据修改的操作没有意义。

（3）beforeMount 主要处理的是虚拟 DOM 生成，如果想要操作虚拟 DOM，则可以在这一阶段实现。但在开发过程中开发人员直接操作虚拟 DOM 的情况并不常见，因此这一生命周期钩子函数也不常用。

（4）其实最常用的生命周期钩子函数是 mounted，因为此时已经确保所有 data、method、computed、watch 等内容的存在，可以操作所有响应式数据。在该生命周期钩子函数中，可以对请求数据、后续接口处理操作定义的方法、计算与监听等。而且在该生命周期钩子函数中真实 DOM 已经存在，说明实例渲染无误，那么在这里再操作真实 DOM 也变得简单清楚。

（5）beforeUpdate 与 updated 是在响应式数据更新时被触发的生命周期钩子函数。在这两个生命周期钩子函数中操作需要十分小心，因为修改任何一个数据都会触发这两个生命周期钩子函数，这就意味着它们的触发频率是非常高的。

这里需要思考的是，在更新阶段是否要进行类似数据请求的操作，以及数据请求操作频率的问题，这将牵扯到与性能相关的问题，因此这两个生命周期钩子函数并不常用。如果一定要使用，则需要注意利用特定的条件对触发的频率进行限制。

（6）因为在 unmounted 阶段已经完全销毁了组件实例，所以在这个生命周期钩子函数中操作的内容相对较少。如果需要进行清除定时器、取消监听、断开网络连接等操作，建议在 beforeUnmount 组件实例未完全销毁阶段进行，这样也能够确保在 unmounted 阶段销毁的组件实例是比较干净纯粹的。

综上所述，mounted、beforeUnmount 是项目开发中常用的生命周期钩子函数。

## 2.10　过渡与动画

动画的类型主要划分为 CSS 样式动画和 JavaScript 脚本动画，其中，CSS 样式动画可以划分为 transition 过渡动画和 animation 逐帧动画。在 Vue 中只能使用内置组件 transition 实现单一元素的动画，对于多元素分组动画，则可以使用 transition-group 组件处理。

### 2.10.1 基于 CSS 的过渡动画效果

基于 CSS 的样式实现动画效果，开发人员需要编写自定义动画样式。样式的名称不能随意命名，需要遵循一定的规则标准。我们将动画划分为两类，分别是开始动画与结束动画。

开始动画的类名主要有 3 个，包括 v-enter-from（进入动画起始）、v-enter-active（进入动画生效）、v-enter-to（进入动画结束）；结束动画的类名与开始动画的类名是对应的，主要有 3 个，包括 v-leave-from（离开动画起始）、v-leave-active（离开动画生效），v-leave-to（离开动画结束），下面通过图 2-54 演示这 6 个类名发生的时刻。值得一提的是，动画类名中的 v 指代的是用户自定义的动画样式类名，而不是字面意义上的 v 字母。

除了上面这种形式，我们还可以为过渡效果命名。比如 fade-enter-active、fade-leave-active 等自定义动画样式类名，就是利用 fade 单词替换了动画类名中的 v 字母。这就是自定义动画样式的类名规则，即只能使用自定义动画样式名称替换 v 字母，后面的命名规则不可改变。

现在只需要利用内置组件 transition 包裹动画元素，并给 transition 组件设置属性 name，name 的值对应自定义动画样式名称 fade。需要注意的是，transition 组件的操控范围只限一个子元素，无法对多个包裹的子元素进行动画样式处理。

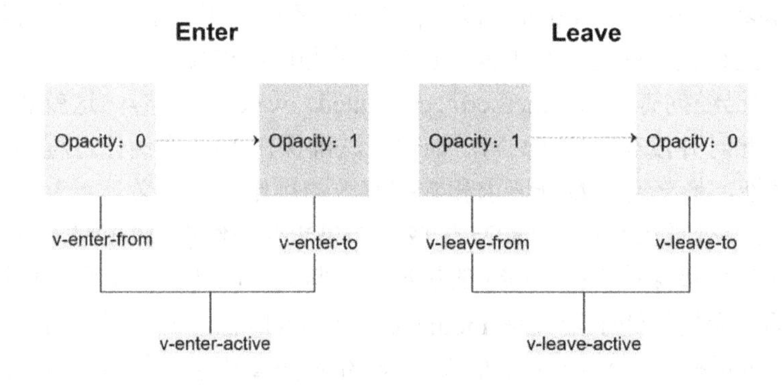


图 2-54 过渡动画效果中类名发生的时刻

请思考下面代码的运行效果。

```
<!DOCTYPE html>
<html lang="en">
  <head>
    <meta charset="UTF-8" />
    <meta http-equiv="X-UA-Compatible" content="IE=edge" />
    <meta name="viewport" content="width=device-width, initial-scale=1.0" />
    <title>基于 CSS 的过渡动画效果</title>
    <script src="https://cdn.bootcdn.net/ajax/libs/vue/3.2.40/vue.global.js"></script>
    <style>
      /* 开始动画与结束动画都是透明度渐变动画 */
      .fade-enter-active,
      .fade-leave-active {
        transition: opacity 0.5s ease;
      }
      /* 开始动画的初始透明度为 0，结束动画的最终透明度也为 0 */
      .fade-enter-from,
      .fade-leave-to {
        opacity: 0;
      }
    </style>
  </head>
```

```
  <body>
    <div id="app">
      <button @click="show = !show">切换动画</button>
      <transition name="fade">
        <div v-if="show">Hello Vue3!</div>
      </transition>
    </div>
    <script>
      const { createApp } = Vue
      createApp({
        data() {
          return {
            show: false,
          }
        },
      }).mount('#app')
    </script>
  </body>
</html>
```

点击“切换动画”按钮后可以看到动画元素的显现是一个渐显的过程，而动画元素的隐藏则是一个渐隐的过程，完全实现了基于 CSS 的过渡动画效果。

## 2.10.2 基于 CSS 的逐帧动画效果

CSS 的过渡动画只能实现开始与结束的动画效果，而 animation 逐帧动画却可以实现更丰富、更细腻的动画效果。不过对于 Vue 来说，不管是过渡动画还是逐帧动画，用户都是利用 6 个样式类来自定义样式类名，从而实现动画效果的。

比如定义一个 slide 滑动逐帧动画效果，只需要在 slide-enter-active 和 slide-leave-active 中，指定 slide-in 与 slide-out 的逐帧动画名称，并在逐帧动画中利用百分比或者 from、to 来实现 *X* 轴位移操作。在自定义动画样式后，只需将 Vue 的 transition 动画组件的 name 属性值修改成 slide，即可实现指定元素滑入位移和滑出位移的动画效果。

下方代码就是在 2.10.1 节代码的基础上修改的，读者可自行对比体会，这里不再赘述。

```
<!DOCTYPE html>
<html lang="en">
  <head>
    <meta charset="UTF-8" />
    <meta http-equiv="X-UA-Compatible" content="IE=edge" />
    <meta name="viewport" content="width=device-width, initial-scale=1.0" />
    <title>基于 CSS 的逐帧动画效果</title>
    <script src="https://cdn.bootcdn.net/ajax/libs/vue/3.2.40/vue.global.js"></script>
    <style>
      /* 开始动画与结束动画都是指定逐帧动画名称 */
      .slide-enter-active {
        animation: slide-in 0.5s ease;
      }

      .slide-leave-active {
        animation: slide-out 0.5s ease;
      }

      /* 逐帧动画可以使用百分比，如果只设置开始动画与结束动画，则可以使用 from、to */
      @keyframes slide-in {
```

```
        0% {
          transform: translateX(100px);
        }

        100% {
          transform: translateX(0);
        }
      }

      @keyframes slide-out {
        from {
          transform: translateX(0);
        }

        to {
          transform: translateX(100px);
        }
      }
    </style>
  </head>
  <body>
    <div id="app">
      <button @click="show = !show">切换动画</button>
      <transition name="slide">
        <div v-if="show">Hello Vue3!</div>
      </transition>
    </div>
    <script>
      const { createApp } = Vue

      createApp({
        data() {
          return {
            show: false,
          }
        },
      }).mount('#app')
    </script>
  </body>
</html>
```

### 2.10.3 基于第三方动画类库的 CSS 动画效果

对于 Vue 的 CSS 动画，是不是只有自定义动画样式的处理方案呢？其实 Vue 的 CSS 动画还可以和第三方动画类库完美结合，从而可以更快、更便捷地实现炫酷的 CSS 动画效果。

animate.css 是一个拥有众多绚丽动画方式的 CSS 动画类库（这里只做简单演示，相关内容读者可自行查看 bootstrap 官方网站）。Vue 为了更好地与第三方动画类库结合，为 transition 组件设置了 enter-from-class、enter-active-class、enter-to-class、leave-from-class、leave-active-class、leave-to-class 6 个样式绑定的属性，这 6 个属性的名称与之前的 CSS 动画类名大致相同，意义也相差无几，这里不多做讲解。

我们可以通过 CDN 的方式引入 animate.css CSS 动画类库，在遵循其标准的前提下，直接利用 transition 组件提供的 6 个属性设置动画效果。任何动画样式都需要先设置 animate__animated 样式，以此表明它是 animate.css 提供的动画样式，然后设置特定的动画效果样式名称，比如在 enter-active-class 中设置

animate__bounceInRight，在 leave-active-class 中设置 animate__bounceOutRight 后，即可在不写任何自定义动画样式的情况下，实现绚丽的动画效果。

将上面描述的过程通过代码实现，具体如下。

```
<!DOCTYPE html>
<html lang="en">
  <head>
    <meta charset="UTF-8" />
    <meta http-equiv="X-UA-Compatible" content="IE=edge" />
    <meta name="viewport" content="width=device-width, initial-scale=1.0" />
    <title>基于第三方动画类库的 CSS 动画效果</title>
    <script src="https://cdn.bootcdn.net/ajax/libs/vue/3.2.40/vue.global.js"></script>
    <link
      href="https://cdn.bootcdn.net/ajax/libs/animate.css/4.1.1/animate.min.css"
      rel="stylesheet"
    />
  </head>
  <body>
    <div id="app">
      <button @click="show = !show">切换动画</button>
      <transition
        enter-active-class="animate__animated animate__bounceInRight"
        leave-active-class="animate__animated animate__bounceOutRight"
      >
        <div v-if="show">Hello Vue3!</div>
      </transition>
    </div>
    <script>
      const { createApp } = Vue

      createApp({
        data() {
          return {
            show: false,
          }
        },
      }).mount('#app')
    </script>
  </body>
</html>
```

### 2.10.4 基于 JavaScript 的动画效果

在 Vue 中，除了利用 CSS 实现动画效果，还支持 JavaScript 的操作实现。transition 组件提供了 8 个有关 JavaScript 动画的钩子函数，主要包括 before-enter（动画进入前）、enter（动画进入）、after-enter（动画进入后）、enter-cancelled（进入取消）、before-leave（动画离开前）、leave（动画离开）、after-leave（动画离开后）、leave-cancelled（离开取消）。从名称上来看，这 8 个 transition 组件提供的钩子函数与 Vue 生命周期钩子函数相似，但读者要知道它们是完全不同的。这 8 个 transition 组件的钩子函数的位置是在 method 方法当中，而不是与 method 方法并列。

Vue 动画的钩子函数主要包括两个参数，即 el 和 done，其中，el 是要操作的元素目标，done 是一个函数，代表过渡是否结束。值得一提的是，当我们想要在@enter 和@leave 中确认动画是否结束时，可以通过调用 done 函数来实现，否则钩子函数将被同步调用，过渡将会立即完成，这就会产生与预期动画不一致的结果。

下面利用 before-enter、enter、before-leave、leave 这 4 个钩子函数实现一个进度条效果，请读者思考下面的代码。

```
<!DOCTYPE html>
<html lang="en">
  <head>
    <meta charset="UTF-8" />
    <meta http-equiv="X-UA-Compatible" content="IE=edge" />
    <meta name="viewport" content="width=device-width, initial-scale=1.0" />
    <title>基于 JavaScript 的动画效果</title>
    <script src="https://cdn.bootcdn.net/ajax/libs/vue/3.2.40/vue.global.js"></script>
  </head>
  <body>
    <div id="app">
      <button @click="show = !show">切换动画</button>
      <transition
        @before-enter="beforeEnter"
        @enter="enter"
        @before-leave="beforeLeave"
        @leave="leave"
      >
        <div
          style="width: 100px; height: 100px; background-color: green"
          v-if="show"
        ></div>
      </transition>
    </div>
    <script>
      const { createApp } = Vue

      createApp({
        data() {
          return {
            show: false,
            elementWidth: 100,
          }
        },
        methods: {
          beforeEnter: function (el) {
            // el 是动画元素目标
            this.elementWidth = 100
            // 初始元素宽度
            el.style.width = this.elementWidth + 'px'
          },
          enter: function (el, done) {
            // 通过定时器，每隔 10 毫秒，将元素宽度增加 10px
            let count = 1
            const interval = setInterval(() => {
              el.style.width = this.elementWidth + count * 10 + 'px'
              count++
              // 当达到指定条件时（宽度为 300px），停止定时器，并终止动画
              if (count > 20) { //在原有 100px 的基础上，增加了 200px（200px*100px）
                clearInterval(interval)
                done() // 动画完成
              }
```

```
          }, 20)
        },
        beforeLeave: function (el) {
          this.elementWidth = 300
          el.style.width = this.elementWidth + 'px'
        },
        leave: function (el, done) {
          // 通过定时器，每隔 10 毫秒，将元素宽度减少 10px
          let round = 1
          const interval = setInterval(() => {
            el.style.width = this.elementWidth - round * 10 + 'px'
            round++
            // 当达到指定条件时，停止定时器，并终止动画
            if (round > 20) {
              clearInterval(interval)
              done() // 动画完成
            }
          }, 20)
        },
      },
    }).mount('#app')
  </script>
 </body>
</html>
```

在上面的代码中，初始进度条 div 不显示，当点击“切换动画”按钮后，在动画进入前（beforeEnter 方法中），为要实现的进度条设置了初始宽度；在动画进入时（enter 方法中），通过定时器实现了进度条逐渐增加的效果，并在实现效果后终止动画；在动画离开前（beforeLeave 方法中），再次设置进度条初始宽度；在动画离开后（leave 方法中），做的事情与动画进入时类似，即通过定时器实现进度条逐渐减少的效果，并在实现效果后终止动画。

运行代码后，可以发现页面上出现了一个按钮，如图 2-55 所示。首次点击按钮后会发现，页面上出现了一个类似进度条的动画，逐渐增加直至 300px，如图 2-56 所示，再次点击按钮，进度条逐渐减少直至消失（与图 2-55 效果相同）。

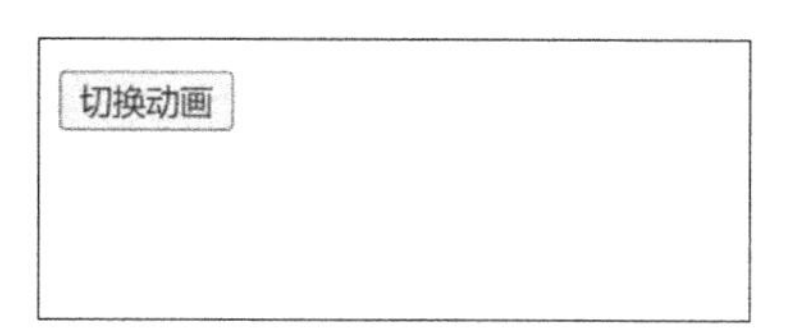


图 2-55　初始效果

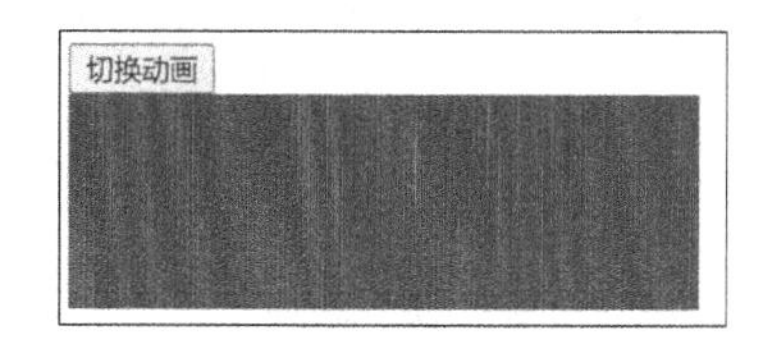


图 2-56　首次点击按钮后出现进度条动画（截图效果）

## 2.10.5　多元素分组动画效果

transition 动画组件只能对单一元素进行动画控制，如果想实现列表等多元素的分组动画操作，则需要利用 transition-group 组件实现。transition 组件与 transition-group 组件的属性基本一致，唯一不同的是，transition-group 组件的 tag 标签属性指定一个元素作为容器元素来渲染，由于 transition-group 组件控制的是多元素的分组动画，因此必须给它包裹的每个子元素设置唯一的 key 属性来进行区分，否则无法实现动画效果。

请思考下面代码的运行效果。

```
<!DOCTYPE html>
<html lang="en">
  <head>
    <meta charset="UTF-8" />
    <meta http-equiv="X-UA-Compatible" content="IE=edge" />
```

```
    <meta name="viewport" content="width=device-width, initial-scale=1.0" />
    <title>多元素分组动画效果</title>
    <script src="https://cdn.bootcdn.net/ajax/libs/vue/3.2.40/vue.global.js"></script>
    <link
      href="https://cdn.bootcdn.net/ajax/libs/animate.css/4.1.1/animate.min.css"
      rel="stylesheet"
    />
  </head>
  <body>
    <div id="app">
      <button class="btn btn-pirmary" @click="addItem">Add Item</button>
      <!-- 指定 ul 作为容器元素来渲染 -->
      <!-- transition-group 拥有与 transition 相同的属性 -->
      <transition-group
        tag="ul"
        enter-active-class="animate__animated animate__bounceInRight"
        leave-active-class="animate__animated animate__bounceOutRight"
      >
        <!-- 每个子元素都必须有唯一的 key 属性 -->
        <li
          v-for="(number,index) in numbers"
          @click="removeItem(index)"
          :key="number"
        >
          {{number}}
        </li>
      </transition-group>
    </div>
    <script>
      const { createApp } = Vue

      createApp({
        data() {
          return {
            numbers: [1, 2, 3, 4, 5],
          }
        },
        methods: {
          addItem() {
            // 在列表随机位置添加一个元素
            const pos = Math.floor(Math.random() * this.numbers.length)
            this.numbers.splice(pos, 0, this.numbers.length + 1)
          },
          removeItem(index) {
            // 移除指定位置的元素
            this.numbers.splice(index, 1)
          },
        },
      }).mount('#app')
    </script>
  </body>
</html>
```

上面的代码利用 transition-group 组件实现了列表的分组动画操作，在 transition-group 组件上通过 tag 标签属性指定 ul 作为容器元素来渲染，并通过列表的形式展示数组。此外，页面上还出现了一个按钮，当点击该按钮时，会在页面上的随机位置添加一个元素，当点击某个元素时，该元素会被移除。初始页面效果如图 2-57 所示，点击按钮后的页面效果如图 2-58 所示，点击元素后的页面效果如图 2-59 所示。

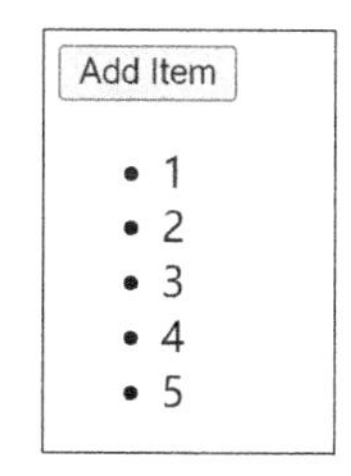

图 2-57 初始页面效果

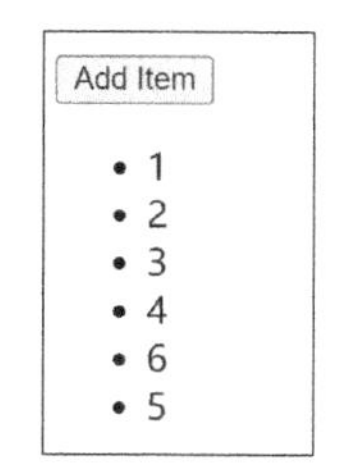

图 2-58 点击按钮后的页面效果

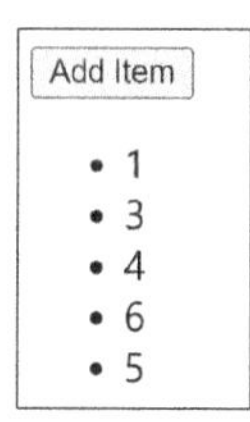

图 2-59 点击元素后的页面效果

## 2.11 内置指令

指令调用是 Vue 模板编写中应用率非常高的方式之一，Vue 为开发者提供了众多的内置指令，主要包括 v-text、v-html、v-show、v-if、v-else、v-else-if、v-for、v-on、v-bind、v-model、v-slot、v-pre、v-once、v-memo、v-cloak，其中，v-show、v-if、v-else、v-else-if、v-for、v-on、v-bind、v-model 指令在本节之前均有所涉及，这些指令的相关内容都十分简单，这里不多做讲解，v-slot 指令在 4.10 节中专门进行讲解。

本节主要讲解 v-text、v-html、v-pre、v-once、v-memo、v-cloak 指令的相关知识。

### 2.11.1 v-text 和 v-html 指令

v-text 指令会渲染指令中的 value 属性，不管渲染的是什么内容，该指令都会将其渲染为纯文本后输出。如果 value 属性中带有 HTML 标签内容，那么页面中仍旧会显示带有标签的文本结果。

v-html 指令和 v-text 指令类似，如果想对渲染内容进行 HTML 解析，就可以通过 v-html 指令实现。值得一提的是，该指令内部会用 innerHTML 的方式进行内容插入和显示，而 v-text 指令内部会用 innerText 的方式进行内容插入和显示。

下面在一个文件中分别使用 v-html 和 v-text 指令实现带链接的跳转功能，实现代码如下。

```
<span v-text="'<a href=http://www.atguigu.com>点击链接跳转<a>'"></span>
<span v-html="'<a href=http://www.atguigu.com>点击链接跳转<a>'"></span>
```

页面效果如图 2-60 所示。

图 2-60 页面效果

### 2.11.2 v-pre 指令

v-pre 指令会跳过当前所在元素及其所有子元素的编译。假如定义了一个 message 响应式数据，我们想将插值表达式中的 message 字符串内容渲染在页面上，就可以利用 v-pre 指令实现，页面不会将 message 的结果值进行渲染、显示，而仅仅将 message 插值表达式的内容进行输出。

请思考下面代码的运行效果。

```
<div id="app">
  <p v-pre>{{ message }}</p>
</div>
<script>
  const { createApp } = Vue
```

```
  createApp({
    data() {
      return {
        message: 'Hello Vue3!',
      }
    },
  }).mount('#app')
</script>
```

运行代码后，浏览器不会解析插值表达式，而是直接显示“{{ message }}”，效果如图 2-61 所示。

图 2-61　v-pre 指令案例运行效果

## 2.11.3　v-once 指令

v-once 顾名思义就是只渲染一次。具体地说，由 v-once 指令包含的解析内容只会解析渲染一次。如果想要在首次渲染后修改 v-once 指令中的响应式数据内容，则会发现其不会出现任何改变。简单地说，在动态显示时，使用该指令后不会再更新对应的 data 数据。

请思考下面代码的运行效果。

```
<div id="app">
  <p v-once>{{ message }}</p>
  <!-- 修改 message 后 p 标签的 message 内容不会发生改变 -->
  <button @click="message = 'hi Vue3!'">修改数据</button>
</div>
<script>
  const { createApp } = Vue

  createApp({
    data() {
      return {
        message: 'Hello Vue3!',
      }
    },
  }).mount('#app')
</script>
```

运行代码后，点击按钮数据不会发生任何改变，初始页面效果如图 2-62 所示，点击按钮后的页面效果如图 2-63 所示。

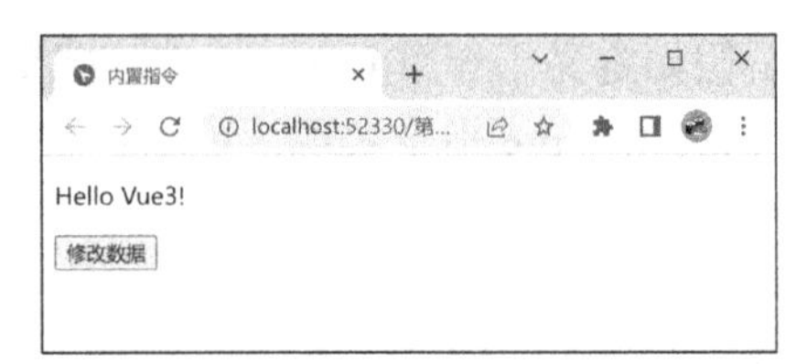


图 2-62　初始页面效果

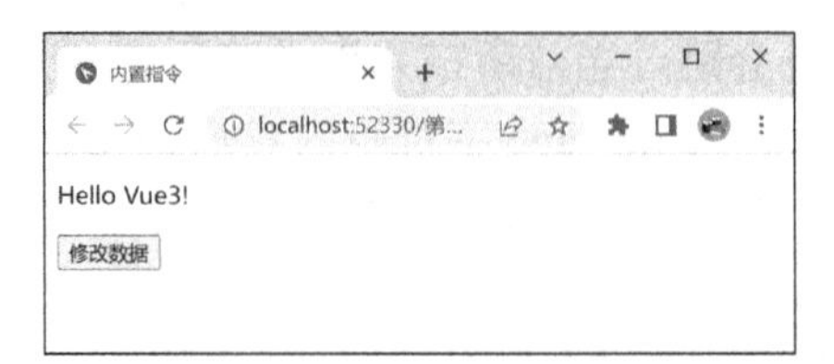


图 2-63　点击按钮后的页面效果

## 2.11.4　v-memo 指令

v-memo 指令可以实现高效缓存，在指定依赖条件下进行模板编译。在非依赖条件下，Vue 则对 v-memo 指令包含的内容进行跳过编译处理。

假如当前有两个响应式数据 count 和 update，但 v-memo 指令限制的数据是 count，那么只有在“count++”按钮被点击的情况下，v-memo 指令包含的内容才会实时更新渲染，而在“update++”按钮被点击的情况下，v-memo 指令包含的内容并不会发生响应式变化。

值得一提的是，如果 v-memo 指令设置的是[]（空数组），v-memo 指令就相当于 v-once 指令的作用，即只进行一次渲染处理。

上面描述过程的实现代码如下。

```
<div id="app">
  <div v-memo="[count]">
    <p>count: {{ count }}</p>
    <p>update: {{ update }}</p>
  </div>
  <button @click="count++">count++</button>
  <button @click="update++">update++</button>
</div>
<script>
  const { createApp } = Vue
  createApp({
    data() {
      return {
        count: 18,
        update: 22,
      }
    },
  }).mount('#app')
</script>
```

运行代码后，页面出现一个 count 值、一个 update 值和对应的两个按钮。初始页面效果如图 2-64 所示，当初次点击“count++”按钮时，count 值会实时更新渲染，如图 2-65 所示；当初次点击“update++”按钮时，update 值不会实时更新渲染，如图 2-66 所示；再次点击“count++”按钮后 count 值和 update 值被统一渲染，如图 2-67 所示。

图 2-64　初始页面效果

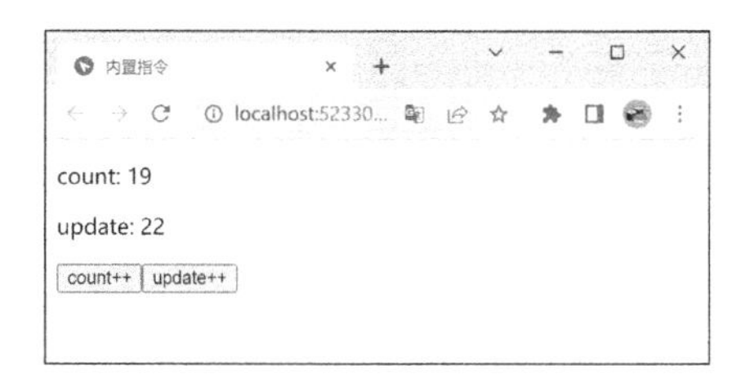


图 2-65　初次点击“count++”按钮后 count 值发生改变

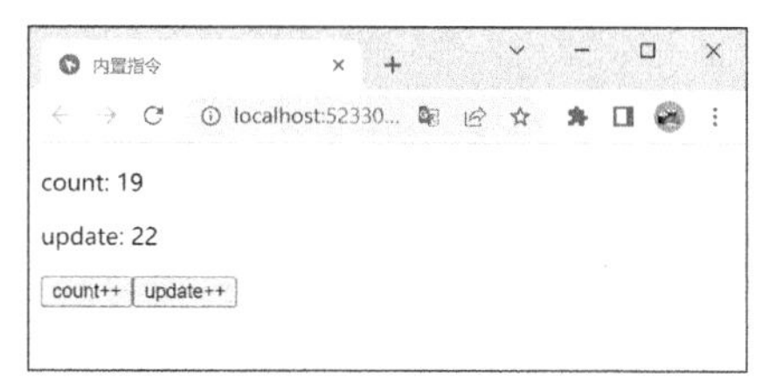


图 2-66　初次点击“update ++”按钮后 update 值未发生改变

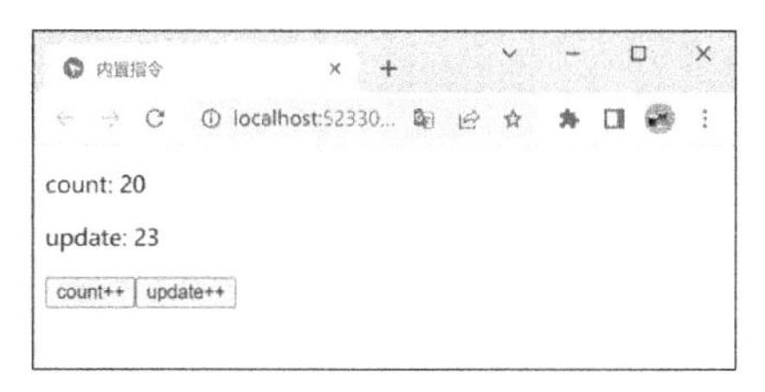


图 2-67　再次点击“count ++”按钮后 count 值和 update 值发生改变

### 2.11.5 v-cloak 指令

v-cloak 指令用于隐藏尚未完成编译的 DOM 模板。有时会出现网络延迟或异步操作的情况，导致模板中的插值表达式内容并不一定能够及时被编译解析，网页中则会出现一部分未被解析的插值表达式，我们可以理解为花屏状态。此时就可以利用 v-cloak 指令，将指令中包含的内容先进行隐藏，当全部内容被解析编译完以后再显示，这样可以提升用户体验。需要注意的是，v-cloak 指令不能单独使用，需要配合样式来实现。

请思考下面代码的运行效果。

```
<!DOCTYPE html>
<html lang="en">
  <head>
    <meta charset="UTF-8" />
    <meta http-equiv="X-UA-Compatible" content="IE=edge" />
    <meta name="viewport" content="width=device-width, initial-scale=1.0" />
    <title>内置指令 v-cloak</title>
    <script src="https://cdn.bootcdn.net/ajax/libs/vue/3.2.40/vue.global.js"></script>
    <style>
      [v-cloak] {
        display: none;
      }
    </style>
  </head>
  <body>
    <!-- v-cloak 指令包含的内容会先隐藏，直到页面编译通过才显示 -->
    <div id="app"><div v-cloak>{{message}}</div></div>
    <script>
      const { createApp } = Vue
      createApp({
        data() {
          return {
            message: 'Hello Vue3!',
          }
        },
      }).mount('#app')
    </script>
  </body>
</html>
```

当出现网络延迟或异步操作时，页面会将内容先隐藏，直到编译通过才显示“Hello Vue3!”。

# 第3章

# Vue3 新语法

第 2 章采用传统的选项式 API 的方式讲解了 Vue 的核心语法。随着 Vue 的版本迭代，还出现了一种新的方式——组合式 API，这也是本章的内容讲解所采用的方式。本章内容包括组合式 API 的了解、setup 组合式 API 入口函数、利用 ref 函数定义响应式数据、利用 reactive 函数定义响应式数据、toRefs 与 toRef 函数、readonly 与 shallowReadonly 函数、shallowRef 与 shallowReactive 函数、toRaw 与 markRaw 函数、computed 函数、watch 函数、生命周期钩子函数。

本章将结合实际开发案例进行演示和讲解，以帮助读者快速掌握 Vue3 的新语法。

## 3.1 组合式 API 的了解

Vue3 除了沿用传统的选项式 API 的代码模式，还引入了组合式 API，它允许开发人员以更好的方式编写代码。使用组合式 API，开发人员可以将逻辑代码块组合在一起，从而编写出可读性高的代码。

回顾一下选项式 API 的代码书写方式，其实选项式 API 暴露的最主要的一个问题是：操作同一内容目标的代码会被分散在不同的选项中，如 data、methods、computed、watch 及生命周期钩子函数等。

来看下方代码，如果我们想要操作的只有 count 这一个数据对象，那么选项式 API 的代码看起来会十分凌乱。

```
<!DOCTYPE html>
<html lang="en">
  <head>
    <meta charset="UTF-8" />
    <meta http-equiv="X-UA-Compatible" content="IE=edge" />
    <meta name="viewport" content="width=device-width, initial-scale=1.0" />
    <title>组合式 API 的了解—选项式 API</title>
    <script src="https://cdn.bootcdn.net/ajax/libs/vue/3.2.40/vue.global.js"></script>
  </head>
  <body>
    <div id="app">
      <p>count:{{ count }}</p>
      <p>double:{{ double }}</p>
      <button @click="increase">increase</button>
    </div>
    <script>
      const { createApp } = Vue;
      createApp({
        // 响应式数据定义
        data() {
          return {
```

```
          count: 0,
        };
      },
      // 方法调用
      methods: {
        increase() {
          this.count++;
        },
      },
      // 计算属性
      computed: {
        double() {
          return this.count * 2;
        },
      },
      // 监听对象
      watch: {
        count(newVal, oldVal) {
          console.log(newVal, oldVal);
        },
      },
    }).mount('#app');
  </script>
 </body>
</html>
```

使用组合式 API 可以将代码组织成更小的逻辑片段，并将它们组合在一起，甚至在后续需要重用它们时可以进行抽离。

现在利用组合式 API 对上方代码进行重写，可以看到操作 count 数据对象的所有功能代码都被集中到一起，便于代码的编写、查看及后续维护。

```
<!DOCTYPE html>
<html lang="en">
 <head>
  <meta charset="UTF-8" />
  <meta http-equiv="X-UA-Compatible" content="IE=edge" />
  <meta name="viewport" content="width=device-width, initial-scale=1.0" />
  <title>组合式 API 的了解——组合式 API</title>
  <script src="https://cdn.bootcdn.net/ajax/libs/vue/3.2.40/vue.global.js"></script>
 </head>
 <body>
  <div id="app">
   <p>count:{{ count }}</p>
   <p>double:{{ double }}</p>
   <button @click="increase">increase</button>
  </div>
  <script>
   const { createApp, ref, computed, watch } = Vue;
   createApp({
    setup(props, context) {
     // 初始化 ref 响应式数据
     const count = ref(0);
     // 定义更新数据的函数
     const increase = () => {
      count.value++
     };
```

```
        // 定义计算属性
        const double = computed(() => count.value * 2);
        // 定义 watch 函数，监听 count 值的变化
        watch(count, (newVal, oldVal) => {
          console.log(newVal, oldVal)
        });
        // 返回响应式数据以及方法与属性计算操作
        return {
          count,
          increase,
          double,
        };
      },
    }).mount('#app');
  </script>
</body>
</html>
```

上方代码只是对组合式 API 进行了简单展示，其实组合式 API 的优点远不止于此。除了更灵活的代码组织、更好的逻辑重用，组合式 API 还提供了更好的 TypeScript 类型接口支持，Vue3 本身也是使用 TypeScript 编写实现的，为了提升性能还实现了 treeShaking（treeShaking 直译为摇树，是一种消除死代码的性能优化理论，比如，现在想引入 lodash 第三方类库中的方法，但不做全部引入，只是引入单个方法，此时其他的方法都不会被打包处理，程序只会将其单个方法的代码抽离），从而产生更小的生产包和更少的网络开销。

## 3.2　setup 组合式 API 入口函数

Vue3 既能使用选项式 API 又能使用组合式 API，那么应该如何区分代码方式呢？其实很好区分，Vue3 为组合式 API 提供了一个 setup 函数，所有组合式 API 函数都是在此函数中调用的，它是组合式 API 的使用入口。setup 函数接收两个参数：第 1 个参数是 props 对象，包含传入组件的属性；第 2 个参数是 context 上下文对象，包含 attrs、emit、slot 等对象属性。这两个参数在本节暂时不做深入讲解，在第 4 章中开始对它们进行学习。在使用组合式 API 定义响应式数据之前，有两个点需要我们重点关注：一个是 setup 函数必须返回一个对象，在模板中可以直接读取对象中的属性，以及调用对象中的函数；另一个是 setup 函数中的 this 在严格模式下是 undefined，不能像选项式 API 那样通过 this 来进行响应式数据的相关操作，至于如何进行操作，后面的章节会详细讲解。

请思考下面代码的运行效果。

```
<div id="app">
  <p>msg: {{msg}}</p>
  <button @click="handleClick">测试</button>
</div>

<script>
  'use strict';

  const { createApp } = Vue;

  createApp({
    setup(props, context) {
      console.log(this); // this 是 undefined

      let msg = 'Hello atguigu!';
```

```
    function handleClick() {
      alert('响应点击');
      msg += '--';
    }
    // 返回对象中的属性和函数，在模板中可以直接使用
    return {
      msg,
      handleClick,
    };
  },
}).mount('#app');
</script>
```

输出的 this 是 undefined，对象中的 msg 属性值在模板中直接显示在页面上，如图 3-1 所示。点击“测试”按钮后，handleClick 函数就会自动调用，从而显示警告提示，如图 3-2 所示。

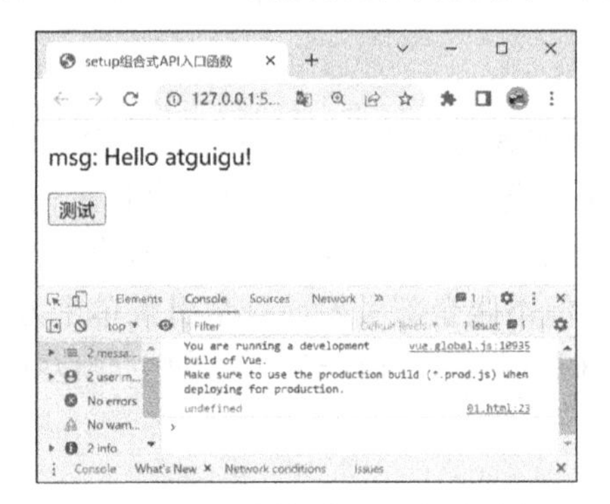


图 3-1　msg 属性值显示在页面上

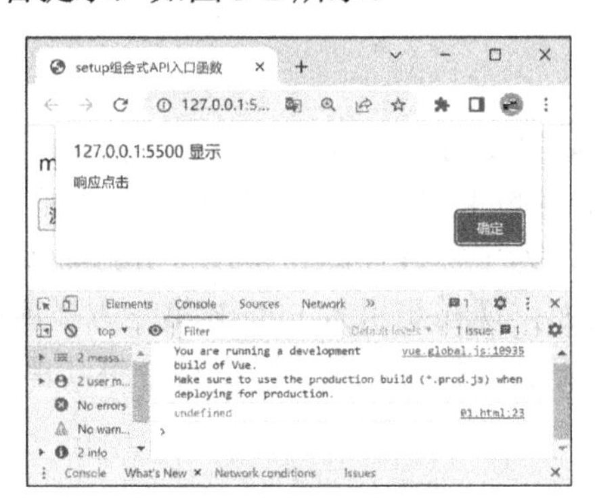


图 3-2　显示警告提示

但是这里要注意，我们在按钮的点击回调函数 handleClick 中更新了 msg，而页面并不会自动更新。这是因为 msg 只是一个普通的字符串，并不是一个响应式数据。如何定义响应式数据呢？Vue3 为开发者提供了 ref 和 reactive 等函数，在 3.3 节和 3.4 节中我们将进一步学习它们。

## 3.3　利用 ref 函数定义响应式数据

ref 是 Vue3 组合式 API 中常见的用来定义响应式数据的函数。ref 函数接收一个任意类型的数据参数作为响应式数据，由 Vue 内部保存。ref 函数返回一个响应式的 ref 对象，通过 ref 对象的 value 属性可以读取或者更新内部保存的数据。

根据 3.2 节的学习，我们知道要想让模板操作 ref 对象，需要将 ref 对象添加到 setup 函数返回的对象中。由于 ref 对象是响应式的，因此在模板中操作 ref 对象比较特殊，不需要我们亲自添加.value 去操作它内部的数据，只需要指定 ref 对象就可以实现操作，因为模板在编译时会自动添加.value 来读取或更新 value 属性值。

将上面所述过程通过代码来演示，具体如下。

```
<div id="app">
  <!-- 在模板中不用添加.value，内部模板在编译时会自动添加 -->
  <p>count:{{count}}</p>
  <button @click="increaseCount">增加 count</button>
</div>

<script>
  const { createApp, ref } = Vue;
```

```
  createApp({
    setup() {
      // 通过调用 ref 函数产生 ref 对象 count，并指定内部保存的数据的初始值为 0
      const count = ref(0);
      // 读取 ref 对象中的 value 属性值
      console.log(count.value); // 0
      // 定义更新 ref 响应式数据的函数
      const increaseCount = () => {
        // 先读取 value 属性值，加 1 后再更新到 value 属性上
        count.value = count.value + 1
      };
      // 返回包含 ref 对象和更新函数的对象
      return {
        count,
        increaseCount,
      };
    },
  }).mount('#app');
</script>
```

运行代码后，页面上显示的是 count 的初始值 0，如图 3-3 所示；点击“增加 count”按钮后，显示的数量会自动增加 1，如图 3-4 所示。

图 3-3　初始页面效果（1）　　　图 3-4　点击按钮后的页面效果（1）

ref 函数除了可以接收基础类型的数据，还可以接收对象或数组类型的数据。无论是在 JavaScript 代码中，还是在模板代码中，我们都可以进行读取或更新数据操作。需要注意的是，只有在 JavaScript 代码中才能通过添加.value 来操作，而在模板中则不能通过添加.value 来操作，请思考下方代码。

```
<div id="app">
  <!-- 在模板中不用添加.value，内部模板在编译时会自动添加 -->
  <p>person: {{person}}</p>
  <button @click="setNewPerson">指定新的人</button>
</div>

<script>
  const { createApp, ref } = Vue;

  createApp({
    setup(props, context) {
      // 创建 ref 对象，并指定内部初始值为一个人员信息
      const person = ref({name: 'Tom', age: 12});

      function setNewPerson() {
        // 指定 value 为一个新的人员信息
        person.value = {name: 'Jack', age: 23};
      }

      return {
        person,
        setNewPerson
      };
    },
```

```
  }).mount('#app');
</script>
```

运行代码后，页面上显示的是 Tom 的信息，如图 3-5 所示。点击“指定新的人”按钮后，就变为了 Jack 的信息，如图 3-6 所示。

person: { "name": "Tom", "age": 12 }

指定新的人

图 3-5　初始页面效果（2）

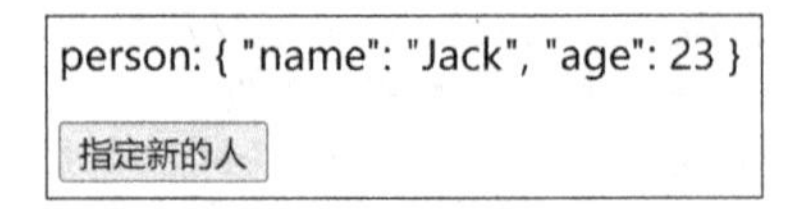


图 3-6　点击按钮后的页面效果（2）

数组和对象的读取与更新采用的是相同的方式，这里不多做讲解。至此，读者可能会有这样一个疑问：如果点击按钮不是指定一个新的人员信息，而是更新对象中的 name 或 age 属性值（如 person.value.age = 24），那么页面会自动更新吗？答案是会更新，但这涉及 reactive 函数，3.4 节将会进行具体讲解。

## 3.4　利用 reactive 函数定义响应式数据

3.3 节讲解了利用 ref 函数专门来定义包含单个数据的响应式对象的方法，那么在应用中如果需要定义包含多个数据的响应式对象该怎么实现呢？Vue3 提供了 reactive 函数，让开发者可以一次性定义包含多个数据的响应式对象。

reactive 函数接收一个包含 $n$ 个基础类型或对象类型属性数据的对象参数，它会返回一个响应式的代理对象，一般我们称此对象为“reactive 对象”。在 JavaScript 或模板中可以通过 reactive 对象直接读取或更新参数对象中的任意属性数据。需要强调一点，reactive 函数进行的是一个深度响应式处理。也就是说，当我们通过 reactive 对象更新参数对象中的任意层级属性数据后，都会触发页面的自动更新。

请读者思考下方代码。

```
<div id="app">
  <ul>
    <li>msg: {{state.msg}}</li>
    <li>person: {{state.person}}</li>
    <li>courses: {{state.courses}}</li>
  </ul>
  <button @click="updateMsg">更新 msg</button>
  <button @click="updatePerson">更新 person</button>
  <button @click="updateCourses">更新 courses</button>
</div>

<script>
  const { createApp, reactive } = Vue

  createApp({
    setup(props, context) {
      // 使用 reactive 函数定义包含多个数据的响应式对象
      const state = reactive({
        msg: 'Hello Atguigu', // 基础类型
        person: { name: 'Tom', age: 22 }, // 对象类型
        courses: ['JavaScript', 'BOM', 'DOM'], // 数组类型
      });

      // 更新字符串 msg 的函数
      const updateMsg = () => {
        state.msg += '--';
```

```
    };
    // 更新对象 person 的函数
    const updatePerson = () => {
      state.person = { name: 'Jack', age: 33 };
    };
    // 更新数组 courses 的函数
    const updateCourses = () => {
      state.courses = ['JavaScript2', 'BOM2', 'DOM2'];
    };

    return {
      state,
      updateMsg,
      updatePerson,
      updateCourses,
    };
  },
}).mount('#app');
</script>
```

上方代码先使用 reactive 函数定义了包含基础类型、对象类型和数组类型的 3 个属性数据的响应式对象 state，然后分别定义了更新字符串 msg、更新对象 person 和更新数组 courses 的 3 个函数，最后将 state 对象和这 3 个函数都返回模板中使用。在模板中通过 state 对象来读取内部的 3 个对象进行动态显示，同时将返回的 3 个函数分别绑定到 3 个按钮的点击事件上。

运行代码，初始页面效果如图 3-7 所示。

依次点击“更新 msg”“更新 person”“更新 courses”按钮，页面会自动更新显示，如图 3-8、图 3-9 和图 3-10 所示。

- msg: Hello Atguigu
- person: { "name": "Tom", "age": 22 }
- courses: [ "JavaScript", "BOM", "DOM" ]

更新msg　更新person　更新courses

图 3-7　初始页面效果

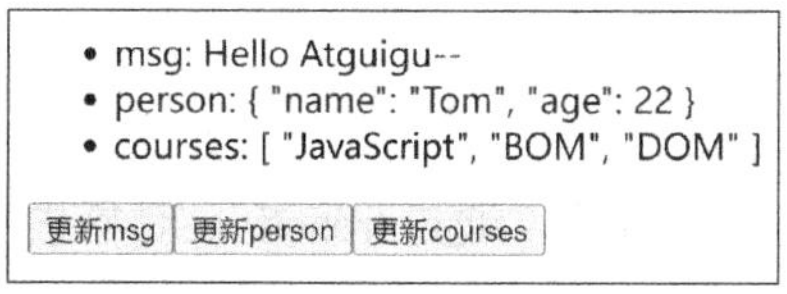

- msg: Hello Atguigu--
- person: { "name": "Tom", "age": 22 }
- courses: [ "JavaScript", "BOM", "DOM" ]

更新msg　更新person　更新courses

图 3-8　点击“更新 msg”按钮后的页面效果

- msg: Hello Atguigu--
- person: { "name": "Jack", "age": 33 }
- courses: [ "JavaScript", "BOM", "DOM" ]

更新msg　更新person　更新courses

图 3-9　点击“更新 person”按钮后的页面效果

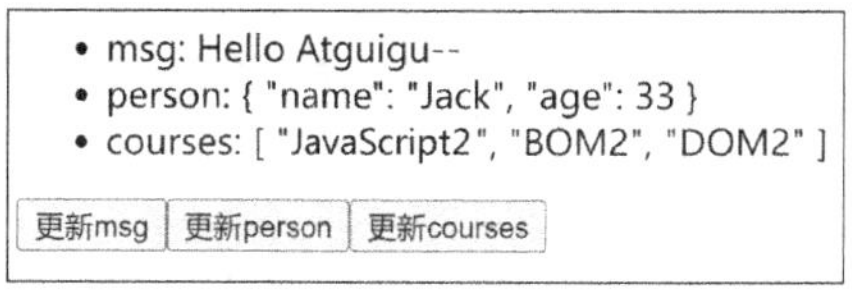

- msg: Hello Atguigu--
- person: { "name": "Jack", "age": 33 }
- courses: [ "JavaScript2", "BOM2", "DOM2" ]

更新msg　更新person　更新courses

图 3-10　点击“更新 courses”按钮后的页面效果

前面提过，reactive 函数进行的是深度响应式处理，结合刚才的 person 属性来说，不仅直接更新 person 对象会触发页面更新，更新 person 对象中的任意属性（name 或 age）也会触发页面更新，甚至我们给 person 对象添加一个新属性或删除已有属性，页面同样会更新。将 updatePerson 函数修改为下方代码。

```
const updatePerson = () => {
  // 指定新的 person 对象
  // state.person = {name: 'Jack', age: 33};

  // 更新对象中的已有属性
  state.person.name += '==';
  state.person.age += 2;

  // 给对象添加新属性
  state.person.sex = '男';
```

```
  // 删除对象中的已有属性
  delete state.age;
};
```

此时点击“更新 person”按钮，这 3 种更新方式都能触发页面更新。需要注意的是，直接添加新属性和删除已有属性在 Vue2 中是不可以触发页面更新的，但在 Vue3 中是可以的。

reactive 函数定义的数组数据同样进行的是深度响应式处理，我们不仅可以通过调用数组方法进行响应式更新，还可以通过下标进行响应式更新。将 updateCourses 函数修改为下方代码。

```
// 更新数组 courses 的函数
const updateCourses = () => {
  // 指定新的数组
  // state.courses = ['JavaScript2', 'BOM2', 'DOM2'];

  // 通过调用数组方法更新数组元素
  state.courses.splice(1, 1, 'Vue2');

  // 通过下标更新数组元素
  state.courses[2] = 'Vue3';
};
```

点击“更新 courses”按钮，这两种方式都能触发页面更新。需要注意的是，在 Vue2 中直接通过下标更新数组元素不可以触发页面更新，但在 Vue3 中是可以的。

3.3 节提过，先给 ref 函数传入一个对象或数组数据，再通过 ref 对象来操作对象或数组的内部数据，发现也是响应式的，这是为什么呢？因为一旦 ref 函数内部的 value 数据是对象或数组，就会自动先创建一个包含此对象或数组的 reactive 对象，也就是代理对象，再保存给 ref 对象的 value，比如下方代码。

```
// 创建 ref 对象，并指定内部初始值为一个人员信息
const person = ref({name: 'Tom', age: 12});

// 更新 value 对象内部的 age 属性
person.value.age = 13;
```

更新 age 属性就是一个响应式的数据更新，因为 person.value 是 ref 函数接收的人员信息的 reactive 对象，也就是代理对象，通过 reactive 对象去更新对象的内部属性，必然是一个响应式的数据更新，页面自然会更新。

## 3.5 toRefs 与 toRef 函数

在介绍 toRefs 与 toRef 函数之前，先来演示使用 reactive 函数进行代码简化的问题，下面是简化前的代码。

```
<div id="app">
  <ul>
    <li>msg: {{state.msg}}</li>
    <li>person: {{state.person}}</li>
    <li>courses: {{state.courses}}</li>
  </ul>
  <button @click="updateState">更新 state</button>
</div>

<script>
  const { createApp, reactive , toRef, toRefs } = Vue;

  createApp({
    setup(props, context) {
```

```
      const state = reactive({
        msg: 'Hello Atguigu',
        person: { name: 'Tom', age: 22 },
        courses: ['JavaScript', 'BOM', 'DOM'],
      });

      const updateState = () => {
        state.msg += '--';
        state.person = { name: 'Jack', age: 33 };
        state.courses = ['JavaScript2', 'BOM2', 'DOM2'];
      };

      return {
        state,
        updateState,
      };
    },
  }).mount('#app');
</script>
```

在模板中，每次获取 reactive 函数中的数据都要写上“state.”，如果需要获取多次，则操作会重复多次。现在想简化一下代码，去掉“state.”，也就是像下面这样编写代码。

```
<ul>
  <li>msg: {{msg}}</li>
  <li>person: {{person}}</li>
  <li>courses: {{courses}}</li>
</ul>
```

同样在 setup 函数中返回的代码也需要做相应的修改，将 reactive 对象中的 msg、person 和 courses 取出后分别放入返回的对象中。

```
return {
  msg: state.msg,
  person: state.person,
  courses: state.courses,
  updateMsg,
};
```

或者利用扩展运算符简化代码。

```
return {
  ...state,
  updateMsg
};
```

但是，运行代码并点击按钮更新 msg 后，发现页面上的 msg 显示不会更新。这是因为后面的两种方式传入的 msg、person 和 course 属性值都是非响应式数据，而要想页面能自动更新，必须要求 setup 函数返回对象中的属性是 ref 对象或 reactive 对象。

如何让从 reactive 对象中读取出的属性也是响应式的呢？答案是：可以利用本节介绍的 toRefs 和 toRef 函数。toRefs 函数能一次性将 reactive 对象包含的所有属性值都包装成 ref 对象，而 toRef 函数只能一次处理一个属性。

详细来说，toRefs 函数接收一个 reactive 对象，内部会包装每个属性值生成 ref 对象，最后返回包含所有属性值的 ref 对象的对象。而 toRef 函数接收 reactive 对象和属性名，内部会创建此属性名对应属性值的 ref 对象，并返回这个 ref 对象。

一般我们会使用 toRefs 函数来解决上面的问题，代码如下。

```
// 生成包含多个 ref 对象的对象
const stateRefs = toRefs(state);
```

```
return {
  msg: stateRefs.msg,
  person: stateRefs.person,
  courses: stateRefs.courses,
  updateState,
};
```

当然可以进一步简化代码，直接用扩展运算符解构 toRefs 函数生成的对象。

```
return {
  ...toRefs(state),
  updateState,
};
```

那么如果使用 toRef 函数来处理，要如何编写代码呢？可以先多次调用 toRef 函数生成各个属性的 ref 对象，再添加到返回对象中，代码如下。

```
// 生成各个属性的 ref 对象
const msgRef = toRef(state, 'msg');
const personRef = toRef(state, 'person');
const coursesRef = toRef(state, 'courses');

return {
  msg: msgRef,
  person: personRef,
  courses: coursesRef,
  updateState,
};
```

当然可以进一步优化成如下代码。

```
return {
  msg: toRef(state, 'msg'),
  person: toRef(state, 'person'),
  courses: toRef(state, 'courses'),
  updateState
};
```

虽然使用 toRefs 和 toRef 函数都能解决解构 reactive 对象的属性读取响应式丢失的问题，但从代码可读性上来看，明显使用 toRefs 函数的代码更简洁。toRef 函数更适用于只对单个属性进行处理的场景，而 toRefs 函数更适用于对所有属性进行处理的场景。

## 3.6 readonly 与 shallowReadonly 函数

无论是 reactive 对象（也称为代理对象）还是 ref 对象，进行的都是深度响应式处理。也就是说，我们通过 reactive 对象或 ref 对象进行属性的深度读取和修改操作，修改后能触发页面的自动更新。而如果我们想产生一个只包含读取能力的 reactive 对象，就可以使用 readonly 与 shallowReadonly 函数。

readonly 和 shallowReadonly 函数接收的参数是一样的，其可以是一个原始的非响应式对象，也可以是响应式的 reactive 对象。只是 readonly 函数产生的 reactive 对象是深度只读的，而 shallowReadonly 函数产生的 reactive 对象只有外层属性是只读的，所有嵌套的内部属性都是可读/写的。

下面我们以接收一个 reactive 对象为例来演示 readonly 与 shallowReadonly 函数的使用方法，代码如下。

```
<!DOCTYPE html>
<html lang="en">
  <head>
    <meta charset="UTF-8" />
    <title>readonly 与 shallowReadonly 函数</title>
    <script src="https://cdn.bootcdn.net/ajax/libs/vue/3.2.40/vue.global.js"></script>
```

```
</head>

<body>
  <div id="app">
    <h3>reactive 对象显示</h3>
    <p>person.name:{{person.name}}</p>
    <p>person.addr.city:{{person.addr.city}}</p>

    <h3>readonly 对象显示</h3>
    <p>rPerson.name:{{rPerson.name}}</p>
    <p>rPerson.addr.city:{{rPerson.addr.city}}</p>

    <h3>shallowReadonly 对象显示</h3>
    <p>srPerson.name:{{srPerson.name}}</p>
    <p>srPerson.addr.city:{{srPerson.addr.city}}</p>

    <button @click="update1">通过 reactive 对象更新</button>
    <button @click="update2">通过 readonly 对象更新</button>
    <button @click="update3">通过 shallowReadonly 对象更新</button>
  </div>

  <script>
    const { createApp, reactive, readonly, shallowReadonly } = Vue

    createApp({
      setup() {
        // 产生深度可读/写的 reactive 对象
        const person = reactive({
          name: '张三',
          addr: {
            city: '北京',
          },
        });

        // 产生深度只读的 reactive 对象
        const rPerson = readonly(person);

        // 产生浅只读的 reactive 对象
        const srPerson = shallowReadonly(person);

        const update1 = () => {
          person.name += '--';          // 控制台没有警告提示，页面会自动更新
          person.addr.city += '++';     // 控制台没有警告提示，页面会自动更新
        };

        const update2 = () => {
          rPerson.name += '--';         // 控制台给出警告提示，且页面不会自动更新
          rPerson.addr.city += '++'; // 控制台给出警告提示，且页面不会自动更新
        };

        const update3 = () => {
          srPerson.name += '--';        // 控制台给出警告提示，且页面不会自动更新
          srPerson.addr.city += '++'; // 控制台没有警告提示，页面会自动更新
        };
        return {
          person,
```

```
            rPerson,
            srPerson,
            update1,
            update2,
            update3,
          };
        },
      }).mount('#app');
    </script>
  </body>
</html>
```

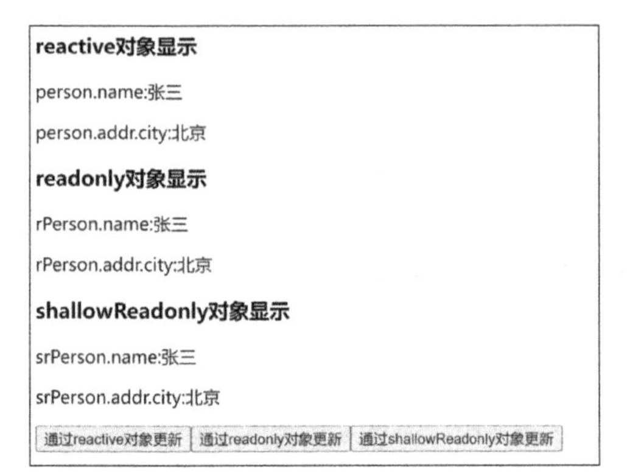

图 3-11　代码运行后的页面效果

代码运行后的页面效果如图 3-11 所示。

当点击“通过 reactive 对象更新”按钮时，在回调中通过 reactive 对象更新外部属性 name 或内部属性 city，程序是正常运行的，且页面会自动更新；当点击“通过 readonly 对象更新”按钮时，在回调中通过 readonly 函数产生的深度只读 reactive 对象来更新外部属性 name 或内部属性 city，控制台会给出警告提示，且页面不会自动更新；当点击“通过 shallowReadonly 对象更新”按钮时，在回调中通过 shallowReadonly 函数产生浅只读 reactive 对象，如果更新外部属性 name，则控制台会给出警告提示，且页面不会自动更新，如果更新内部属性 city，则程序正常运行，且页面会自动更新。

同时 Vue3 提供了用来判断是否是只读 reactive 对象的工具函数 isReadonly，如果是通过 readonly 或 shallowReadonly 函数产生的只读对象，则 isReadonly 函数返回 true，否则返回 false，验证如下。

```
console.log(isReadonly(person)); // false
console.log(isReadonly(rPerson)); // true
console.log(isReadonly(srPerson)); // true
```

那么 readonly 与 shallowReadonly 函数进行只读对象转化操作的应用场景是什么呢？试想，如果在项目开发过程中团队成员开发了一些功能组件，想要实现其他成员可以使用对应组件，但不能修改其数据，也就是对功能进行一定的约束，就可以通过 readonly 与 shallowReadonly 函数将数据进行只读转化，这样既可以保证程序的高度可读性，也可以保证数据的安全性。

## 3.7　shallowRef 与 shallowReactive 函数

通过对 3.3 节和 3.4 节内容的学习我们知道，ref 和 reactive 函数都会对数据进行深度响应式处理。也就是说，我们通过 ref 对象更新 value 属性，或者更新 value 属性对象中的嵌套属性，页面都会自动更新。通过 reactive 对象更新目标对象中的属性，或者更新目标对象中属性对象的嵌套属性，页面都会自动更新。如果我们只想进行外部属性的响应式处理，不想进行嵌套属性的响应式处理，则可以使用 Vue3 提供的 shallowRef 与 shallowReactive 函数来实现。

shallowRef 函数是 ref 函数的浅层实现，接收一个原始对象，返回一个 ref 对象。ref 对象内部保存的 value 就是传入的原始对象，而不是一个响应式的代理对象。这就意味着更新 value 是响应式的，但更新 value 对象内部的属性不是响应式的。

shallowReactive 函数是 reactive 函数的浅层实现，接收一个原始对象，返回一个代理对象（也称为 reactive 对象）。对于原始对象中嵌套的属性对象，shallowReactive 函数并没有创建对应的代理对象，也就是说，属性对象不是响应式的，更新属性对象中的属性，页面不会自动更新。

下面我们通过代码来演示一下 shallowRef 与 shallowReactive 函数的使用方法。

```
<!DOCTYPE html>
<html lang="en">
  <head>
    <meta charset="UTF-8" />
    <title>shallowRef 与 shallowReactive 函数</title>
    <script src="https://cdn.bootcdn.net/ajax/libs/vue/3.2.40/vue.global.js"></script>
  </head>
  <body>
    <div id="app">
      <h3>课程信息:</h3>
      <ul>
        <li>名称: {{course.title}}</li>
        <li>天数: {{course.days}}</li>
      </ul>

      <h3>人员信息:</h3>
      <ul>
        <li>姓名: {{person.name}}</li>
        <li>城市: {{person.addr.city}}</li>
      </ul>

      <button @click="update1">浅更新 ref 对象</button>  
      <button @click="update2">浅更新 reactive 对象</button>  
      <button @click="update3">深度更新 ref 对象</button>  
      <button @click="update4">深度更新 reactive 对象</button>
    </div>

    <script>
      const { createApp, shallowRef, shallowReactive } = Vue

      createApp({
        setup() {
          // 定义浅 ref 对象
          const course = shallowRef({
            title: '',
            days: 0,
          });
          console.log(course);

          // 定义浅 reactive 对象
          const person = shallowReactive({
            name: '',
            addr: {
              city: '',
            },
          });
          console.log(person);

          // 直接更新 value 属性，页面会自动更新
          const update1 = () => {
            course.value = {
              // 页面会自动更新
              title: 'Vue 技术栈',
```

```
          days: 40,
        };
      };

      // 更新外部属性，页面会自动更新
      const update2 = () => {
        person.name = '李四';
        person.addr = {
          city: '北京',
        };
      };

      // 更新 value 属性对象的内部属性，页面不会自动更新
      const update3 = () => {
        course.value.title = 'React 技术栈';
        course.value.days = 20;
      };

      // 更新深层的属性，页面不会自动更新
      const update4 = () => {
        person.addr.city = '上海';
      };

      return {
        course,
        person,
        update1,
        update2,
        update3,
        update4,
      };
    },
  }).mount('#app');
  </script>
 </body>
</html>
```

我们在代码中通过 shallowRef 函数定义了一个浅 ref 对象 course，通过 shallowReactive 函数定义了一个浅 reactive 对象 person，后面在按钮的点击回调中分别对这两个响应式对象的数据进行浅属性更新和深度属性更新，看看页面是否会自动更新。

代码运行后的页面效果如图 3-12 所示。

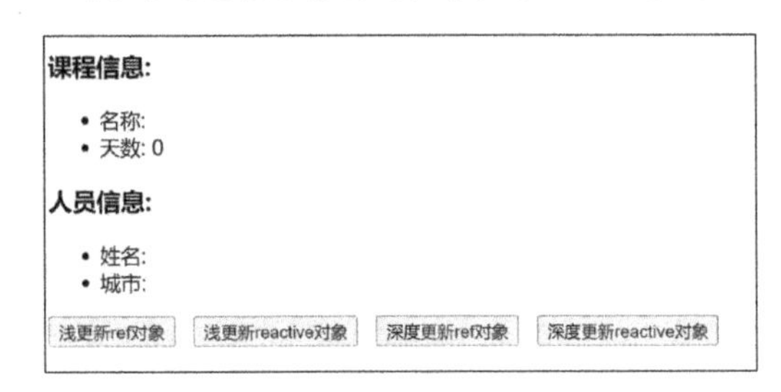


图 3-12　代码运行后的页面效果

点击“浅更新 ref 对象”按钮，直接更新浅 ref 对象 course 的 value 属性，页面会自动更新。

点击“浅更新 reactive 对象”按钮，通过浅 reactive 对象 person 更新目标对象中的外部属性 name 和 addr，页面会自动更新。

点击“深度更新 ref 对象”按钮，更新 course 对象的 value 属性对象上的 title 和 days 属性，而外部的 value 属性并没有发生变化，因此页面不会自动更新。

点击“深度更新 reactive 对象”按钮，通过 person 对象更新 addr 属性对象中的 city 属性，这是一个嵌套属性更新，外部的 addr 属性并没有发生变化，因此页面不会自动更新。

那么在什么场景下使用 shallowRef 与 shallowReactive 函数呢？如果页面中需要动态显示一个包含嵌

套对象的对象或数组，就需要将其定义成响应式数据。当然我们可以选择使用 ref 或 reactive 函数实现，但如果嵌套对象中的属性并不需要单独更新，则可以选择使用 shallowRef 或 shallowReactive 函数实现。由于 shallowRef 和 shallowReactive 函数只做了外部（单层）的响应式处理，因此其相比 ref 和 reactive 函数来说内存占用更小，处理性能也更高。

## 3.8　toRaw 与 markRaw 函数

如果我们想得到一个 reactive 对象内部包含的原始对象，就可以选择使用 toRaw 函数。如果我们不想让一个原始对象包装生成 reactive 响应式对象，就可以选择使用 markRaw 函数。

toRaw 函数接收的参数为一个 reactive 对象，返回值为内部包含的整个原始对象。

markRaw 函数接收的参数为一个原始对象，返回值还是这个原始对象，但其被添加了不能转换为 reactive 对象的标识属性__v_skip，该值为 true。当我们将这个对象传入 reactive 函数时，返回的就不是代理对象了，而是参数对象本身。也就是说，它并不是响应式对象。

下面通过代码来演示 toRaw 与 markRaw 函数的使用方法。

```
<!DOCTYPE html>
<html lang="en">
  <head>
    <meta charset="UTF-8" />
    <title>toRaw 与 markRaw 函数</title>
    <script src="https://cdn.bootcdn.net/ajax/libs/vue/3.2.40/vue.global.js"></script>
  </head>
  <body>
    <div id="app">
      <p>state.name: {{state.name}}</p>
      <p>state.addr.city: {{state.addr.city}}</p>
      <button @click="test1">测试 toRaw</button>
      <hr />
      <p>state2.name: {{state2.name}}</p>
      <p>state2.addr.city: {{state2.addr.city}}</p>
      <button @click="test2">测试 markRaw</button>
    </div>
    <script>
      const { createApp, reactive, toRaw, markRaw } = Vue;
      createApp({
        setup() {
          // 定义 reactive 对象
          const state = reactive({
            name: '张三',
            addr: {
              city: '北京',
            },
          });

          // 测试使用 toRaw 函数
          const test1 = () => {
            // 通过 toRaw 函数得到 reactive 对象中包含的原始对象
            const rawPerson = toRaw(state);
            console.log(rawPerson);
          };
```

```
      // 原始对象
      const person2 = {
        name: '李四',
        addr: {
          city: '上海',
        },
      };

      // 标记一个原始对象不能生成 reactive 对象，并返回这个对象
      const markPerson2 = markRaw(person2);
      console.log(markPerson2); // 多了一个__v_skip 为 true 的属性

      // 对 markRaw 函数的对象进行 reactive 处理，会被原样返回，它不是响应式的
      const state2 = reactive(markPerson2);
      console.log(state2);
      console.log(markPerson2 === person2, state2 === markPerson2);

      // 测试更新 markRaw 函数的 reactive 对象，页面不会自动更新
      const test2 = () => {
        state2.name += '--';
        state2.addr.city += '--';
        console.log(state2.name, state2.addr.city);
      };

      return {
        state,
        state2,
        test1,
        test2,
      };
    },
  }).mount('#app');
 </script>
</body>
</html>
```

运行代码后的页面效果如图 3-13 所示。

在上面的代码中先定义了一个 reactive 对象 state，然后在“测试 toRaw”按钮的点击回调中，调用 toRaw 函数，并传入 state 对象，得到的就是 state 对象中包含的原始对象。控制台输出如图 3-14 所示。

接着定义了一个原始对象 person2，调用 markRaw 函数，并传入 person2 对象，返回的还是 person2 对象。只是对象被添加了__v_skip 为 true 的属性，该属性用来标识此对象不能生成 reactive 对象。控制台输出如图 3-15 所示。

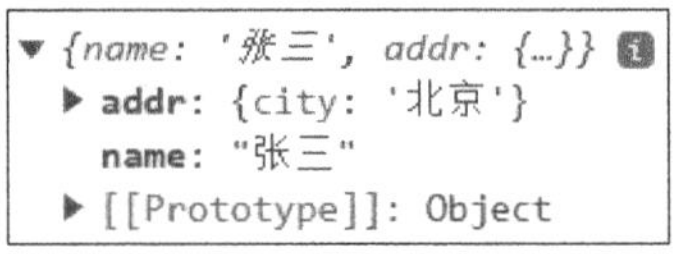

state.name: 张三
state.addr.city: 北京
测试toRaw
state2.name: 李四
state2.addr.city: 上海
测试markRaw

图 3-13　运行代码后的页面效果

```
▼ {name: '张三', addr: {…}}
  ▶ addr: {city: '北京'}
    name: "张三"
  ▶ [[Prototype]]: Object
```

图 3-14　控制台输出（1）

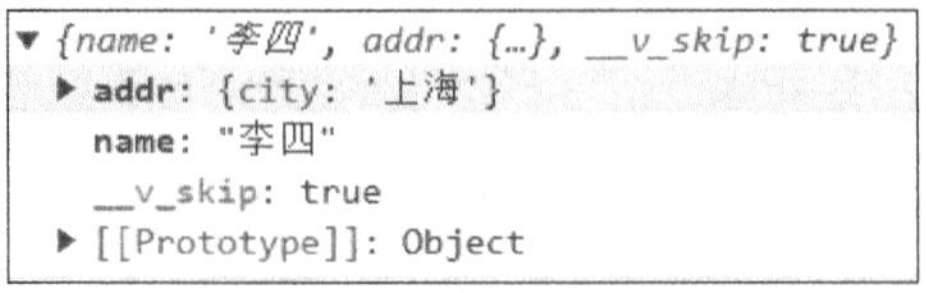

```
▼ {name: '李四', addr: {…}, __v_skip: true}
  ▶ addr: {city: '上海'}
    name: "李四"
    __v_skip: true
  ▶ [[Prototype]]: Object
```

图 3-15　控制台输出（2）

随后调用 reactive 函数，传入带__v_skip 属性的对象，就不再返回一个代理对象，而是返回传入的对象本身，这就意味着此对象不能再进行响应式处理。

我们在 setup 函数的返回对象中添加了 state2，模板可以通过 state2 读取里面任意层级的属性进行显示。但在“测试 markRaw”按钮的点击回调 test2 中，通过 state2 来更新内部属性数据，页面不会自动更新，但通过控制台打印输出可以发现数据确实已经变了，如图 3-16 所示。这也就说明了，被 markRaw 函数处理的对象，不能生成响应式的 reactive 对象。

那么，在什么情况下需要使用 toRaw 与 markRaw 函数呢？当我们想得到 reactive 对象中包含的整个原始对象时，toRaw 函数就是一个不错的选择。当我们为其他模块提供一个包含多个数据的对象时，如果我们不需要，也不希望外部使用者将其处理为响应式对象，就可以先使用 markRaw 函数来处理这个对象后再返回它。

```
李四-- 上海--
```

图 3-16　控制台输出（3）

## 3.9　computed 函数

Vue3 的组合式 API 中的 computed 函数与选项式 API 中的 computed 属性的功能是一样的，只是在语法的使用上不同而已，但不管是在组合式 API 还是在选项式 API 中，都是既可以只指定 getter，也可以指定 getter（指 get 方法）和 setter（指 set 方法）的。

computed 函数接收的参数可以是一个函数，也可以是一个包含 get 方法和 set 方法的对象。当参数为函数时，就是指定了 getter，用来返回动态计算的结果值；当参数为对象时，就是指定了 getter 和 setter，此时既可以通过 getter 返回动态计算的结果值，也可以通过 setter 监听计算属性的修改。

computed 函数的返回值是计算属性对象，它本质上是一个 ref 对象，getter 返回的值会被自动保存到其 value 属性上。当我们修改计算属性对象的 value 属性值时，setter 就会被自动调用。

下面通过代码演示 computed 函数的使用方法。

```html
<!DOCTYPE html>
<html lang="en">
  <head>
    <meta charset="UTF-8" />
    <title>computed 函数</title>
    <script src="https://cdn.bootcdn.net/ajax/libs/vue/3.2.40/vue.global.js"></script>
  </head>
  <body>
    <div id="app">
      <h3>测试只带 get 方法的计算属性</h3>
      <p>数量: {{count}}</p>
      <p>姓名: {{person.name}}</p>
      <p>信息(get 方法计算属性): {{info}}</p>

      <button @click="update">更新</button>

      <h3>测试带 get 和 set 方法的计算属性</h3>
      <input type="text" v-model="doubleCount" />
    </div>
    <script>
      const { createApp, ref, reactive, computed } = Vue;

      createApp({
        setup() {
          // 定义 ref 对象
          const count = ref(0);
          // 定义 reactive 对象
```

```
        const person = reactive({
          name: '张三',
        });

        // 定义只有getter的计算属性
        const info = computed(() => {
          return `${person.name}完成的数量${count.value}`;
        });

        // 定义有getter和setter的计算属性
        const doubleCount = computed({
          get() {
            console.log(info);
            return count.value * 2;
          },
          set(value) {
            count.value = value / 2;
          },
        });

        // 更新ref或reactive数据
        const update = () => {
          count.value += 1;
          person.name += '--';
        };

        return {
          count,
          person,
          info,
          update,
          doubleCount,
        };
      },
    }).mount('#app');
  </script>
 </body>
</html>
```

代码运行后的页面效果如图 3-17 所示。

在上面的代码中，我们先分别定义了一个 ref 对象 count 和一个 reactive 对象 person，然后调用 computed 函数来定义计算属性 info，传入的参数为用于动态计算属性值的 get 函数。computed 函数返回的 info 对象，本质上是一个 ref 对象，可以通过控制台进行查看，如图 3-18 所示。



图 3-17　代码运行后的页面效果

```
▼ComputedRefImpl {dep: Set(1), __v_isRef: true, __v_isReadonly: true, _dirty: false, _setter: ƒ, …}
  ▶dep: Set(1) {ReactiveEffect}
  ▶effect: ReactiveEffect {active: true, deps: Array(2), parent: undefined, fn: ƒ, scheduler: ƒ, …}
   __v_isReadonly: true
   __v_isRef: true
   _cacheable: true
   _dirty: false
  ▶_setter: () => {…}
   _value: "张三完成的数量0"
   value: (...)
  ▶[[Prototype]]: Object
```

图 3-18　通过控制台查看 info 对象

根据控制台输出的结果可以看出，内部“_value”的值就是执行 get 函数，在读取前面的 ref 和 reactive

响应式数据后，计算并返回的结果。同时返回了计算属性对象，在模板中就可以读取计算属性显示。

当点击“更新”按钮时，我们在点击回调中更新了计算属性依赖的 ref 数据和 reactive 数据，info 计算属性的 get 函数会自动执行，并将返回的结果值更新到页面上。

当然如果模板中有多处读取计算属性，则计算属性的 get 函数只会执行一次，因为计算属性有缓存，这是与选项式 API 一样的特点。

接着定义了带 get 和 set 方法的计算属性 doubleCount，在 get 方法中返回前面 count 对象的两倍值，在 set 方法中将最新值的一半更新给了 count 对象。在返回 doubleCount 计算属性的同时，在模板中利用 v-model 指令对 doubleCount 计算属性进行双向数据保存处理。

在初始显示时，程序会自动执行 doubleCount 计算属性的 get 方法，根据初始 count 值进行计算，返回 0 并显示到输入框中。当用户点击“更新”按钮更新 count 值时，doubleCount 计算属性的 get 方法会被自动调用，返回新计算结果并显示到输入框中；当用户在输入框中改变输入内容时，v-model 指令会将输入的最新值赋给 doubleCount 计算属性，这自然会触发 set 方法执行。随后在 set 方法中更新了 count 值，这样页面上的数量和计算属性信息都会更新显示。

## 3.10　watch 函数

Vue3 提供的组合式 API 函数 watch，从功能上看，与选项式 API 的 watch 配置和$watch 方法相同，但在语法使用上还是有些许差别的。

watch 函数可以监听一个或多个响应式数据，当响应式数据发生变化时，监听的回调就会自动执行。

watch 函数接收 3 个参数，具体如下。

（1）第 1 个参数是被监听的一个或多个响应式数据，该参数有 3 种形式，具体如下。

① 一个 reactive 对象或 ref 对象。

② 返回 reactive 对象中基础类型属性的函数。

③ 包含任意多个 reactive 对象、ref 对象或函数的数组。

（2）第 2 个参数是监听回调函数，该回调函数可接收两个参数，具体如下。

① 一个新值或包含多个新值的数组。

② 一个旧值或包含多个旧值的数组。

（3）第 3 个参数是可选的配置对象，包含是否立即执行的 immediate 和是否深度监听的 deep。

请阅读下方代码。

```
<!DOCTYPE html>
<html lang="en">
  <head>
    <meta charset="UTF-8" />
    <title>watch 函数</title>
    <script src="https://cdn.bootcdn.net/ajax/libs/vue/3.2.40/vue.global.js"></script>
  </head>
  <body>
    <div id="app">
      <p>count: {{countObj.count}}</p>
      <p>person: {{person.name}}-{{person.addr.city}}</p>

      <button @click="update">更新</button>
    </div>
    <script>
      const { createApp, ref, reactive, watch } = Vue;
```

```
      createApp({
        setup() {
          const countObj = ref({
            count: 0,
          });
          const person = reactive({
            name: '张三',
            addr: {
              city: '北京',
            },
          });

          const update = () => {
            // 准备更新 ref 或 reactive 数据
          };

          return {
            countObj,
            person,
            update,
          };
        },
      }).mount('#app');
    </script>
  </body>
</html>
```

在上面的代码中，我们分别定义了一个 ref 对象 countObj 和一个 reactive 对象 person，同时定义了一个准备更新数据的 update 函数，并通过 return 返回数据。在模板中读取了 ref 对象和 reactive 对象的数据并进行动态显示，将 update 函数绑定给按钮的点击监听。运行后的页面效果如图 3-19 所示。

count: 0

person: 张三-北京

更新

图 3-19 运行后的页面效果

此时使用 watch 函数来监听 ref 对象，默认进行的是浅监听，如果需要进行深度监听，则需要配置 deep 为 true，代码如下。

```
// 浅监听 ref 对象
watch(countObj, (newVal, oldVal) => {
  console.log('countObj 浅监听', newVal, oldVal);
});

// 深度监听 ref 对象
watch(
  countObj,
  (newVal, oldVal) => {
    console.log('countObj 深度监听', newVal, oldVal);
  },
  { deep: true }
);
```

如果对 ref 对象数据进行浅更新，那么两个监听的回调都会执行。

```
const update = () => {
  // 对 ref 对象数据进行浅更新
  countObj.value = {count: 2};
};
```

如果对 ref 对象数据进行深度更新，那么前面浅监听的回调不会再执行了。

```
const update = () => {
  // 对 ref 对象数据进行深度更新
```

```
  countObj.value.count = 3;
};
```

使用 watch 函数监听 reactive 对象，默认进行的是深度监听。在按钮的点击回调中，无论是对 person 对象的浅更新，还是深度更新，监听的回调都会执行，代码如下。

```
// 监听 reactive 对象，默认进行的是深度监听
watch(person, (newVal, oldVal) => {
  console.log('person change', newVal, oldVal);
});

const update = () => {
  // 浅更新
  person.name += '--';
  // 深度更新
  person.addr.city += '==';
};
```

如果我们要监听的是 reactive 对象代理的一个基础类型属性，比如现在想要监听 name 属性，如果直接给 watch 函数传入 person.name，则程序会直接报错。这是因为它是一个基础类型的值，而不是一个响应式的值，代码如下。

```
// 错误写法
watch(person.name, (newVal, oldVal) => {
  console.log('person.name change', newVal, oldVal);
});
```

Vue3 针对这种情况，提供了函数式的写法，可以传入一个函数，函数内部返回要监听的这个值。

```
// 正确写法
watch(() => person.name, (newVal, oldVal) => {
  console.log('person.name change', newVal, oldVal);
});
const update = () => {
  // 浅更新
  person.name += '--';
};
```

当用户点击“更新”按钮更新 name 属性值时，监听的回调就会自动执行。

如果我们要监听多个不同的数据，要怎么处理呢？其实 watch 函数可以接收一个包含多个要监听数据的数组。同时，watch 函数接收的第 1 个参数就是由多个被监听数据的最新值组成的数组，第 2 个参数是旧值的数组。

```
// 监听 ref 对象和 reactive 对象中的 name 属性
watch([countObj, () => person.name], (newVals, oldVals) => {
  console.log('countObj 或 person.name 变化了', newVals, oldVals);
});
```

上面的代码监听的是 ref 对象 countObj 和 reactive 对象 person 中的 name 属性，其监听的回调接收的 newVals 就是最新 countObj 的 value 和最新 person 的 name 组成的数组，而 oldVals 就是旧 countObj 的 value 和旧 person 的 name 组成的数组。

如果在更新函数中对 ref 对象进行浅更新，监听的回调就会执行，代码如下。

```
const update = () => {
  countObj.value = {count: 2};
};
```

如果在更新函数中通过 reactive 对象 person 更新 name 属性，监听的回调就会执行，代码如下。

```
const update = () => {
  person.name += '--';
};
```

如果想让监听的回调在初始化时执行一次，就可以配置 immediate 为 true。需要强调的是，还可以在

监听的回调中执行异步操作，而这在计算属性的 get 函数中是不可以实现的，代码如下。

```
watch(countObj, (newVal, oldVal) => {
  console.log('立即执行的监听', newVal, oldVal);
  // 可以执行异步操作
  setTimeout(() => {
    alert('2 秒后的提示');
  }, 2000);
}, {immediate: true});

const update = () => {
  countObj.value = {count: 2};
};
```

在初始化时监听的回调就会执行一次，且在 2 秒后显示警告提示，当然在点击按钮后，监听的回调还会再次执行。

## 3.11 生命周期钩子函数

组合式 API 的生命周期钩子函数和选项式 API 的生命周期钩子函数存在一定的差异。组合式 API 引入了 setup 函数来进行初始化操作，包括定义响应式数据、监听响应式数据，更新数据的函数等，而选项式 API 中的 beforeCreate 和 created 是在初始化过程中调用的两个生命周期钩子函数，所以 Vue3 中去掉了这两个生命周期钩子函数，用 setup 函数来代替它们。

除在初始阶段利用 setup 函数替换生命周期钩子函数 beforeCreate 和 created 以外，在组合式 API 中，挂载、更新、销毁阶段的生命周期钩子函数都以函数监听的方式实现，包括 onBeforeMount、onMounted、onBeforeUpdate、onUpdated、onBeforeUnmount、onUnmounted。值得一提的是，要想使用这些生命周期钩子函数，必须先从 Vue 中引入，然后在 setup 函数中调用，生命周期钩子函数的调用结果主要通过回调函数的形式实现。

组合式 API 的生命周期钩子函数共有 4 个阶段，如图 3-20 所示。下面结合代码进行具体说明。

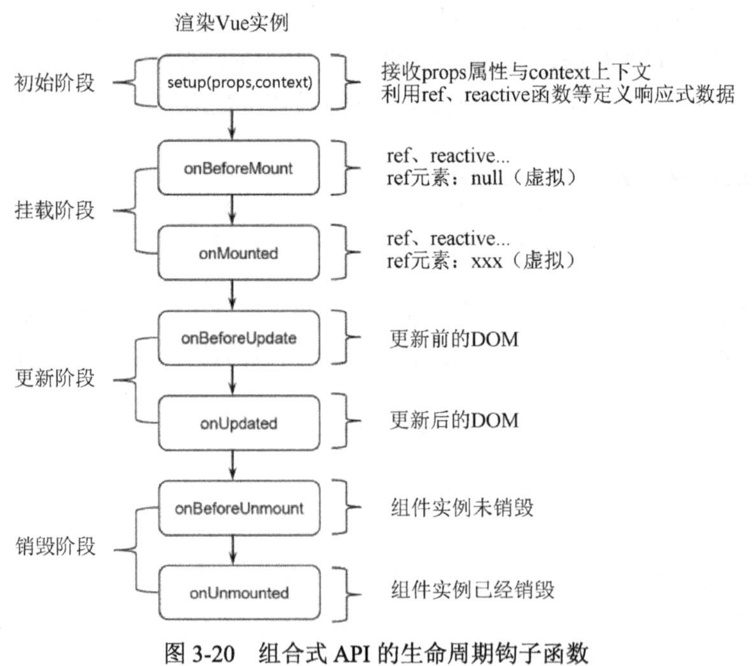


图 3-20　组合式 API 的生命周期钩子函数

因为 2.9.3 节讲解过选项式 API 的生命周期钩子函数，所以这里我们先阅读代码，再结合文字分析代码。

```
<!DOCTYPE html>
<html lang="en">
  <head>
    <meta charset="UTF-8" />
    <meta http-equiv="X-UA-Compatible" content="IE=edge" />
    <meta name="viewport" content="width=device-width, initial-scale=1.0" />
    <title>生命周期钩子函数</title>
    <script src="https://cdn.bootcdn.net/ajax/libs/vue/3.2.40/vue.global.js"></script>
  </head>

  <body>
    <div id="app">
      <p ref="mRef">{{ message }}</p>
      <button @click="message = '尚硅谷可以提供优质的互联网技术培训'">
        更新内容
      </button>
    </div>

    <script>
      const {
        createApp,
        ref,
        onBeforeMount,
        onMounted,
        onBeforeUpdate,
        onUpdated,
        onBeforeUnmount,
        onUnmounted,
      } = Vue;

      const app = createApp({
        setup(props, context) {
          // 定义一个 ref 元素对象
          const mRef = ref(null);
          // 定义响应式数据 message
          const message = ref('欢迎来到尚硅谷');
          // onBeforeMount 没有完成挂载，有 message 却没有 ref 元素对象
          onBeforeMount(() => {
            console.log('onBeforeMount', message, mRef.value);
          });
          // onMounted 已经完成挂载，message 与 ref 元素对象都存在
          onMounted(() => {
            console.log('onMounted', message, mRef.value);
          });
          // 更新之前的页面
          onBeforeUpdate(() => {
            console.log('onBeforeUpdate');
            debugger;
          });
          // 更新之后的页面
          onUpdated(() => {
            console.log('onUpdated');
          });
          // 组件实例完全销毁前，仍旧有元素对象（当前就是 p 标签对象）
          onBeforeUnmount(() => {
            console.log('onBeforeUnmount', mRef.value);
            debugger;
```

```
        });
        // 组件实例完全销毁，不存在元素对象
        onUnmounted(() => {
          console.log('onUnmounted', mRef.value);
        });

        return {
          mRef,
          message,
        };
      },
    })

    app.mount('#app');
    setTimeout(() => {
      app.unmount();
    }, 5000);
  </script>
 </body>
</html>
```

结合上面的代码分析组合式 API 的生命周期钩子函数。

（1）setup：在 setup 初始阶段，利用 ref 函数定义一个响应式数据 message，并设置其初始值为“欢迎来到尚硅谷”。

（2）onBeforeMount：给模板中的 p 元素添加 ref 属性 mRef，并在脚本中设置 mRef 为 ref 类型，在 onBeforeMount 生命周期钩子函数中打印 message 和 mRef.value，可以看到 message 有数据，而 mRef.value 为 null。这是因为 DOM 元素现在仍存在于内存中，并没有完全完成挂载。

（3）onMounted：这一阶段网页的 el 元素对象成功地将虚拟 DOM 内容渲染到了真实 DOM 对象上，此时打印 mRef.value，其值是一个 p 元素标签的内容，说明挂载已经完成。

（4）onBeforeUpdate：我们可以点击页面中的按钮来修改响应式数据 message，在 onBeforeUpdate 生命周期钩子函数中设置一个 debugger 断点查看效果，最终会发现页面中仍旧显示的是数据修改之前的 DOM 元素内容。

（5）onUpdated：与 onBeforeUpdate 类似，在 onUpdated 生命周期钩子函数中设置 debugger 断点，查看到的是数据发生改变以后的页面。

（6）onBeforeUnmount：当这个生命周期钩子函数被调用时，组件实例依然拥有全部的功能。同样也在该生命周期钩子函数中进行 debugger 断点调试。在利用定时器进行 unmount 销毁操作后，则可以查看到即将进入 onBeforeUnmount 生命周期阶段。此时页面中仍旧保留 DOM 显示的状态，控制台中的 mRef.value 仍旧有元素对象。

（7）onUnmounted：该生命周期钩子函数在一个组件实例被销毁后调用，对应组件实例的 DOM 对象也将不复存在。继续进行 debugger 断点调试，程序就会进入 onUnmounted 生命周期阶段。此时组件原本指向的 DOM 对象已经清空，页面中也不再显示任何的 DOM 元素内容。

# 第4章

# 组件详解

从本章开始，我们将介绍 Vue 中与组件相关的技术内容。由于组件的层次性、封装性和复杂性，原来通过 Vue 的 CDN 资源引入的代码编写方式已经不利于项目的开发了，因此读者需要进一步了解 Vue 工程化的开发方式。本章内容包括脚手架项目的分析、ESLint 与 Prettier、组件样式控制、组件通信之 props、组件通信之 ref 与 defineExpose、组件通信之 emits 与 defineEmits、组件通信之 attrs、组件通信之 provide 与 inject、组件通信之 mitt、组件通信之 slot、内置组件之 Component、内置组件之 KeepAlive、内置组件之 Teleport、代码封装之自定义 directive（指令）、代码封装之自定义 hook（钩子）、代码封装之 plugin（插件）。

本章将结合实际开发案例进行演示和讲解，以帮助读者快速掌握组件的相关语法。

## 4.1 脚手架项目的分析

本节将脚手架项目的分析分为两个部分，分别是脚手架项目创建与准备工作和脚手架项目的分析步骤与流程。

### 1．脚手架项目创建与准备工作

在第 1 章中提到过，Vue 的运行环境除了通过引入 Vue 库创建，还可以通过脚手架创建。脚手架项目的创建方式可以分为两种，分别是以 Webpack 为基础的@vue/cli 命令行接口方式和利用以 vite 前端自动化构建工具为基础的“npm init vue@latest”命令创建方式。虽然这两种创建方式都可以开发 Vue3 项目，但是 vite 是新一代的前端自动化构建工具，相较于 Webpack，其编译和打包速度更快，这种方式也是 Vue 官方更为推荐的方式。

我们利用“npm init vue@latest”命令创建一个名称为 vue3-components 的工程项目，命令如下。

```
npm init vue@latest vue3-components
```

需要注意的是，除 ESLint 与 Prettier 这两个选项选择 Yes 以外，其他选项都按默认选择 No。

```
✔ Project name: … vue3-components
✔ Add TypeScript? … No / Yes (选择 No)
✔ Add JSX Support? … No / Yes (选择 No)
✔ Add Vue Router for Single Page Application development? … No / Yes (选择 No)
✔ Add Pinia for state management? … No / Yes (选择 No)
✔ Add Vitest for Unit Testing? … No / Yes (选择 No)
✔ Add Cypress for both Unit and End-to-End testing? … No / Yes (选择 No)
✔ Add ESLint for code quality? … No / Yes (选择 Yes)
✔ Add Prettier for code formatting? … No / Yes (选择 Yes)
```

创建完脚手架项目后会出现如下类似的提示信息，我们可以通过提示信息运行测试项目。

```
cd vue3-components # 进入项目目录
npm install # 安装项目依赖模块
npm run lint # 运行项目中的 ESLint 语法检查
```

```
npm run dev # 运行测试项目
```

图 4-1　项目的文件结构

在脚手架项目创建完成后查看其文件结构（见图 4-1），会发现项目中包含大量的文件夹与文件。对于初学脚手架项目的开发人员来说，开发难度大幅度上升，因此掌握项目的分析步骤和流程是更好地操作后续项目的关键。

在 VSCode 编辑器中打开 vue3-components 项目，因为在项目创建阶段选择了 ESLint 与 Prettier 两个选项，所以要在 VSCode 编辑器的插件扩展中安装 ESLint 和 Prettier 开发插件，如图 4-2 和图 4-3 所示。此外，还需要安装 Vue3 的语法支持插件 Vue-Official，如图 4-4 所示。ESLint 与 Prettier 的功能与作用会在 4.2 节中讲解，这里先做好前置准备工作。

图 4-2　ESLint 插件

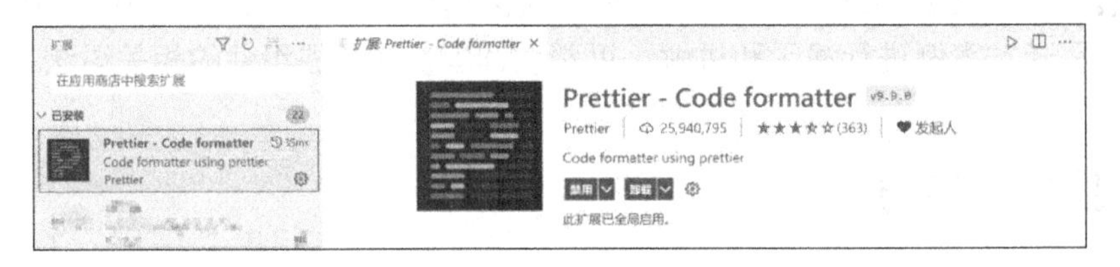


图 4-3　Prettier 插件

图 4-4　Vue-Official 插件

### 2．脚手架项目的分析步骤与流程

在完成前置准备工作后，就可以分析脚手架项目了，该项目主要分为 4 个步骤。

（1）查看文档（如果有文档则一定要先查看文档）。

（2）分析项目目录结构。

（3）分析项目文件结构。

（4）自上而下，剥洋葱式地进行代码结构分析。

这 4 个步骤是有先后顺序的，需要依次执行。利用有序步骤进行项目的合理性分析，可以帮助开发人员在最短的时间内了解和把控一个项目，下面针对这 4 个步骤进行具体分析。

1）查看文档

在项目根目录中有一个 README.md 的 markdown 说明文档，这是项目的总体介绍文档。该文档主要被划分为项目名称、推荐开发工具与插件、自定义配置参考网站、项目依赖安装、支持热更新的开发环境运行命令、生产环境的打包命令，以及用于项目语法检查的 ESLint 运行命令。

事实上，项目在开发、调试、上线的过程中主要被划分为开发、测试、产品不同的模式，而 markdown 说明文档中除包含生产环境的打包命令以外，主要包含开发环境模式前置工作的相关说明。

下面是markdown说明文档中的几类标题。

```
# vue3-components # 项目名称
## Recommended IDE Setup # 推荐开发工具与插件
## Customize configuration # 自定义配置参考网站
## Project Setup # 项目依赖安装
### Compile and Hot-Reload for Development # 支持热更新的开发环境运行命令
### Compile and Minify for Production # 生产环境的打包命令
### Lint with [ESLint](https://eslint.org/) # 用于项目语法检查的ESLint运行命令
```

通常情况下，在解读完markdown说明文档后，其会给开发人员提供一系列十分有用的帮助信息。值得一提的是，在正式开发之前，开发人员需要先对项目进行安装和启动，以确保项目可以正常运行，否则后面的开发工作都是无效的。

2）分析项目目录结构

项目顶层目录结构并不复杂，主要包含node_modules、public与src 3个目录。其中，node_modules是项目的依赖文件目录，可以忽略；public目录见名知意，在该目录下通常会放置一些项目的公共资源文件，如项目图标文件等；src是source的缩写，它是项目开发的关键目录，在该目录下通常会放置有关项目核心代码的目录和文件内容。

在src目录下，包含assets和components两个子目录。其中，assets是静态资源目录，主要存放一些样式、图标、图片等静态资源；components是项目开发过程中存放公共组件的目录，当前此目录下还有一个名为icons的子目录，icons目录下存放的是有关图标的通用组件。

值得一提的是，public是公共资源目录，assets是静态资源目录，它们两者有什么差异呢？public目录不会被前端自动化构建工具编译转换，而assets目录中的静态资源文件可以被前端自动化构建工具编译转换。比如当文件小于一定大小时，前端自动化构建工具就有可能将其编译成base64字符串，并在代码中应用，以此来减少请求的数量。

这部分文件目录如下。

```
node_modules # 项目的依赖文件目录，可以忽略
public # 公共资源目录
src # 项目源码目录
    assets # 项目静态资源目录
    components # 公共组件目录
        icons # 图标相关组件目录
```

3）分析项目文件结构

对文件结构的分析需要划分清楚文件的类型，比如项目启动主页面、项目开发配置文件、项目运行配置文件、项目入口文件、项目根组件、项目子组件、项目静态资源文件等。下面将其分为根目录下的文件和指定目录下的文件两类进行分析。

（1）根目录下的文件分析。

- “.eslintrc.cjs”“.gitignore”“.prettierrc.json”这几个以“.”开头的文件是项目开发配置的相关文件。其中，“.eslintrc.cjs”主要实现ESLint语法检查的相关配置，“.gitignore”是git代码管理的忽略配置文件，“.prettierrc.json”是Prettier代码格式化配置文件。
- “index.html”是项目启动主页面。项目在启动时会默认打开一个HTML的页面，整个项目中只有这一个页面，它也是项目显示页面的主页面。
- “package.json”是项目描述文件。该文件主要实现项目的介绍、启动及模块依赖的声明等。
- “package-lock.json”是下载依赖时自动生成的依赖包相关信息的文件，程序员不用修改它。
- “vite.config.js”是项目启动打包配置文件。因为项目的创建是基于前端自动化构建工具vite的，所以这一配置文件主要是对vite环境的扩展，以便进一步加强项目的开发测试与打包发布操作。

（2）指定目录下的文件分析。

- public目录下的“favicon.ico”是项目图标文件，它的功能是实现浏览器中项目图标的显示。

- src 目录下的“main.js”是项目入口文件，整个项目只有一个入口，也就是单入口，项目的所有操作都将从这一入口文件开始。
- src 目录下的“App.vue”则是项目根组件，整个项目只有一个根组件，而在该根组件下将会嵌套其他的子组件。
- src 目录下 assets 子目录中的“base.css”和“main.css”存储的是项目基础样式和主样式，而“logo.svg”存储的是网页中显示的项目 Logo 文件内容。
- src 目录下 components 子目录中的所有文件都属于 Vue 的子组件文件。当前 components 子目录下包含 3 个子组件文件，分别为“HelloWorld.vue”“TheWelcome.vue”“WelcomeItem.vue”。而 components 目录的 icons 子目录下，还包含社区图标“IconCommunity.vue”、文档图标“IconDocumentation.vue”、生态系统图标“IconEcosystem.vue”、支持图标“IconSupport.vue”、工具图标“IconTooling.vue”等图标组件文件。

这部分文件目录如下。

```
public
  favicon.ico                         # 项目图标
src
  assets
    base.css                          # 基础样式
    logo.svg                          # 项目 Logo
    main.css                          # 主样式
  components
    icons
      IconCommunity.vue               # 社区图标
      IconDocumentation.vue           # 文档图标
      IconEcosystem.vue               # 生态系统图标
      IconSupport.vue                 # 支持图标
      IconTooling.vue                 # 工具图标
    HelloWorld.vue                    # HelloWorld 组件
    TheWelcome.vue                    # Welcome 组件
    WelcomeItem.vue                   # Welcome 子项组件
  App.vue                             # 项目根组件
  main.js                             # 项目入口文件
.eslintrc.cjs                         # ESLint 语法检查配置文件
.gitignore                            # git 代码管理的忽略配置文件
.prettierrc.json                      # Prettier 代码格式化配置文件
index.html                            # 项目启动主页面
package.json                          # 项目描述文件
README.md                             # markdown 说明文档
vite.config.js                        # 项目启动打包配置文件
```

4）分析代码结构

代码结构的分析采用“剥洋葱式”操作。

（1）先找到第 1 个开始的主页面“index.html”，然后需要明确以下 3 点。

- 网页 icon 设置是通过 link 元素使用 public 目录下的 favicon.ico 图标文件实现的。
- id 为“app”的 div 元素是之前链接引入方式中 Vue 网页元素的挂载 DOM 对象。
- 脚本的引入依旧采用 script 元素，只不过引入的是“main.js”文件，并且 type 类型为“module”（模块化）。

index.html 文件代码如下。

```
<!DOCTYPE html>
<html lang="en">
  <head>
    <meta charset="UTF-8" />
```

```
    <!-- 使用 public 目录下的 favicon.ico 图标文件进行网页 icon 设置 -->
    <link rel="icon" href="/favicon.ico" />
    <meta name="viewport" content="width=device-width, initial-scale=1.0" />
    <title>Vite App</title>
  </head>
  <body>
    <!-- 网页挂载元素 -->
    <div id="app"></div>
    <!-- 引入 src 目录下的项目入口文件，并且以 module（模块化）的方式进行使用 -->
    <script type="module" src="/src/main.js"></script>
  </body>
</html>
```

（2）现在从主页面剥离到项目入口文件 main.js。main.js 文件中使用了 ES 模块化的导入模块语法 import，并利用 import 从 Vue 中引入了 createApp 函数、根组件 App 及主样式文件 main.css。“createApp(App).mount('#app')”的代码形式与 3.1 节的代码形式基本没有本质上的改变，代表最终创建的 Vue 应用对象被挂载到 id 为 app 的 DOM 元素上，只不过现在渲染的内容改成了根组件 App。

main.js 文件代码如下。

```
import { createApp } from "vue";
import App from "./App.vue";

import "./assets/main.css";

createApp(App).mount("#app");
```

（3）现在从入口文件剥离到根组件文件 App.vue。该文件主要包括 script 脚本、template 模板、style 样式 3 个层次结构。

script 脚本中还多了一个属性 setup，这是一个语法糖，现在在 script 脚本中可以不再像 3.2 节一样编写 setup 函数了，而是利用 import 引入子组件 HelloWorld 和 TheWelcome，不需要注册就可以在 template 模板层中调用组件。

因为 template 模板层中的标签 header 和 main 为并列关系，所以 Vue3 中的模板并不需要设置单一根节点，而 template 模板层对应的也是 3.2 节代码的“#app”中的内容。现在主要关注的是 HelloWorld 和 TheWelcome 两个子组件的调用，因此 template 模板层其实是 script 脚本中数据和组件内容的显示操作区。

style 样式与传统 CSS 样式的编写和作用是一致的，都是通过样式控制页面的布局。只不过目前 style 样式中设置了 scoped 属性，该内容在本节中不多做讲解，在 4.3.3 节中会进行具体说明。

App.vue 文件代码如下。

```
<script setup>
import HelloWorld from "./components/HelloWorld.vue";
import TheWelcome from "./components/TheWelcome.vue";
</script>

<template>
  <header>
    <img
      alt="Vue logo"
      class="logo"
      src="./assets/logo.svg"
      width="125"
      height="125"
    />

    <div class="wrapper">
      <HelloWorld msg="You did it!" />
    </div>
  </header>
```

```
  <main>
    <TheWelcome />
  </main>
</template>

<style scoped>
header {
  line-height: 1.5;
}

.logo {
  display: block;
  margin: 0 auto 2rem;
}

@media (min-width: 1024px) {
  header {
    display: flex;
    place-items: center;
    padding-right: calc(var(--section-gap) / 2);
  }

  .logo {
    margin: 0 2rem 0 0;
  }

  header .wrapper {
    display: flex;
    place-items: flex-start;
    flex-wrap: wrap;
  }
}
</style>
```

按照“剥洋葱式”操作，下面该剥离到 HelloWorld.vue 及 TheWelcome.vue 文件。这里剥离的方式与前面大体相同，不多做讲解，读者可自行尝试，相信一定会有不一样的收获。

现在通过“npm run dev”命令运行项目，在浏览器中打开测试地址可以看到如图 4-5 所示的项目运行页面。对应前面的项目整体结构分析，基本可以预测到页面的显示效果和页面的结构（见图 4-6）。

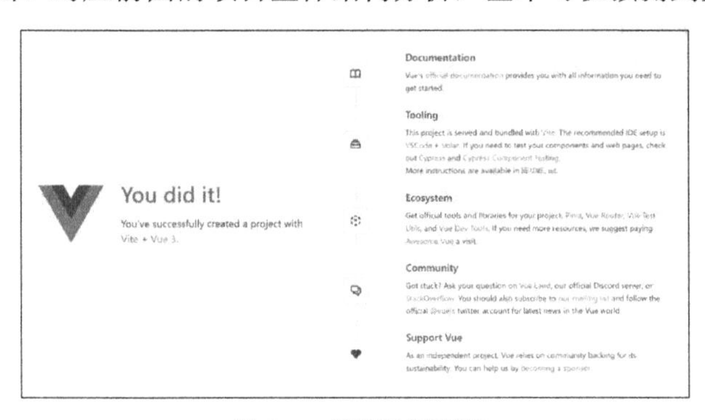


图 4-5　项目运行页面

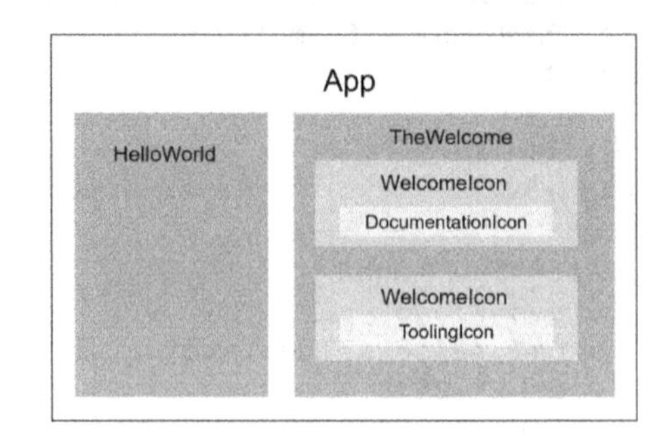


图 4-6　页面的结构

为了更方便地查看项目各个组件的嵌套关系及结构，以及后续更方便地进行项目调试，我们可以使用第 1 章安装的 Vue 开发者调试工具。打开 Google Chrome 浏览器的调试面板并切换到“Vue”选项卡，可以清晰地看到项目中各个组件的嵌套关系及结构，还可以观察组件的相关数据，如图 4-7 所示。

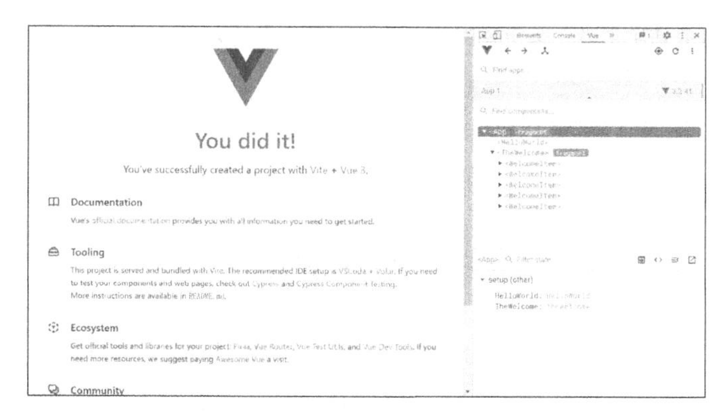


图 4-7　在调试面板中查看该项目的组件嵌套关系及结构

## 4.2 ESLint 与 Prettier

4.1 节在 VSCode 编辑器中安装了 3 个插件，分别是 ESLint、Prettier 和 Vue-Official，本节分两个部分对 ESLint 和 Prettier 插件进行讲解。

### 4.2.1 ESLint 语法检查

ESLint 是在 ECMAScript 代码中识别和报告模式匹配的代码工具。语法检查是一种静态分析方式，常用于寻找有问题的模式或者代码，并且不依赖于具体的编码风格。与大多数程序语言不同，JavaScript 没有编译程序，开发者无法快速调试代码。ESLint 工具可以帮助开发者在编码的过程中发现问题，而不是在代码执行的过程中发现问题。

ESLint 的主要特点是自由，它不会规定任何编码风格。由于不同的公司与团队开发代码的风格与习惯都是各不相同的，因此对于规则是无法进行统一的。用户可以自定义 ESLint 规则，并且将其结果配置成 warn（警告提示）或者 error（错误提示）。值得一提的是，配置的每条规则都是各自独立的，用户可以根据项目情况选择开启与关闭。ESLint 还有其他的特点，读者可以在应用过程中逐步发掘。

回看当前项目，在打开 main.js、App.vue 等程序文件时，默认情况下没有任何的提示和问题。这说明当前文件中的代码默认符合 ESLint 语法检查的规则，假如为“.eslintrc.cjs”文件中的 ESLint 添加自定义的校验规则 rules，比如强制约束项目中代码的引号是单引号，如果检测失败，则出现错误提示。当然，这里的错误等级是可以自定义的，也可以将 error 修改成 warn，出现警告提示。

.eslintrc.cjs 文件代码如下。

```
/* eslint-env node */
require("@rushstack/eslint-patch/modern-module-resolution");

module.exports = {
  root: true,
  extends: [
    "plugin:vue/vue3-essential",
    "eslint:recommended",
    "@vue/eslint-config-prettier",
  ],
  parserOptions: {
    ecmaVersion: "latest",
  },
  // 以下是新添加的 ESLint 校验规则
  rules: {
```

```
    // 约束项目中代码的引号是单引号，如果检测失败，则出现错误提示
    quotes: ["error", "single"],
  },
};
```

```
Vue3配套代码练习 > 第4章 组件详解 > vue3-components
1  import { createApp } from "vue";
2  import App from "./App.vue";
3
4  import "./assets/main.css";
5
6  createApp(App).mount("#app");
7
```

图 4-8 main.js 文件出现错误提示

此时再打开 main.js 文件，其中就会出现红色波浪线的错误提示，如图 4-8 所示，因为之前代码中的引号都是双引号，这就是 ESLint 的语法检查操作。至于 ESLint 的更多语法检查规则，读者可以查看 ESLint 官方网站，这里不多做说明。

现在打开命令行终端，输入在 README.md 中查看到的语法检查命令“npm run lint”，就会出现一些 ESLint 语法检查的检测报告，开发人员可以根据报告对指定代码做进一步的修改。

## 4.2.2 Prettier 代码格式化

在 4.2.1 节 ESLint 语法检查的检测报告中，大部分文件都出现了双引号的问题，那么开发人员是否需要对发现的代码逐一进行修改呢？如果这样做，开发效率显然很低，此时可以利用 VSCode 编辑器的 Prettier 插件对代码进行格式化，整体流程分为两步。

（1）.prettierrc.json 配置文件在默认情况下没有具体的配置项，只有一个{}空对象，我们可以在其中添加 singleQuote 属性，并设置其值为 true 来实现格式化。

.prettierrc.json 文件代码如下。

```
{
  "singleQuote": true,
}
```

（2）以 main.js 文件为例，打开 main.js 文件并右击，在弹出的快捷菜单中选择“使用...格式化文档”命令，如图 4-9 所示，此时会出现下拉菜单，选择“Prettier-Code formatter（默认值）”命令进行代码格式化，如图 4-10 所示。这时候会将所有的双引号都修改为单引号，代码就会符合 ESLint 语法检查工具的需求。

Run Code　Ctrl+Alt+N
转到定义　F12
转到类型定义
转到实现　Ctrl+F12
转到引用　Shift+F12
转到源定义
快速查看　>
查找所有引用　Shift+Alt+F12
查找所有实现
显示调用层次结构　Shift+Alt+H
重命名符号　F2
更改所有匹配项　Ctrl+F2
格式化文档　Shift+Alt+F
使用...格式化文档
重构...　Ctrl+Shift+R
源代码操作...
剪切　Ctrl+X
复制　Ctrl+C
粘贴　Ctrl+V
命令面板...　Ctrl+Shift+P

图 4-9 选择“使用...格式化文档”命令

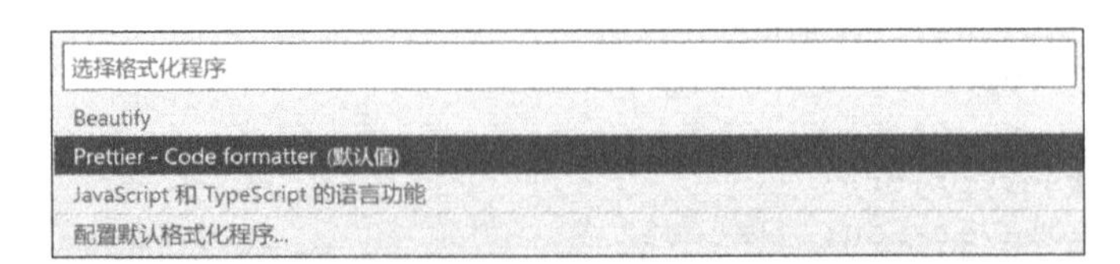


图 4-10 选择“Prettier-Code formatter（默认值）”命令

# 4.3　组件样式控制

本节内容主要包括组件定义与使用、全局样式控制、局部作用域样式控制和深度样式控制。

## 4.3.1　组件定义与使用

当前我们已经了解了脚手架项目开发与运行环境的整体结构和初始代码层次，并且已经熟悉了 Vue 组件文件的 3 个主要组成部分。为了方便后续的学习，以及使代码运行效果更直观，先对初始脚手架项目进行简化。

简化操作步骤如下。

（1）将 src 目录下的 assets 子目录及其文件全部删除。

（2）将 components 目录及其所有子目录和文件全部删除。

（3）修改 main.js 入口文件。将 assets 目录下的样式文件引入代码删除，也就是删除 import "./assets/main.css"代码行，修改后的文件目录如图 4-11 所示。

（4）直接重写 App.vue 程序文件代码，分为 script、template 和 style 3 个部分。

① script：利用 ES 模块化导入的方式引入 ref 函数，声明响应式数据，并定义 increment 方法对响应式数据进行修改。

```
vue3-components
  node_modules
  public
  src
    App.vue
    main.js
  .eslintrc.cjs
  .prettierrc.json
  index.html
  package-lock.json
  package.json
  README.md
  vite.config.js
```

图 4-11　修改后的文件目录

② template：直接渲染 count 和一个可以调用 increment 方法的按钮。

③ style：只需要编写网页开发中的 CSS 样式内容，template 模板中的元素会直接被样式控制。

修改后的 App.vue 文件代码如下。

```
<script setup>
// 从 Vue 库中引入 ref 函数
import { ref } from 'vue';
// 创建初始 value 为 0 的响应式 ref 对象
const count = ref(0);
// 定义增加 count 值的函数
const increment = () => {
  count.value++;
};
</script>

<template>
  <div>
    <h2>App 组件标题</h2>
    <!-- 显示 count -->
    <p>count: {{ count }}</p>
    <!-- 增加 count 值的按钮 -->
    <button @click="increment">增加</button>
  </div>
</template>

<style>
p {
  background: #ccc;
}
</style>
```

运行项目后，页面效果如图 4-12 所示。

此时点击“增加”按钮，count 值增加 1，如图 4-13 所示。

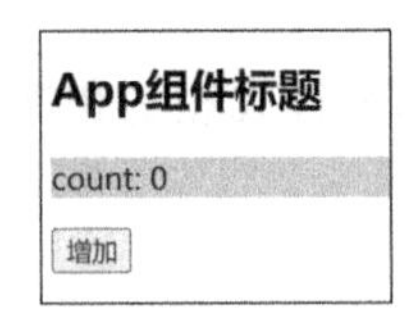

图 4-12　页面效果

图 4-13　点击按钮后 count 值增加 1

App.vue 是项目根组件文件，下面尝试定义子组件文件并嵌套在 App.vue 中。比如在 components 目录下定义 HelloWorld.vue 子组件文件。值得一提的是，Vue 组件文件中可以缺少 script、template、style 中的任意一个部分，程序不会报任何错误。

components/HelloWorld.vue 文件代码如下。

```
<template>
  <div>
    <h3>HelloWorld 组件标题</h3>
    <div>内部 div 内容</div>
  </div>
</template>
```

在 App.vue 的 script 中引入 components/HelloWorld.vue 组件文件，并直接在 template 中使用 HelloWorld 组件标签。值得一提的是，之所以能在 template 中直接使用 HelloWorld 组件标签，是因为在 import 引入组件后，Vue 会自动注册此组件。

修改后的 App.vue 文件代码如下。

```
<script setup>
import HelloWorld from './components/HelloWorld.vue';
......
</script>

<template>
  <div>
    ......
    <HelloWorld/>
  </div>
</template>

<style>
p {
  background: #ccc;
}
</style>
```

运行代码，打开 Vue 开发者调试工具中的 Vue 调试插件面板，则可以确认 App 组件下已经嵌套了一个 HelloWorld 子组件，如图 4-14 所示。

图 4-14　App 组件下嵌套 HelloWorld 子组件

### 4.3.2　全局样式控制

在组件中定义的样式，默认是全局有效的。也就是说，其可以作用于当前组件中的标签、子组件的根标签及外部的标签。下面我们来测试一下，给 App 组件的 style 标签添加全局样式，代码如下。

```
div {
  border: 1px solid #aaa;
  margin: 20px;
}
```

添加全局样式后的页面效果如图 4-15 所示。

图 4-15　添加全局样式后的页面效果

从图 4-15 中可以看出，App 组件中的样式既影响了当前组件的 div，也影响了子组件的所有 div 和外部页面中的 div。

产生该效果的原因也非常简单，因为 App 组件的 style 标签中的样式，在打包后就会生成全局样式，没有额外添加其他的限制条件。

### 4.3.3　局部作用域样式控制

4.3.2 节介绍了 Vue 的 style 标签中的样式默认是全局的，但如果我们只想针对当前组件内的标签进行样式控制，而不影响外部和内部子组件中标签的样式，应该如何设置呢？只需在 style 标签中添加 scoped 属性即可，这也就是我们常说的局部作用域样式。

在 App 组件的 style 标签中添加 scoped 属性，不需要为其指定属性值，它的本质是“scoped="true"”的简写方式，在项目开发中我们采用的都是简写方式，如下所示。

```
<style scoped>
```

只修改 App 组件的 style 标签，内部的其余样式不做任何修改，修改代码后的页面效果和代码结构如图 4-16 所示。

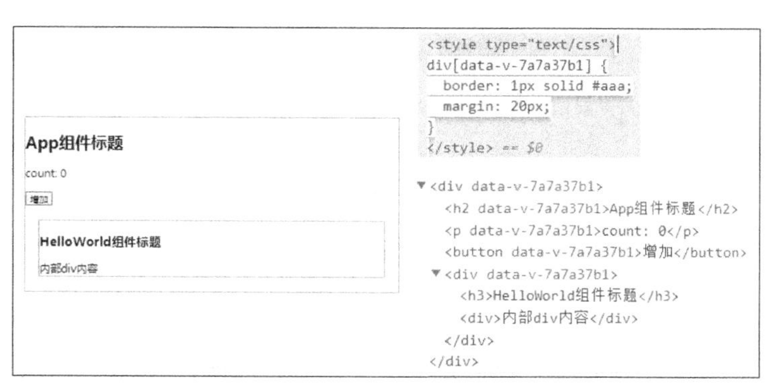


图 4-16　修改代码后的页面效果和代码结构

从页面效果可以看出，此时的样式只影响当前组件的 div 和子组件 HelloWorld 的根标签 div，而不再影响子组件的子标签 div 和外部的 div。由此可以得出局部作用域样式的特点：只作用于当前组件的所有标签和子组件的根标签。

局部作用域样式的原理其实并不复杂，其内部主要做了两件事，结合图 4-16 也可以看出。

（1）一旦 style 声明为 scoped，当前组件的所有标签和子组件的根标签就都会自动添加名为 data-v-xxx 的唯一标识属性。

（2）在项目打包运行的页面中，style 中的样式选择器的最右侧添加了名为 data-v-xxx 的属性选择器。这就让局部作用域样式只能作用于带 data-v-xxx 属性的标签，而此时只有当前组件的标签和子组件的根标签带有此属性，子组件的子标签和外部标签都没有此属性，因此局部作用域样式就只能影响当前组件的标签和子组件的根标签。

### 4.3.4 深度样式控制

如何能让组件的局部样式（也就是局部作用域样式）影响子组件的子标签呢？这就需要使用 Vue 提供的深度作用域选择器来实现。代码其实很简单，只需要将需要进行深度选择的标签用“:deep()”来包含，它就能匹配并影响子组件的子标签。

比如，我们想在 App 组件的局部作用域样式中，改变 HelloWorld 子组件的子标签 h3 的样式，那么可以在 App 组件中编写如下代码。

```
<style scoped>
...
...
div h3 {
  font-size: 40px;
}
</style>
```

但在运行项目后，开发者会发现标题文字并没有变大，也就是样式没有影响 HelloWorld 子组件的子标签 h3。原因与 4.3.3 节中的描述相同，即局部作用域样式是不能作用到子组件的子标签的，此时可以使用深度作用域选择器来实现，也就是使用“:deep()”来包含 h3，代码如下。

```
<style scoped>
...
...
div :deep(h3) {
  font-size: 40px;
}
</style>
```

此时样式已经作用到子组件的子标签 h3 上了，页面效果如图 4-17 所示。

图 4-17 页面效果

深度作用域选择器的原理是什么呢？我们来看一下打包生成的样式就可以知道了，如下所示。

```
div[data-v-7a7a37b1] h3 {
  font-size: 30px;
}
```

其本质就是将最右侧的属性选择器移动到了 deep 声明的左侧，这也就意味着整个属性选择器对目标元素没有了属性的要求，这样就可以成功匹配子组件的子标签了。

## 4.4 组件通信之 props

本节开始讲解组件通信的相关内容。作为讲解组件通信的开始，本节先来讲解组件关系，再讲解组件通信的第 1 种方式 props。

## 4.4.1　组件关系

在 4.3 节中阐述了父子组件的嵌套情况：在 App 父组件（根组件）中嵌套了 HelloWorld 子组件。这就意味着 Vue 的组件是可以互相嵌套的。那么这样的嵌套是一定存在层次关系的，嵌套组件之间也一定存在沟通和信息传递。

Vue 组件之间嵌套的层次和结构将会产生如下几种主要的关系模式。

### 1．父与子关系模式

在 App 组件中嵌套了 HelloWorld 子组件，那么相对于 HelloWorld 子组件而言，App 就是它的父组件，因此父与子关系模式是从上到下的，如图 4-18 所示。

### 2．子与父关系模式

将 App 父组件与 HelloWorld 子组件的关系换一个视角，从 HelloWorld 子组件的角度来看 App 父组件，就变成了从下到上的子与父关系模式，如图 4-19 所示。

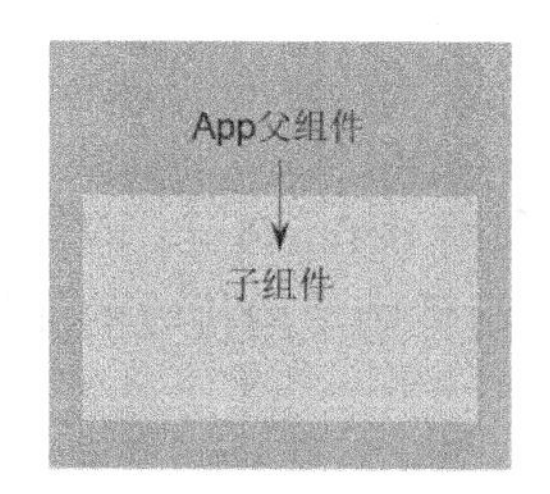


图 4-18　父与子关系模式

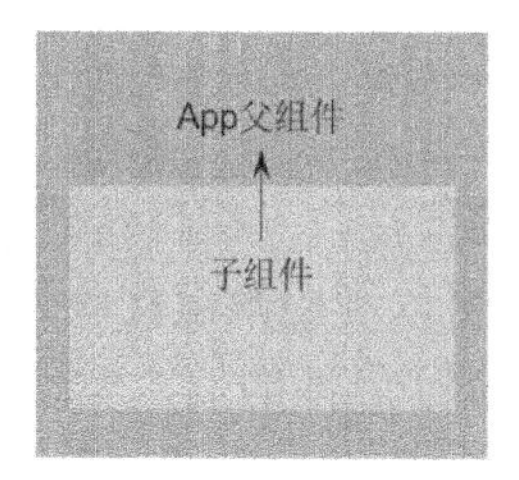


图 4-19　子与父关系模式

### 3．祖与孙关系模式

父下会有子，而子又会再包含子，因此父与孩子的孩子之间的关系就变成了祖孙关系，并且除了祖与孙，还会存在祖与曾孙、祖与玄孙等更深层次的关系。值得一提的是，只要超过了父子，孙、曾孙、玄孙都可以简化为祖与孙关系模式，如图 4-20 所示。

### 4．其他关系（非父子与祖孙）模式

当然父组件可能会包含一个子组件，也可能会包含多个子组件，而子组件中仍旧可能会存在孙、曾孙、玄孙等更深层级的嵌套子组件，那么从横向视角来看，子组件 2 与子组件 1、子组件 2 与孙组件 1、孙组件 2 与曾孙组件 1 等关系就成了更为复杂的跨越父与子、祖与孙单向顺序的非父子与祖孙关系模式，如图 4-21 所示。

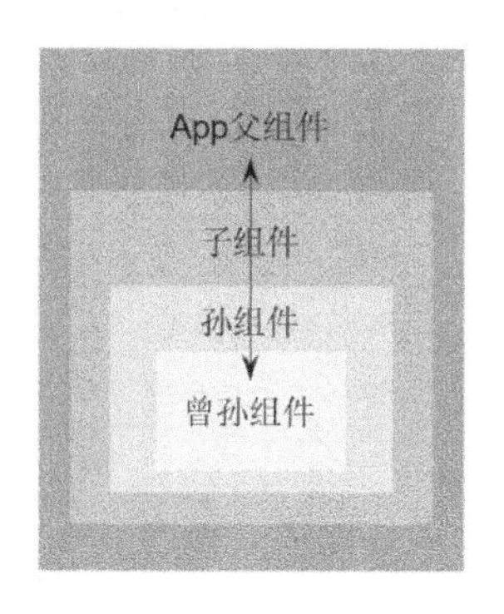


图 4-20　祖与孙关系模式

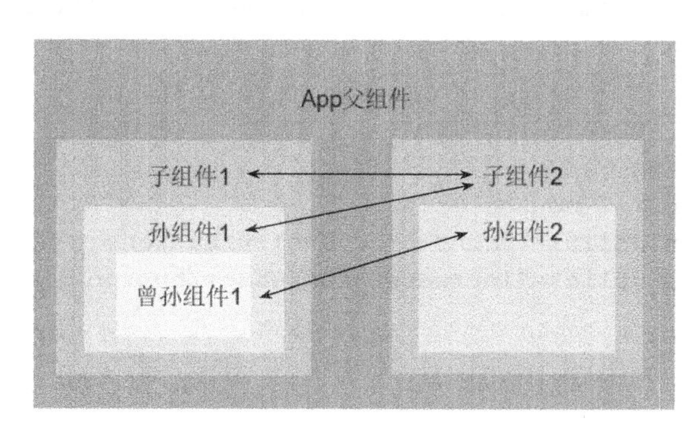


图 4-21　其他关系模式

### 4.4.2 父与子通信之 props

下面来介绍组件之间的通信方式，本节先来介绍父与子的通信交互 props，后面会陆续讲解其余组件的通信方式。

父与子可以通过 props 属性传递的方式实现交互，其中分为简单数组接收、简单对象接收和复杂对象接收 3 种模式，下面分别进行介绍。

#### 1. 简单数组接收模式

从父组件的设置与传递属性到子组件的接收与使用属性的整个过程可以划分成两个部分。

① 在 App 父组件中，当 HelloWorld 子组件被调用时设置属性并传递。比如给 HelloWorld 子组件设置 msg 与 count 两个属性，并且给 msg 属性传递值“你好，尚硅谷!”，count 属性传递值“0”。

此时 App.vue 文件代码如下。

```
<script setup>
import HelloWorld from './components/HelloWorld.vue';
</script>

<template>
  <HelloWorld msg="你好，尚硅谷！" count="0" />
</template>
```

② 在子组件中需要接收父组件传递的属性 msg 和 count。利用 defineProps 即可实现属性的接收，因为有多个属性，所以可以利用数组接收属性。此时可以直接在子组件中使用接收的属性值，比如通过插值表达式渲染和累加 count 属性的值，实现代码如下。

```
<template>
  <div>
    <p>{{ msg }}</p>
    <p>count:{{ count }}</p>
    <button @click="count++">count++</button>
  </div>
</template>

<script setup>
defineProps(['msg', 'count']);
</script>
```

在上面的代码中，count 属性值是直接在模板中进行累加的，并不是通过创建 increase 函数进行累加的。如果想在子组件中创建一个 increase 函数实现累加，那么能不能像之前一样直接编写呢？下面来尝试实现一下。

直接定义 increase 函数，并通过“count.value++”实现对 count 值的累加。修改后的 components/HelloWorld.vue 文件代码如下。

```
<template>
  <div>
    <p>{{ msg }}</p>
    <p>count:{{ count }}</p>
    <button @click="count++">count++</button>
    <button @click="increase">increase</button>
  </div>
</template>

<script setup>
defineProps(['msg', 'count']);
const increase = () => {
```

```
  count.value++;
};
</script>
```

运行代码后，会报“count is not defined”的错误提示，如图 4-22 所示。

```
⊗ ▸Uncaught ReferenceError: count is not defined          runtime-core.esm-bundler.js:218
      at increase (HelloWorld.vue:13:3)
      at callWithErrorHandling (runtime-core.esm-bundler.js:155:22)
      at callWithAsyncErrorHandling (runtime-core.esm-bundler.js:164:21)
      at HTMLButtonElement.invoker (runtime-dom.esm-bundler.js:339:9)
```

图 4-22 控制台报错

开发者可能会想，如果将 defineProps 接收的属性通过变量对象来接收，并利用对象属性的方式获取是不是可以呢？下面依旧通过代码来验证。

只修改 components/HelloWorld.vue 文件中的 script 脚本部分，代码如下。

```
<script setup>
const props = defineProps(['msg', 'count']);
const increase = () => {
  props.count++;
};
</script>
```

上面的代码利用 props 进行接收，但运行后页面依旧出现警告提示，如图 4-23 所示。

```
⚠ ▸[Vue warn] Set operation on key "count" failed: target is  reactivity.esm-bundler.js:4
  readonly. ▸Proxy {msg: '你好，尚硅谷！', count: '0'}
```

图 4-23 控制台出现警告提示

那么应如何在 script 脚本中操作 defineProps 接收的数据呢？答案是：先将数据中转，然后获取。比如在子组件中声明一个 ref 响应式数据 update，将其初始值设置为 defineProps 接收的 count 属性值，在 increase 函数中通过“update.value++”进行累加处理，并在模板中进行渲染，实现代码如下。

```
<template>
  <div>
    <p>{{ msg }}</p>
    <p>count:{{ count }}</p>
    <p>update:{{ update }}</p>
    <button @click="count++">count++</button>
    <button @click="increase">increase</button>
  </div>
</template>

<script setup>
import { ref } from 'vue';
const props = defineProps(['msg', 'count']);
const update = ref(props.count);
const increase = () => {
  update.value++;
};
</script>
```

此时不会报任何错误提示和警告提示，效果成功实现。

读者也可将父组件中传递的值进行任意修改来查看页面效果，比如将父组件中的子组件重新编写为“<HelloWorld msg="你好，尚硅谷！" count="8" />”，从而确认 update 的初始值显示是否也随之更改为“8”。

### 2. 简单对象接收模式

如果只是用简单数组接收属性，则我们是无法判别属性的类型的。细心的读者会发现，在简单数组接收模式中，我们无法判别传递的 count 属性和 msg 属性的类型。显然，msg 是字符串类型的，那么这是否意味着 count 也是字符串类型的呢？可是根据我们想得到的 count 值，其显然是数值类型的数据，而程序在运行的时候却没有给出任何的警告提示或者报错。

现在将子组件中的 defineProps 属性接收方式修改为简单对象模式，并查看效果。

将 components/HelloWorld.vue 文件中的 script 脚本部分修改为下方代码。

```
<script setup>
import { ref } from 'vue';

const props = defineProps({
  msg: String,
  count: Number,
});
const update = ref(props.count);
const increase = () => {
  update.value++;
};

</script>
```

此时我们将接收的类型限制为数值类型，由于没有修改 App.vue 中的代码，默认传递的是字符串类型的数据，所以子组件在接收的时候对属性进行了类型的检测，并在控制台中给出警告提示，如图 4-24 所示。虽然运行结果没有发生变化，但类型不对应还是存在一定的隐患的。这里可以在父组件中通过 v-bind 指令将 count 属性值绑定为数值类型的值来解决该问题。

```
⚠ ▸[Vue warn]: Invalid prop: type check failed for prop    runtime-core.esm-bundler.js:38
  "count". Expected Number with value 8, got String with value "8".
    at <HelloWorld msg="你好，尚硅谷！" count="8" >
    at <App>
```

图 4-24　警告提示

### 3. 复杂对象接收模式

简单数组接收模式仅能实现属性接收但无法进行类型约束，而简单对象接收模式不仅可以接收属性还能约束类型，但这样的功能是否已经足够了呢？试想父组件在调用子组件并设置属性时，遗漏了某个属性的设置，比如设置为“<HelloWorld msg="你好，尚硅谷！"/>”，遗漏了 count 属性，而在子组件中又接收和使用了 count 属性，此时运行程序，count 属性会得到“NaN”的结果，但控制台不会报错。显然，运行结果与预期结果是不一致的。

此时就可以利用 defineProps 复杂对象接收模式进行优化。将 count 属性设置为对象类型，其属性值主要包括 type（数据类型）、default（默认值）、required（是否必须传递）、validator（自定义校验规则）4 个部分。

将上面的代码进行修改，修改后的 components/HelloWorld.vue 文件代码如下。

```
<script setup>
import { ref } from 'vue';

const props = defineProps({
  msg: String,
  count: {
    type: Number,        // 约束类型
    default: 7,          // 设置默认值
    required: true,      // 是否必须传递
    validator: (val) => val > 0 && val < 3, // 自定义校验规则
  },
});
const update = ref(props.count);
const increase = () => {
  update.value++;
```

```
};
</script>
```

虽然父组件在调用 HelloWorld 子组件时没有设置和传递 count 属性，但由于在子组件中利用复杂对象接收模式设置了 count 属性的类型、默认值及是否必须传递等属性，所以页面中显示的结果不会出错，能够与预期结果达成一致。只不过控制台中还会出现“Missing required prop: "count"”的警告提示，这是因为 count 属性在接收时，限制其 required 为“true”。

如果在 HelloWorld 子组件中定义接收 count 属性，将其默认值设置为 7，运行程序，则控制台中会出现无效属性的警告提示，如图 4-25 所示。因为上面的代码中同样设置了自定义校验规则，要求 count 属性值大于 0 且小于 3，而当前“7”显然不在此范围内。

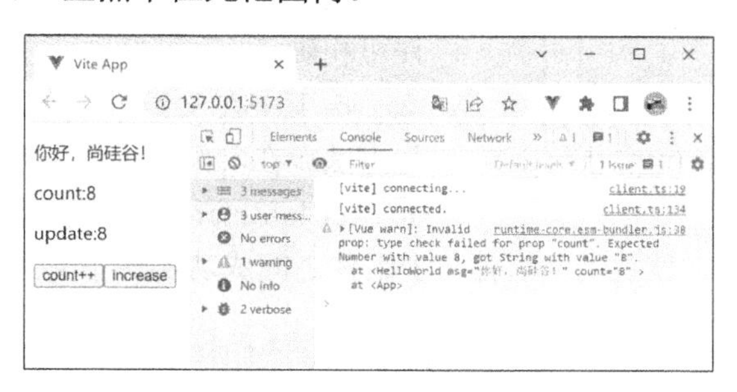


图 4-25　控制台中出现无效属性的警告提示

## 4.5　组件通信之 ref 与 defineExpose

2.9.2 节提到过可以利用 ref 函数先给元素设置一个标识，然后利用该标识找到元素。那么是否可以利用这种方式实现父子组件之间的通信呢？答案是：可以的。我们可以先在父组件中通过 ref 函数找到子组件，然后控制子组件的数据和方法。下面简单演示一下这个过程。

首先修改子组件文件 HelloWorld.vue，为其设置一个名为 count 的 ref 响应式数据，并且利用 increase 函数对其进行累加操作。再修改父组件文件 App.vue，为子组件添加 ref 标识，并输出查看。

components/HelloWorld.vue 文件代码如下。

```
<template>
  <div>
    <p>count:{{ count }}</p>
    <button @click="increase">increase</button>
  </div>
</template>

<script setup>
import { ref } from 'vue';
const count = ref(0);
const increase = () => {
  count.value++;
};
</script>
```

App.vue 文件代码如下。

```
<script setup>
import { ref } from 'vue';
import HelloWorld from './components/HelloWorld.vue';
const refCount = ref(null);
console.log(refCount);
console.log(refCount.value);
```

```
</script>

<template>
  <HelloWorld ref="refCount" />
</template>
```

运行代码后可以发现，当打印 refCount 对象时，输出结果中没有任何子组件数据和方法的内容。当打印的是 refCount.value 时，则可以确认输出的是 null（空内容），控制台输出结果如图 4-26 所示。

```
                                                      App.vue:5
▼ RefImpl {__v_isShallow: false, dep: undefined, __v_isRe
  f: true, _rawValue: null, _value: null}
    dep: undefined
    __v_isRef: true
    __v_isShallow: false
  ▶ _rawValue: Proxy {__v_skip: true}
  ▶ _value: Proxy {__v_skip: true}
  ▶ value: Proxy
  ▶ [[Prototype]]: Object
null                                                  App.vue:6
```

图 4-26　控制台输出结果

那父组件怎么才能获取子组件的数据和方法呢？其实上面的操作只是缺少了一步。要想获取子组件的数据和方法，还需要通过 defineExpose 暴露数据和方法让子组件许可和确认。

接下来在父组件中就可以查看子组件中暴露的数据与方法。在父组件中编写两个函数 increaseChildCount 与 invokeChildIncrease，用于修改调用的子组件中的数据和方法，如果结果可以正常执行，就说明父组件与子组件之间成功实现了交互通信。

修改后的 components/HelloWorld.vue 文件代码如下。

```
<template>
  ……（篇幅原因，省略这部分代码）
</template>

<script setup>
import { ref } from 'vue';
const count = ref(0);
const increase = () => {
  count.value++;
};

// 允许其他组件使用当前组件的 count 与 increase
defineExpose({
  count,
  increase,
});
</script>
```

修改后的 App.vue 文件代码如下。

```
<script setup>
import { ref } from 'vue';
import HelloWorld from './components/HelloWorld.vue';
const refCount = ref(null);

// 利用 ref 找到子组件并控制子组件的 count 响应式数据
const increaseChildCount = () => {
  refCount.value.count++;
};

// 利用 ref 找到子组件并控制子组件的 increase 函数的调用
const invokeChildIncrease = () => {
  refCount.value.increase();
};
</script>

<template>
  <HelloWorld ref="refCount" />
```

```
  <button @click="increaseChildCount">increaseChildCount</button>
  <button @click="invokeChildIncrease">invokeChildIncrease</button>
</template>
```

在此时的项目中，父组件可以成功修改子组件的数据和调用子组件的方法，这说明父组件与子组件之间成功实现了交互通信。

## 4.6　组件通信之 emits 与 defineEmits

4.4 节和 4.5 节介绍了父向子通信，其实除了父向子通信，Vue 中还存在逆向通信，即子向父通信。子向父通信可以利用自定义事件 emits 来实现，下面我们直接通过案例来讲解子向父通信的应用。

在子组件文件 HelloWorld.vue 中放置一个按钮，通过点击按钮实现父组件调用方法的操作。具体做法是，给按钮绑定点击事件 click，利用$emit 方法进行从下向上的事件发射。$emit 方法可以接收多个参数，第 1 个参数是自定义事件的名称，剩余参数则是想要传递的参数。

将自定义事件命名为 increaseParentCount，参数设置为数值 2。此时 components/HelloWorld.vue 文件代码如下。

```
<template>
  <div>
    <button @click="$emit('increaseParentCount', 2)">直接触发自定义事件</button>
  </div>
</template>
```

在父组件中可以通过 v-on 指令监听事件。在父组件对子组件的调用上监听自定义事件，通过回调进行后续的处理。这里可以先设置一个回调函数 increase，在回调函数中通过设置参数来接收子组件中自定义事件传递的参数，然后对参数进行累加即可。

修改后的 App.vue 文件代码如下。

```
<script setup>
import { ref } from 'vue';
import HelloWorld from './components/HelloWorld.vue';

const count = ref(0);
const increase = (step) => {
  count.value += step;
};
</script>

<template>
  <HelloWorld @increaseParentCount="increase" />
  <p>count:{{ count }}</p>
</template>
```

上面的代码在回调函数中设置了一个形参 step 来接收子组件传递的参数，在回调函数中实现响应式数据 count 的累加操作。

上面讲解的子向父通信是利用$emit 方法将自定义事件直接编写在模板上的。那有没有其他方式触发自定义事件呢？其实我们还可以在 script 脚本部分，利用 defineEmits 函数来生成一个用于分发指定自定义事件的事件触发函数。defineEmits 函数的参数是一个字符串数组，每个字符串都是一个自定义事件的名称。后面我们就可以调用生成的事件触发函数来触发特定事件名的事件。

下面我们用 emits 来接收事件触发函数，利用它来触发自定义事件并传递参数数据。对于父组件来说，不管子组件的自定义事件是通过$emit 触发的，还是通过 script 脚本部分的 emits 触发的，结果都是一样的，父组件的内容不需要做任何修改。

修改后的 components/HelloWorld.vue 文件代码如下。

```
<template>
  <div>
    <button @click="$emit('increaseParentCount', 2)">直接触发自定义事件</button>
    <button @click="increase">通过脚本触发自定义事件</button>
  </div>
</template>

<script setup>
// defineEmits 函数的参数是一个字符串数组，每个字符串是一个自定义事件的名称
const emits = defineEmits(['increaseParentCount']);
const increase = () => {
  emits('increaseParentCount', 3);
};
</script>
```

## 4.7 组件通信之 attrs

父子组件之间的通信除了 props、ref、defineExpose、emits 等方式，还有 attrs 方式。attrs 可以实现批量非 props 属性、原生事件和自定义事件的传递。

在 App 父组件中引入并使用子组件 HelloWorld，并定义 props 属性 msg、非 props 属性 value 和 style、原生事件 change、自定义事件 customClick。

此时 App.vue 文件代码如下。

```
<script setup>
import HelloWorld from './components/HelloWorld.vue';
const changeHandler = () => {
  console.log('changeHandler', event);
};
const customClickHandler = (msg) => {
  console.log('customClickHandler: ', msg);
};
</script>

<template>
  <!--
    msg: 定义 props 属性
    value、style: 非 props 属性
    change: 原生事件
    customClick: 自定义事件
  -->
  <HelloWorld
    msg="你好，尚硅谷！"
    value="尚硅谷欢迎你"
    style="color: red"
    @change="changeHandler"
    @customClick="customClickHandler"
  />
</template>
```

从父组件属性设置与传递上来看，并不能区分出 props 属性和非 props 属性，此时就需要在子组件中进行区分。那么在子组件中如何实现属性和事件的获取和使用呢？

根据 4.6 节所学，在 HelloWorld 子组件中可以通过 defineProps 接收 props 属性。那么应如何获取非

props 属性和事件监听回调函数呢？Vue 为用户提供了 useAttrs 方法用于获取 attrs 对象，该对象包含所有没有在 defineProps 中定义的属性和事件监听回调函数。此时就解决了之前的问题，不过 useAttrs 方法与 defineProps 有些不同，该方法需要引入并调用后才能使用。此时就可以通过 v-bind 指令将$attrs 属性绑定在输入框中进行验证了，虽然自定义事件被绑定在输入框中，但是并不会起作用，因此可以尝试指定一个 button 按钮，为其绑定点击事件，利用$emit 触发 customClick 事件，父组件中已经绑定了对应的事件监听回调函数，结果能够正常输出。

修改后的 components/HelloWorld.vue 文件代码如下。

```
<template>
  <div>
    <input v-bind="$attrs" />
    <p>{{ props.msg }}</p>
    <button @click="$emit('customClick', '自定义事件')">
      自定义事件的触发
    </button>
  </div>
</template>

<script setup>
import { useAttrs } from 'vue';
const props = defineProps(['msg']);
const attrs = useAttrs();
console.log('props: ', props);
console.log('attrs: ', attrs);
</script>
```

此时运行项目可以发现，子组件中的 props 属性只有 msg，这样 attrs 对象中就包含了 value 和 style 属性，以及 onChange 和 onCustomClick 事件监听回调函数。在输入框中输入内容并失去焦点后，会触发原生绑定的 change 事件，而在 change 事件中可以输出 event 原生事件对象。点击“自定义事件的触发”按钮会触发$emit 设置的 customClick 事件对象，并且输出自定义事件传递的参数，控制台输出结果如图 4-27 所示。

需要注意的是，页面的样式除输入框的 value 值变成了红色以外，p 标签的字体也变成了红色。这是因为在默认情况下，子组件的根元素会自动添加父组件传递过来的非 props 属性，如图 4-28 所示。

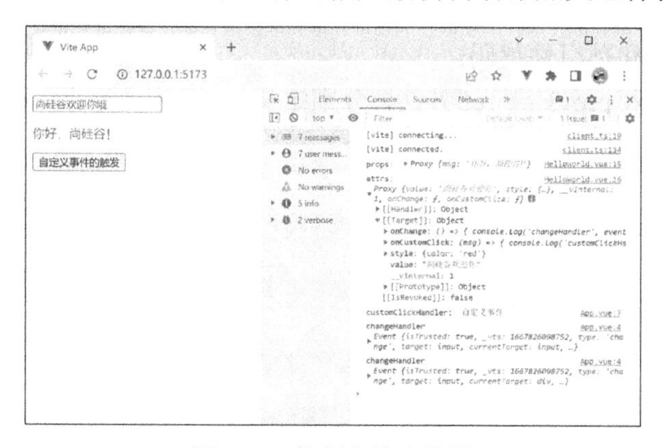


图 4-27　控制台输出结果

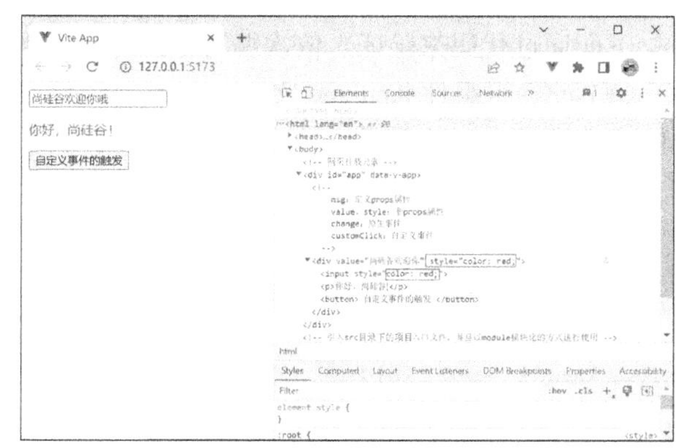


图 4-28　根元素变为红色

如果不想让子组件的根元素受非 props 属性的影响，则可以在 HelloWorld 子组件中添加新的 script 脚本，将 inheritAttrs 属性值设置为 false，刷新页面，子组件根元素的样式控制会被清除。

修改后的 components/HelloWorld.vue 文件代码如下。

```
<template>
……
</template>
```

```
<script setup>
……
</script>
<script>
export default {
// 标识不从父组件中继承非 props 属性
  inheritAttrs: false,
};
</script>
```

此时，页面效果如图 4-29 所示。

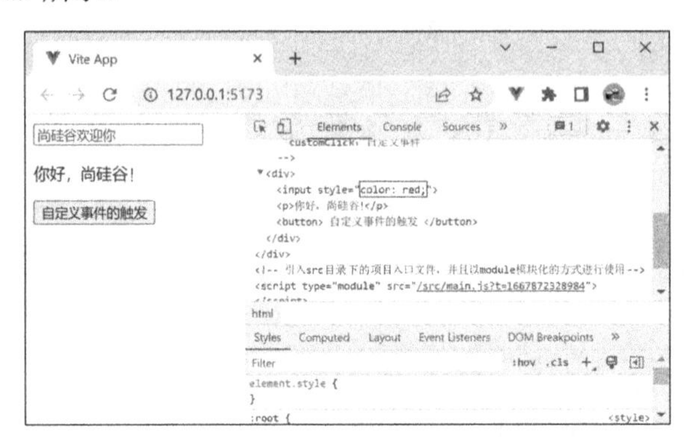

图 4-29　页面效果

## 4.8　组件通信之 provide 与 inject

4.4 节～4.7 节讲解了父向子和子向父的通信方式，本节开始介绍祖孙组件的通信方式。现在有祖组件 App、子组件 Child 和孙组件 Grandson，假如将祖组件 App 中的一些数据传递给孙组件 Grandson，要怎么实现呢？这就产生了跨层级的祖孙传递模式，其实祖孙之间的传递并不受限制，可以跨越任意多层，只需先在祖组件中利用 provide 方法进行数据内容的提供，然后在需要接收的孙组件中利用 inject 函数注入数据即可。

下面通过代码来验证，依次编写祖组件、子组件和孙组件代码。

（1）创建祖组件 App.vue 文件。在 App 组件中引入 provide、ref 方法，分别定义 ref 响应式数据 count、非响应式数据 msg 和函数 increase，并在模板中进行渲染、显示。

App.vue 文件代码如下。

```
<script setup>
import { provide, ref } from 'vue';
import Child from './components/Child.vue';

const count = ref(0);

provide('count', count);          // count 是 ref 响应式数据
provide('msg', '你好，尚硅谷!');    // msg 是非响应式数据

const increase = () => {
  count.value++;
};
provide('increase', increase);    // increase 是函数
</script>

<template>
```

```
  <Child />
  <p>msg:{{ msg }}</p>
  <p>count:{{ count }}</p>
  <p>state.count:{{ state.count }}</p>
</template>
```

值得一提的是，为了后面代码的实现，这里还引入了子组件 Child。

（2）创建子组件 Child.vue 文件。子组件 Child 比较简单，只需引入并使用孙组件 Grandson 即可。

components/Child.vue 文件代码如下。

```
<template>
  <div>
    <h1>Child</h1>
    <Grandson />
  </div>
</template>

<script setup>
import Grandson from './Grandson.vue';
</script>
```

（3）创建孙组件 Grandson.vue 文件。在引入 inject 函数后，利用它注入祖组件提供的数据，并尝试在模板中进行渲染。此时会发现 msg 的内容不能成功显示，并且控制台中还会出现“Property "msg" was accessed during render but is not defined on instance”的警告提示。这是因为非响应式数据无法被添加到实例对象上，所以孙组件无法实现渲染。而 ref 响应式数据和函数可以被添加到实例对象上，在孙组件中进行相应的使用。

components/Grandson.vue 文件代码如下。

```
<template>
  <h2>Grandson</h2>
  <!-- 因为非响应式数据无法添加到实例对象上，所以孙组件无法实现渲染 -->
  <!-- Property "msg" was accessed during render but is not defined on instance -->
  <p>msg:{{ msg }}</p>

  <!--响应式数据可以进行正常的渲染 -->
  <p>count:{{ count }}</p>
  <button @click="increaseCount">increaseCount</button>
  <button @click="increase">increase</button>
</template>

<script setup>
import { inject } from 'vue';
const msg = inject('msg');                // 非响应式数据
const count = inject('count');            // 响应式数据
const increase = inject('increase');      // 函数
const increaseCount = () => {
 count.value++; // 可以实现响应式修改与渲染
};
</script>
```

在孙组件中可以动态显示注入的响应式数据 count，也可以更新 count 数据，并且孙组件和祖组件都会同步更新。另外，我们也可以调用注入的函数 increase 来更新祖组件的数据。

## 4.9　组件通信之 mitt

我们还可以利用第三方类库 mitt 实现非父子之间的通信。本节主要介绍 mitt 的相关知识。

执行下方命令，在当前项目中安装依赖。

```
npm install mitt -save
```

安装依赖后，需要在当前项目中引入并创建进行事件处理的 emitter 对象。在 src 目录下创建 services 目录，并在其中创建 emitter.js 文件，在该文件中只需要引入 mitt 类库，得到其暴露的 mitt 函数，执行 mitt 函数产生 emitter 对象，并对其进行默认暴露。

src/services/emitter.js 文件代码如下。

```
import mitt from 'mitt';
export default mitt();
```

emitter 对象主要提供了 on、emit、off、all 4 个方法，可以利用 on 方法监听自定义事件，利用 emit 方法分发自定义事件，利用 off 方法取消特定自定义事件，以及利用 all 方法取消所有事件。读者可以在 GitHub 上自行查看其相关使用文档，这里不多做讲解，直接来看案例。

假如在父组件 App 中有两个子组件 Child1 和 Child2，我们不想通过父组件 App 来实现两个子组件之间的通信，而是希望直接使两个子组件之间产生通信。这其实就是非父子之间通信的一种方式，按照这两个子组件的关系，其属于兄弟组件。

按照上面需求的描述，App 组件只是对两个子组件进行引入，不存在属性传递和事件监听，那么 App.vue 文件代码就很简单了，具体如下。

```
<script setup>
import Child1 from './components/Child1.vue';
import Child2 from './components/Child2.vue';
</script>

<template>
  <Child1 />
  <Child2 />
</template>
```

假如我们要实现需求：Child2 向 Child1 发送一个数值，Child1 收到这个数值后，累加显示到原有的 count 数值上。

在 Child2 中我们就可以利用 emitter 对象的 emit 方法来分发事件，并指定一个特定的要增加的数量。

components/Child2.vue 文件代码如下。

```
<template>
  <div>
    <h1>Child2</h1>
    <button @click="increase">increase</button>
  </div>
</template>

<script setup>
import emitter from '../services/emitter'; // 引入事件总线
// 在组件内部分发事件
const increase = () => {
  emitter.emit('increaseCount', 2);
};
</script>
```

在按钮的点击回调中，通过 emitter 对象的 emit 方法分发了自定义事件 increaseCount，并指定了要传递的数量为 2。

而 Child1 要利用 emitter 对象绑定自定义事件，指定接收数据的回调函数，在回调函数中更新要显示的 count 数值，并且需要在合适的时机取消绑定的事件。

components/Child1.vue 文件代码如下。

```
<template>
```

```
  <div>
    <h1>Child1</h1>
    <p>count:{{ count }}</p>
  </div>
</template>

<script setup>
import { ref, onMounted, onBeforeUnmount } from 'vue';
import emitter from '../services/emitter'; // 引入事件总线
const count = ref(0);
// 绑定事件的回调函数，接收事件参数并进行使用
const increaseCountCallback = (num) => {
  count.value += num;
};
// 在组件实例挂载完成时，订阅事件
onMounted(() => {
  emitter.on('increaseCount', increaseCountCallback);
});
// 在组件实例完全销毁前，取消订阅事件
onBeforeUnmount(() => {
  emitter.off('increaseCount', increaseCountCallback);
});
</script>
```

上面的代码在 onMounted 挂载完成的生命周期钩子函数中绑定了自定义事件，事件名为子组件 Child2 中的 increaseCount，事件的回调函数接收的参数 num 是分发事件时传递的数据，在回调函数中将其累加到 count 中。值得一提的是，我们通常会在组件实例完全销毁前（onBeforeUnmount 生命周期钩子函数），利用 emitter 对象的 off 方法对绑定的事件进行取消。

此时可以利用 Child2 中的按钮来修改 Child1 中的 count 值，轻松实现非父子组件之间的通信。但这种通信方式在组件数量越来越多、需求越来越多的情况下，代码会被分散在不同的组件中，组件的通信关系会变得越来越凌乱和繁杂，甚至形成蜘蛛网结构，管理起来并不方便。对于这种情况，我们可以考虑通过将在第 7 章中介绍的 Vuex 和 Pinia 状态管理器解决。

## 4.10 组件通信之 slot

插槽专门用于父组件向子组件传递标签结构，而不是单纯的数据。在使用时，一般会在子组件中通过 slot 来声明占位，在父组件中，通过子组件的标签体向子组件传递标签结构。插槽主要分为默认插槽、具名插槽、作用域插槽 3 种类型，同时，读者需要掌握插槽默认值。下面对相关内容进行讲解。

### 4.10.1 默认插槽

4.4 节介绍的父组件与子组件之间的通信方式 props 主要进行的是属性设置和传递，现在如果想要设置一些 HTML 标签结构和属性，那么利用 props 属性传递的模式会有些麻烦。比如父组件想向子组件传递 title、content 等众多属性，其中每个属性都包含 HTML 标签元素（如<Quote title="<h1>标题</h1>" content="<p>内容</p>" .../>），试想子组件要如何接收并控制这些属性呢？

利用插槽的方式就可以轻松实现此类需求。在 components 目录下新建一个子组件文件 Quote.vue，在 App 父组件中引入并使用子组件 Quote，并在 Quote 组件标签的主体区域中直接设置 h1 和 p 标签内容，这样就实现了一个 slot 插槽内容的父组件向子组件传递的操作。

App.vue 文件代码如下。

```
<script setup>
import Quote from './components/Quote.vue';
</script>

<template>
  <quote>
    <h1>标题</h1>
    <p>内容</p>
  </quote>
</template>
```

现在只需在子组件文件 Quote.vue 中，利用 slot 插槽标签对父组件传递过来的插槽内容进行接收、渲染、显示即可。运行程序后，发现子组件中的 slot 组件实现的是插槽内容的占位和渲染、显示。

components/Quote.vue 文件代码如下。

```
<template>
  <h3>Quote 组件标题</h3>
  <slot></slot>
</template>
```

值得一提的是，slot 有一个默认值为 default 的 name 属性，它会对没有具体命名或指定为 default 的插槽内容进行占位和渲染，我们将它称为默认插槽。

默认插槽的完整写法如下。

```
<slot name="default"></slot>
```

默认插槽内容的完整写法如下。

```
<quote>
  <template v-slot:default>
    <h1>标题</h1>
    <p>内容</p>
  </template>
</quote>
```

默认插槽的页面效果和标签结构如图 4-30 所示。

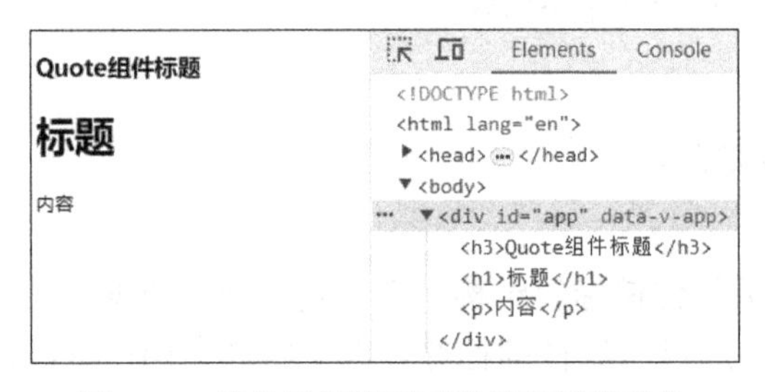


图 4-30　默认插槽的页面效果和标签结构

## 4.10.2　具名插槽

在 4.10.1 节的代码中，App 父组件中的 Quote 子组件的插槽内容设置了 h1 与 p 两个标签。其实我们可以在子组件中为其设置具体的 name 名称，从而接收指定元素，还可以在子组件中利用具名插槽控制插槽内容的显示。

将 components/Quote.vue 文件的代码修改成下方代码。

```
<template>
  <!-- content 内容放置到了 title 的前面 -->
  <slot name="content"></slot>
  <slot name="title"></slot>
</template>
```

那么在父组件中，我们就可以利用 template 块级代码和 v-slot 属性传递指定名称的插槽内容。

修改后的 App.vue 文件代码如下。

```
<template>
  <quote>
    <template v-slot:title>
      <h1>标题</h1>
    </template>
    <template v-slot:content>
      <p>内容</p>
    </template>
  </quote>
</template>
```

在上方代码中，“v-slot:title”与“v-slot:content”已经明确对应的插槽名称是 title 与 content，与子组件中的 slot 的 name 属性是一一对应关系。现在刷新页面将会看到，content 内容在 title 标题的上方，因为子组件的具名插槽不仅控制了接收的元素，还明确了显示的位置，如图 4-31 所示。

值得一提的是，template 标签在页面渲染时并不会渲染，它只是用于包裹渲染元素的内容而已。

内容

**标题**

图 4-31　content 内容在 title 标题的上方

### 4.10.3　插槽默认值

在子组件中直接设置 slot，并在对应 slot 中设置 name 属性对应父组件中的插槽内容。在 4.10.2 节代码的基础上新增一个副标题内容（name 为 subTitle）的设置，如果父组件没有传递 subTitle，那么将直接渲染刚刚设置的插槽默认值，也就是这里所写的 p 标签“副标题”内容。

此时 components/Quote.vue 文件代码如下。

```
<template>
  <slot name="content"></slot>
  <slot name="title"></slot>

  <!-- 其实 slot 有一个默认值为 default 的 name 属性 -->
  <slot></slot>

  <!-- 如果父组件没有进行 v-slot:subTitle 副标题的内容传递，则会直接显示插槽默认值“副标题” -->
  <slot name="subTitle"><p>副标题默认内容</p></slot>

</template>
```

但如果在父组件中进行了具名插槽 subTitle 的内容设置与传递，比如下方代码中的 h2 标签，那么最终页面显示的是父组件传递的 h2 标签内容。

此时 App.vue 文件代码如下。

```
<script setup>
import Quote from './components/Quote.vue';
</script>

<template>
  <quote>
    <template v-slot:title>
      <h1>标题</h1>
    </template>
    <template v-slot:content>
      <p>内容</p>
    </template>
```

```
    <!-- 除具名插槽以外，其他都是默认插槽，包括 hr 与 span -->
    <hr />
    <span>默认插槽</span>
    <!-- 如果 v-slot:subTitle 进行了传递，则显示传递的值 -->
    <template v-slot:subTitle>
      <h2>传递的副标题</h2>
    </template>
  </quote>
</template>
```

运行代码后，通过观察页面可以发现，此时页面上显示的副标题内容是“传递的副标题”，如图 4-32 所示。

可以总结出：插槽默认值在没有传递时是默认值，在传递时则是传递的值。

图 4-32　页面上显示的副标题内容是“传递的副标题”

### 4.10.4　作用域插槽

当父组件中写的插槽内容需要使用子组件中的数据时，就会应用到作用域插槽。这种插槽类型通常是为了实现在父组件中进行更多页面化控制的需求。

现在有一个父组件 App，在这个组件中有一个列表数据 list，这个列表数据 list 可以进行属性传递，将数据传递至父组件 App 嵌套的子组件 List 中。

App.vue 文件代码如下。

```
<script setup>
import { ref } from "vue"
import List from "./components/List.vue"
const list = ref(["JavaScript", "Vue", "React", "Angular"])
</script>

<template>
  <List :list="list"></List>
</template>
```

子组件 List 将接收父组件 App 传递的数组数据，并利用 slot 插槽标签进行循环。在循环过程中还可以对 item、index 等元素对象和下标内容进行 slot 标签组件的绑定。

components/List.vue 文件代码如下。

```
<script setup>
defineProps(['list']);
</script>

<template>
  <ul>
    <li v-for="(item, index) in list" :key="item">
        <slot :item="item" :index="index"></slot>
    </li>
  </ul>
```

```
</template>
```

事实上，List 组件中的 slot 插槽标签获取了 item 与 index，并进行了插槽内容的回传。简单地说，就是将数据利用插槽形式回传到父组件中，而父组件则可以利用插槽调试方式直接调用子组件回传内容。

作用域插槽获取插槽内容的方法与具名插槽一样，依旧是利用 template 与 v-slot 结合获取，但 v-slot 获取的是子组件回传的一个对象，我们可以利用对象解构的方式直接获取 item 和 index 属性。既然获取了对象，那么在父组件中可以操控任意布局形式，比如通过取余实现类似“斑马线”的显示。

此时 App.vue 文件代码如下。

```
<script setup>
import { ref } from 'vue';
import List from './components/List.vue';
const list = ref(['JavaScript', 'Vue', 'React', 'Angular']);
</script>

<template>
  <List :list="list">
  <!-- 不解构写法 -->
  <!-- <template v-slot="scope"> -->
    <!-- <b v-if="scope.index % 2">{{ scope.item }}</b> -->
    <!-- <i v-else>{{ scope.item }}</i> -->
  <!-- </template> -->

  <!-- 解构写法 -->
  <template v-slot="{ item, index }">
    <b v-if="index % 2">{{ item }}</b>
    <i v-else>{{ item }}</i>
  </template>
  </List>
</template>
```

运行代码后，页面效果如图 4-33 所示。

图 4-33　页面效果

## 4.11　内置组件之 Component

对于组件来说，除结构和通信组件以外，内置组件也非常重要。接下来介绍 Vue3 提供的一些常用内置组件。

本节主要介绍内置组件 Component，该组件提供了动态组件加载功能，它可以在内置组件 Component 占位点上将自定义组件进行指定目标的渲染。比如页面中常见的 Tabs 选项卡效果就可以利用动态组件加载功能轻松实现。

现在有一个需求：在父组件中通过点击按钮切换目标子组件。下面通过代码进行演示。

在项目目录 components 下分别新建 Comp1.vue、Comp2.vue、Comp3.vue 文件，其内容结构也非常简单，只有一个字符串。

components Comp1.vue 文件代码如下。

```
<template>
  <h1>Comp 1</h1>
</template>
```

components Comp2.vue 文件代码如下。

```
<template>
  <h1>Comp 2</h1>
</template>
```

components Comp3.vue 文件代码如下。

```
<template>
  <h1>Comp 3</h1>
</template>
```

在父组件的 script 脚本部分，声明一个 ref 类型的响应式数据 tab，将其初始值指定为 Comp1，点击按钮后动态更新为指定的组件。值得一提的是，这里需要利用 markRaw 函数对 comp 进行声明，将 tab 的值设置为非代理对象，其目的是不对组件进行递归响应式数据代理，以便增强性能（markRaw 函数的作用可以参考 3.8 节的相关内容）。

在 template 中，只需要将在<component></component>上通过的 is 属性指定为要动态显示的组件标签名，为不同按钮绑定点击监听来调用 changeTab 函数，就能实现 Comp1、Comp2、Comp3 这 3 个组件的动态切换。

App.vue 文件代码如下。

```
<template>
  <button @click="changeTab(Comp1)">ChangeComp1</button>
  <button @click="changeTab(Comp2)">ChangeComp2</button>
  <button @click="changeTab(Comp3)">ChangeComp3</button>
  <component :is="tab"></component>
</template>

<script setup>
import Comp1 from './components/Comp1.vue';
import Comp2 from './components/Comp2.vue';
import Comp3 from './components/Comp3.vue';
import { ref, markRaw } from 'vue';
// 设置需要切换的组件，初始为 Comp1，使用 markRaw 函数，不对组件进行递归响应式数据代理
const tab = ref(markRaw(Comp1));
// 定义切换组件函数，将组件本身当成参数传递
function changeTab(comp) {
  tab.value = markRaw(comp);
}
// 默认切换显示 Comp1 组件
changeTab(Comp1);
</script>
```

运行代码，页面效果如图 4-34 所示。

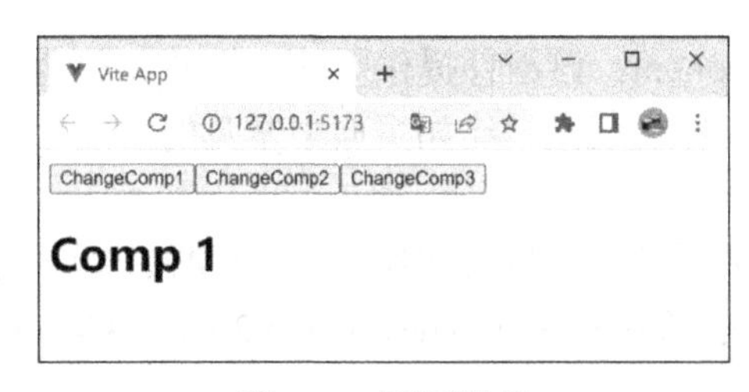


图 4-34　页面效果

## 4.12　内置组件之 KeepAlive

Vue 为动态加载的组件提供了一种性能优化方案——缓存组件，其利用内置组件 KeepAlive 实现。组件在加载时会经历初始、挂载、更新、销毁生命周期，对于动态组件加载来说，频繁地切换组件会不断地重复组件的初始、挂载、销毁生命周期，这意味着程序需要不断地读取和释放内存，因此将会极大地影响内存开销，从而影响项目的性能。

如果可以将这样的组件暂存于内存中不做释放处理，使用的时候再从内存中取出，就可以省去组件创建和销毁等耗费内存的操作。Vue 提供了 KeepAlive 内置组件来实现这一目标。

实现缓存组件很简单，只需利用 KeepAlive 将 Component 动态组件包裹即可，但是如何才能确认缓存组件的运行呢？这需要通过子组件的生命周期才能够看出。下面通过代码来演示这个过程。

```
<template>
  <button @click="changeTab(Comp1)">ChangeComp1</button>
  <button @click="changeTab(Comp2)">ChangeComp2</button>
  <button @click="changeTab(Comp3)">ChangeComp3</button>
  <keep-alive>
    <component :is="tab"></component>
  </keep-alive>
</template>

<script setup>
……//与 4.11 节代码相同，这里不做演示
</script>
```

为 Comp1、Comp2、Comp3 这 3 个子组件添加生命周期钩子函数，并输出对应的字符串进行测试。这里以 Comp1.vue 文件代码为例。

```
<template>
  <h1>Comp 1</h1>
</template>

<script setup>
import {
  onBeforeMount,
  onMounted,
  onBeforeUpdate,
  onUpdated,
  onBeforeUnmount,
  onUnmounted,
  onActivated,
  onDeactivated,
} from 'vue';

onBeforeMount(() => {
  console.log('Comp1 onBeforeMount');
});

onMounted(() => {
  console.log('Comp1 onMounted');
});

onBeforeUpdate(() => {
  console.log('Comp1 onBeforeUpdate');
});
```

```
onUpdated(() => {
  console.log('Comp1 onUpdated');
});

onBeforeUnmount(() => {
  console.log('Comp1 onBeforeUnmount');
});

onUnmounted(() => {
  console.log('Comp1 onUnmounted');
});
</script>
```

运行代码会发现在 Comp1 切换至 Comp2 时，两个组件的生命周期都只是执行了挂载的 onBeforeMount、onMounted 生命周期钩子函数。现在已经离开了 Comp1，而 Comp1 中的 onBeforeUnmount、onUnmounted 生命周期钩子函数并没有被触发，说明当前的组件已经被缓存了，如图 4-35 所示。

引入两个新的生命周期钩子函数 onActivated、onDeactivated 来确认缓存组件的运行结果。添加生命周期钩子函数后，初始 Comp1 触发的生命周期钩子函数变为 3 个，多了一个用于激活组件状态的生命周期钩子函数 onActivated，如图 4-36 所示。

添加的代码如下所示。

```
// 新添加的生命周期钩子函数，只有在 KeepAlive 组件使用时才会被触发
// 组件激活时被触发
onActivated(() => {
  console.log('Comp1 onActivated');
});
// 组件失活时被触发
onDeactivated(() => {
  console.log('Comp1 onDeactivated');
});
```

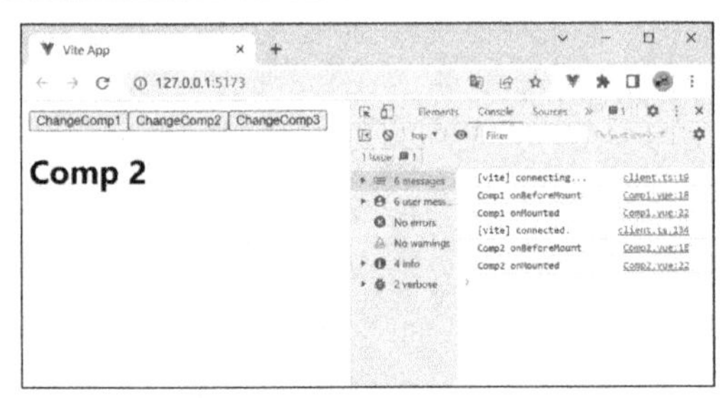


图 4-35　没有触发 Comp1 的 onBeforeUnmount、onUnmounted 生命周期钩子函数

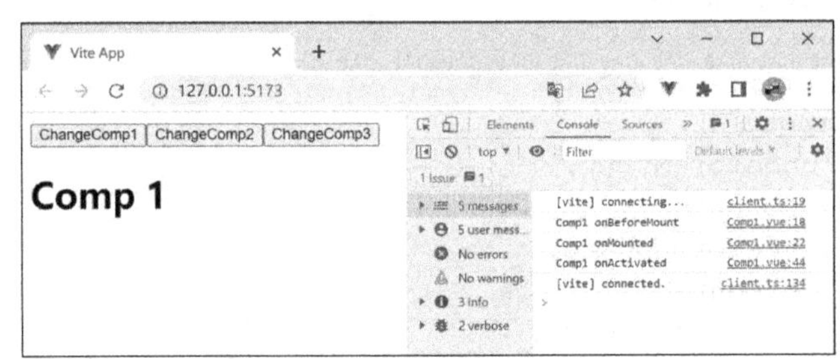


图 4-36　Comp1 组件触发的生命周期钩子函数变为 3 个

在 Comp1 切换到 Comp2 时，也没有触发 onBeforeUnmount 和 onUnmounted 生命周期钩子函数，而是触发了组件失活的 onDeactivated 生命周期钩子函数，如图 4-37 所示，说明 Comp1 已经被暂存于内存中，并没有从内存中销毁。Comp2 切换到 Comp3 的过程同理。

到目前为止，利用 KeepAlive 内置组件可以对所有动态加载的组件进行缓存。如果缓存组件的内容很多，那么也会给内存带来一定的压力，因为内存的存储空间是有限的，所以控制目标组件的缓存就显得尤为重要。因此，KeepAlive 内置组件提供了 include 和 exclude 两个属性用来解决这个困扰。include 中文翻译为“包含”，用于确认哪些组件需要缓存；exclude 中文翻译为“排除”，用于排除不需要进行暂存处理的组件。这两个属性值都可以设置为字符串、正则表达式与数组。

虽然 KeepAlive 内置组件有 include 和 exclude 属性，但是包含谁、排除谁，尚未可知。当前有 Comp1、

Comp2、Comp3 组件，如何让 include 和 exclude 属性明确其包含与排除的目标呢？此时就需要配合组件的 name 名称来实现。

值得一提的是，因为在 Vue3 中<script setup>的脚本部分应用了组合式 API，所以并没有提供给组件设置 name 名称的功能。如果想要给组件设置名称，那么可以在组件中添加一个 script 脚本，利用选项式 API 为其添加 name 属性，比如，可以为 Comp1、Comp2、Comp3 组件添加下方代码，以 Comp1 组件为例。

```
<script>
export default {
  name: 'Comp1',
};
</script>
```

此时可以通过 Vue 开发者调试工具确认当前项目的运行状态，在调试面板中可以明确 KeepAlive 内置组件的 include 和 exclude 属性值都是 undefined（未定义），如图 4-38 所示。

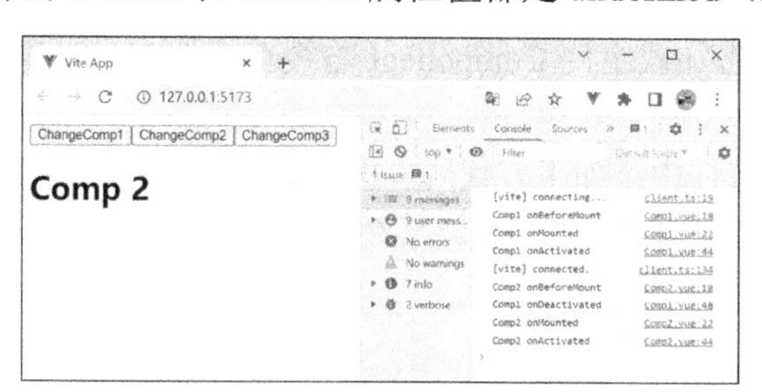


图 4-37　离开时触发了 onDeactivated 生命周期钩子函数

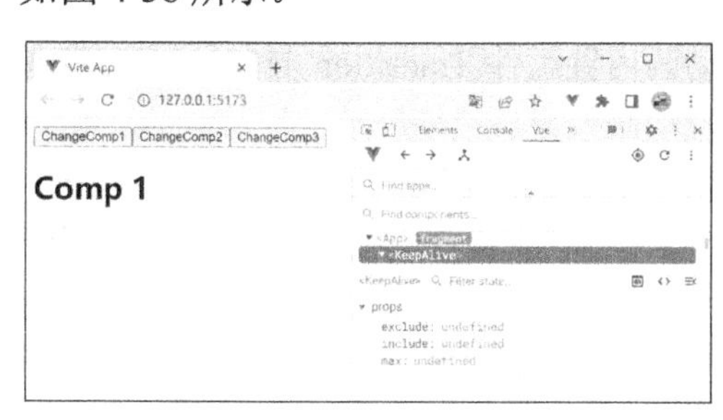


图 4-38　include 和 exclude 属性值都是 undefined（未定义）

下面尝试给 KeepAlive 内置组件设置 include 属性，属性值可以设置为字符串、正则表达式和数组 3 种模式。在通常情况下，我们会选择最容易理解的数组模式。下面展示 3 种模式的书写代码。

（1）字符串模式。

```
<!-- 字符串模式 -->
<keep-alive include="Comp1,Comp2">
  <component :is="tab"></component>
</keep-alive>
```

（2）正则表达式模式。

```
<!-- 正则表达式模式 -->
<keep-alive :include="/Comp1|Comp2/">
  <component :is="tab"></component>
</keep-alive>
```

（3）数组模式。

```
<!-- 数组模式 -->
<keep-alive :include="['Comp1', 'Comp2']">
  <component :is="tab"></component>
</keep-alive>
```

此时，通过控制台验证 Comp3 组件是否被缓存，如图 4-39 所示。

通过图 4-39 可以看出，Comp3 组件没有被缓存。

当然，也可以通过 Vue 开发者调试工具来验证 Comp3 组件是否被缓存。我们可以观察到 Vue 开发者调试工具中的 Comp3 组件没有 inactive 的状态显示，因此 Comp3 组件没有被缓存，如图 4-40 所示。

exclude 属性与 include 属性的使用方法相同，这里不多做赘述。

KeepAlive 内置组件还有一个属性 max，用于限制缓存组件的最大数量。比如想要将内存中缓存组件的最大数量设置为 5，就可以将 max 的值写为 5。

需要注意的是，max 的算法并不是将最先加入缓存的组件进行清除，而是遵循 LRU（Least Recently Used，最近最少使用）算法。举个例子：有“[Comp1、Comp2、Comp3、Comp4、Comp5]”组件已经被缓存，现在想加入 Comp6 组件，但因为 max 的值设置为 5，所以就需要根据 LRU 算法进行计算，比如 Comp1 组件使用了 3 次，Comp2 组件使用了 2 次，Comp3 组件使用了 5 次，Comp4 组件使用了 1 次，Comp5 组件使用了 8 次，那么会将只使用了 1 次的组件 Comp4 清除，并将 Comp6 组件加入缓存中。

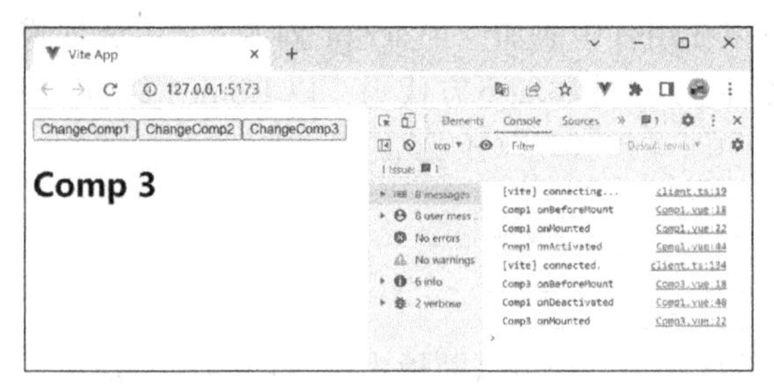


图 4-39　通过控制台验证 Comp3 组件是否被缓存

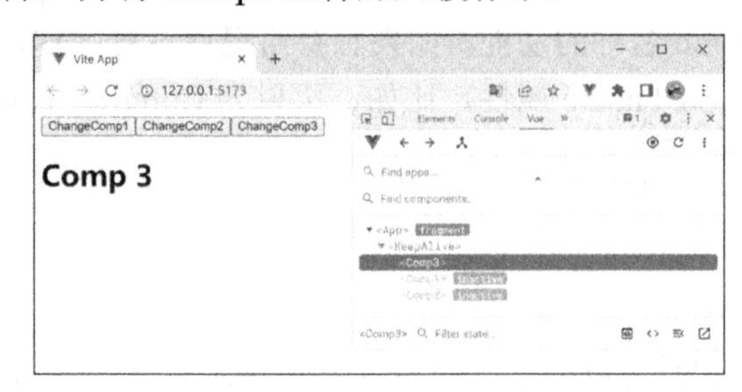


图 4-40　通过 Vue 开发者调试工具验证 Comp3 组件是否被缓存

动画内置组件 Transition 与 TransitionGroup，配合动态加载组件 Component 与缓存组件 KeepAlive 可以实现动画效果。

以 Transition 组件为例，在项目根目录的 index.html 文件中添加下方代码，引入 animate.css 动画类库。

```
<link  href="https://cdn.bootcdn.net/ajax/libs/animate.css/4.1.1/animate.min.css"  rel=
"stylesheet">
```

在 App 组件中，调用动画内置组件 Transition 实现动画效果的展现。

App.vue 文件代码如下。

```
<template>
  <button @click="changeTab(Comp1)">ChangeComp1</button>
  <button @click="changeTab(Comp2)">ChangeComp2</button>
  <button @click="changeTab(Comp3)">ChangeComp3</button>
  <transition
    enter-active-class="animate__animated animate__tada"
    leave-active-class="animate__animated animate__bounceOutRight"
  >
    <keep-alive :include="['Comp1', 'Comp2']">
      <component :is="tab"></component>
    </keep-alive>
  </transition>
</template>

<script setup>
……（与 4.11 节代码相同，这里不做演示）
</script>
```

## 4.13　内置组件之 Teleport

Teleport 中文翻译为“瞬间移动”，顾名思义，Teleport 内置组件可以将组件中的一部分元素移动到指定的目标元素上。

根据 4.1 节所学内容可以得知，Vue 项目中的所有组件都被包含在 App 这一根组件下，而在入口文件 main.js 中引入根组件 App 后会将其挂载于“#app”网页元素上，这就意味着 Vue 项目中的所有组件元素都被包含在“#app”网页元素中。假如现在有一个需求：在网页的顶层显示一个模态框。如果可以实现模态框元素直接包含在 body 标签中，让该元素和“#app”网页元素同级并列，那么控制结果会变得简单，此时就可以使用具有移动功能的内置组件 Teleport 来实现。

下面就来实现这个需求，在 App 组件中引入一个具有弹出框的子组件 GlobalAlert，App.vue 文件代码如下。

```
<template>
  <GlobalAlert />
</template>

<script setup>
import GlobalAlert from './components/GlobalAlert.vue';
</script>

<style>
#app {
  text-align: center;
  background: #2c3e50;
  padding-top: 60px;
  height: 100vh;
}
</style>
```

子组件 GlobalAlert 上需要有两个功能按钮和一个模态框。按钮用于切换功能，需要显示在页面上，因此会被包含在“#app”网页元素中。而带有动画效果的模态框则与“#app”同级并列，这样更容易控制其出现在页面的顶层。可以通过在瞬间移动组件 Teleport 中将 to 属性值设置为“body”来实现效果。

此时 components/GlobalAlert.vue 文件代码如下。

```
<script setup>
import { ref } from 'vue';
const isOpen = ref(false);           // 控制是否显示模态框
const isTeleport = ref(false);       // 控制是否禁用 Teleport 组件
</script>

<template>
  <!-- 按钮部分将被嵌套于“#app”网页元素中 -->
  <button @click="isOpen = !isOpen">
    {{ isOpen ? '关闭' : '打开' }}模态框
  </button>
  <button @click="isTeleport = !isTeleport">
    {{ isTeleport ? '禁用' : '非禁用' }}移动功能
  </button>
  <!-- 利用 Teleport 内置组件将其包含的元素移动到 body 标签内 -->
  <Teleport to="body" :disabled="isTeleport">
    <!-- 动画效果增强视觉 -->
    <Transition mode="in-out">
      <!-- 利用 v-if 指令控制模态框的显示与隐藏 -->
      <div v-if="isOpen" class="modal">
        <p>元素被移动到 body 标签内，与“#app”网页元素的 div 元素是并列关系</p>
        <!-- 按钮点击事件控制模态框的隐藏与显示 -->
        <button class="close" type="button" @click="isOpen = false">
          关闭
        </button>
      </div>
    </Transition>
  </Teleport>
</template>

<style scoped>
.modal {
  position: fixed;
```

```
  isolation: isolate;
  z-index: 1;
  top: 2rem;
  left: 2rem;
  width: 20rem;
  border: 1px solid grey;
  padding: 0.5rem;
  border-radius: 1rem;
  background-color: grey;
  box-shadow: 2px 2px 4px grey;
  backdrop-filter: blur(4px);
  color: #f4f4f4;
}
button {
  padding: 0.5rem;
  border: 0;
  border-radius: 1rem;
  box-shadow: inset 0 -1px 4px grey, 1px 1px 4px grey;
  cursor: pointer;
  transition: box-shadow 0.15s ease-in-out;
}
button:hover {
  box-shadow: inset 0 -1px 2px grey, 1px 1px 2px grey;
}
.close {
  display: block;
  margin-left: auto;
}
/* 在没有设置 name 时可以设置统一的动画样式类名，以 v-xxx 方式命名 */
.v-enter-active,
.v-leave-active {
  transition: all 0.25s ease-in-out;
}
.v-enter-from,
.v-leave-to {
  opacity: 0;
  transform: translateX(-10vw);
}
</style>
```

运行代码，页面效果如图 4-41 所示。

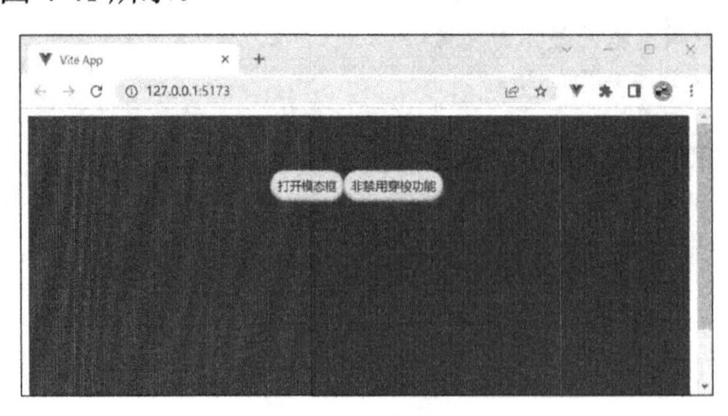


图 4-41　页面效果

点击“打开模态框”按钮，会发现在页面顶层显示了一个模态框。利用 Vue 开发者调试工具中的 Elements 审查元素，可以确认“#app”网页元素和模态框元素是并列关系，模态框的 div 处于页面顶层 body 下，如图 4-42 所示。

从图 4-41 中可以观察到，还有一个“非禁用移动功能”按钮，同样从代码中可以看到 disabled 属性的相关实现。disabled 属性可以确认是否禁用移动功能，如果 disabled 属性值为 true，则移动功能被禁用，反之可以使用。在禁用状态下，Teleport 组件内的元素仍旧保持不移动状态的元素位置。点击“非禁用移动功能”按钮后，观察控制台可以发现模态框的 div 被包含在“#app”网页元素下，如图 4-43 所示。

```
<!DOCTYPE html>
<html lang="en">
 ▶<head>…</head>
 ▼<body>
    <!-- 网页挂载元素 -->
   ▼<div id="app" data-v-app>
      <!-- 按钮部分将被嵌套于"#app"网页元素中 -->
      <button data-v-198fc0f6>关闭模态框 </button>
      <button data-v-198fc0f6>非禁用移动功能 </button>
      <!-- 利用Teleport内置组件将其包含的元素移动到body标签内 -->
      <!--teleport start-->
      <!--teleport end-->
    </div>
    <!-- 引入src目录下的项目入口文件，并且以module（模块化）的方式进行使用 -->
    <script type="module" src="/src/main.js"></script>
    <!-- 动画效果增强视觉 -->
... ▼<div class="modal" data-v-198fc0f6> == $0
      <p data-v-198fc0f6>元素被移动到body标签内，与#app的div元素是并列关系
      </p>
      <!-- 按钮点击事件控制模态框的隐藏与显示 -->
      <button class="close" type="button" data-v-198fc0f6> 关闭
      </button>
    </div>
  </body>
</html>
```

图 4-42　“#app”网页元素和模态框元素并列

```
<!DOCTYPE html>
<html lang="en">
 ▶<head>…</head>
 ▼<body>
    <!-- 网页挂载元素 -->
   ▼<div id="app" data-v-app>
      <!-- 按钮部分将被嵌套于"#app"网页元素中 -->
      <button data-v-198fc0f6>关闭模态框 </button>
      <button data-v-198fc0f6>禁用移动功能 </button>
      <!-- 利用Teleport内置组件将其包含的元素移动到body标签内 -->
      <!--teleport start-->
      <!-- 动画效果增强视觉 -->
...  ▼<div class="modal" data-v-198fc0f6> == $0
        <p data-v-198fc0f6>元素被移动到body标签内，与#app的div元素是并列关系
        </p>
        <!-- 按钮点击事件控制模态框的隐藏与显示 -->
        <button class="close" type="button" data-v-198fc0f6> 关闭
        </button>
      </div>
      <!--teleport end-->
    </div>
    <!-- 引入src项目入口文件，并且以module（模块化）的方式进行使用 -->
    <script type="module" src="/src/main.js"></script>
  </body>
</html>
```

图 4-43　模态框的 div 被包含在“#app”网页元素下

## 4.14　代码封装之自定义 directive（指令）

Vue 代码的封装方式有很多种，主要有 component（组件）、filter（过滤器）、directive（指令）、mixin（混入）、hook（钩子）、plugin（插件）、library（类库）、framework（框架）等。其中 mixin 在 Vue3 中已经被移除，取而代之的是 Vue3 特有的 hook（钩子），本节主要介绍 directive（指令）的相关知识。

自定义指令主要包括 created、beforeMount、mounted、beforeUpdate、updated、beforeUnmount、unmounted 钩子函数。读者可能也发现了，这些钩子函数除没有 beforeCreate 外，其余的和 Vue 的生命周期钩子函数一样。除保持了名称的一致性外，在参数方面也基本相同，主要包括目标操作元素 el、数据绑定对象 binding、虚拟 DOM 对象 vnode 及旧虚拟 DOM 对象 prevVnode 等。

钩子函数的参数主要使用目标操作元素 el 和数据绑定对象 binding。binding 中主要有参数 arg、修饰符 modifiers、数据值 value。

现在想要利用自定义指令实现一个“霓虹灯闪烁”功能。首先在 main.js 文件中进行 app.directive 全局指令注册，或者在 Vue3 中利用 directive 进行局部自定义指令注册。需要注意的是，参数 arg 和自定义指令间需要使用冒号分隔，而修饰符 modifiers 则需要使用点号连接，至于数据值 value 则需要使用等号设置。然后在 main.js 文件中使用 app.directive 方法，该方法的第 1 个参数为指令名，可以指定为 highlight，第 2 个参数为配置对象，而配置对象中则包括上面提及的自定义指令的钩子函数。在实际开发项目中，我们用得最多的是 mounted 钩子函数，它在组件挂载后执行，主要使用 el 与 binding 这两个参数。

此时 main.js 文件代码如下。

```
import { createApp } from 'vue';
import App from './App.vue';
const app = createApp(App);
app.directive('highlight', {
  // 自定义指令的 mounted 钩子函数
```

```
  mounted(el, binding) {
    let delay = 0;
    // 利用 binding.modifiers 获取 delayed 修饰符值进行判断
    // 如果有此修饰符，则将 delay 值设置为 3000
        if (binding.modifiers.delayed) {
          delay = 3000;
    }
    // 利用 binding.modifiers 获取 blink 修饰符值进行判断
    // 如果有此修饰符，则实现闪烁效果
    if (binding.modifiers.blink) {
      // 利用 binding.value 获取主颜色及次颜色
      let mainColor = binding.value.mainColor;
      let secondColor = binding.value.secondColor;      // 设置当前颜色为主颜色
      let currentColor = mainColor;                      // 设置延时定时器
      setTimeout(() => {
        // 设置闪烁定时器
        setInterval(() => {
          // 使用三元运算确认当前颜色
          currentColor == secondColor
            ? (currentColor = mainColor)
            : (currentColor = secondColor);
          if (binding.arg === 'background') {
            // 背景
            el.style.backgroundColor = currentColor;
          } else {
            // 字体
            el.style.color = currentColor;
          }
        }, binding.value.delay);                         // 闪烁间隔时间
      }, delay); // 延迟 3 秒
    } else {
      // 如果没有 blink 修饰符，则直接设置颜色
      setTimeout(() => {
        // 利用 binding.arg 获取 background 参数值进行判断
        if (binding.arg === 'background') {
          // 背景颜色设置
          el.style.backgroundColor = binding.value.mainColor;
        } else {
          // 字体颜色设置
          el.style.color = binding.value.mainColor;
        }
      }, delay); // 延迟 3 秒
    }
  },
});
app.mount('#app');
```

注册好全局指令后，就可以调用了。在项目的任何一个组件中只需要通过 v-highlight 就可以调用当前定义的“霓虹灯闪烁”效果指令。这里我们实现的效果是，在延迟 3 秒后，产生红绿背景颜色的切换效果，每次切换时间是 500 毫秒。

App.vue 文件代码如下。

```
<template>
  <!-- background 为钩子函数的 binding 中的 arg 参数 -->
  <!-- delayed 与 blink 为钩子函数的 binding 中的 modifiers 修饰符内容 -->
  <!-- {mainColor:'red',secondColor:'green',delay:500}为钩子函数的 binding 中的 value 值内容 -
```

```
->
  <p
  v-highlight:background.delayed.blink="{
    mainColor: 'red',
    secondColor: 'green',
    delay: 500,
  }"
  >
  自定义指令的调用
  </p>
</template>
```

## 4.15 代码封装之自定义 hook（钩子）

Vue3 推荐利用 Vue 的组合式 API 函数进行代码封装，这种封装方式统称为自定义 hook。

假设现在想要实现：切换 Comp1、Comp2 两个组件，这两个组件的实现效果基本相同，它们都可以对 msg、count 数据进行处理，以及设置 count 的 increase 递增功能、count 的 computed 计算属性和对 count 数据进行 watch 监听，唯一的区别就是 Comp1 中 count 的始初值是 0，而 Comp2 中 Count 的初始值是 2。

Comp1.vue 文件代码如下，这是 Vue2 的编码方式，现在在这个基础上修改代码，实现自定义 hook 封装。

```
<template>
  <div>
    <p>msg:{{ msg }}</p>
    <p>count:{{ count }}</p>
    <p>double:{{ double }}</p>
    <button @click="increase">increase</button>
  </div>
</template>

<script>
export default {
  data() {
    return {
      msg: '你好，尚硅谷!',
      // Comp1 中 count 的初始值为 0，Comp2 中 count 的初始值为 2
      count: 0,
    };
  },
  methods: {
    increase() {
      this.count++;
    },
  },
  computed: {
    double() {
      return this.count * 2;
    },
  },
  watch: {
    count(newVal, oldVal) {
      console.log('count 发生了变化', newVal, oldVal);
    },
  },
```

```
};
</script>
```

直接复制 Comp1.vue 文件的代码，将其中 count 的初始值修改为 2，完成 Comp2.vue 文件代码的编写。

在 src 目录下创建 hooks 目录，并在 hooks 目录下创建 countHook.js 文件。将 Comp1 中的逻辑脚本迁移至 countHook.js 文件中，并做简单修改：引入 ref、computed、watch 函数，将数据、方法、计算属性和监听中的内容重新声明并默认暴露，最终将 msg、count、increase、double 这些变量、函数、计算结果值返回。

值得一提的是，由于后续会改变 Comp1 与 Comp2 的 count 值，因此这里使用函数传参的方式对 count 的值进行设置。

src/hooks/countHook.js 文件代码如下。

```
import { ref, computed, watch } from 'vue';
export default (initCount = 0) => {
  const msg = ref('你好，尚硅谷!');
  const count = ref(initCount);

  const increase = () => {
    count.value++;
  };

  const double = computed(() => {
    return count.value * 2;
  });

  watch(double, (newVal, oldVal) => {
    console.log('newVal', newVal);
    console.log('oldVal', oldVal);
  });

  return { msg, count, increase, double };
};
```

此时就可以在 Comp1 中引入 countHook，并传递 count 的初始值。如果不传递值，则默认使用 hook 中设置的 initCount 初始值。由于 Comp1 的初始值需要设置为 0、Comp2 的初始值需要设置为 2，所以 Comp1 不需要传值，Comp2 传递 2 即可。这里只展示 Comp1.vue 文件的代码，具体如下。

```
<template>
  <div>
    <p>msg:{{ msg }}</p>
    <p>count:{{ count }}</p>
    <p>double:{{ double }}</p>
    <button @click="increase">increase</button>
  </div>
</template>

<script setup>
import countHook from '../hooks/countHook';
const { msg, count, increase, double } = countHook();
</script>
```

## 4.16 代码封装之 plugin（插件）

插件是给 Vue 添加全局功能的代码封装方式。Vue 插件有两种定义方式：一种是对象，另一种是函数。对象中有 install 方法，而函数本身就是安装方法，其中，函数可以接收两个参数，分别是安装它的应用实例和传递给 app.use 的额外选项。值得一提的是，这两种定义方式都可以设置 app 应用实例和 options 插件参数选项。

```
// 插件定义的第 1 种方式：对象。其拥有 install 方法
const myPlugin = {
  install(app, options) {},
};

// 插件定义的第 2 种方式：函数。其本身就是安装方法
const myPlugin = function (app, options) {};
```

下面通过对象的定义方式演示如何定义一个插件。

在 src 目录下创建自定义插件的目录 myPlugin，并在其中创建主文件 index.js 来定义插件，在文件中通过全局属性 app.config.globalProperties 添加一个全局方法 globalMethod 用于实现小写字母转化，以及注册一个公共组件 Header 和全局指令 upper。通过 use 方法在当前实例中安装该插件。

此时 src/myPlugin/index.js 文件代码如下。

```
import Header from './components/Header.vue'

// 插件定义的第 1 种方式，对象。其拥有 install 方法
const myPlugin = {
  install(app, options) {
    // 配置全局方法
    app.config.globalProperties.globalMethod = function (value) {
      return value.toLowerCase();
    };
    // 注册公共组件
    app.component('Header', Header);
    // 注册公共指令
    app.directive('upper', function (el, binding) {
      // 通过指令参数判断调用插件的 options 的哪个可选参数选项
      el.textContent = binding.value.toUpperCase();
      if (binding.arg === 'small') {
        el.style.fontSize = options.small + 'px';
      } else if (binding.arg === 'medium') {
        el.style.fontSize = options.medium + 'px';
      } else {
        el.style.fontSize = options.large + 'px';
      }
    });
  }
};
export default myPlugin;
```

当然也可以定义函数插件，这里就不给出重复的代码了。

同时需要新建 Header.vue 文件，里面的内容很简单。

components/ Header.vue 文件代码如下。

```
<template>
  <h1>Header 头部组件</h1>
</template>
```

定义好插件后，需要在 main.js 文件中引入并安装。main.js 文件代码如下。

```
import { createApp } from 'vue';
import App from './App.vue';
import myPlugins from './myPlugins' // 引入插件

const app = createApp(App);
```

```
// 安装插件
app.use(myPlugins, {
  small: 12,
  medium: 24,
  large: 36,
});
app.mount('#app');
```

下面就可以在任意组件中使用插件扩展的语法了。在 App.vue 文件中使用公共组件 Header、自定义全局指令 upper 及全局方法 globalMethod。此时 App.vue 文件代码如下。

```
<template>
  <!-- 公共组件的使用 -->
  <Header></Header>
  <!-- 插件全局指令的使用 -->
  <p v-upper:medium="'Hello Vue3'"></p>
  <!-- 插件全局方法的使用 -->
  <p>{{ globalMethod('hi Vue3') }}</p>
</template>
```

再次运行项目，发现没有任何异常，页面效果如图 4-44 所示，说明我们已经成功地自定义了一个插件。

图 4-44　页面效果

# 第5章 Vue 路由

程序开发中的路由分为前端路由和后端路由，后端路由概念的出现早于前端路由。在传统 MVC 架构的 Web 开发中，路由规则由后台设置，后端路由先通过用户请求的 URL 分发到具体处理程序中，然后返回一个新页面给用户。用户每次访问新页面都需要发送新的请求，其中还可能会有网络延迟，用户体验感极差。因此，出现了前端路由，其原理是不同路由对应的不同内容页面由前端处理，后端只需要返回动态数据，实现用户访问不同的 URL 在前台切换页面显示不同的内容。

本章内容包括路由的概念与核心功能、动态组件加载、配置简单路由、路由链接高亮显示、嵌套路由、动态路由传参、路由参数映射、命名路由切换、命名视图渲染、编程式路由导航、路由过滤筛选、路由过渡动画效果、路由滚动行为、路由的异步懒加载、缓存路由组件、路由守卫、动态添加与删除路由。

## 5.1 路由的概念与核心功能

本节主要介绍路由的概念与后续要学习的路由的核心功能。

### 5.1.1 路由概念的提出

路由是前端应用中的核心内容。如果想要操作路由，就需要明白它的概念和目标是什么。

随着页面逐步增多，功能不断增强，单纯地利用组件切换页面已经无法满足应用程序的开发、扩展和维护需求。如果通过路由来实现，就可以轻松地解决这一难题。通过路由导航，用户就可以管理应用中不断增多的模块内容，并且可以根据业务的需求，在各个不同的模块之间进行自由切换操作。它就像公交、地铁的控制中心，通过该控制中心，可以将班车发送到不同的目的地，如图 5-1 所示。

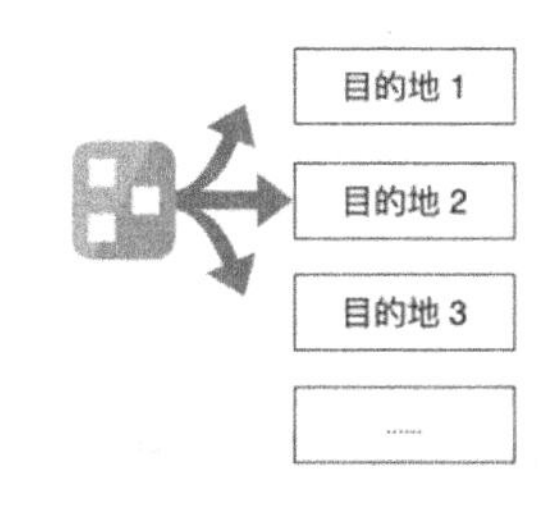

图 5-1　通过控制中心发送班车

学习路由首先需要掌握几个核心概念，主要包括静态路由表、分配地址、统一入口、寻找地址及地址过滤。光听这几个名词，读者可能会有些困惑，或者理解不了路由到底是什么，下面我们就结合生活中的案例来进行说明。请读者思考一下在安装网络路由器时的操作。

对于大部分家庭来说，家中的路由为台式计算机、智能手机、平板电脑、笔记本电脑甚至电视机等设备提供上网功能。为了不被他人通过非法的方式连接路由、占用网络带宽资源，我们往往会在路由器设备的管理后台中进行一些配置工作，如限制 IP（Internet Protocol，互联网协议）访问、设定 MAC（Media Access Control Address，物理地址）访问等，这就与上面提到的静态路由表和分配地址相似。假设我们在路由器设备的管理后台中为其中几台设备设置了固定的 IP 地址和 MAC 地址，让它们可以利用当前路由器进行网络访问，那么其他没有被设置过 IP 地址和 MAC 地址的设备还能访问网络吗？

上面描述的对应关系其实就是一张二维关系数据表。这张表一般是静态的，具体地说，这张表是固定分配好的，不能随意变化，因此我们将它称为静态路由表。假设此时管理后台已经分配好了各个地址，172.16.0.0 对应的是台式计算机，172.16.1.0 对应的是平板电脑，172.16.2.0 对应的是智能手机，172.16.3.0 对应的是笔记本电脑，172.16.4.0 对应的是电视机，那么请思考，当这些设备在进行网络访问时，第 1 步做的是什么工作呢？当然是寻找地址！也就是查看当前设备的 IP 地址或者 MAC 地址是否已经存在于设置好的静态路由表中，如果已经存在，就可以进行网络访问；如果没有存在，就没有访问网络资源的权限。

由此看来，所有的操作都经过了一个入口对象，这个入口对象就是路由器。如果由一个统一的对象进行管理，后续的操作就会变得更加便利。那隔壁邻居家的台式计算机是否可以通过你家的路由进行网络访问呢？答案是：不可以。这是因为你家的路由器中没有设置邻居家台式计算机的地址，它就在路由器中被轻松过滤掉了。如果邻居家也申请了宽带，安装了路由器，他的台式计算机不通过你家的路由器进行联网操作，这也就意味着入口不同。邻居家的台式计算机可以通过自己家的入口进行联网操作。也就是说，没有经过统一入口，也就与你家的网络没有任何关系。这里我们将访问来源、IP 地址、MAC 地址、对应设备通过表格和图片的方式进行展示，读者可以对照表格和图片进行思考，如表 5-1 和图 5-2 所示。

表 5-1　路由信息

| 访问来源 | IP 地址 | MAC 地址 | 对应设备 | 能否访问 |
| --- | --- | --- | --- | --- |
| 自家 | 172.16.0.0 | 00:e0:4c:36:0b:aa | 台式计算机 | √ |
| 自家 | 172.16.1.0 | 00:e0:4c:36:0b:ab | 平板电脑 | √ |
| 自家 | 172.16.2.0 | 00:e0:4c:36:0b:ac | 智能手机 | √ |
| 自家 | 172.16.3.0 | 00:e0:4c:36:0b:ad | 笔记本电脑 | √ |
| 自家 | 172.16.4.0 | 00:e0:4c:36:0b:ae | 电视机 | √ |
| 邻居家 | 182.129.1.2 | ac:ec:4f:28:1a:de | 台式计算机 | × |

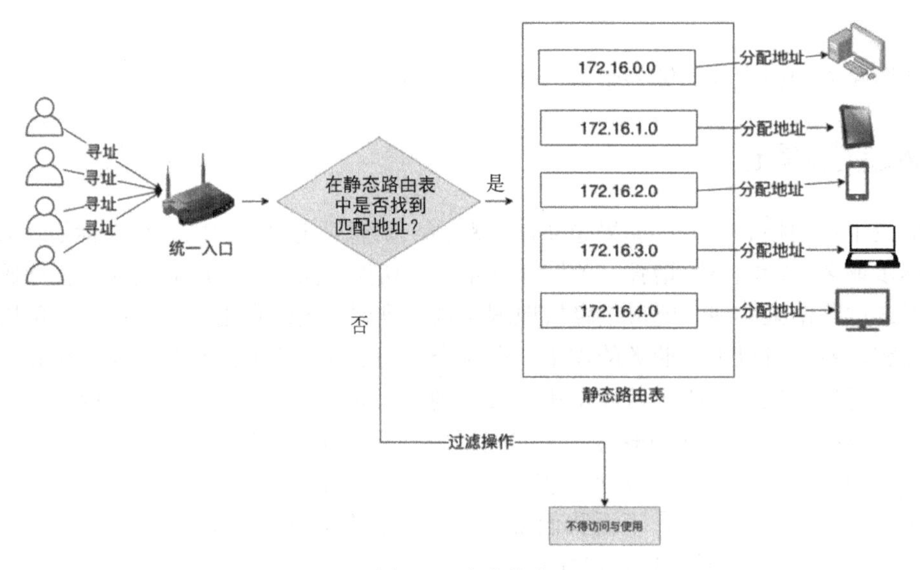


图 5-2　路由信息

接下来，对于路由功能的实现原理可以大致做一个剖析。所谓路由，其实就是为各个场景的切换提供一种方式，并且可以管理其导航历史。每个场景都像一个图层，可以被推送至其他场景的任意位置（在实际路由操作中，通常放在其他页面的最后）。当然，如果场景被删除，就无法实现该操作了。我们尝试以一种更容易理解的方式进行解释，即将路由理解成翻书操作，如图 5-3 所示。所有的页就是我们配置的路由模块，将书翻至某一页，也就是其中某一个模块内容，翻至其他页，就是另一个模块内容。如果需要，则可以将书翻回到刚才那一页，前提是不能把那一页撕掉。

Vue 作为前端主流的框架之一也包含了路由功能，并且路由在 Vue 中扮演着“项目开发的基础与核心”的重要角色，在 Vue 技术体系中是不可或缺的。Vue 的路由功能主要由 Vue 官方插件 VueRouter 提供，VueRouter 中包含了众多强大的路由操作功能。

图 5-3　翻页的书

### 5.1.2　路由的核心功能

想要在项目中使用路由模块，首先需要在 Vue 主体项目中安装与配置 VueRouter 路由插件，构建出基础的路由切换与路由渲染，然后在此基础上不断扩展与强化路由功能。后续会针对路由的核心功能介绍下面列举的一些要点。

- 动态组件加载。
- 配置简单路由。
- 路由链接高亮显示。
- 嵌套路由。
- 动态路由传参。
- 路由参数映射。
- 命名路由切换。
- 命名视图渲染。
- 编程式路由导航。
- 路由过滤筛选。
- 路由过渡动画效果。
- 路由滚动行为。
- 路由的异步懒加载。
- 缓存路由组件。
- 路由守卫。
- 动态添加与删除路由。

## 5.2　动态组件加载

本节主要讲解动态组件加载的实现，以及路径别名与省略后缀的配置。

### 5.2.1　动态组件加载的实现

在正式学习 Vue 路由内容之前，读者需要先了解动态组件加载的操作内容。其实除了利用 Vue 的路由插件来实现页面切换，Vue 本身还内置了动态组件，只是它的功能相对来说比较单一，这里我们将其作为路由的前置技术来进行简单讲解。

下面分 4 步来实现一个动态组件的加载。

（1）利用 vite 创建一个路由项目，这里将项目的名称设置为“vue3-book-router”。在 cmd 终端中执行下方命令。

```
npm create vite@latest vue3-book-router -- --template vue
```

（2）为了后续项目的页面优化，这里可以考虑引入 bootstrap 的样式内容。只需在项目根目录的主页面“index.html”中引入 bootstrap 的 CDN 地址即可，这里引入的版本为 5.1.3。bootstrap 的 CDN 地址可以在其官方网站中查找指定版本的 CDN 资源。

index.html 文件代码如下。

```
<!DOCTYPE html>
<html lang="en">
  <head>
    <meta charset="UTF-8" />
    <link rel="icon" href="/favicon.ico" />
    <meta name="viewport" content="width=device-width, initial-scale=1.0" />
    <link href="https://cdn.bootcdn.net/ajax/libs/twitter-bootstrap/5.1.3/css/bootstrap.
min.css"
      rel="stylesheet"
    />
    <title>vue-router</title>
  </head>
  <body>
    <div id="app"></div>
    <script type="module" src="/src/main.js"></script>
  </body>
</html>
```

（3）将 App.vue 文件中的代码内容全部删除，并将 components 目录与文件一同删除。新建页面目录 views，在该目录下新建 Home.vue 与 Users.vue 两个页面文件。

views/Home.vue 文件代码如下。

```
<template>
  <div>首页</div>
</template>
```

views/Users.vue 文件代码如下。

```
<template>
  <div>用户页</div>
</template>
```

此时，文件目录结构如图 5-4 所示。

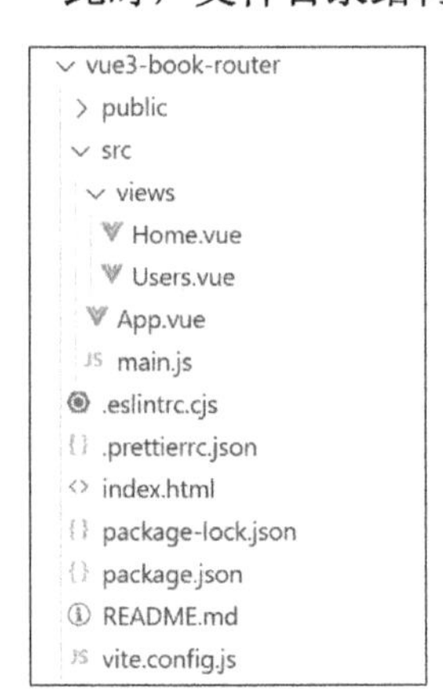


图 5-4　文件目录结构

（4）在 App.vue 根组件文件中尝试引入 Home.vue 与 Users.vue 这两个页面文件，并在根组件文件中放置两个按钮。希望在点击按钮时，实现首页与用户页的切换操作。

在引入 Home.vue 与 Users.vue 两个页面文件以后，先声明一个响应式数据 selectPage，用于存放被选中的页面，并且定义一个切换页面的方法 changePage，该方法的目标就是将 selectPage 这个响应式数据的值修改成被选中的页面。当然，为了让页面默认显示首页，可以进行方法的初始化调用操作。

而在模板渲染部分，则可以放置两个按钮，这两个按钮的功能就是点击触发页面切换，切换的内容就是 Home 与 Users 这两个页面组件。

那么被选中的页面最终在哪里显示呢？可以利用 Vue 的内置组件 Component 进行占位渲染，它有一个属性 is，其值代表渲染的内容，而现在这个值则为响应式数据 selectPage 的内容。

此时 App.vue 文件代码如下。

```
<script setup>
import Home from './views/Home.vue';        // 引入首页
import Users from './views/Users.vue';      // 引入用户页
import { ref, markRaw } from 'vue';
const selectPage = ref(null);               // 设置选中组件的 ref 对象
// 定义切换页面的方法
function changePage(page) {
  // 注意：通过 markRaw 函数指定不对 page 组件本身进行响应处理
  selectPage.value = markRaw(page);
```

```
}
// 初始化默认页面为首页
changePage(Home);
</script>

<template>
  <div class="container">
    <button class="btn btn-secondary" @click="changePage(Home)">
      切换到首页
    </button>
     
    <button class="btn btn-secondary" @click="changePage(Users)">
      切换到用户页
    </button>
    <hr>
    <!-- 利用动态组件加载，动态显示用户切换的页面内容 -->
    <component :is="selectPage"></component>
  </div>
</template>
```

这样，我们就可以通过“npm run dev”命令运行项目进行测试。读者可以发现，在默认情况下，页面显示了首页的内容，如图 5-5 所示。当点击“切换到用户页”按钮时，则会显示用户页的内容，如图 5-6 所示。

图 5-5　默认页面

图 5-6　切换后的页面

到目前为止，利用动态组件加载的方式可以实现页面之间的切换，从实现效果上来说是没有任何问题的，但随着项目功能的增加，页面数量将急剧增加，动态组件加载方式会存在一定的局限。比如，对于两个页面之间的数据传递、设置嵌套页面等常见操作，利用动态组件加载是不容易处理的。也正是因为这些局限，才需要利用 VueRouter 插件来实现更好的页面切换和维护操作。

## 5.2.2　路径别名与省略后缀的配置

在进行路由操作之前，其实可以先对引入 Home.vue 和 Users.vue 页面文件的操作进行一些优化，以便后续更多路由页面的引入。

这里我们可以修改项目的配置文件 vite.config.js。首先引入 Node 的 path 模块中的 resolve 方法，然后修改配置项，添加 resolve 节点属性，设置 alias 别名与省略 extensions 后缀。配置好以后就可以优化 App.vue 文件中对于 Home.vue 和 Users.vue 页面文件的引入操作。

vite.config.js 文件代码如下。

```
import { defineConfig } from 'vite';
import vue from '@vitejs/plugin-vue';
const { resolve } = require('path'); // 引入Node的path模块中的resolve方法

export default defineConfig({
  plugins: [vue()],
  resolve: {
    // 设置别名@，指向项目的src目录
    alias: [{ find: '@', replacement: resolve(__dirname, 'src') }],
```

```
    // 设置可以省略的后缀，包括.vue 后缀等
    extensions: ['.js', '.ts', '.vue'],
  },
});
```

如果对上方代码 export default defineConfig 中的内容不理解，则读者可以自行查看 vite 官方网站中的相关介绍。

在修改配置文件以后，将 5.2.1 节中 App.vue 文件的页面引入代码修改为以下内容。

```
<script setup>
import Home from '@/views/Home';          // 引入首页
import Users from '@/views/Users';        // 引入用户页
……
</script>

<template>
  ……
</template>
```

此时再次刷新页面，其结果并没有发生任何改变，应用程序同样能够正常运行。

## 5.3 配置简单路由

在开发项目时，如果想要将更多的页面进行整合管理，并且完成更多、更强大的操作功能，那么使用路由功能比使用动态组件加载更为合适。因为像传递参数、守卫处理、滚动行为等操作都是动态组件加载不能实现的。在使用路由功能之前，我们需要明确，Vue 本身并不包含路由功能。想要使用路由功能，则要通过官方的 Vue 插件 VueRouter 来实现。在正式使用路由功能之前，我们需要做的准备工作就是安装 VueRouter 插件包。

在 vue3-book-router 项目中安装 VueRouter 插件包，只需要在终端运行下方所示命令就可以轻松完成。这里只对 npm 的安装方式进行演示，yarn 的安装方式请参见 Vue 官方网站。

```
npm install vue-router@4 --save
```

此时已经完成准备工作。接下来回顾一下在 5.1.1 节中提到的几个核心概念，即静态路由表、分配地址、统一入口、寻找地址及地址过滤。事实上，路由操作过程也就是对这几个核心概念的展示。

在进行项目的路由操作之前，必须先创建静态路由表，并给路由页面逐个分配地址。通过 5.1.1 节的学习我们已经知道，这个入口只能是唯一的，所以可以先找到当前项目的入口文件，它就是根目录下的 main.js 文件。

此时 main.js 文件代码如下。

```
import { createApp } from 'vue'
import App from './App.vue'

createApp(App).mount('#app')
```

下面在该入口文件中分 5 步配置路由。

（1）从 vue-router 模块中引入创建路由器与创建 history 路由操作模式的两个函数。

从刚安装的 vue-router 模块中，引入 createRouter 与 createWebHashHistory 两个函数。这两个函数的作用是创建路由器与创建 history 路由操作模式。

（2）引入首页和用户页的路由组件。

引入首页和用户页的路由组件就像动态组件加载一样，同样需要将 Home（首页）和 Users（用户页）两个页面模块进行引入。因为最终展示的就是这两个页面的内容，它们是不可或缺的。

（3）配置静态路由表。

现在可以考虑构建一张静态路由表了。具体地说，是在 main.js 文件中配置 routes 配置项。静态路由表

是一个数组，数组中的元素是包含路由路径和路由组件的对象。

这里将 Home（首页）和 Users（用户页）两个页面的分配通过表格展示，如表 5-2 所示。细心的读者可以发现，这张表格与之前路由器的分配表格（见表 5-1）十分相似。

表 5-2　静态路由表

| 路由路径（path） | 路由组件（component） | 路由目标 |
| --- | --- | --- |
| / | Home.vue | 显示首页内容 |
| /users | Users.vue | 显示用户页内容 |

（4）利用创建路由器的函数构建路由器对象。

此时已经有了一张静态路由表，并且分配了路由地址，还确定了 history 路由操作模式为锚点模式，于是就可以确认这个路由器对象 router 了。利用 createRouter 函数构建路由对象，这个函数的参数是一个对象，而对象的属性就是静态路由表与 history 路由操作模式。

（5）将路由器对象 router 与当前的应用程序关联。

其实现在的路由器对象 router 与整个应用程序并没有任何关联，因此最后一步需要将路由器对象与 Vue 的应用程序关联。这里还需要明确的是，现在只有一个入口，因此可以利用 use 插入 Vue 插件的方式进行链式操作。在 createApp 中创建 App 以后，直接与 router 进行衔接，路由对象就与当前的应用程序关联上了，可以配合处理页面切换操作。

此时 main.js 文件代码如下。

```
import { createApp } from 'vue';
import App from './App.vue';
// 1.从 vue-router 模块中引入创建路由器与创建 history 路由操作模式的两个函数
import { createRouter, createWebHashHistory } from 'vue-router';
// 2.引入首页和用户页的路由组件
import Home from '@/views/Home';
import Users from '@/views/Users';
// 3.配置静态路由表
const routes = [
  { path: '/', component: Home },
  { path: '/users', component: Users },
];
// 4. 利用创建路由的函数构建路由器对象
// 需要明确路由操作模式 history，以及确认静态路由表内容 routes
const router = createRouter({
  history: createWebHashHistory(),
  routes,
});
// 5.将路由器对象 router 与当前的应用程序关联
// use 则是插件使用的操作模式，明确路由的本质其实就是 Vue 的一个插件
createApp(App).use(router).mount('#app');
```

现在已经设置了路由器，并且将它与当前应用程序进行了关联。那么问题接踵而来，在哪里进行路由页面的显示呢？如何实现路由页面的切换呢？读者不要着急，下面就开始依次讲解这两个问题的解决方法。

打开根组件文件 App.vue，将原来动态组件加载的 script 脚本部分的内容全部删除，并修改 template 的模板内容。这里可以利用 router-link 进行 button 按钮的替换操作，它的功能主要是实现路由的链接跳转。to 属性指向的是路由跳转的目标，这里需要注意的是，此时两个路由地址的类型都是字符串，需要为其添加双引号或者单引号。如果想要跳转到首页，则指向"/"；如果想要跳转到用户页，则指向"/users"。

button 中的 class 属性可以直接迁移，在 router-link 上会应用该属性，使当前的页面效果与使用动态组件加载操作时的页面效果保持一致。

如果想将首页与用户页直接显示在两个按钮的下方，那么可以在 router-link 的下方写上 router-view 标签组件。router-view 的功能是让路由的渲染目标组件在指定位置渲染、显示。

此时 App.vue 文件代码如下。

```
<template>
  <div class="container">
    <!-- 利用 router-link 定义路由链接 -->
    <router-link to="/" class="btn btn-secondary">切换到首页</router-link>
    <router-link to="/users" class="btn btn-secondary">切换到用户页</router-link>
    <hr>
    <!-- 利用 router-view 定义路由组件在此显示-->
    <router-view></router-view>
  </div>
</template>
```

此时运行应用程序可以发现，页面上显示了两个按钮样式的路由链接，并且点击不同的路由链接会对应显示不同的页面内容。不过需要注意 URL 的链接地址，在链接地址上会发现一个“#”锚点内容，这是因为在进行 history 路由操作模式配置时，采用的是 createWebHashHistory 锚点模式。页面效果如图 5-7 所示。

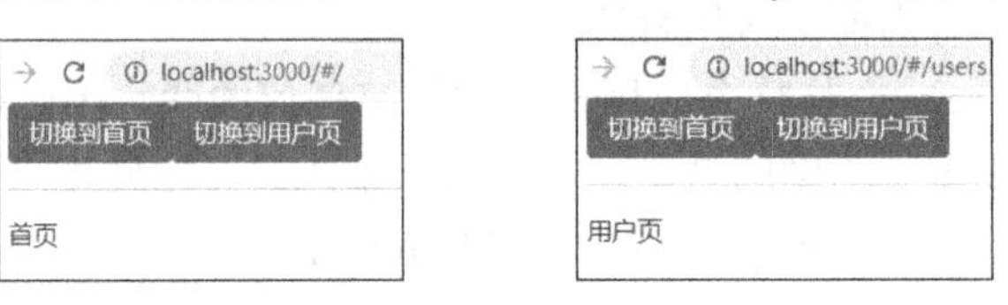


图 5-7　页面效果

如此就实现了一个最为简单的路由配置和链接跳转功能。那么路由还有哪些更丰富的功能呢？读者可以接着向下阅读进行了解。

## 5.4　路由链接高亮显示

目前应用包含首页与用户页两个页面内容，在点击页面中的路由链接以后可以进行路由页面的跳转操作。这也就是在 5.1 节中提及的寻找地址操作，只有在寻找到正确匹配的地址和对应的渲染页面后，内容才会在页面中正常显示。

如果两个路由链接的样式是一样的，没有明显的区分，则我们在页面上点击路由链接切换页面后，没办法确切地知道当前是在什么页面上。那么是否有一种方式可以轻松地实现当前点击目标的高亮显示呢？这是不是可以更好地增强用户体验感呢？

答案是：有这样的方式，而且不止一种！同时用户体验感也被大大增强！

### 5.4.1　利用 vue-router 模块的内置样式实现路由链接高亮显示

本节演示 vue-router 模块内置样式的使用方法。

我们通过 Elements 审查元素能看到，通过 router-link 生成的页面，虽然通过 bootstrap 样式让元素看起来是按钮，但本质上它是 a 标签，一般被称为路由链接。点击路由链接只会切换路由，并不会发送请求，如图 5-8 所示。

细心的读者可以发现，被选中的 a 标签有 router-link-active 和 router-link-exact-active 两个类名。但是在代码编辑阶段我们并没有进行类似代码的编写，这显然是 vue-router 模块的内置样式帮助我们实现的样式绑定。

router-link-active 的意思是链接激活状态，vue-router 内置完成了激活状态的判断和样式类的设置操作，开发人员可以直接设置 router-link-active 对应的样式，来看下方代码。

```
<style scoped>
/* 修改 router-link-active 内置样式类的页面效果 */
```

```
.router-link-active {
  background-color: #222;
  font-weight: bolder;
}
</style>
```

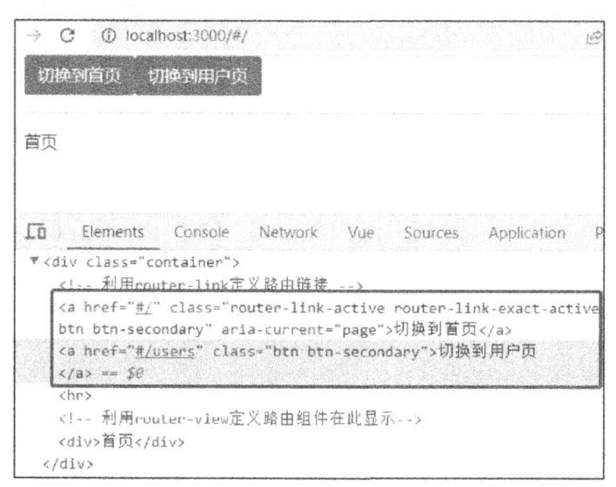


图 5-8　查看页面元素

刷新页面就可以看到高亮显示路由链接的效果，当点击“切换到用户页”路由链接时，在该路由链接上也可以实现高亮显示的效果，如图 5-9 所示。

图 5-9　路由链接高亮显示

## 5.4.2　利用 active-class 属性实现路由链接高亮显示

本节演示 active-class 属性的使用方法。

如果项目中已经存在高亮显示的样式，不需要通过 router-link-active 内置样式类实现高亮显示，那么还可以利用什么方式实现路由链接高亮显示呢？

其实 bootstrap 这一 UI 框架本身就包含一个 active 高亮激活样式类，那么是不是通过 bootstrap 这一默认的 active 样式类就可以实现高亮显示效果呢？答案是：可以的，而且不止有一种实现方式。这里以利用 router-link 的 active-class 属性为例来实现路由链接高亮显示的效果。

现在给首页的 router-link 设置一个新的属性 active-class，并设置其激活状态的样式类名为 active。刷新页面后可以发现，原来的黑色链接已经变成深灰色，同时审查元素会发现，首页中 a 链接的 router-link-active 样式类已经消失，取而代之的是 active 样式类，如图 5-10 所示，因此利用 bootstrap 的默认 active 样式类也可以实现相同的效果。

在 App.vue 文件中给第 1 个 router-link 加上 active-class 属性。

```
<router-link
    active-class="active"
    to="/"
    class="btn btn-secondary"
>切换到首页</router-link>
```

此时刷新页面可以发现，active-class 属性已经可以成功实现高亮显示。

但是当我们点击“切换到用户页”路由链接时，就会发现“切换到用户页”路由链接的背景颜色依然是黑色，结合前面所学，显然是因为我们并没有给这一路由链接设置 active-class 属性，如图 5-11 所示。

现在我们思考下面的问题，如果项目中包含多个跳转路由链接，那么是否需要逐一设置 active-class 属性呢？如果不逐一设置，那么是不是也和“切换到用户页”这一路由链接效果一样，无法精确设置到目标呢？

这两个问题在 5.4.3 节中可以找到答案，读者不要着急，慢慢往下读。

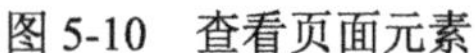

图 5-10　查看页面元素

图 5-11　“切换到用户页”路由链接的背景颜色依然是黑色

### 5.4.3　利用 vue-router 模块的 linkActiveClass 全局配置实现路由链接高亮显示

本节主要来解决 5.4.2 节末尾提出的问题，对多个路由链接的高亮显示进行统一设置。

想要一次性给所有的路由链接设置自定义的高亮激活样式类，要先回到入口文件 main.js 中。在 router 对象创建的位置利用 linkActiveClass 进行全局的统一设置。同时，router-link 不再需要指定 active-class 属性，也不再需要自定义样式。

此时 main.js 文件代码如下。

```
...
...
const router = createRouter({
  history: createWebHashHistory(),
  routes,
  // 利用 linkActiveClass 全局配置实现路由链接的高亮显示
  linkActiveClass: 'active',
});
...
...
```

现在刷新页面，“切换到用户页”路由链接同样显示深灰色，并且通过审查元素 active 的样式也已经成功设置并起作用，说明全局配置高亮显示样式也没有任何问题，如图 5-12 所示。

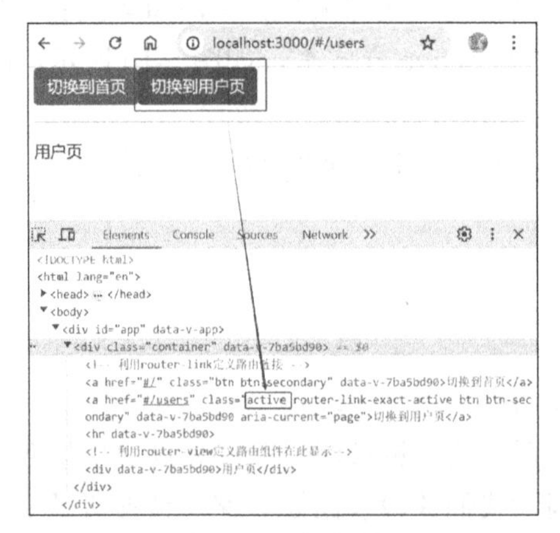


图 5-12　页面效果

### 5.4.4 利用 router-link 的 slot 实现自定义标签与高亮显示

目前从页面效果和功能上来说这没有任何的问题，能够显示类似按钮的路由链接，也能够点击按钮实现页面的路由切换，但是 router-link 默认渲染的标签目标是 a，如果想渲染 button 按钮又应该如何处理呢？毕竟在实际开发的布局控制中，想要放置的不一定是 a 标签，也可能是 button、div、span、p 等其他的任意标签，同时希望通过点击这些标签实现页面切换。因此 router-link 能否实现自定义标签的渲染和功能的操作也是需要我们研究的内容。

在 router-link 上可以设置 custom 属性来控制路由链接内容是否被包裹在 a 元素内，还可以利用 v-slot 传递一个对象，这个对象中可以包含 href（链接地址）、route（当前路由对象）、navigate（导航函数）、isActive（是否激活）、isExactActive（是否精确激活）等不同的参数。在下面的讲解中仅传递了 navigate 与 isActive 两个参数。

设置好 custom 与 v-slot 后，就可以在 router-link 中设置插槽内容。例如，现在的操作目标是放置一个 button 按钮，则可以直接编写 button 标签。值得一提的是，button 原来的样式属性 type 及 class 都可以保留。

为了实现高亮显示，我们还可以绑定动态样式。利用 isActive 布尔值实现短路运算，让其在高亮显示的状态下使用自定义的 router-link-active 样式。同时，为了让按钮能够实现点击跳转，还需要给它绑定 click 点击事件，直接绑定插槽传递的 navigate（导航函数），就可以实现 router-link 中 to 属性的目标跳转操作。

此时 App.vue 文件代码如下。

```
<template>
  <div class="container">
    <!-- 利用 router-link 实现路由的声明式路由导航跳转 -->
    <router-link active-class="active" to="/" class="btn btn-secondary">切换到首页</router-
link>
    <router-link to="/users" custom v-slot="{ navigate, isActive }">
      <button
        class="btn btn-secondary"
        :class="[isActive && 'active']"
        @click="navigate"
      >切换到用户页</button>
    </router-link>
    <hr>
    <!-- 利用 router-view 定义路由组件在此显示 -->
    <router-view></router-view>
  </div>
</template>
```

渲染页面后，通过审查元素可以发现，第 2 个路由链接切换到了 button 标签，并且也可以完成按钮的高亮显示操作，如图 5-13 所示。

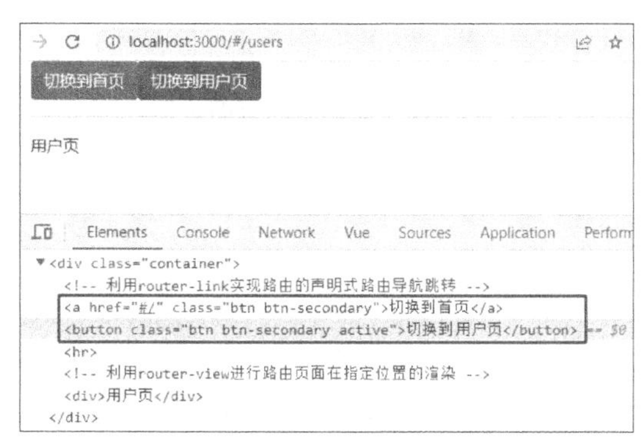


图 5-13 页面效果

读者可能会想，既然可以使用 router-link 的 slot 插槽实现 button 按钮的高亮显示，那其他的网页元素是不是也可以利用这种方式实现呢？答案是：可以的。

### 5.4.5 利用 bootstrap 改善导航页面

现在实现的导航菜单比较简陋，要在现在的基础上进行页面的美化与完善操作其实很简单，只要利用 bootstrap 这一 UI 框架即可。具体实现可以在 bootstrap 官方网站的演示案例频道中查看头部导航的相关示例，通过查看网页源码的方式，进行相应头部导航内容的复制/粘贴和修改处理。

经过 bootstrap 处理后的 App.vue 文件代码如下。

```
<template>
  <div class="container">
    <header
      class="d-flex flex-wrap justify-content-center py-3 mb-4 border-bottom"
    >
      <router-link
        to="/"
          class="d-flex align-items-center mb-3 mb-md-0 me-md-auto text-dark text-decoration-none"
      >
        <span class="fs-4">Vue 路由</span>
      </router-link>
      <ul class="nav nav-pills">
        <li class="nav-item">
          <router-link to="/" class="nav-link">首页</router-link>
        </li>
        <li class="nav-item">
          <router-link to="/users" class="nav-link">用户</router-link>
        </li>
      </ul>
    </header>
    <!-- 利用 router-view 定义路由组件在此显示 -->
    <router-view></router-view>
  </div>
</template>
```

最终导航与路由渲染的页面被优化为更美观的显示模式，如图 5-14 所示。

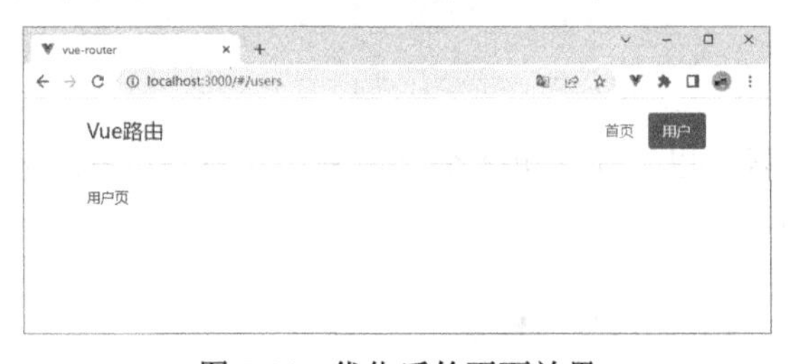


图 5-14　优化后的页面效果

## 5.5 嵌套路由

经过本章以上内容的操作，项目实现了一个基本的路由配置、渲染和跳转。但现在的功能在实际使用中远远不够，本节将会站在用户的角度对项目进行更详尽的功能开发，主要分为分析和实现两个部分，读者可依次阅读学习。

### 5.5.1　目标分析与功能规划

现在项目已经实现了一个基本的路由配置、渲染和跳转，并且创建了首页与用户页两个模块的内容。暂且抛开这些不谈，我们站在用户的角度思考一下，页面需要实现什么样的效果。

（1）最好能以某种形式显示当前用户操作的模块位置。

（2）应该包含一个用户列表。

（3）每个列表中的用户都可以点击查看其信息。

（4）在查看某个用户时还可以确认是否对其进行编辑处理。

（5）用户列表、查看用户详情和编辑用户都在同一个页面上展示，都属于用户操作功能的范畴。在对应的区域中，只对用户查看和编辑部分的页面内容进行切换显示。

此时已经明确了要操作的目标，下面我们可以对应思考如何实现功能，具体如下。

（1）现在有一个最外层根组件 App 和两个功能页面首页与用户页。我们将最外层根组件 App 划分为灰色区域，App 中主要包含导航菜单和 router-view 页面占位渲染两个部分的内容。先来思考导航菜单的处理，绝大部分页面的导航菜单应该是作为共有内容出现的，因此我们可以考虑创建一个 components 目录，将头部内容进行组件化拆分。

（2）现在有首页与用户页两个功能页面，但是这里只考虑用户页的功能规划。在 5.3 节中已经将它们设计成第一层 router-view 渲染区域，在静态路由表中也做好了对应的关系映射。

（3）现在重点的内容是用户页中初始显示的内容和可变内容的拆分。当前用户页效果如图 5-15 所示，从图中可以看到有面包屑导航、用户列表及“请选择用户进行查看与编辑”的提示，这 3 者是用户页初始显示的内容。

（4）此时我们可以根据划分的颜色区域进行考虑。第一层 router-view 渲染区域与第二层 router-view 渲染区域在图 5-15 中通过黑线框出。通过 5.3 节对简单路由配置的学习，我们了解到 router-view 的功能是占位渲染指定页面内容。现在依旧不变，只不过现在存在一定的嵌套关系，第二层 router-view 渲染区域被包含在第一层 router-view 渲染区域中。

具体结构如图 5-15～图 5-17 所示。

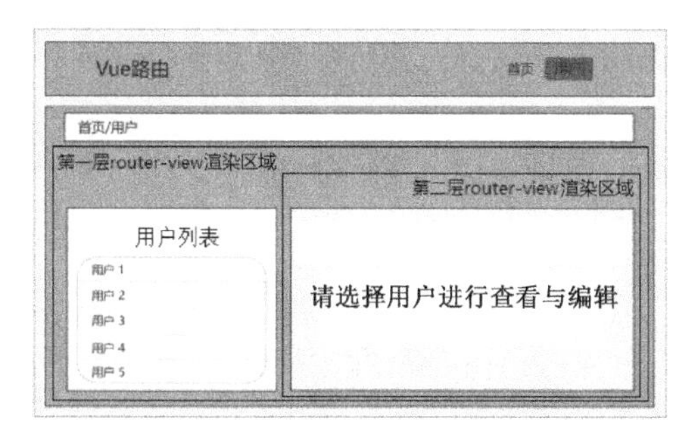


图 5-15　用户页效果示意图（1）

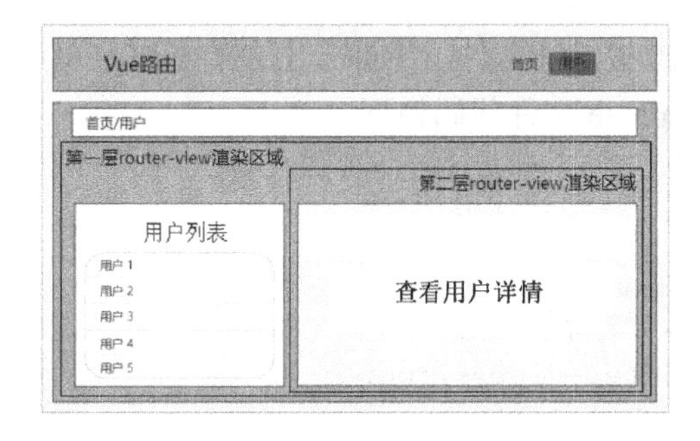


图 5-16　用户页效果示意图（2）

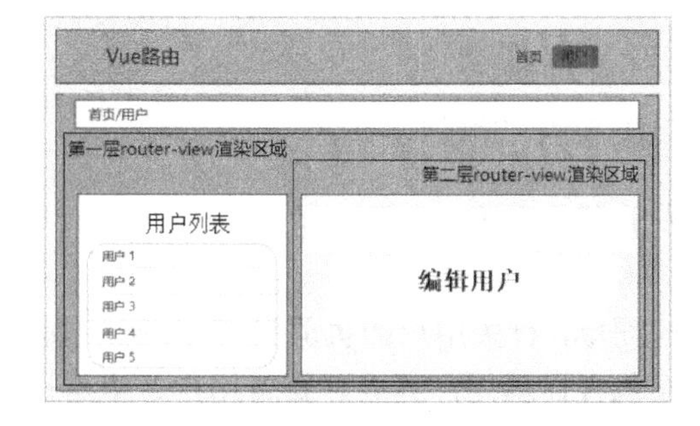


图 5-17　用户页效果示意图（3）

## 5.5.2 嵌套路由实现

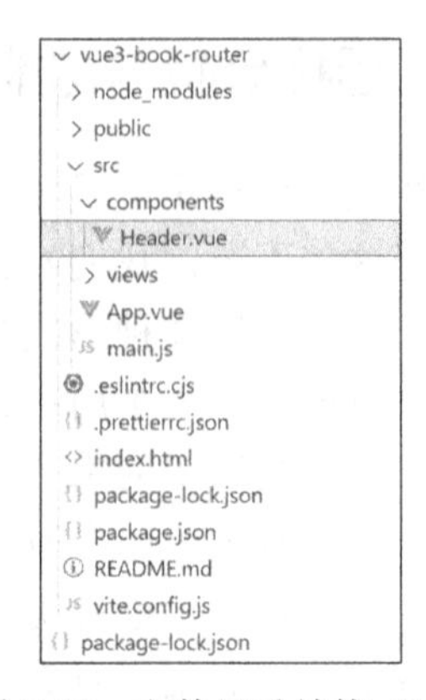


图 5-18 文件目录结构（1）

在 5.5.1 节中对页面要实现的效果进行了规划和分析，下面分 4 步将其实现。

（1）导航菜单的组件化拆分。

首先，在 src 目录下创建一个 components 目录，该目录主要用于存放项目中的一些公共组件。然后，在其中新建 Header.vue 文件，并将 App.vue 文件中导航菜单部分的代码迁移。

此时文件目录结构如图 5-18 所示。

此时 components/Header.vue 文件代码如下。

```
<template>
  <header class="d-flex flex-wrap justify-content-center py-3 mb-4 border-bottom">
    <router-link
      to="/"
      class="d-flex align-items-center mb-3 mb-md-0 me-md-auto text-dark text-decoration-none"
    >
      <span class="fs-4">Vue 路由</span>
    </router-link>
    <ul class="nav nav-pills">
      <li class="nav-item">
        <router-link to="/" class="nav-link">首页</router-link>
      </li>
      <li class="nav-item">
        <router-link to="/users" class="nav-link">用户</router-link>
      </li>
    </ul>
  </header>
    </template>
```

修改根组件文件，将拆分出去的导航菜单组件引入并调用。

App.vue 文件代码如下。

```
<template>
  <div class="container">
    <!-- 导航菜单组件使用 -->
    <Header></Header>
    <!-- 利用 router-view 定义路由组件在此显示 -->
    <router-view></router-view>
  </div>
</template>

<script setup>
// 引入导航菜单组件
import Header from '@/components/Header';
</script>
```

此时刷新页面，页面并没有发生任何改变。

（2）用户操作页面的创建。

之前在项目中实现的功能比较简单，有关用户的页面只有 Users.vue，但经过 5.5.1 节对目标的分析后，我们要实现的有关用户的功能操作包含显示用户列表、查看用户、查看用户详情、编辑用户，这也就意味着需要划分出不同的用户操作页面。因此，可以在 views 目录下创建一个子目录 user，此后这一目录主要用于存放与用户相关的页面内容。

首先将 views/Users.vue 文件移动到 views/user 目录下，并且修改文件的代码内容。因为需要添加面包屑导航，还要显示用户列表和编辑用户等内容，所以可以先将页面分成上部的面包屑导航和下部的用户信息展示两个区域。而用户信息展示区域需要再拆分成左、右两个区域，即用户列表和用户操作（包含请选择用户进行查看与编辑、查看用户详情、编辑用户），用户列表是固定不动区域，而请选择用户进行查看与编辑、查看用户详情、编辑用户则需要根据它们后续的动态切换和变化进行处理，这部分处理需要对应 5.5.1 节的分析，这里不多做讲解。

此时文件目录结构如图 5-19 所示。

图 5-19　文件目录结构（2）

此时 views/user/Users.vue 文件代码如下。

```
<template>
  <div>
    <!-- 用户页的面包屑导航 -->
    <nav aria-label="breadcrumb">
      <ol class="breadcrumb">
        <li class="breadcrumb-item">
          <router-link to="/" class="text-decoration-none">首页</router-link>
        </li>
        <li class="breadcrumb-item active">
          <router-link to="/users" class="text-decoration-none">用户</router-link>
        </li>
      </ol>
    </nav>
    <!-- 用户列表与请选择用户进行查看与编辑、查看用户详情、编辑用户是左、右两个独立的区域 -->
    <div class="row">
      <!-- 用户列表 -->
      <div class="col-3">
        <h1>用户列表</h1>
        <div class="list-group">
          <a href="#" class="list-group-item list-group-item-action active">
            用户 1
          </a>
          <a href="#" class="list-group-item list-group-item-action">用户 2</a>
        </div>
      </div>
      <!-- 请选择用户进行查看与编辑、查看用户详情、编辑用户 -->
      <div class="col-9">
        <h1>请选择用户进行查看与编辑</h1>
        <h1>查看用户详情</h1>
        <h1>编辑用户</h1>
      </div>
    </div>
  </div>
</template>
```

值得一提的是，请选择用户进行查看与编辑、查看用户详情与编辑用户页面目前可以设置为基础的文本展示，我们的目标是先实现功能再进行完善。

这里同样在 user 目录下新建 UserStart.vue、UserDetail.vue 和 UserEdit.vue 3 个文件来实现请选择用户进行查看与编辑、查看用户详情与编辑用户页面。

views/user/UserStart.vue 文件代码如下。

```
<template>
  <div>
    <h1>请选择用户进行查看与编辑</h1>
  </div>
</template>
```

views/user/UserDetail.vue 文件代码如下。

```
<template>
  <div>
    <h1>查看用户详情</h1>
    <button class="btn btn-primary">编辑用户</button>
  </div>
</template>
```

views/user/UserEdit.vue 文件代码如下。

```
<template>
  <div>
    <h1>编辑用户</h1>
  </div>
</template>
```

此时已经完成导航菜单的组件化拆分及用户操作页面的创建。

（3）页面的引入与嵌套路由的配置。

既然与用户相关的页面内容发生了改变，那么在入口文件 main.js 中引入的页面也需要进行修改。需要将 user 目录下的 Users.vue（用户页）、UserStart.vue（请选择用户进行查看与编辑页）、UserDetail.vue（查看用户详情页）、UserEdit.vue（编辑用户页）进行模块的引入。

因为用户模块存在嵌套，所以可以在 Users 的路由配置表中添加 children 属性。children 属性值是一个数组类型的，主要用来明确用户模块将要嵌套的子路由。数组中的书写格式可以和简单路由配置操作模式的格式相同，然后利用这种模式添加路由对象内容，其中包括 UserStart、UserDetail、UserEdit。此时各子路由相关信息如表 5-3 所示。

表 5-3　各子路由相关信息

| 页面 | 路由组件 | 路由路径 | 说明 |
| --- | --- | --- | --- |
| 请选择用户进行查看与编辑页 | UserStart | /users | 用户列表的默认子路由页面 |
| 查看用户详情页 | UserDetail | /users/detail | 点击左侧某个用户列表项显示 |
| 编辑用户页 | UserEdit | /users/edit | 在查看用户详情页中点击“编辑用户”按钮显示 |

但需要注意它们的 path（路径），如果想要一打开页面就显示请选择用户进行查看与编辑页，则需要将 path 设置为空字符串，查看用户详情页的 path 则设置为 detail，编辑用户页的 path 则设置为 edit。还有一点要注意，子路由 path 设置有两种写法：一种是全路径拼写，如/users/detail；另一种是省略父路由路径，如 detail。注意，如果省略父路由路径，则子路由路径前不能加/（根路径）。

此时 main.js 文件代码如下。

```
...
...

// 2.引入路由组件
import Home from '@/views/Home';                          // 首页
import Users from '@/views/user/Users';                   // 用户页
import UserStart from '@/views/user/UserStart';           // 请选择用户进行查看与编辑页
import UserDetail from '@/views/user/UserDetail'; // 查看用户详情页
import UserEdit from '@/views/user/UserEdit';             // 编辑用户页
// 3.配置静态路由表
const routes = [
```

```
  { path: '/', component: Home },
  {
    path: '/users',
    component: Users,
    // 设置用户模块嵌套子路由
    // 子路由 path 设置有两种写法：一种是全路径拼写，如/users/detail；另一种是省略父路由路径，如 detail。
    // 注意，如果省略父路由路径，则子路由路径前不能加/（根路径）
    children: [
      // 嵌套路由默认显示模块，请选择用户进行查看与编辑页
      { path: '', component: UserStart },
      // 用户详情页
      { path: 'detail', component: UserDetail },
      // 编辑用户页
      { path: 'edit', component: UserEdit },
    ],
  },
];

...
...
```

（4）修改用户列表路由链接、嵌套路由占位渲染及跳转编辑用户页链接。

对于用户页 Users.vue 中的列表内容，我们需要利用 router-link 将原来的 a 标签替换，将 to 跳转目标的属性值设置为/users/detail（也就是查看用户详情页的路径），需要注意的是，路由链接中需要编写/users 前缀路径，也需要写上/detail 的拼接路径。

至于请选择用户进行查看与编辑页、查看用户详情页、编辑用户页需要切换的子路由嵌套展示区域，利用 router-view 直接占位渲染即可实现，这一点与简单路由配置的操作并没有什么不同。

此时 views/user/Users.vue 文件代码如下。

```
<template>
  <div>
    <!-- 用户页的面包屑导航 -->
...
...

    <!-- 用户列表与请选择用户进行查看与编辑、查看用户详情、编辑用户是左、右两个独立的区域 -->
    <div class="row">
      <!-- 用户列表 -->
      <div class="col-3">
        <h1>用户列表</h1>
        <div class="list-group">
          <!-- 跳转查看用户详情页路由链接 -->
          <router-link
            to="/users/detail"
            class="list-group-item list-group-item-action"
            >用户 1</router-link>
          <router-link
            to="/users/detail"
            class="list-group-item list-group-item-action"
            >用户 2</router-link>
        </div>
      </div>
      <!-- 请选择用户进行查看与编辑、查看用户详情、编辑用户 -->
      <div class="col-9">
        <!-- 嵌套子路由的占位渲染 -->
        <router-view></router-view>
```

```
      </div>
    </div>
  </div>
</template>
```

现在刷新页面查看效果，当切换到用户模块后，页面中只会默认显示请选择用户进行查看与编辑页的内容，查看用户详情页与编辑用户页不会直接显示，如图 5-20 所示。

当点击“用户 1”或者“用户 2”列表项时，页面右侧则会显示查看用户详情页的内容。值得一提的是，无论点击的是“用户 1”还是“用户 2”列表项，二者都会被选中，如图 5-21 所示，这个问题会在后续的学习中得到解决。

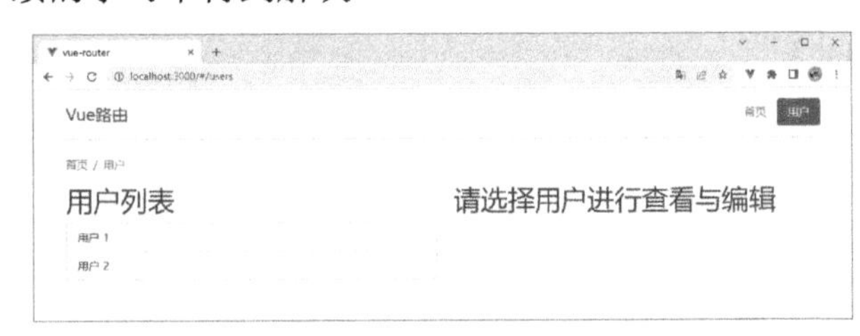


图 5-20　切换到用户模块

图 5-21　“用户 1”和“用户 2”列表项同时被选中

如果想要点击查看用户详情页中的“编辑用户”按钮，进入编辑用户页，则需要将该按钮替换成 router-link 路由链接。将 views/user/UserDetail.vue 文件代码修改为如下内容。

```
<template>
  <div>
    <h1>查看用户详情</h1>
    <router-link to="/users/edit" class="btn btn-primary">编辑用户</router-link>
  </div>
</template>
```

此时就完成了用户模块嵌套子路由的功能，如图 5-22 所示。

图 5-22　点击“编辑用户”按钮进入编辑用户页

接下来就需要在这一嵌套路由上进行更多路由功能的强化处理。我们接着往下阅读。

## 5.6　动态路由传参

虽然 5.5 节已经实现了用户页的嵌套路由功能，但是当前项目遇到了另一个问题，即在用户列表中不管是点击“用户 1”还是“用户 2”列表项，路由跳转的目标都是 detail，我们根本无法区分具体点击的是哪个用户。

其实我们可以考虑给用户设置标识来解决这个问题。例如，给“用户 1”赋予唯一标识（id 为 1）；给“用户 2”赋予唯一标识（id 为 2），以此类推。

那么在设置用户列表时，就可以通过 id 的参数识别身份。当然，只考虑用户列表中的用户差异划分是不够的，我们还需要确保查看用户详情页、编辑用户页中显示的也是指定用户的信息。

现在就总结出一个思路：我们将对路由进行参数的功能处理，并且这个参数还是一个动态可变的参数，因此将这个过程称为动态路由传参操作。

路由传参共有两种方式，分别是使用 params 参数传参和使用 query 参数传参。

## 5.6.1 路由参数基础概念理解

提到参数这个词，我们马上可以联想到几个操作：设参、传参、接参与用参。在编写应用程序时，我们还需要弄清楚参数的不同类型，这样才能更合理地应用它们。刚才所提的 4 个参数操作其实是有先后顺序的。值得一提的是，我们只有先弄清楚参数的类型，才能清楚地确认所要进行的参数操作。在正式学习传参之前，读者需要花一点时间，理解一下 URL 的结构。

URL 的结构主要由协议名（protocol）、域名（hostname）、端口号（port）、路径（path）、查询参数（query parameters）和锚点（anchor）组成，组合在一起为 [protocol]//[hostname]:[port][path]?[query parameters]#[anchor]。以“http://www.phei.com.cn/api/users?name=tom#test”为例，此 URL 的协议名为“http”，域名为“www.phei.com.cn”，路径为“/api/users”，查询参数为“name=tom”，锚点为“test”。

协议名、域名和端口号组合在一起对应远程的一个后端服务器项目。前端 AJAX 跨域请求是一个特别常见的问题，那何为跨域请求呢？如果请求的 URL 与当前所在的 URL 的协议名、域名和端口号有任意一个或一个以上不同，就是跨域请求。在 6.4 节中将详细讲解与跨域请求相关的问题。

路径对应后端服务器项目中要操作的某个或某些资源，查询参数一般是对资源进行进一步筛选的条件参数数据。

当前，vue-router 模块内部就是利用锚点来进行路由路径匹配找到对应的路由组件进行切换显示的。

在 vue-router 模块中，路径中可能还包含 params 参数，而查询参数对应的就是路由中的 query 参数。接下来就对这两种参数类型的操作逐一进行理解应用。

## 5.6.2 params 参数的应用

想要让用户列表中的“用户 1”“用户 2”列表项拥有动态参数的前提条件是参数，因此首先进行的是设参操作。在入口文件 main.js 中对路由配置部分的内容进行修改，将 UserDetail.vue 查看用户详情页的路由地址和 UserEdit.vue 编辑用户页的路由地址进行修改。将 UserDetail.vue 查看用户详情页的 path 修改为:id，其中冒号是占位符，用来确认当前是路由的 params 参数；id 是用户自定义的参数名称，也可以是 uid 或者 userId 等任意名称。因此就可以归纳出，路由路径的最终形式为:xxx。

而 UserEdit.vue 编辑用户页与 UserDetail.vue 查看用户详情页有所不同，我们不仅需要清楚用户的唯一标识，还需要与 UserDetail.vue 查看用户详情页进行区分，因此可以再添加一个路由标识：/edit。

现在已经可以确认，在 vue-router 模块中，params 参数的设参操作是在路由部分处理的。

此时 main.js 文件代码如下。

```
...
...

// 3.配置静态路由表
const routes = [
  { path: '/', component: Home },
  {
    path: '/users',
    component: Users,
    // 设置用户模块嵌套子路由
    // 注意 path 不需要添加/users，前缀路径也不需要添加/这一起始路径
    children: [
      // 嵌套路由默认显示模块，请选择用户进行查看与编辑页
```

```
      { path: '', component: UserStart },
      // 查看用户详情页
      { path: ':id', component: UserDetail },
      // 编辑用户页
      { path: ':id/edit', component: UserEdit },
    ],
  },
];

...
...
```

既然已经设置好了参数，那么在哪里传递参数，又应该以什么样的形式进行参数的传递呢？

我们可以打开 views/user/Users.vue 文件，将原来“用户 1”“用户 2”的 router-link 内容进行修改，利用 v-for 的方式循环遍历，此时就可以产生多个用户数据。对 to 路由跳转目标属性进行动态数据的绑定，利用模板字符串进行动态拼接“/users/${id}”的设置。最终产生的路由跳转目标链接应该是类似/users/1、/users/2...的地址内容。

现在，可以明确在 vue-router 模块中，params 参数的传参操作是在链接部分处理的。

此时 views/user/Users.vue 文件代码如下。

```
<template>
  <div>
    ...
    ...

    <!-- 跳转到查看用户详情页的路由链接携带 id 参数 -->
    <router-link
        v-for="id in ids"
        :key="id"
        :to="`/users/${id}`"
        class="list-group-item list-group-item-action"
    >用户 {{ id }}</router-link>

    ...
    ...
  <div>
</template>

<script setup>
  import {ref} from 'vue'
  const ids = ref([1, 2, 3, 4, 5])
    </script>
```

此时我们已经知道在 vue-router 模块中，params 参数的设参操作在路由部分，传参操作在链接部分，那么接参和用参应该在哪里呢，又应该如何实现呢？

在打开查看用户详情页时，就可以利用$route.params 进行 vue-router 模块的 params 参数接收。接收的参数名称根据之前路由参数设置的名称确认，结合前面代码来说这里应是 id，可以利用$route.params.id 接收路由链接传递过来的参数内容，也就是用户的 id 值 1、2、3、4、5。

现在已经可以接收路由的 params 参数了，那么我们可以在 router-link 中直接使用这个路由参数。也就是可以实现对编辑用户页的 router-link 链接地址进行模板字符串拼接，这里是通过$route.params.id 实现的。

现在可以对 vue-router 模块的 params 参数做一个总结：设参在路由部分，传参在链接部分，接参和用参在组件部分。

views/user/UserDetail.vue 文件代码如下。

```
<template>
  <div>
    <h1>查看用户详情</h1>
    <!-- 接收路由的 params 参数，参数名称为 id -->
    <p>用户编号：{{ $route.params.id }}</p>
    <!-- 使用路由的 params 参数指定要编辑的用户的 id -->
    <router-link
      :to="`/users/${$route.params.id}/edit`"
      class="btn btn-primary"
      type="button"
      >编辑用户</router-link
    >
  </div>
</template>
```

查看用户详情页可以接收并使用 params 参数；同理，编辑用户页也可以接收并使用 params 参数，操作方式与查看用户详情页一样。具体地说，就是$route.params.id 的使用。

此时 views/user/UserEdit.vue 文件代码如下。

```
<template>
  <div>
    <h1>编辑用户</h1>
    <!-- 接收路由的 params 参数，参数名称为 id，并展示使用 -->
    <p>用户编号：{{ $route.params.id }}</p>
  </div>
</template>
```

现在可以刷新页面查看 vue-router 模块的 params 参数了。在用户列表中存在循环遍历的用户信息，可以点击某个具体用户来查看用户详情。而在查看用户详情页这一嵌套路由中也可以直接显示用户编号的参数信息。值得关注的是，因为用户列表是使用 router-link 实现的，并且 5.4.3 节在入口文件中已经对路由全局设置了 linkActiveClass 属性，所以现在程序自动给被选中的用户设置了 active 高亮显示样式类。假设我们选中“用户 2”列表项，则页面效果如图 5-23 所示。

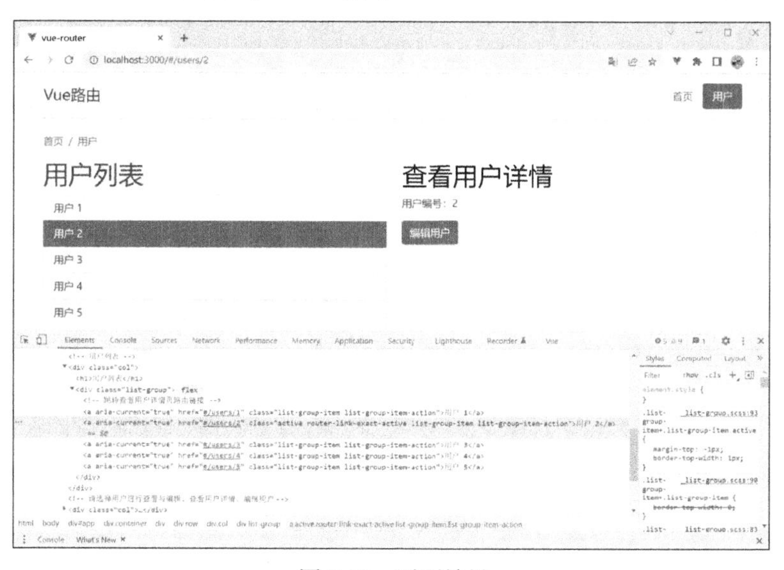


图 5-23　页面效果

不过值得思考的是，在点击查看用户详情页中的“编辑用户”按钮，跳转到编辑用户页以后，虽然能够获取和查看用户 params 参数的 id 数据，但是用户列表中的高亮显示功能失效了。这是因为用户列表中的链接地址匹配的是查看用户详情页的目标，并不是编辑用户页的目标，所以无法高亮显示也是理所当然的，如图 5-24 所示。

图 5-24　点击“编辑用户”按钮后高亮显示效果消失

想要让查看用户详情页、编辑用户页这两个页面上的对应用户项都高亮显示，其重点就是对 URL 中 params 参数的 id 属性做分析。这是因为不管是查看用户详情页还是编辑用户页，都存在 params.id 的参数值，如果这个参数值和用户列表中用户的 id 值匹配，那么是否可以确认为高亮显示状态呢？笔者想这是可以的！

因此，在 Users.vue 中如何获取 params.id 就成了一个关键操作。vue-router 模块提供了一个钩子函数 useRoute，主要用来查看当前的路由对象。这里在页面中引入 useRoute 钩子函数，声明一个名为 route 的常量用来接收 useRoute 钩子函数调用的结果，并利用“console.log(route)”直接打印出当前路由对象的属性内容，代码如下。

```
<script setup>
import { useRoute } from 'vue-router';
const route = useRoute();
console.log(route);
</script>
```

刷新页面后，效果如图 5-25 所示。从控制台中可以看到 route 中包含 params、query 等不同的参数属性。

图 5-25　页面效果与控制台打印

此时我们可以通过“console.log(route.params)”打印出 params 参数的对象。按照笔者的想法，应该是在点击不同用户项时获取不同的参数，可是在实际进行不同用户项的点击切换时，则发现 params 参数中的 id 属性并不会发生任何变化，笔者认为还需要进行进一步的思考。

既然点击不同的用户项，params.id 参数值都会发生变化，那么我们是不是利用 watch 监听该参数值的变化，并利用一个响应式数据作为判断的依据值，就可以实现用户列表被选中用户的高亮显示操作了呢？

下面就来尝试使用这种方式进行解决。利用 ref 定义一个名为 currentId 的响应式数据，并且在 watch 监听后，对响应式数据 currentId 进行赋值，那么当前被选中用户的 id 值就可以确认了。不过值得一提的是，因为路由传递过来的参数值 route.params.id 是字符串类型的，所以需要将它的类型进行转换，这里利用隐式转换将其转换成数值类型。这样就可以在 router-link 上利用动态样式绑定，手动将 active 样式属性设置在 router-link 路由链接上。

此时 views/user/Users.vue 文件代码如下。

```
<template>
  <div>
  ...
  ...

    <router-link
      v-for="id in ids"
      :key="id"
      :to="`/users/${id}`"
      class="list-group-item list-group-item-action"
      :class="{ active: id === currentId }"
      >用户 {{ id }}</router-link
    >

  ...
  ...
  </div>
</template>

<script setup>
import { ref, watch } from 'vue';
import { useRoute } from 'vue-router';
const ids = ref([1, 2, 3, 4, 5]);

// 通过 useRoute 钩子函数声明当前 route 路由对象
const route = useRoute();
// 定义一个响应式数据作为当前被选中用户的 id 值
const currentId = ref(null);
// 利用 watch 监听实现点击不同用户链接时选中对应的用户
watch(
  () => route.params.id,
  (val) => {
    // 对当前选中的用户 id 重新进行赋值
    // 变化以后的新值在类型转换以后再赋给它
    currentId.value = +val;
  },
  {immediate: true} // 初始执行一次，刷新选中对应用户
);
</script>
```

现在刷新页面，就解决之前出现的问题了。

### 5.6.3 query 参数的应用

当前已经实现了 params 参数的设置与应用，那么 URL 结构组成的另一可变项 search 内容中的 query 参数又应该如何处理呢？

在了解了 URL 组成模式与结构后，我们再进行 query 参数的设参、传参、接参和用参操作就变得十分容易了。值得一提的是，query 参数不需要单独设置参数，它可以直接传递任何名称的参数。

现在修改查看用户详情页的 router-link 路由链接地址，可以利用?和&符号将多个 query 查询参数拼接到 URL 的后面，这样就可以实现 query 参数的传递。

修改后的 views/user/UserDetail.vue 文件代码如下。

```
<template>
  <div>
    <h1>查看用户详情</h1>
    <!-- 接收路由的 params 参数，参数名称为 id -->
    <p>用户编号：{{ $route.params.id }}</p>

    <router-link
      :to="`/users/${$route.params.id}/edit?name=张三&age=18`"
      class="btn btn-primary"
      type="button"
    >编辑用户</router-link>
  </div>
</template>
```

与 params 参数类似，query 参数的接参和用参也都在组件部分，这里只需将 params 类型修改成 query 即可。

修改后的 views/user/UserEdit.vue 文件代码如下。

```
<template>
  <div>
    <h1>编辑用户</h1>
    <!-- 接收路由的 params 参数，参数名称为 id，并展示使用 -->
    <p>用户编号：{{ $route.params.id }}</p>
    <!-- 接收路由的 query 参数，参数名称为 name 及 age -->
    <p>用户名称：{{ $route.query.name }}</p>
    <p>用户年龄：{{ $route.query.age }}</p>
  </div>
</template>
```

现在可以对 vue-router 模块的参数做一个简单总结：它主要分成 params 与 query 两种参数类型，params 参数的设参在路由部分，传参在链接部分，接参和用参在组件部分；query 参数的设参和传参在链接部分，接参和用参在组件部分。

## 5.7 路由参数映射

5.6 节已经通过设参、传参、接参、用参的方式将路由中的 params 及 query 两种参数类型进行了应用。那么是否还有其他的方式可以更方便地操作路由参数呢？

其实 vue-router 模块还提供了将路由参数映射成属性的方式来操作路由参数，这种方式可以更快速地进行路由的接参和用参操作。可能有读者会疑惑，为什么可以更快速地进行路由的接参和用参操作，而没有提及设参和传参操作呢？这是因为设参和传参这两个操作步骤是必不可少的，无法进行修改。本节介绍路由参数映射的相关知识。

### 5.7.1 props 的不同类型映射

目前涉及参数最多的页面是 UserEdit.vue，也就是编辑用户页。该页面通过$route.params 与$route.query 获取与使用了 id、name 和 age 这 3 个属性参数，这 3 个属性参数的获取方式有一个共性，就是每个参数操作都需要通过$route 这个路由对象。

接下来我们另辟蹊径，尝试使用路由参数映射操作参数内容，下面分为 6 步实现。

（1）打开入口文件 main.js，进一步修改路由配置内容。

因为将要操作的是编辑用户页，所以只需在编辑用户这一层子路由的配置对象中，添加一个新的属性 props 即可。props 属性可以对路由的参数进行属性化映射操作，在对应路由指向的组件中，只需要进行属性接收就可以使用路由的参数内容。另外，它提供了几种不同的类型，当然产生的映射结果也会各不相同。

当前可以将 props 属性值暂时设置成 true，也就是布尔类型。此时 props 属性可以映射 params 参数，但无法映射 query 等其他参数。

修改后的 main.js 文件代码如下。

```
...
...

{
  path: ':id/edit',
  component: UserEdit,
  // 可以将路由的参数进行属性化映射操作，在组件中只需要进行属性接收即可使用路由的参数内容
  // 1.布尔类型：可以映射 params 参数，但无法映射 query 等其他参数
  props: true,
},

...
...
```

（2）接收映射参数并使用。

为了验证结果，第 2 步可以打开并修改 UserEdit.vue 文件，利用 defineProps 将 params 参数的 id，以及 query 参数的 name 和 age 进行一次性映射接收，并在页面中进行渲染、显示。最终会看到 id 已经映射成功，可以正确地获取信息并显示，而 name 和 age 并没有映射成功，如图 5-26 所示。

修改后的 views/user/UserEdit.vue 文件代码如下。

```
<template>
  <div>
    <h1>编辑用户</h1>
    <!-- 接收路由的 params 参数，参数名称为 id，并进行展示使用 -->
    <p>用户编号：{{ $route.params.id }}</p>
    <!-- 接收路由的 query 参数，参数名称为 name 和 age -->
    <p>用户名称：{{ $route.query.name }}</p>
    <p>用户年龄：{{ $route.query.age }}</p>

    <h2>参数映射的内容：</h2>
    <p>id:{{ id }}</p>
    <p>name:{{ name }}</p>
    <p>age:{{ age }}</p>
  </div>
</template>

<script setup>
```

```
const props = defineProps(['id', 'name', 'age']);
</script>
```

图 5-26　刷新页面获取 id

（3）返回入口文件 main.js，尝试将 props 属性的布尔类型修改成对象类型。

在这一步需要注意的是，对象类型虽然可以映射静态常量对象属性，但无法映射 params 与 query 等参数。现在先添加一个新的对象，设置其属性内容为“level”，属性值为“初级”。

修改后的 main.js 文件代码如下。

```
...
...

{
  path: ':id/edit',
  component: UserEdit,
  // 可以将路由的参数进行属性化映射操作，在组件中只需进行属性接收即可使用路由的参数内容
  // 1.布尔类型：可以映射 params 参数，但无法映射 query 等其他参数
  // props: true,

  // 2.对象类型：只可以映射静态常量对象属性，无法映射 params 和 query 等参数
  props: { level: '初级' },
},

...
...
```

（4）修改 UserEdit.vue 文件，获取 level 属性并进行渲染、显示。

修改后刷新页面进行测试，最终发现只有 level 的路由参数映射成功，之前的 id、name、age 全部失效，如图 5-27 所示。

修改后的 views/user/UserEdit.vue 文件代码如下。

```
<template>
  <div>
    ...
    ...

    <p>level:{{ level }}</p>
  </div>
</template>

<script setup>
const props = defineProps(['id', 'name', 'age','level']);
</script>
```

现在看来，props 属性不管是布尔类型还是对象类型都有一定的不足，它们都无法映射 query 参数。那么是否有一种方式可以将 params、query 参数，以及自定义的静态常量对象属性全部进行正常的映射呢？下面我们尝试使用函数的方式来解决该问题。

参数映射的内容：
id:
name:
age:
level:初级

图 5-27　刷新页面后获取 level

（5）使用函数的方式再次修改入口文件 main.js。

使用函数的方式将 params、query 参数，以及自定义的静态常量对象属性进行映射时，在函数中需要书写一个参数，用于接收当前路由对象 route。我们可以利用函数返回一个对象，在这个返回的内容中就可以使用 route 对象内容。而 route 中自然包含 params 和 query 参数，至于自定义的静态常量对象属性，我们依然可以为其设置固定值。

修改后的 main.js 文件代码如下。

```
...
...

{
  path: ':id/edit',
  component: UserEdit,
  // 可以将路由的参数进行属性化映射操作，在组件中只需进行属性接收即可使用路由的参数内容
  // 1.布尔类型：可以映射 params 参数，但无法映射 query 等其他参数
  // props: true,

  // 2.对象类型：只可以映射静态常量对象属性，无法映射 params 和 query 等参数
  props: { level: '初级' },

  // 3.函数类型：可以映射任意参数内容，包括 params、query 参数，以及自定义的静态常量对象属性
  props: (route) => ({
    id: route.params.id,
    name: route.query.name,
    age: route.query.age,
    level: '中级',
  }),
},

...
...
```

（6）直接刷新页面查看映射的效果。

在第 5 步中，我们已经将 id、name、age、level 的 params、query 参数，以及自定义静态常量对象属性都进行了属性模式的接收与渲染，并且现在页面中也能够将这些路由的映射参数正常地接收、渲染、显示。刷新页面后的效果如图 5-28 所示。

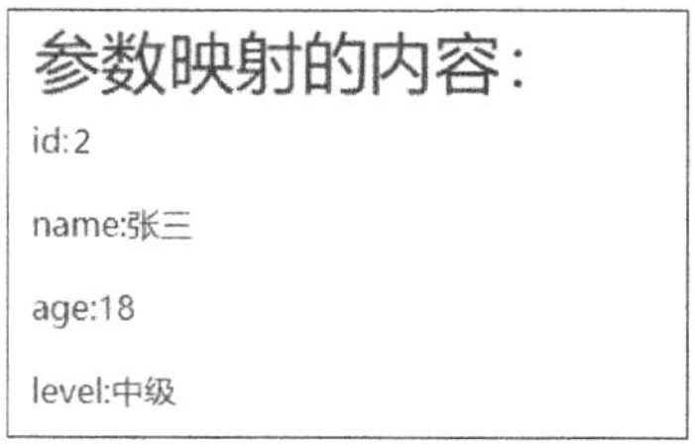

参数映射的内容：
id:2
name:张三
age:18
level:中级

图 5-28　刷新页面后的效果

### 5.7.2 拆分路由配置代码提高可维护性

随着功能的丰富，当前的入口文件 main.js 中关于路由配置的代码变得越来越多，此时项目入口与项目路由配置的代码都集中在了入口文件 main.js 中。笔者认为是时候将它们进行更合理的模块化拆分操作了，这样会让项目代码的维护变得更加方便、清晰。

我们可以先在 src 目录下新建 router 子目录，其主要用来存放与项目路由相关的程序文件。然后在其中新建 index.js 文件，将 main.js 文件中与路由相关的代码内容迁移到该文件下。还有一点需要注意，在完成代码迁移以后，读者一定要记得利用 export default 进行模块的暴露操作，否则之前设置的路由配置就会失效。

此时 router/index.js 文件代码如下。

```
// 1.从 vue-router 模块中引入创建路由器与创建 history 路由操作模式的两个函数
import { createRouter, createWebHashHistory } from 'vue-router';
// 2.引入路由组件
import Home from '@/views/Home';                          // 首页
import Users from '@/views/user/Users';                   // 用户页
import UserStart from '@/views/user/UserStart';   // 请选择用户进行查看与编辑页
import UserDetail from '@/views/user/UserDetail'; // 查看用户详情页
import UserEdit from '@/views/user/UserEdit';     // 编辑用户页
// 3.配置静态路由表
const routes = [
  { path: '/', component: Home },
  {
    path: '/users',
    component: Users,
    // 设置用户页模块嵌套子路由
    // 注意 path 不需要添加/users，前缀路径也不需要添加/这一起始路径
    children: [
      // 嵌套路由默认显示模块，请选择用户进行查看与编辑页
      { path: '', component: UserStart },
      // 查看用户详情页
      { path: ':id', component: UserDetail },
      // 编辑用户页
      {
        path: ':id/edit',
        component: UserEdit,
        // 可以将路由的参数进行属性化映射操作，在组件中只需进行属性接收即可使用路由的参数内容
        // 1.布尔类型：可以映射 params 参数，但无法映射 query 等其他参数
        // props: true,

        // 2.对象类型：只可以映射静态常量对象属性，无法映射 params 和 query 等参数
        // props: { level: '初级' },

        // 3.函数类型：可以映射任意参数内容，包括 params、query 参数，以及自定义的静态常量对象属性
        props: (route) => ({
          id: route.params.id,
          name: route.query.name,
          age: route.query.age,
          level: '中级',
        }),
      },
    ],
  },
```

```
];
// 4. 创建路由器对象
// 需要明确路由操作模式 history 及确认静态路由表 routes 内容
const router = createRouter({
  history: createWebHashHistory(),
  routes,
  // 利用全局配置 linkActiveClass 实现路由链接高亮显示
  linkActiveClass: 'active',
});

// 5. 向外暴露路由器
export default router
```

那么，现在入口文件 main.js 的代码结构就变得非常清晰。只需要将 router 从上面定义的 router/index.js 文件中引入并使用，当前的项目就能够正常运行。

此时 main.js 文件代码如下。

```
import { createApp } from 'vue';
import App from './App.vue';
import router from './router'; // 引入路由器

createApp(App).use(router).mount('#app');
```

## 5.8 命名路由切换

接下来可以先回到查看用户详情页 UserDetail.vue 文件中来查看 router-link 路由跳转的代码。此时读者已经对 URL 结构的组成、params 和 query 参数的传递模式有了深入的理解，那么回顾 5.3 节中 router-link 的路由跳转，相信读者就可以感受到这种字符串拼接模式有多别扭了。读者可能会想，是否有更好的 router-link 跳转方式来解决当前的困扰呢？答案是：有的。本节要学习的命名路由就可以解决这一困扰。

首先我们需要为路由设置 name 属性，下面以 UserEdit 组件为例进行说明。

修改后的 router/index.js 文件代码如下。

```
...
...

// 编辑用户页
{
  name: 'userEdit',
  path: ':id/edit',
  component: UserEdit,
  props: (route) => ({
    id: route.params.id,
    name: route.query.name,
    age: route.query.age,
    level: '中级',
  }),
},

...
...
```

现在已经给编辑用户页的路由设置了 name 属性，那么也可以尝试将查看用户详情页的 UserDetail 组件中的 router-link 路由跳转从字符串拼接模式修改成对象模式，只需设置 name、params、query 参数即可。

修改后的 views/user/UserDetail.vue 文件代码如下。

```
<template>
  <div>
    <h1>查看用户详情</h1>
    <!-- 接收路由的 params 参数，参数名称为 id -->
    <p>用户编号：{{ $route.params.id }}</p>
    <!-- 利用命名路由与对象模式进行路由跳转，区分 params 参数和 query 参数 -->
    <router-link
      :to="{
        name: 'userEdit',
        params: { id: $route.params.id },
        query: { name: '张三', age: 18 },
      }"
      class="btn btn-primary"
      >编辑用户</router-link
    >
  </div>
</template>
```

从代码层次上来看，使用对象模式编写的代码更为清晰，没有了硬编码的 URL，可以直观地查看到 params 参数及 query 参数的属性有哪些，并且它们都是对象模式。

现在查看程序的运行结果，可以发现一切运行正常。

或许读者会思考，既然可以使用对象模式，那么是否可以尝试使用 path 与 params 和 query 参数相结合的方式代替 name 命名路由模式呢？这是不行的。

思考一下编辑用户页的 path 应该是类似“/users/1/edit”的地址，那么我们在设置 router-link 的 to 属性时，是否可以将 params 的 id 与/edit 字符串拆分开呢？那对象中 params 参数的设置意义何在呢？下面的写法是不允许的：

```
:to="{path:`/users/${params.id}/edit`,params:{id:$route.params.id},query:{name:'张三',
age:18}}"
```

最终可以得出一些结论。

- router-link 路由跳转的参数类型既可以是字符串类型，也可以是对象类型。
- 编辑用户页在进行路由设置时，建议给每个路由器对象添加 name 属性，以便更好、更方便地使用命名路由模式。
- 当使用 router-link 进行对象路由设置时，path 属性不能与 params 参数配合使用，会造成无法跳转到目标地址的错误结果。

## 5.9 命名视图渲染

现在希望将当前的页面进行优化。在当前页面布局中，只有头部导航及中间内容区域两大部分，这显得有些单薄。现在考虑增加底部的版权内容，这对于读者来说应该不是一个复杂的操作。

但是，当需求进一步增多时，需要考虑的因素就会增加。例如，在首页中希望有头部导航、中间内容区域、底部版权三大部分；但是在用户页中，又希望只显示头部导航与中间内容区域两大部分。读者可能会这样考虑，只创建一个底部组件 Footer，在首页中引入该组件，用户页不显示则不引入。这一切都显得如此顺理成章，那么是否能够实现呢？好吧，确实可以。

但是，如果除了用户页，以后还会有新闻列表页、新闻详情页、产品列表页、产品详情页、会员中心页、订单查询页……，并且根据需求的不同，有的页面可能需要显示底部版权，而有的页面则可能不需要显示底部版权，那么这时候读者是否还会继续刚才的想法，利用组件调用的方式进行功能目标的操作呢？

如果读者依旧采用的是这样的解决方案，那么后续的代码内容将会极其分散，代码的可维护性就会极大地降低。因为 Footer 组件引入调用的位置可能是在用户页中，也可能是在新闻列表页、新闻详情页、产品列表页、产品详情页等不同的页面中。那么，是否有更好的解决方案可以满足当前的需求呢？我们可以尝试使用路由的命名视图来进行解决。

下面将分为命名视图的基本应用和嵌套路由中命名视图的应用两个部分进行学习。

### 5.9.1　命名视图的基本应用

本节使用命名视图来解决 5.9 节开头提出的问题，解决方案主要分为 3 步。

（1）在 components 目录下新建 Footer.vue 组件文件。

components/Footer.vue 组件文件代码如下。

```
<template>
  <footer class="footer mt-3 py-3 bg-light">
    <div class="container">
      <span class="text-muted">版本所有 @atguigu.com</span>
    </div>
  </footer>
</template>
```

（2）修改 router/index.js 路由配置，在引入 Footer 组件以后需要将首页的路由对象进行修改，主要分为 4 步进行分析。

① component 配置属性从单数变成复数，也就是 components，这意味着其不再是一对一的简单关系。

② components 属性的类型从组件类型变成对象类型，并且对象中包含一个 default 对象属性内容，这个类型才是真正的组件类型，可以对应到原来 component 所对应的 Home 组件。

③ 除了 default 对象属性，还可以包含用户自定义的对象属性。属性名如果是驼峰式写法，则不需要使用引号；如果是 pascal 中划线的对象属性名，则需要使用引号。键/值的类型，则为组件类型，现在定义了 router-view-header 指向 Header 导航菜单组件，以及 router-view-footer 指向 Footer 底部版权组件。

④ 用户页也可以采用相似的操作流程。将 component 转变为 components，设置 default 与自定义的模块指向。只不过因为不希望其有底部版权的显示，所以可以不添加 router-view-footer 指向的内容的定义。

修改后的 router/index.js 文件代码如下。

```
...
...

{
  path: '/',
  // 需要注意：原来的 component（单数）变成 components（复数）
  components: {
    default: Home,
    // 定义了 router-view-header 指向 Header 导航菜单组件
    // 定义了 router-view-footer 指向 Footer 底部版权组件
    // 需要确保 router-view 部分遵循有定义则显示，无定义则不显示的原则
    'router-view-header': Header,
    'router-view-footer': Footer,
  },
},

...
...
```

（3）修改 App.vue 根组件文件。

删除原有的 Header 组件标签，并且在原来 router-view 的上、下各添加一个 router-view，指定其渲染视图的 name，就是在路由中定义的 router-view-header 和 router-view-footer。

修改后的 App.vue 文件代码如下。

```
<template>
  <div class="container">
    <!-- 利用 router-view 定义路由组件在此显示 -->
    <!-- 给 router-view 指定 name，利用命名视图模式进行渲染 -->
    <router-view name="router-view-header"></router-view>
    <router-view></router-view>
    <router-view name="router-view-footer"></router-view>
  </div>
</template>
```

现在刷新页面，并查看首页，可以看到底部出现了版权内容，如图 5-29 所示。当切换到用户页后，则不存在底部版权内容，如图 5-30 所示。

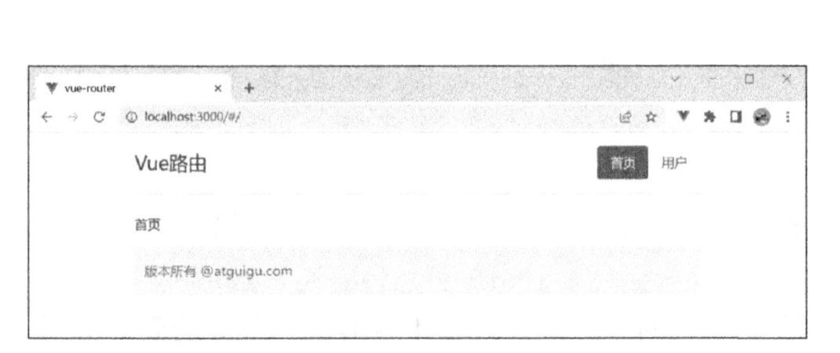


图 5-29　首页

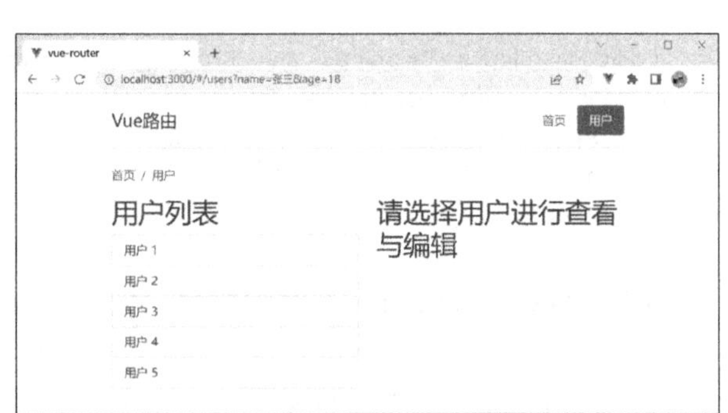


图 5-30　用户页

## 5.9.2　嵌套路由中命名视图的应用

现在看来，利用命名视图控制头部/底部内容已经实现操作目标，而且在后续进行代码修改操作时，只需要集中在路由表的配置上就可以了，操作位置单一、可维护性强。

不过在 5.9.1 节中我们操作的是首页和用户页，是在路由的顶层进行处理的。那么嵌套路由是否也支持命名视图的渲染呢？下面将分 3 步为读者揭晓。

（1）在 components 目录下新建 UsersAlert.vue 程序文件，编写 alert 的提示信息。

components/UsersAlert.vue 程序文件代码如下。

```
<template>
  <div class="alert alert-primary" role="alert">
    提示：命名视图渲染也支持嵌套路由
  </div>
</template>
```

（2）修改路由配置的 Users 中的 children 嵌套路由部分内容，对请选择用户进行查看与编辑页这一默认显示模块进行从单数转为复数的操作。

此时 router/index.js 文件代码如下。

```
...
...

{
  path: '/users',
  components: {
    default: Users,
    'router-view-header': Header,
  },
  // 设置用户模块嵌套子路由
  // 注意 path 不需要添加/users，前缀路径也不需要添加/这一起始路径
```

```
  children: [
    // 嵌套路由默认显示模块，请选择用户进行查看与编辑
    {
      path: '',
      components: {
        default: UserStart,
        'users-alert': UsersAlert,
      },
    },
    { path: ':id', component: UserDetail },
    {
      name: 'userEdit',
      path: ':id/edit',
      component: UserEdit,
      props: (route) => ({
        id: route.params.id,
        name: route.query.name,
        age: route.query.age,
        level: '中级',
      }),
    },
  ],
},
...
...
```

（3）修改 views/users/Users.vue 用户页。

在原来 router-view 子路由嵌套渲染的上面，添加一个带 name 属性的 router-view，name 值需要和路由中设置的命名视图名称相对应，都是 users-alert。

```
...
...

<div class="col-9">
  <router-view name="users-alert"></router-view>
  <router-view></router-view>
</div>

...
...
```

刷新页面后，只有在请选择用户进行查看与编辑页中，才会出现提示信息，而在其他页面中则不会出现提示信息，如图 5-31 所示。

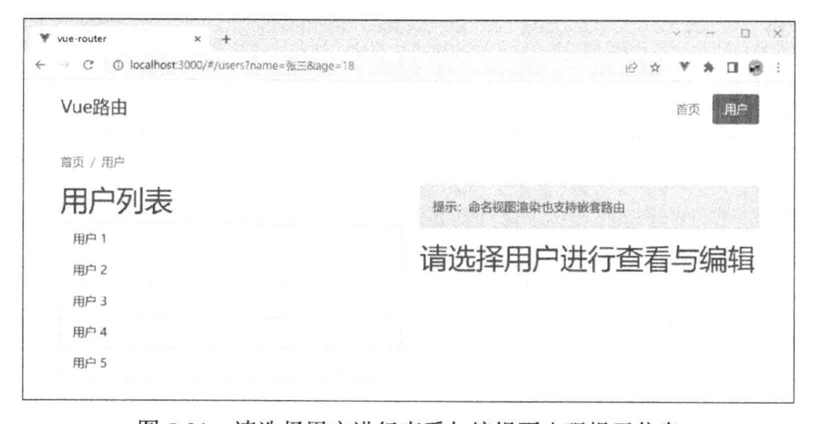


图 5-31　请选择用户进行查看与编辑页出现提示信息

## 5.10 编程式路由导航

之前的项目中一直使用的是声明式路由导航，也就是通过 router-link 实现路由跳转，并且已经明确：它既可以设置字符串模式的路由链接，也可以设置更容易定义与编写的对象模式的路由链接。但是当页面从查看用户详情页路由跳转至编辑用户页时，我们并没有通过代码实现返回上一页的功能，只能通过浏览器自带的“后退”按钮返回查看用户详情页。那么此时可以使用编程式路由导航，在编辑用户页上通过代码实现返回上一页的功能。值得一提的是，我们不仅可以通过编程式路由导航实现返回上一页的功能，还可以在这里进行其他的逻辑处理。

现在先将页面切换到编辑用户页 UserEdit.vue。在该页面中添加一个 button 按钮，并进行 click 事件绑定操作。绑定的事件名称可以设置为 goback，或者读者想设置的任意事件名称。从 script 脚本方面考虑，需要在 vue-router 模块中先引入 useRouter 钩子函数，然后通过函数调用，返回应用程序中的路由器对象，这里我们将其设置为 router。在这里我们可以先进行 console.log 的打印，确认获取的 router 路由器对象到底有哪些功能和操作。

通过控制台查看则会发现该路由器对象包含了众多路由的操作方法，如 push（跳转）、replace（替换）、go（横跨历史）、forward（前进）、back（后退）等。既然路由器对象已经包含了这么多的方法以供调用，那么我们可以声明 goback 函数，并调用 router.back 方法来尝试实现返回上一页的功能。或许还可以通过横跨历史的 go(-2)方法直接返回前 2 级页面，也就是查看用户详情页的前一级页面——请选择用户进行查看与编辑页。

此时 views/user/UserEdit.vue 文件代码如下。

```
<template>
  <div>
    ...
    ...

    <!-- 利用事件绑定实现编程式路由导航的应用 -->
    <button class="btn btn-primary" @click="goback">返回上一页</button>
  </div>
</template>

<script setup>
// 引入路由中的 useRouter 钩子函数
import { useRouter } from 'vue-router';
const props = defineProps(['id', 'name', 'age', 'level']);
// 获取应用程序中的路由器对象
const router = useRouter();
console.log(router);
const goback = () => {
  // 通过路由器对象提供的方法返回上一页
  router.back();
  // 通过 go 方法可以返回前几级页面
  // router.go(-2)
};
</script>
```

控制台输出的 router 路由器对象如图 5-32 所示。

既然编辑用户页可以使用编程式路由导航，那么查看用户详情页也可以使用编程式路由导航。我们可以将查看用户详情页中的 router-link 进行改造，修改成 button 的模式进行编程式路由导航的应用。

```
UserEdit.vue:25
▼{currentRoute: RefImpl, addRoute: ƒ, removeRoute: ƒ, hasRoute: ƒ, getRoutes: ƒ, …}
 ▶addRoute: ƒ addRoute(parentOrRoute, route)
 ▶afterEach: ƒ add(handler)
 ▶back: () => go(-1)
 ▶beforeEach: ƒ add(handler)
 ▶beforeResolve: ƒ add(handler)
 ▶currentRoute: RefImpl {__v_isShallow: true, dep: Set(16), __v_isRef: true, _rawValue: {…}, _value: {…}}
 ▶forward: () => go(1)
 ▶getRoutes: ƒ getRoutes()
 ▶go: (delta) => routerHistory.go(delta)
 ▶hasRoute: ƒ hasRoute(name)
 ▶install: install(app) { const router2 = this; app.component("RouterLink", RouterLink); app.component("RouterView", R
 ▶isReady: ƒ isReady()
 ▶onError: ƒ add(handler)
 ▶options: {history: {…}, routes: Array(2), linkActiveClass: 'active'}
 ▶push: ƒ push(to)
 ▶removeRoute: ƒ removeRoute(name)
 ▶replace: ƒ replace(to)
 ▶resolve: ƒ resolve(rawLocation, currentLocation)
  __hasDevtools: true
 ▶[[Prototype]]: Object
```

图 5-32　控制台输出的 router 路由器对象

下面进行的是 gotoEdit 事件的监听操作。在查看用户详情页中虽然也可以引入 useRouter 钩子函数，同时利用它进行应用程序中路由器对象的获取，还能像编辑用户页一样得到 router 路由器对象包含的众多方法。但在当前页面中还有一个非常重要的需求，就是获取当前路由器对象中的 params 参数内容，否则该页面无法正常跳转到编辑用户页。

其实我们可以通过“router.currentRoute.value.params”的方式获取当前路由对象中的 params 参数。我们试想，既然已经获取应用程序的整个路由器对象，那么当前这个路由器对象自然也包含当前这一个路由的路由器对象内容。不过，这种方式太过繁杂，笔者更建议在 vue-router 模块中直接引入 useRoute 钩子函数，并直接获取当前路由器对象。

useRoute 钩子函数在 Users.vue 中就被使用过；这里再次提出应用，是为了区分 router 与 route 这两者之间的关系。从某种维度来看，router 是路由器对象，主要包含一些控制路由跳转的方法；而 route 是路由对象（也称为“路由信息对象”），主要包含当前路由相关信息的属性，如 name、path、params、query 等。

router-link 中包含字符串拼接与对象模式两种跳转模式，编程式路由导航也同样支持这两种跳转模式。因此在编程式路由导航中，第 1 种可以尝试的跳转模式是字符串拼接，params 中的 id 属性同样可以利用 route.params.id 获取，随后利用模板字符串拼接出目标路由来实现路由跳转。

第 2 种可以尝试的跳转模式是对象模式，其可以分为 3 种操作模式。

第 1 种操作模式是使用 path 属性与 query 属性。path 属性为要跳转的路由路径的字符串，query 属性为包含要携带的 query 参数的对象。但是要注意，如果要携带 params 参数，则不能通过 params 属性来指定，只能拼接到 path 属性字符串。

第 2 种操作模式是 name 属性、params 属性与 query 属性的组合使用，专门针对命名路由。name 属性为命名路由的 name，params 属性为包含要携带的 params 参数的对象，query 属性依然为包含要携带的 query 参数的对象。当然如果不需要携带 query 参数或 params 参数，就不需要指定对应的属性了。

第 3 种操作模式则出现了不同的路由器对象操作方法。前面所有的路由跳转都采用 push 模式，现在可以尝试使用 replace 方法。这里需要区分的是，push 是“导航到”，而 replace 则是“替换为”，这也是两者最本质的区别。导航到某个路由地址还可以再次返回，而替换为则无法返回上一个页面。如果在查看用户详情页中，使用 replace 方法跳转到编辑用户页，而在编辑用户页中又进行了“router.back()”的页面返回操作，那么这时候将会直接返回请选择用户进行查看与编辑页 users 的地址，跳过查看用户详情页这一路由地址，因为原路退回的路已经被封锁替换。

笔者将上面列举的几种情况都在下方代码中进行了演示，读者可以结合代码进行思考。此时 views/user/UserDetail.vue 文件代码如下。

```
<template>
  <div>
   <h1>查看用户详情</h1>
```

```
  <p>用户编号：{{ $route.params.id }}</p>

  <!-- 将 router-link 声明式路由导航改造成编程式路由导航 -->
  <button class="btn btn-primary" @click="gotoEdit">编辑用户</button>
 </div>
</template>

<script setup>
// 引入路由中的 useRouter 和 useRoute 钩子函数
import { useRouter, useRoute } from 'vue-router';
// 获取应用程序中的路由器对象
const router = useRouter();
// 获取当前路由对象
const route = useRoute();
const gotoEdit = () => {
  // 1.字符串拼接
  // router.push(`/users/${route.params.id}/edit?name=张三&age=18`)

  // 2.对象模式：path 属性与 query 属性的组合
  // 注意：path 属性不能与 params 属性组合使用，但它可以与 query 属性组合使用
  // router.push({
  //   path: `/users/${route.params.id}/edit`,
  //   query: { name: '张三', age: 18 }
  // })

  // 3.命名路由，name 属性、params 属性和 query 属性的组合
  router.push({
   name: 'userEdit',
   params: { id: route.params.id },
   query: { name: '张三', age: 18 },
  });

  // 4.替换位置处理
  // router.replace({
  //  name: 'userEdit',
  //  params: { id: route.params.id },
  //  query: { name: '张三', age: 18 },
  // })
};
   </script>
```

## 5.11 路由过滤筛选

到目前为止，不管是首页、用户页、查看用户详情页还是编辑用户页的路由跳转都是按我们所设定的正常流程进行操作的，因此每次点击链接或者按钮时，都能准确地定位到目标地址。但事实上 PC 端的项目不同于移动端的小程序或者 App，在 PC 端的浏览器上允许用户自主输入地址栏内容，而在移动端的小程序或者 App 上是不允许用户有这样的操作的。这就意味着我们还需要考虑，用户如果输入一些错误地址，可能出现页面找不到的异常情况。下面列出两个疑问，读者可以先对其进行思考。

（1）假如用户在地址栏中精确地输入"http://localhost:3000/#/redirect-to-users"这样的地址，并且想直接显示用户页时应该如何实现？

（2）假如用户在地址栏中随意地输入"http://localhost:3000/#/xxx"这样的地址，而这个地址在静态路由表中根本没有指定路由配置，则需要显示一个"404 页面未找到"又应该如何实现？

对于第 1 个疑问，我们可以使用自动重定义路由来实现，需要在配置路由时配置 redirect 选项来实现自动转向指定路由。路由配置代码如下。

```
{
   path: '/redirect-to-users',
   redirect: '/users',
},
```

当访问“http://localhost:3000/#/redirect-to-users”地址时，匹配到上面的路由，自动转向用户页路由/users。

对于第 2 个疑问，我们需要先定义一个 404 页面，然后配置一个匹配任意路径的路由，并自动重定向到 404 路由。

首先在 views 目录下定义 404 页面文件 views/NotFound/index.vue，实现代码如下。

```
<template>
  <div class="p-5 mb-4 bg-light rounded-3">
    <div class="container-fluid py-5">
      <h1 class="display-5 fw-bold">404 页面未找到</h1>
      <p class="col-md-12 fs-4">在你找寻真理的路上可能迷失了方向</p>
      <!-- 利用编程式导航进行返回上一页的跳转操作 -->
      <button @click="goHome" class="btn btn-primary btn-lg">
        去首页
      </button>
    </div>
  </div>
</template>

<script setup>
import { useRouter } from 'vue-router';
const router = useRouter();
const goHome = () => {
  router.replace('/')
};
</script>
```

然后在 router/index.js 文件中配置 404 路由，实现代码如下。

```
// 404 路由
{
  name: '404',
  path: '/404',
  components: {
    default: NotFound,
    'router-view-header': Header,
    'router-view-footer': Footer,
  },
},
```

这时候在地址栏中如果精确地输入“http://localhost:3000/#/404”地址，则会直接显示之前所设置的 404 页面，但如果随意地输入“http://localhost:3000/#/xxx”地址，则只会显示一个空白页面。如果想显示 404 页面，则需要使请求自动跳转到 404 路由，此时我们需要在最后配置一个特别的路由，实现代码如下。

```
// 不匹配的任意路由转发请求都自动重定向到 404 页面
{
  path: '/:notFound(.*)',
  redirect: '/404',
},
```

这样当我们访问的路由不存在时，总是匹配最后一个路由，自动跳转到 404 页面，如图 5-33 所示。

图 5-33　404 页面效果

## 5.12　路由过渡动画效果

之前在进行路由页面切换时效果都十分“呆板无趣”，因为我们仅仅实现的是页面显示内容的改变。对于实际项目来说，如果给交互效果增加一些互动体验，则会大幅度提升用户体验。对于本项目来说，给路由添加一些过渡动画效果就是一个不错的选择。

Vue 中的 transition 动画相信读者都很熟悉，在 2.10 节的动画部分已经对不同的动画操作进行了讲解和分析，并且将动画分成 CSS 与 JavaScript 两种不同类型的实现，这里为了方便理解，我们只考虑使用 CSS 动画与路由切换相结合的情况。

首先需要做前置准备工作，到 bootstrap 的官方网站上找到常用的动画类库 animate.css，并且将对应的链接地址复制，然后打开当前项目根目录下的 index.html 文件，将复制好的链接地址粘贴到该文件中，以便项目可以直接使用该动画类库的动画功能。

此时 index.html 文件代码如下。

```
<!DOCTYPE html>
<html lang="en">
  <head>
    ...
    ...
    <link
      href="https://cdn.bootcdn.net/ajax/libs/animate.css/4.1.1/animate.min.css"
      rel="stylesheet"
    />
    <title>vue-router</title>
  </head>
  ...
  ...
</html>
```

此时已经完成了前置准备工作，下面通过先过渡再路由切换和先路由切换再过渡两个部分进行讲解。

### 5.12.1　先过渡再路由切换

因为路由渲染内容 router-view 设置在了 App.vue 根组件文件中，所以先打开 App.vue 根组件文件，然后利用 transition 动画组件对默认的 router-view 进行包裹处理。因为 transition 动画组件只能内嵌一个动画元素，所以无法将 3 个命名视图渲染的 router-view 都包含，可以分别给 transition 动画组件设置进入的动画样式类名 enter-active-class 与离开的动画样式类名 leave-active-class，具体样式类名的设置与 bootstrap 官方网站上的 animate.css 动画类库对应即可。

在这里我们为组件切换设置了两种配对的动画模式，在进入时设置了 animate__bounceIn（弹跳进入），在离开时设置了 animate__bounceOut（弹跳离开）。

此时 App.vue 文件代码如下。

```
<template>
  <div class="container">
    <router-view name="router-view-header"></router-view>
    <!-- 利用 transition 包裹默认 router-view 进行路由切换动画的支持处理 -->
    <transition
      enter-active-class="animate__animated animate__bounceIn"
      leave-active-class="animate__animated animate__bounceOut"
    >
      <router-view></router-view>
    </transition>
    <router-view name="router-view-footer"></router-view>
  </div>
</template>
```

现在打开首页并切换到用户页，就会看到页面主体部分产生了弹跳的效果。其实不管是弹跳进入还是弹跳离开，效果都是作用在一个主体内容上的，即当前页面本身。这是因为 transition 动画先执行，再渲染路由页面，所以动画的对象是单一目标内容，即路由页面。

### 5.12.2 先路由切换再过渡

如果用户在当前项目的基础上，针对动画效果提出了更多的需求，比如对首页动画效果的需求是：当进入页面时，实现左侧滑动进入和右侧滑动离开的效果；在切换用户路由页面时，实现弹跳进入和弹跳离开的效果。那么，这时候我们应该如何在当前的项目基础上做出修改呢？本节就来解决此问题。

因为不同的路由页面需要实现不同的动画效果，所以笔者认为需要先回到路由配置页，对不同的动画效果进行配置。

在修改之前要先提及一个新属性 meta（元信息），该属性的作用是在配置路由时，附加项目中有特定需求的自定义数据，此处的动画类名就可以使用这种方式进行配置。然后就可以打开 router/index.js 文件进行修改了，为首页路由对象添加 meta 属性，属性值就是进入和离开时的侧滑动画样式类名。添加的代码如下。

```
meta: {
    enterActiveClass: 'animate__slideInLeft',
    leaveActiveClass: 'animate__slideOutRight',
  },
```

同理，下面我们给用户页路由对象添加 meta 属性，属性值就是进入和离开时的弹跳动画样式类名。添加的代码如下。

```
meta: {
    enterActiveClass: 'animate__bounceIn',
    leaveActiveClass: 'animate__bounceOut',
  },
```

修改后的 router/index.js 文件代码如下。

```
// 从 vue-router 模块中引入创建路由器与创建 history 路由操作模式的两个函数
import { createRouter, createWebHashHistory } from 'vue-router';
......

// 设置静态路由表
const routes = [
  {
    // 命名路由名称
    name: 'home',
    path: '/',
```

```
    // 设置首页别名，用户在访问/home 地址时仍旧显示的是首页渲染内容
    alias: '/home',
    components: {
      // 需要注意的是，原来的 component（单数）变成 components（复数）
      default: Home,
      // 定义了 router-view-header 指向 Header 导航菜单组件
      // 定义了 router-view-footer 指向 Footer 底部版权组件
      // 需要确保 router-view 部分遵循有定义则显示，无定义则不显示的原则
      'router-view-header': Header,
      'router-view-footer': Footer,
    },
    meta: {
      enterActiveClass: 'animate__slideInLeft',
      leaveActiveClass: 'animate__slideOutRight',
    },
  },
  {
    path: '/users',
    components: {
      default: Users,
      'router-view-header': Header,
    },

    meta: {
      enterActiveClass: 'animate__bounceIn',
      leaveActiveClass: 'animate__bounceOut',
    },
  },

];
    ......
......
```

现在回到 App.vue 根组件文件中，由于要给不同对象设置不同的效果，因此需要对当前的路由对象进行条件判断，以区分操作的是首页还是用户页。这里可以尝试使用 router-view 的 slot 插槽功能，首先将 component 组件对象与 route 当前路由对象内容进行解构，然后利用 transition 动画组件确认当前页面，从而使用不同的 meta 内容（enterActiveClass 和 leaveActiveClass），最后利用 component 动态组件模式将解构的组件进行渲染、显示。

当前我们要实现的页面渲染过程是：先进行路由切换，再实现过渡动画效果。那么在首页和用户页切换的过程中，就会包含首页和用户页两个部分的内容。此时的效果就不同于之前 transition 动画组件在 router-view 外部的效果，修改后的动画效果则是在两个路由切换时会出现一个动画切换效果。

这里可以利用 transition 动画组件的 mode 操作模式，选择 out-in 属性值来实现更好、更丝滑的路由切换过渡动画效果。mode 操作模式有两个属性值，分别为 in-out 和 out-in。属性值 in-out 是新元素先进行过渡，过渡完成之后当前元素再过渡离开；而属性值 out-in 则是当前元素先进行过渡，过渡完成之后新元素再过渡进入。

此时 App.vue 文件代码如下。

```
<template>
  <div class="container">
    <router-view name="router-view-header"></router-view>
    <router-view v-slot="{ Component, route }">
      <!-- 利用 router-view 的 slot 与 Component 动态组件实现路由切换的动画效果
        mode:
```

```
      in-out: 新元素先进行过渡，过渡完成之后当前元素再过渡离开
      out-in: 当前元素先进行过渡，过渡完成之后新元素再过渡进入
    -->
    <transition
      mode="out-in"
      :enter-active-class="`animate__animated ${route.meta.enterActiveClass}`"
      :leave-active-class="`animate__animated ${route.meta.leaveActiveClass}`"
    >
      <component :is="Component" />
    </transition>
  </router-view>
  <router-view name="router-view-footer"></router-view>
</div>
  </template>
```

## 5.13　路由滚动行为

我们一起来设想一个场景：有 A 路由页面和 B 路由页面，这两个页面都比较长，在竖直方向上形成了滚动。我们先进入 A 路由页面，并向下滑动了一定的距离，然后点击路由链接跳转到了 B 路由页面。将滚动条滑动到顶部后，我们点击浏览器左上角的“后退”按钮返回 A 路由页面。

在这个过程中有两个问题。

问题 1：从 A 路由页面跳转到 B 路由页面后，B 路由页面中的滚动条停留在靠下的位置，最好的效果应该是停留在顶部。

问题 2：从 B 路由页面返回 A 路由页面后，A 路由页面中的滚动条停留在了顶部，最好的效果应该是停留在 A 路由页面离开时的位置，也就是靠下的位置。

如何解决这两个问题呢？通过 vue-router 模块提供的 scrollBehavior 配置就可以解决。

scrollBehavior 的类型是一个函数，该函数中带有 3 个参数：第 1 个参数 to 和第 2 个参数 from 代表的都是路由对象，其中 to 是目标路由操作对象，from 是来源路由操作对象；第 3 个参数 savedPosition 的使用是有限制的，只有在浏览器支持路由切换时才可以使用。这里可以通过点击浏览器的“后退”“前进”按钮，使用 console.log 打印 savedPosition 参数值来确认它的有效性。如果在浏览器后退、前进操作中有位置信息，则可以直接返回之前的位置点，savedPosition 中包含了 left 与 top 坐标值。

如果 savedPosition 没有值，则返回{ left: 0, top: 0 }来解决问题 1；如果 savedPosition 有值，则直接返回该值，这样就能解决问题 1。

修改后的 router/index.js 文件代码如下。

```
...
...

const router = createRouter({
  history: createWebHashHistory(),
  routes,
  linkActiveClass: 'active',

  /*
  路由跳转时要调用的回调函数，用来指定跳转后滚动条停留的位置坐标，位置坐标为包含 left 与 top 坐标值的对象，
savedPosition 为页面离开时内部保存的滚动条的位置坐标对象，只有当点击浏览器的“后退”或“前进”按钮进行路
由跳转时此参数才会有值
  */
  scrollBehavior: (to, from, savedPosition) => {
    // 如果 savedPosition 有值，则直接返回该值，这样浏览器在后退或前进时滚动条能停留在原来的位置
```

```
    if (savedPosition) {
      return savedPosition
    }
    // 否则停留在顶部最左边的位置
    return {left: 0, top: 0}
  }
});

...
...
```

同时给 App.vue 组件文件添加样式，形成滚动条。

```
<style>
  .container {
    height: 1200px;
  }
</style>
```

按照前面的场景，将首页当作 A 路由页面，将用户页当作 B 路由页面进行一系列操作，完美实现需求。

## 5.14　路由的异步懒加载

随着功能不断增多，当前项目内容已经变得越来越庞大，而且在日后功能继续完善的情况下，项目的体积还会不断剧增。需要明确的一点是，Vue 与 vue-router 模块配合构建的项目类型为 SPA（Single Page Application，单页面应用程序），所以最终项目进行工程化打包以后，很多程序资源文件会被打包成一个 bundle 文件，而这个文件势必会因为日益增加的功能模块而变得十分臃肿。在正式的服务器环境下运行这样的项目，很容易造成网络阻塞的严重后果，首页会出现白屏，从而导致用户等待时间过长，操作体验感急剧下降。那么，我们应该如何解决这样的困局呢？

读者可能会想：能否将项目的内容进行拆分呢？如果用户打开首页就只请求首页的脚本资源，打开用户页就只请求用户页的脚本资源，即打开什么页面就只请求对应页面的脚本资源。这样相当于将一座大山拆分成一块块小石头，在同一时间抬起一座山所耗费的时间和力气明显是大于拿起一块小石头的时间和力气的，这个结果是显而易见的，如图 5-34 所示。现在要解决的问题就是，如何在当前项目中，对相应的页面、组件等模块内容进行拆分处理。

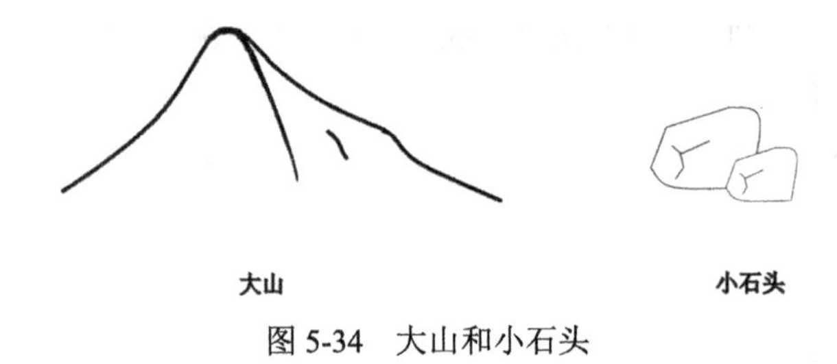


图 5-34　大山和小石头

当前首页、用户页、查看用户详情页、编辑用户页、头部与底部等组件内容都是在路由页面（router/index.js）中通过“import Xxx from '@/views/Xxx'”将对应模块内容进行静态引入的，此时就有一个弊端，即不管当前操作是否需要该模块内容，都需要将其引入。现在可以尝试利用“const Xxx = ()=> import('@/views/Xxx')”的模式进行动态模块引入，从而替换原来的静态模块引入操作。

修改后的 router/index.js 文件代码如下。

```
...
...
```

```
// import Home from '@/views/Home';                          // 引入首页
// import Users from '@/views/user/Users';                   // 引入用户页
// import UserStart from '@/views/user/UserStart';           // 引入请选择用户进行查看与编辑页
// import UserDetail from '@/views/user/UserDetail';         // 引入查看用户详情页
// import UserEdit from '@/views/user/UserEdit';             // 引入编辑用户页
// import Header from '@/components/Header';                 // 引入导航菜单
// import Footer from '@/components/Footer';                 // 引入底部版权
// import UsersAlert from '@/components/UsersAlert';         // 引入用户提示信息
// import NotFound from '@/components/NotFound';             // 引入 404 页面未找到

const Home = () => import('@/views/Home');
const Users = () => import('@/views/user/Users');
const UserStart = () => import('@/views/user/UserStart');
const UserDetail = () => import('@/views/user/UserDetail');
const UserEdit = () => import('@/views/user/UserEdit');
const Header = () => import('@/components/Header');
const Footer = () => import('@/components/Footer');
const UsersAlert = () => import('@/components/UsersAlert');
const NotFound = () => import('@/components/NotFound');

...
...
```

打开浏览器的开发调试模式，切换到调试器的“Network”面板，就可以确认模块的异步引入是否成功，如图 5-35 所示。从图 5-35 中可以清楚地看到，“Network”面板中的 Home.vue、Header.vue、Footer.vue、Users.vue、UserStart.vue 等文件的请求操作与静态模块引入模式没有任何的差异。

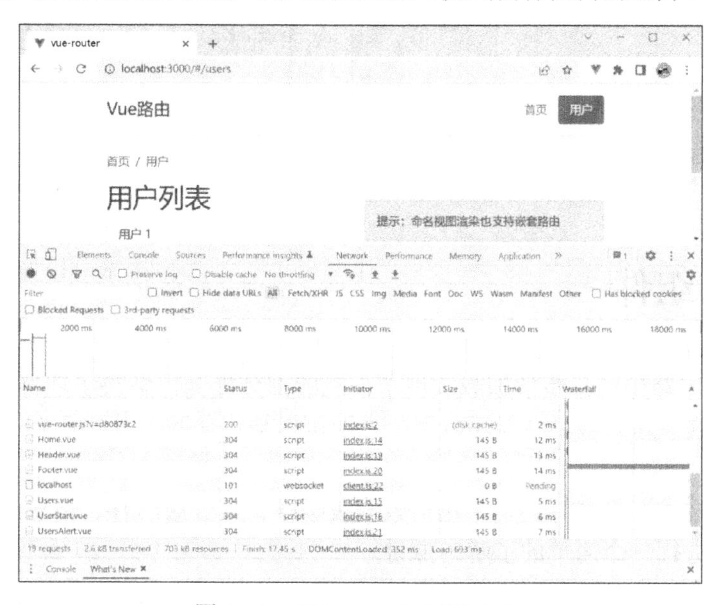


图 5-35 “Network”面板（1）

此时就可以考虑对项目进行产品模式的打包。在 cmd 终端中运行命令“npm run build”构建项目，可以看出在项目打包以后产生了很多.js 脚本文件，如图 5-36 所示。

接下来运行打包的项目。在终端中安装一个本地静态资源服务器启动服务模块 serve。

```
npm install serve -g
```

安装成功后，直接通过“serve dist”命令运行当前的项目内容。打开首页后，在“Network”面板中则会看到只请求了首页、头部组件及底部组件等必需的脚本资源，用户页相应的脚本资源没有进行任何的请求操作，如图 5-37 所示。

```
> vue3-book-router@0.0.0 build
> vite build

vite v2.9.9 building for production...
✓ 35 modules transformed.
dist/index.html                          0.61 KiB
dist/assets/Home.70d4f9e7.js             0.17 KiB / gzip: 0.16 KiB
dist/assets/Users.fc55e7d5.js            1.10 KiB / gzip: 0.58 KiB
dist/assets/UserStart.7c6a27dd.js        0.25 KiB / gzip: 0.22 KiB
dist/assets/UserDetail.ad2edfef.js       0.46 KiB / gzip: 0.34 KiB
dist/assets/UserEdit.1f783f55.js         1.04 KiB / gzip: 0.56 KiB
dist/assets/Header.051bfb2b.js           0.71 KiB / gzip: 0.43 KiB
dist/assets/Footer.8c4e5bdb.js           0.30 KiB / gzip: 0.25 KiB
dist/assets/UsersAlert.0a1d07e2.js       0.31 KiB / gzip: 0.26 KiB
dist/assets/NotFound.ea546079.js         0.55 KiB / gzip: 0.39 KiB
dist/assets/index.b7b1b328.js            79.84 KiB / gzip: 31.68 KiB
```

图 5-36　提示信息

当点击“用户”按钮后，则会看到用户页相应的脚本资源被一一加载，如图 5-38 所示。这样就实现了路由模块的异步懒加载操作，极大地优化了项目的初始加载速度与时间，避免了网络堵塞与首页白屏情况的发生。

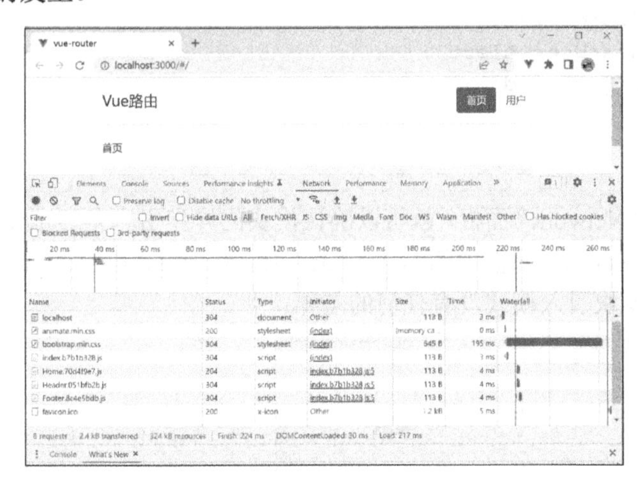


图 5-37　“Network”面板（2）

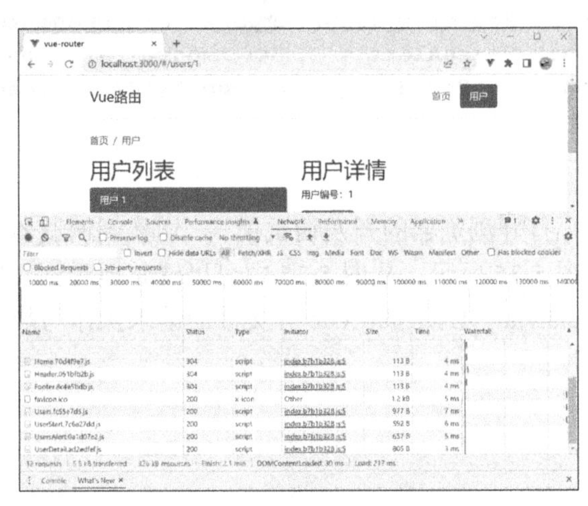


图 5-38　“Network”面板（3）

## 5.15　缓存路由组件

在 5.14 节中已经利用路由的异步懒加载实现了性能的部分提升，解决了项目编译打包后的文件臃肿、网络阻塞、首页白屏问题。那么项目性能还有哪些方面可以被优化呢？其实还有一个方面可以被优化，那就是缓存技术的应用！

在项目中使用缓存技术有很多种类别，包括数据级缓存、文件级缓存、请求级缓存、页面级缓存等。下面我们对页面级缓存进行一个简单的了解与探讨。

先思考一个问题，当前的项目利用路由实现了不同页面之间的衔接与切换，在后续的开发中页面的数量将会不断增多，那么会不会出现这样的场景：假设用户在操作某一个页面功能（这里为了便于理解将其称为第 1 个页面）时，想切换至另一个页面（将其称为第 2 个页面）先进行其他功能的处理，再处理第 3 个页面功能，最后回到第 1 个页面进行后续处理。这样的场景听起来不太符合逻辑，但是在实际操作中确实会发生。其实不仅有第 3 个页面，还可能会涉及第 4 个、第 5 个、第 6 个页面的切换操作。

但是学到这里，相信读者对 Vue 组件与组件生命周期的概念已经非常清楚了。页面组件的存在是有生命周期的，从初始到销毁会有一个生命演化的阶段。而对于刚才所说的这种情况，会出现大量页面和大量组件不断地被创建、销毁，而这一处理过程是在计算机的内存中进行的，会大量消耗计算机的内存，严重影响项目的性能开销。

那么，如何才能解决当前内存被频繁消耗的问题呢？

尽可能地减少页面组件在内存中的创建与销毁操作就是解决这一问题很好的思路！

如果让页面组件在创建完成后只在需要使用的时候使用，不需要使用的时候就在内存中休息，那么这样的结果是不是可以更好地实现性能的提升呢？这就是我们常说的用缓存路由组件来提升应用性能。

Vue 专门提供了 KeepAlive 组件来实现组件的缓存功能，下面我们来看看它的使用方法。

## 5.15.1 KeepAlive 的基本使用

在首页中引入生命周期。需要注意的是，这里引用 onActivated 和 onDeactivated 生命周期是为了方便测试。为了更好地观察各个生命周期，我们在每个生命周期中都进行了打印，同时为了方便与其他页面进行区分，在打印中都加上了 Home 首页的标识信息。

此时 views/Home.vue 文件代码如下。

```
<template>
  <div>首页</div>
</template>

<script setup>
import {
  onBeforeMount,
  onMounted,
  onBeforeUpdate,
  onUpdated,
  onBeforeUnmount,
  onUnmounted,
  onActivated,
  onDeactivated,
} from 'vue';

// 初始
onBeforeMount(() => {
  console.log('Home onBeforeMount');
});

onMounted(() => {
  console.log('Home onMounted');
});

// 更新
onBeforeUpdate(() => {
  console.log('Home onBeforeUpdate');
});

onUpdated(() => {
  console.log('Home onUpdated');
});

// 销毁
onBeforeUnmount(() => {
  console.log('Home onBeforeUnmount');
});

onUnmounted(() => {
```

```
  console.log('Home onUnmounted');
});

// 激活
onActivated(() => {
  console.log('Home onActivated');
});

// 失活
onDeactivated(() => {
  console.log('Home onDeactivated');
});
</script>
```

为了验证多个页面之间的关系，还需要在用户页 Users.vue 中引入并使用生命周期，在生命周期中进行信息打印，同时添加 Users 的标识信息。

此时 views/user/Users.vue 文件代码如下。

```
<template>
  <div>
    <!-- 用户页的面包屑导航 -->
    <nav aria-label="breadcrumb">
      <ol class="breadcrumb">
        <li class="breadcrumb-item">
          <router-link to="/" class="text-decoration-none">首页</router-link>
        </li>
        <li class="breadcrumb-item active" aria-current="page">
          <router-link to="/users" class="text-decoration-none"
            >用户</router-link
          >
        </li>
      </ol>
    </nav>
    <!-- 用户列表与请选择用户进行查看与编辑、查看用户详情、编辑用户是左、右两个独立的区域 -->
    <div class="row">
      <!-- 用户列表 -->
      <div class="col">
        <h1>用户列表</h1>
        <div class="list-group">
          <!-- 跳转到用户详情页的路由链接 -->
          <router-link>
            v-for="n in 5"
            :key="n"
            :to="`/users/${n}`"
            class="list-group-item list-group-item-action"
            :class="{ active: n === currentId }"
            :aria-current="n === currentId"
            >用户 {{ n }}</router-link
          >
        </div>
      </div>
      <!-- 请选择用户进行查看与编辑、查看用户详情、编辑用户 -->
      <div class="col">
        <!-- 嵌套子路由的占位渲染 -->
        <router-view name="users-alert"></router-view>
        <router-view></router-view>
      </div>
    </div>
  </div>
```

```
</template>

<script setup>
import {
  ref,
  watch,
  onBeforeMount,
  onMounted,
  onBeforeUpdate,
  onUpdated,
  onBeforeUnmount,
  onUnmounted,
  onActivated,
  onDeactivated,
} from 'vue';
import { useRoute } from 'vue-router';
// 通过 useRoute 钩子函数声明当前 route 路由对象
const route = useRoute();
// 声明一个响应式数据作为当前被选中的用户 id
const currentId = ref(null);
// 利用 watch 监听实现点击不同用户链接时选中对应的用户
watch(
  () => route.params.id,
  (newVal) => {
    // 对当前被选中的用户 id进行重新赋值
    // 将变化以后的新值在类型转化以后再赋给它
    currentId.value = +newVal;
  }
);
// 初始
onBeforeMount(() => {
  console.log('Users onBeforeMount');
});

onMounted(() => {
  console.log('Users onMounted');
});

// 更新
onBeforeUpdate(() => {
  console.log('Users onBeforeUpdate');
});

onUpdated(() => {
  console.log('Users onUpdated');
});

// 销毁
onBeforeUnmount(() => {
  console.log('Users onBeforeUnmount');
});

onUnmounted(() => {
  console.log('Users onUnmounted');
});

// 激活
onActivated(() => {
```

```
  console.log('Users onActivated');
});

// 失活
onDeactivated(() => {
  console.log('Users onDeactivated');
});
</script>
```

上面的代码只是添加了生命周期，并没有做任何与缓存相关的操作，此时是没有缓存的。从首页切换到用户页时，首页组件会被销毁，不会被缓存，也就是会执行 onBeforeUnmount 和 onUnmounted 回调。从用户页回到首页时，首页组件会被重新创建，并执行 onBeforeMount 与 onMounted 回调。

那么如何才能让页面进行缓存呢？其实 Vue 的内置组件 KeepAlive 可以实现缓存，KeepAlive 中文翻译为“保持活着”，代表在包裹组件时，会缓存不活动的组件实例，而不会销毁它们。此时打开根组件文件 App.vue，在 router-view 组件或者 component 动态组件外部添加 KeepAlive 组件进行包裹，以确保其包裹的页面组件能够保持活着的开启模式。

需要注意的是，从 Vue3 开始不再允许用 keep-alive 直接包裹 router-view，只允许包裹 component 动态组件。

KeepAlive 主要有 3 个属性，分别是 include（包含缓存页面）、exclude（排除缓存页面）和 max（最大缓存页面数量）。现在暂且不设置任何参数，直接刷新页面查看项目运行的效果。

此时 App.vue 文件代码如下。

```
<template>
  <div class="container">
    <router-view name="router-view-header"></router-view>
    <router-view v-slot="{ Component, route }">
      <transition
        mode="out-in"
        :enter-active-class="`animate__animated ${route.meta.enterActiveClass}`"
        :leave-active-class="`animate__animated ${route.meta.leaveActiveClass}`"
      >
        <keep-alive>
          <component :is="Component" />
        </keep-alive>
      </transition>
    </router-view>
    <router-view name="router-view-footer"></router-view>
  </div>
</template>
```

观察控制台，在首页加载时，除了触发初始阶段的两个生命周期钩子函数 onBeforeMount、onMounted，还会触发激活状态的 onActivated 生命周期钩子函数，如图 5-39 所示。

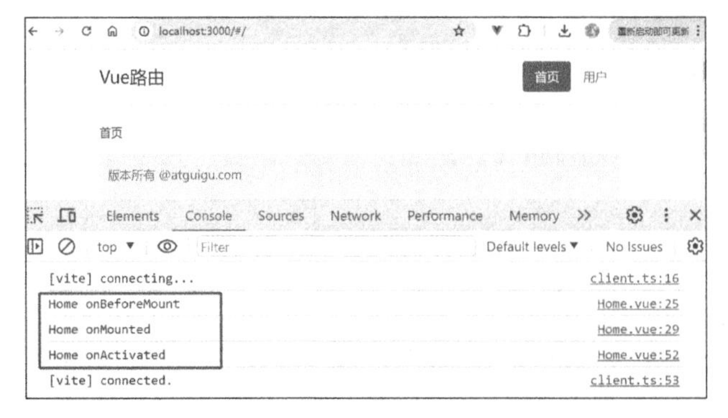


图 5-39　首页

从首页切换至用户页时，不会触发销毁阶段的生命周期钩子函数 onBeforeUnmount 与 onUnmounted，而是触发了失活状态的生命周期钩子函数 onDeactivated，如图 5-40 所示。从这点可以看出首页已经被缓存在内存中，有需要的时候可以随时再次启动应用。同样的道理，由于 KeepAlive 没有任何参数的限制，因此用户页也同样被应用了缓存技术，它触发的是激活状态的生命周期钩子函数 onActivated。

从用户页再次回到首页时，就是见证奇迹的时刻。通过观察控制台面板可以发现，首先用户页执行了失活状态的 onDeactivated 生命周期钩子函数，然后首页触发了更新阶段的 onBeforeUpdate、onUpdated 两个生命周期钩子函数，并且再次触发了激活状态的 onActivated 生命周期钩子函数。不管是用户页还是首页，都被进行了页面缓存，没有再经历初始创建与最终销毁阶段，如图 5-41 所示。

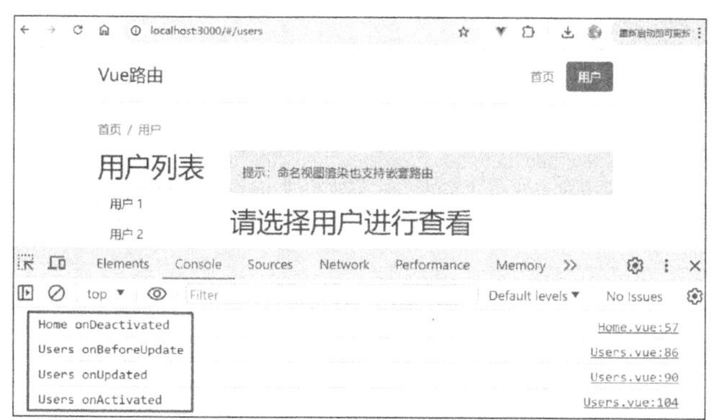


图 5-40　切换到用户页

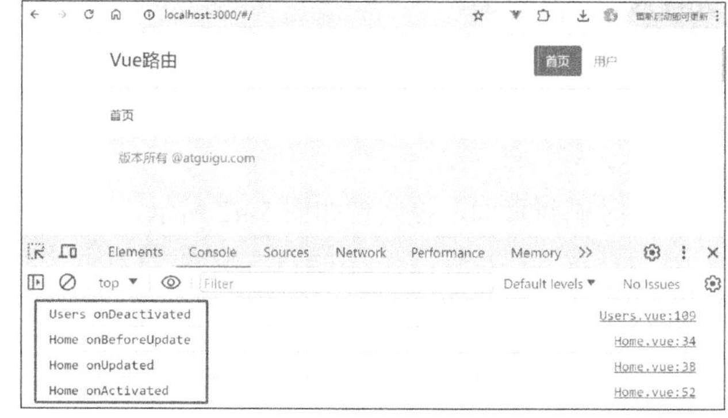


图 5-41　首页和用户页都被进行了页面缓存

## 5.15.2　KeepAlive 的参数设置

使用 KeepAlive 进行页面缓存看起来十分方便，那么是否可以随意使用呢？答案是：不可以。任何事物都有好与不好两个方面，如果随意使用 KeepAlive 进行页面缓存，那么内存中将会积累大量无效的缓存页面而无法释放，同样会造成性能的下降。KeepAlive 为开发者提供了 include、exclude 与 max 属性，让开发者可以有选择地控制需要缓存的页面。

include 与 exclude 是包含与排除的意思，但是需要包含哪些页面、排除哪些页面开发者得知道才行。在 Vue3 中，<script setup>语法糖没有设置组件名称的属性，但显然 KeepAlive 组件属性使用的前提是：必须给操作的页面组件设置组件名称 name 属性。此时一个是需要，一个是没有，这就形成了矛盾，我们该如何解决呢？

其实我们可以给首页和用户页添加 Vue2 的 script 语法结构。比如在首页和用户页中利用 Vue2 语法添加组件的名称。需要注意的是，一个页面中可以包含多个 script 标签，而 setup 语法糖的代码结构不需要进行任何处理。

修改后的 views/Home.vue 文件代码如下。

```
<template>...</template>
<script>
export default {
  name: 'Home',
}
</script>
<script setup>...</script>
```

修改后的 views/user/Users.vue 文件代码如下。

```
<template>...</template>
<script>
```

```
export default {
  name: 'Users',
}
</script>
    <script setup>...</script>
```

现在已经将没有变成了有，给 KeepAlive 添加 include 属性，其属性值利用字符串的方式将首页进行缓存设置，并不包含用户页。此时按照之前的操作流程，即从首页到用户页再回到首页的顺序进行测试。读者会发现首页先是经过了初始与激活状态，然后失活到用户页，而从控制台中可以看出，用户页只经过了初始阶段，从用户页回到首页，则是从销毁状态变为更新和重新激活状态。可以看出我们已经成功将首页设置为了缓存页面。

此时 App.vue 文件代码如下。

```
<keep-alive include="Home">
  <component :is="Component" />
</keep-alive>
```

此时刷新页面，控制台如图 5-42 所示。

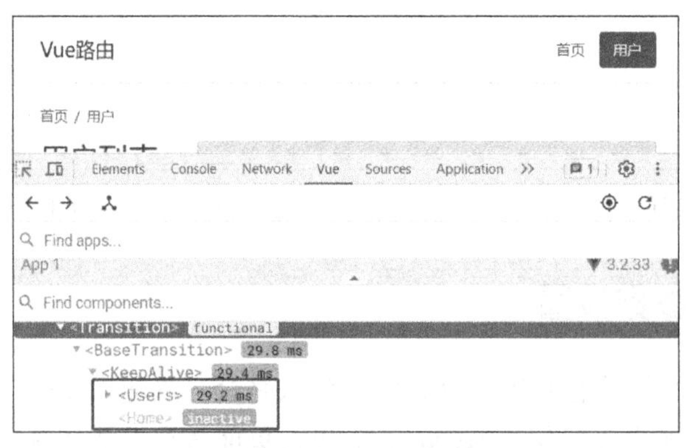


图 5-42　控制台

include 属性值除了可以设置为字符串，还可以设置为正则表达式和数组。下面通过一段代码进行演示。

```
<!-- 利用字符串实现首页与用户页的缓存页面包含 -->
<keep-alive include="Home,Users">
<component :is="Component" />
</keep-alive>

<!-- 利用正则表达式实现首页与用户页的缓存页面包含 -->
<keep-alive :include="/Home|Users/">
 <component :is="Component" />
</keep-alive>

<!-- 利用数组实现首页与用户页的缓存页面包含 -->
<keep-alive :include="['Home','Users']">
  <component :is="Component" />
</keep-alive>
```

此时读者已经对 include 的属性值有了一定的了解，那么对于 exclude 属性的设置，读者也能很快理解。它与 include 是反向含义，但属性设置、类型和模式都是相同的。

KeepAlive 还有一个 max 属性，这个属性的功能是限制缓存的页面数量。如果缓存的页面超过限制的数量，那么 KeepAlive 会将前面的缓存页面进行销毁处理，以确保内存中只保留最新缓存的页面。

# 5.16　路由守卫

路由守卫是路由中非常重要的一个知识点，其主要分为路由全局守卫、路由独享守卫和路由组件内守卫 3 种不同的守卫模式，利用这 3 种不同的路由守卫，可以将项目的功能打造得更加丰富，使项目的安全性更高。本节通过 4 个部分对路由守卫进行讲解。

## 5.16.1　利用路由全局守卫实现页面切换时对进度条的控制

到目前为止，读者已经对 vue-router 路由功能的理解越来越深入，也可以感受到 vue-router 路由功能的丰富性。不过用户的需求总是多样的：比如在进行路由切换时，是否可以设置一个进度条来增强用户体验感呢？

当利用路由切换到一个目标页面时，在这个目标页面中可能要操作的内容非常多，比如变量的定义、逻辑的操作、数据的请求及内容的渲染等，这将耗费一定的时间，而用户并不知道当前的进度，只能在页面上等待。那么在这个过程中，如果没有友好提示（比如进度条这样的页面应用），就会造成应用程序用户体验感下降的问题。但是，如果对每个路由切换都进行进度条的显示与隐藏的控制，则将非常耗费时间并且会增加代码后期维护的难度。因此路由模块是否能提供一些全局控制的操作就显得尤为重要，此时开发者可以使用 vue-router 模块中的全局守卫函数来实现类似的功能。

vue-router 模块中的全局守卫函数主要包括 router.beforeEach（全局前置守卫）、router.beforeResolve（全局解析守卫）和 router.afterEach（全局后置守卫）。router.beforeEach 与 router.beforeResolve 这两个函数都有 3 个参数：to、from 和 next。to 代表即将要进入的路由目标，from 代表当前导航正要离开的路由，而 next 的类型是一个 Function（函数）类型，next 可以传递的参数类型主要包括 undefined、布尔类型、路径字符串类型、对象类型和 Error 异常报错等。当然 router.beforeResolve 与 router.beforeEach 也有不同之处，虽然 router.beforeResolve 和 router.beforeEach 都是在每次导航切换时被触发，但是 router.beforeResolve 需要确保导航被确认，以及所有路由组件内守卫和异步路由组件被解析后，才会被正确调用，而 router.beforeEach 则不会理会路由组件内守卫和异步路由组件的解析操作。

需要注意的是，router.afterEach 函数的参数只有两个：to 与 from。因为此时路由切换已经完成，不再需要确认跳转到哪个页面地址了，所以不再需要 next 参数。

既然路由的全局守卫函数能够实现路由切换的全局控制，那么上面所说的页面切换时进度条的显示与隐藏控制应该如何实现呢？

下面分 3 步实现。

（1）安装进度条模块。

执行下方命令。

```
npm install nprogress --save
```

（2）在路由配置文件（router/index.js）中引入进度条与进度条样式模块内容。

```
import NProgress from 'nprogress'; // 引入进度条
import 'nprogress/nprogress.css';  // 引入进度条样式
```

（3）在利用 createRouter 创建 router 路由器对象后，利用 router.beforeEach 和 router.afterEach 函数进行进度条的显示与隐藏控制。

```
// 注册全局前置守卫函数，在每个路由进入前执行
router.beforeEach((to, from, next) => {
  // 显示进度条
  NProgress.start();
  // 放行进入下一个路由页面
  next();
```

```
});
// 注册全局后置守卫函数，在路由切换完成之后执行
router.afterEach(() => {
  // 隐藏进度条
  NProgress.done();
});
```

现在刷新页面，在切换任何页面时，都会看到页面顶部出现一个进度条，而在成功切换页面后，进度条又会自行消失，如图 5-43 所示。

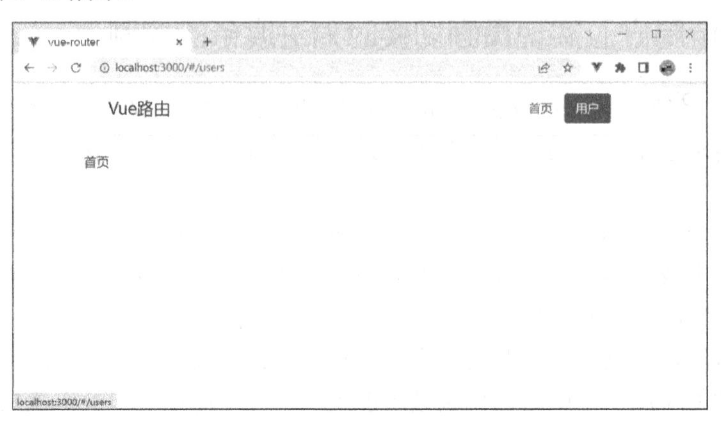


图 5-43　在切换页面时出现进度条

## 5.16.2　利用路由全局守卫实现授权页面的禁用与指定页面的查看功能

如果利用路由全局守卫可以快速实现路由切换时的页面改善，利用路由全局守卫实现授权页面的禁用和指定页面的查看功能，就变得更为实用了。当一个项目需要根据用户是否登录，或者用户是否拥有一定权限指定页面的禁用与查看操作时，应该如何实现呢？随着路由页面不断增多，我们不可能对每个路由页面进行逐一判断，更好的方式是进行全局统一管理，此时路由全局守卫就可以再次发挥作用了。

想要实现这一目标，我们可以在头部导航中添加一个下拉菜单，并且在下拉菜单中只放置“用户登录”与“退出登录”两个菜单项。在点击菜单项时，尝试利用本地存储的方式进行是否登录标识 loggedin 的存储与移除操作。

修改后的 components/Header.vue 文件代码如下。

```
<template>
  <header
    class="d-flex flex-wrap justify-content-center py-3 mb-4 border-bottom"
  >
    ...
    ...

    <div class="dropdown text-end">
      <a
        href="#"
        class="d-block link-dark text-decoration-none dropdown-toggle"
        data-bs-toggle="dropdown"
        aria-expanded="false"
      >
        <img
          src="@/assets/logo.png"
          alt="mdo"
          width="32"
          height="32"
```

```
          class="rounded-circle"
        />
      </a>
      <ul class="dropdown-menu text-small">
        <li><a href="#" class="dropdown-item" @click="login">用户登录</a></li>
        <li><a href="#" class="dropdown-item" @click="logout">退出登录</a></li>
      </ul>
    </div>
  </header>
</template>

<script setup>
const login = () => {
  localStorage.setItem('loggedin', true);
};

const logout = () => {
  localStorage.removeItem('loggedin');
};
</script>
```

但是想让 bootstrap 的 dropdown 下拉菜单起作用，还需要引入 bootstrap 的 bundle.js 打包资源文件，我们需要先在 index.html 主页面中引入 bootstrap.bundle.min.js 的脚本链接。

```
...
...

<script src="https://cdn.bootcdn.net/ajax/libs/twitter-bootstrap/5.1.3/js/bootstrap.
bundle.min.js"></script>

...
...
```

然后回到路由配置文件中，给路由全局守卫的全局前置守卫函数添加功能，主要是从本地缓存中获取用户是否已经登录的标识 loggedin，利用条件判断确认目标路由路径。如果用户还没有登录，则利用 next 函数将路由地址重新定位到首页。用户只有在已经登录的情况下才可以继续访问用户页等其他页面内容。

修改后的 router/index.js 文件代码如下。

```
...
...

// 注册全局前置守卫函数，在每个路由进入前执行
router.beforeEach(async (to, from, next) => {
  // 在每个路由进入前显示进度条
  NProgress.start();

  // 从本地缓存中获取用户是否已经登录的标识
  const loggedin = localStorage.getItem('loggedin');
  // 利用条件判断确认目标路由路径是否等于首页地址
  // 并且如果用户还没有登录，则除首页外，不能访问其他页面
  if (to.path !== '/' && !loggedin) {
    next({ path: '/' });
    NProgress.done();
  } else {
    // 如果用户已经登录，则可以继续访问其他页面
    next();
  }
});
```

```
...
...
```

现在测试页面可以发现：只有点击下拉菜单中的“用户登录”菜单项后，才能正常访问用户页，否则应用将会强制停留在首页中。如果用户点击下拉菜单中的“退出登录”菜单项，那么应用将直接返回首页。

### 5.16.3 利用路由独享守卫确认页面来源

在学习完路由全局守卫后，读者还需要了解路由独享守卫 beforeEnter。路由独享守卫 beforeEnter 只有从一个路由切换到另一个不同路由时才会被触发，不会在 params、query 或 hash 改变时被触发。例如，从/users/2 进入/users/3 或者从/users/2#info 进入/users/2#projects 时，都不会触发路由独享守卫。

现在有一个需求：在应用程序路由切换到编辑用户页时，编辑用户页需要确认上一个地址是否是查看用户详情页。如果地址不是查看用户详情页，则可能是用户在地址栏中复制/粘贴的地址，此时直接返回项目的首页，不允许用户操作编辑用户页。

这个需求完全可以利用路由独享守卫来实现，只需要在查看用户详情页的路由配置对象中添加一个 name 名称。假如将 name 名称设置为 userDetail，并且在编辑用户页的路由对象中添加路由独享守卫内容，利用来源路由对象的名称和 userDetail 是否匹配来确认是进行首页的定位，还是继续访问操作。

添加的代码如下。

```
{
  name: 'userEdit',
  ...
  ...
  beforeEnter: (to, from, next) => {
    if (from.name !== 'userDetail') {
      next('/');
    } else {
      next();
    }
  },
},
```

如果用户是按照正常操作流程从查看用户详情页点击“编辑用户”按钮进入编辑用户页的，项目就没有任何问题，可以直接进入编辑用户页，但如果用户在首页或者其他页面中，将用户编辑的地址直接粘贴在地址栏中，那么项目会直接返回首页。

### 5.16.4 利用路由组件内守卫确认是否重复点击相同内容及确认是否离开页面

路由守卫中的路由组件内守卫可以实现一些提示与判断的功能。比如在查看用户详情时点击用户列表中的列表项，如果已经选中一个用户，那么这个用户允许被再次点击吗？其实我们可以在查看用户详情页中执行判断操作。从 vue-router 模块中引入 onBeforeRouteUpdate 路由组件的更新守卫钩子函数，并且利用该函数进行来源和目标路由对象参数的条件判断。只有在参数不一致，也就是点击了不同的列表项时，应用才会做出弹窗提示，否则不做任何操作。

给 views/user/UserDetail.vue 文件添加如下代码。

```
<script setup>
// 引入路由组件的更新守卫钩子函数 onBeforeRouteUpdate
import { onBeforeRouteUpdate } from 'vue-router';

...
...
```

```
onBeforeRouteUpdate((to, from) => {
  if (to.params.id !== from.params.id) {
    alert(`已经切换查看不同的用户信息，目标用户 id 为${to.params.id}`);
  }
});
    </script>
```

除了路由组件的更新守卫钩子函数，还可以使用路由组件的离开守卫钩子函数 onBeforeRouteLeave 进行指定页面离开前的确认操作。比如在编辑用户页中，从 vue-router 模块中引入该钩子函数后，调用该钩子函数，并且利用 window.confirm 进行确认对话框的确认处理。只有在点击“确定”按钮（也就是返回值为 true）后，才会离开编辑用户页，否则将会停留在编辑用户页无法离开。

给 views/user/UserEdit.vue 文件添加如下代码。

```
<script setup>
import { onBeforeRouteLeave } from 'vue-router';

...
...

// 组件离开前守卫
onBeforeRouteLeave((to, from, next) => {
  // 只有点击“确定”按钮后，才离开当前页面
  if (window.confirm('你是否确认离开本页面? 点击“取消”按钮将停留于此页面!')) {
    next();
  }
});
</script>
```

## 5.17　动态添加与删除路由

在路由配置完成后，还能动态地添加新的路由项或删除指定的路由项吗？

答案是：当然可以。vue-router 模块能够帮开发者搞定！

现在项目的静态路由表中包含首页、用户页、查看用户详情页、编辑用户页等内容，但并不包含产品路由表的路由配置项。如果现在有一个模块是产品列表页，而这个模块只有在点击其他菜单项或按钮后，才会动态地加入当前的静态路由表中，并进行对应的路由跳转等常规操作，如果不想让这个路由起作用，则可以点击按钮将该路由对象从静态路由表中删除。那么，这一系列的操作目标应该如何实现呢？

下面分 4 步来实现。

（1）在 views 目录下新建一个 Products.vue 产品列表页，并指定一个简单的示意模板。此时文件结构如图 5-44 所示。

```
vue3-book-router
  node_modules
  public
  src
    assets
    components
    router
    views
      NotFound
      User
        UserDetail.vue
        UserEdit.vue
        Users.vue
        UserStart.vue
      Home.vue
      Products.vue
    App.vue
    main.js
  .eslintrc.cjs
  .prettierrc.json
  index.html
  package-lock.json
  package.json
  README.md
  vite.config.js
```

图 5-44　文件结构

此时 views/Products.vue 文件代码如下。

```
<template>
  <div>
    产品
  </div>
</template>
```

（2）在导航菜单组件中添加一个指向产品的路由链接。在用户登录后，点击产品链接，则会显示 404

页面。读者可能会疑惑，为什么需要先进行用户登录呢？这是因为不登录就不能查看除首页外的其他页面。那为什么会显示 404 页面呢？这是因为在路由表中并没有配置 products（产品）路由指向的路由对象。

此时 components/Header.vue 文件代码如下。

```
<template>
  <header class="d-flex flex-wrap justify-content-center py-3 mb-4 border-bottom">
    <router-link
      to="/"
      class="d-flex align-items-center mb-3 mb-md-0 me-md-auto text-dark text-decoration-
none"
    >
      <span class="fs-4">Vue 路由</span>
    </router-link>
    <ul class="nav nav-pills">
      <li class="nav-item">
        <router-link
          to="/"
          class="nav-link"
        >首页</router-link>
      </li>
      <li class="nav-item">
        <router-link
          to="/users"
          class="nav-link"
        >用户</router-link>
      </li>
      <li class="nav-item">
        <router-link
          to="/products"
          class="nav-link"
        >产品</router-link>
      </li>
    </ul>

    <div class="dropdown text-end">
      <a
        href="#"
        class="d-block link-dark text-decoration-none dropdown-toggle"
        data-bs-toggle="dropdown"
        aria-expanded="false"
      >
        <img
          src="@/assets/logo.png"
          alt="mdo"
          width="32"
          height="32"
          class="rounded-circle"
        >
      </a>
      <ul class="dropdown-menu text-small">
        <li>
          <a
            href="#"
            class="dropdown-item"
            @click="login"
```

```
          >用户登录</a>
        </li>
        <li><a
            href="#"
            class="dropdown-item"
            @click="logout"
          >退出登录</a>
          </li>
      </ul>
    </div>
  </header>
</template>

<script setup>
const login = () => {
  localStorage.setItem('loggedin', true);
};

const logout = () => {
  localStorage.removeItem('loggedin');
};
</script>
```

（3）在下拉菜单中添加两个新的菜单项：一个是“动态添加产品列表页”，另一个是“动态删除产品列表页”。这两个菜单项需要分别进行 addProductsRoute 与 removeProductsRoute 这两个不同的事件监听操作。

添加的代码如下。

```
<li><a
    href="javascript:void(0)"
    class="dropdown-item"
    @click="addProductsRoute"
    >动态添加产品列表页</a></li>
<li><a
    href="javascript:void(0)"
    class="dropdown-item"
    @click="removeProductsRoute"
    >动态删除产品列表页</a></li>
```

（4）从 vue-router 模块中引入 useRouter 钩子函数并得到 router 对象后，在 addProductsRoute 函数中进行如下 3 步操作。

① 如果路由器中已经存在 products 路由，则直接跳转到产品列表页。这样做的目的是不需要重复执行非必要的代码内容。需要注意的是，是否已经存在 products 路由，需要通过动态添加的路由对象的 name 属性名称来判断。

② 如果路由器中不存在 products 路由，则需要将产品列表页等路由组件动态引入，利用 addRoute 函数添加动态路由。而在添加的过程中 name 属性是一个重点，强烈建议定义 name 属性名称，因为判断是否存在某个路由，以及动态添加或删除某个路由都是通过 name 属性来完成的，而在添加完路由后可以直接跳转到产品列表页。

③ 动态删除路由 removeProductsRoute 的操作，也是通过路由名称来实现的，删除成功后跳转到首页即可。

此时 components/Header.vue 文件代码如下。

```
<template>
  <header
    class="d-flex flex-wrap justify-content-center py-3 mb-4 border-bottom">
...
```

```
...
  <div class="dropdown text-end">
    ...
    ...
     <ul class="dropdown-menu text-small">
      ...
      ...
      <li>
        <a
          href="javascript:void(0)"
          class="dropdown-item"
          @click="addProductsRoute"
        >动态添加产品列表页</a>
      </li>
      <li>
        <a
          href="javascript:void(0)"
          class="dropdown-item"
          @click="removeProductsRoute"
        >动态删除产品列表页</a>
      </li>
    </ul>
  </div>
 </header>
</template>

<script setup>
import { useRouter } from 'vue-router';
...
...
const router = useRouter();

// 动态添加 products 路由
const addProductsRoute = () => {
  // 如果路由器中已经存在 products 路由，则直接跳转到产品列表页
  if (router.hasRoute('products')) {
    router.push('/products');
    return;
  }
  // 如果不存在，则需要将产品列表页等路由组件进行动态引入
  // 然后利用 addRoute 函数添加动态路由
  // 添加完成以后直接跳转到产品列表页
  const Header = () =>
    import(/* webpackChunkName: "group-comp" */ '@/components/Header');
  const Footer = () =>
    import(/* webpackChunkName: "group-comp" */ '@/components/Footer');
  const Products = () =>
    import(/* webpackChunkName: "group-products" */ '@/views/Products');
  router.addRoute({
    name: 'products',
    path: '/products',
    components: {
      default: Products,
      'router-view-header': Header,
      'router-view-footer': Footer,
```

```
    },
  });
  router.push('/products');
};

// 动态删除 products 路由
const removeProductsRoute = () => {
  // 根据 products 路由的名称来删除它
  router.removeRoute('products');
  // 跳转到首页
  router.push('/');
};
</script>
```

重新测试页面。在用户登录状态下，首先点击产品链接，显示 404 页面。然后点击下拉菜单中的“动态添加产品列表页”菜单项，将会成功跳转到产品列表页，并显示产品列表页内容。而如果再次点击下拉菜单中的“动态删除产品列表页”菜单项，则会直接后退到项目首页，并且再次点击产品链接，又将显示 404 页面。

# 第6章 数据请求

到目前为止，我们还没有提出数据请求的概念。5.5.2 节只是利用硬编码的模式对一些用户列表数据进行了遍历展示，5.6.2 节所实现的查看用户详情相关内容，也仅仅是通过路由参数传递和接收操作了唯一值 id。那么数据对于一个项目来说意味着什么呢？笔者想，是生命。如果当前的项目只有页面显示而没有数据变化，那么它是没有生命的。

无论用户访问的是一个企业网站、新闻网站、游戏网站还是电商网站，其所关注的内容都是这些网站提供的信息。但是因为新闻在不断更新，游戏在不断进化，商品也在不断上下架，所以用户在查看这些网站平台时，所有的数据都有可能发生改变。那么，网站项目与数据之间又有什么关联呢？本章将从数据请求的概念入手，由浅入深地为读者讲解网站项目与数据之间的关系。

## 6.1 数据请求的概念

本节主要对一些网站运行数据请求的基本原理和概念进行相关讲解。

如果现在有一个用户，他使用相应的计算机、平板电脑或者智能手机等终端设备，打开里面的浏览器尝试访问一个网站地址，那么在这个行为背后会发生哪些事情呢？

浏览器首先会进行域名解析。所谓域名解析，就像快递员送快递的行为一样，快递员知道一个收件人的家庭地址，但此时快递员并不能将快递准确、快速地送达。这是因为他需要先根据这个地址找到对应的区名，再根据信息去配送。而这个行为在网络上对应的就是要找到这个网站所在的服务器地址，每个网站对应的地址都是一个 IP 地址，就像 58.218.215.132 这样的唯一地址一样。

网站地址打开的过程，就像快递员与收件人之间的关系一样，快递员会先打电话给收件人以便确认送货，这个过程也就是请求的过程。

此时用户已经发送了 request 请求信息，请求信息到达服务器端后，服务器端就可以利用各种各样的服务器端程序语言（如 Node、Java、PHP 等）做相应的工作。通过它们和数据库衔接，从而操作数据。除此之外，服务器端还可以对文件进行创建、修改、删除等操作，最终返回内容，内容通常为 HTML、TEXT、JSON 等类型的数据，这就是所谓的 response 响应。

在 request 请求和 response 返回响应的过程中都会附带一些信息元内容。它们通过 headers 头信息进行描述和传递，因此 headers 头信息的概念也显得尤为重要，此概念会在后续的学习中重点提及。

现在我们已经简单描述了 request 请求和 response 响应传递操作。简单来说，它们是通过一定标准的协议来进行约束的，如果缺少任意一个协议，双方就无法达成共识，请求与返回响应也就无法正常地实现。

这里以尚硅谷官方网站为例，通过图片来演示上面所说的数据请求过程，如图 6-1 所示。

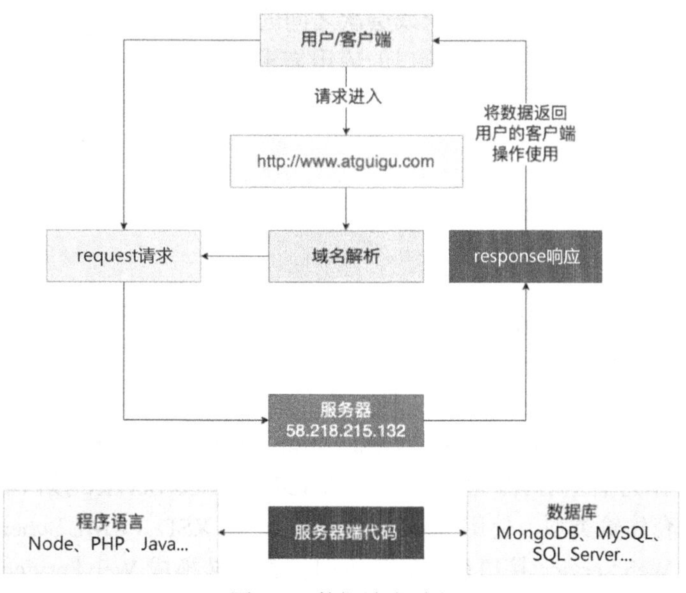


图 6-1　数据请求过程

在数据请求过程中会涉及很多协议，我们了解最多的就是 HTTP 协议（Hyper Text Transfer Protocol）和 HTTPS 协议（Hypertext Transfer Protocol secure）。

HTTP 协议是一种标准的超文本传输协议，它简单地定义了如何有效地将数据从客户端传输到服务器端。

HTTPS 协议与 HTTP 协议不同。HTTPS 是一种更为安全的协议，将传输的数据进行加密。因此，如果有人欺骗了你的请求链接，那么他们也无法读取你的数据。

其实不管是 HTTP 还是 HTTPS 协议，它们都只是 URL 结构的一小部分。在 5.6.1 节中已经强调过 URL 结构的组成部分，主要包括协议名（protocol）、域名（hostname）、端口号（port）、路径（path）、查询参数（query parameters）和锚点（anchor）。我们的目标是在 Vue 项目中进行 URL 的请求，通过域名解析等环节将 request 请求发送到服务器端，在服务器端进行处理后，客户端将服务器端 response 响应返回的数据内容接收，再进行当前项目的后续操作处理。

## 6.2　数据接口

在进行 Vue 的数据请求操作之前，还需要解决几个非常重要的问题。例如，什么是接口？项目开发中接口的类型主要有哪些？实际应用的接口模式有哪些？如何进行接口的调试？

### 6.2.1　什么是接口

想要知道什么是接口，我们需要先明确一个专业术语——API（Application Programming Interface，应用程序编程接口），它是一些预先定义的函数，目的是提供应用程序与开发人员访问一组例程的能力，而其又无须访问源码，或理解内部工作机制的细节。也就是说，开发人员可以使用 API 进行编程开发，而又无须访问源码或理解内部工作机制的细节。

在 6.1 节中简单介绍了客户端与服务器端，也就是我们普遍认知中的前端与后端，它们之间存在一定的交互衔接，但前端是否需要详细了解后端的编码内容呢？同样地，后端是否需要清楚前端的源码详情呢？这两个问题的答案都是否定的。因为前后端之间更多的是要实现数据之间的交互，所以在前后端之间，甚至外部系统与内部系统之间，或者内部系统的各个子系统之间，就产生了类似于 API 形式的数据接口交互使用。也就是说，数据接口就是将各个系统或层次之间的交互点，通过一些特殊的规则（或者将规则称为协议）进行数据之间的交互，这也是数据接口的应用需求。

### 6.2.2 接口的类型有哪些

前后端交互常见的数据接口有 Web Service 接口和 HTTP 接口，下面分别进行介绍。

#### 1. Web Service 接口

Web Service 也称为 Web 服务，是一种跨程序语言和操作系统平台的远程调用技术。Web Service 接口采用标准的 SOAP（Simple Object Access Protocol，简单对象访问协议）传输。SOAP 协议属于 W3C 标准，是基于 HTTP 的应用层协议传输 XML 数据的。

Web Service 接口采用 WSDL（Web Services Description Language，万维网服务描述语言，用于描述 Web 服务发布的 XML 格式）作为描述语言。也就是说，WSDL 是 Web Service 接口的使用说明书，并且 W3C 为 Web Service 制定了一套传输类型，使用 XML 进行描述，即 XSD（XML Schema Definition，XML 模式定义）。任何语言编写的 Web Service 接口在发送数据时，都要转换成 Web Service 标准的 XSD 发送。不过鉴于 XML 文件格式在进行数据交换时会受大小与性能的影响，现在项目中使用 Web Service 接口的场景已经变得越来越少。

#### 2. HTTP 接口

想知道什么是 HTTP 接口，需要先明确 HTTP 协议的相关知识。HTTP 协议建立在 TCP 协议之上，当浏览器需要从服务器端获取网页数据时，就会发送一次 HTTP 请求。HTTP 协议会通过 TCP 协议建立起一个到服务器端的连接通道，当本次请求需要的数据发送完毕后，HTTP 协议会立即将 TCP 协议连接断开，因为这个过程很短，所以 HTTP 连接不仅是一种无状态的连接还是一种短连接。HTTP 协议有很多特点，主要分为以下 4 个。

（1）支持客户/服务器模式。

（2）简单快速：客户端向服务器请求服务时，只需传送请求方式和路径即可。请求方式常用的有 GET、POST 等，每种方式规定了客户端与服务器联系的类型。HTTP 协议简单，使得 HTTP 服务器的程序规模小，因而通信速度很快。

（3）灵活：HTTP 协议允许传输任意类型的数据对象，而传输的类型由 Content-Type 加以标记。

（4）无状态：HTTP 是无状态协议。无状态是指协议对于事务处理没有记忆能力。

HTTP 接口采用 HTTP 协议传输。也就是说，HTTP 协议拥有的特点在 HTTP 接口中都会有所体现。其中最重要的是，HTTP 接口是通过路径来区分调用方式的，请求报文都是 key-value 形式的，返回报文一般是 JSON 串，相比 Web Service 接口中的 SOAP 协议返回较重的 XML 数据形式，JSON 串则更轻，因此在现在的项目开发中，绝大多数项目应用了 HTTP 接口形式，使用的请求方式是 HTTP 协议中的 GET、POST 等。

### 6.2.3 正式数据接口与模拟数据接口

前端项目访问的接口主要包括由后端提供的项目正式数据接口和前端人员自行模拟构建的数据接口两大类，下面分别进行介绍。

#### 1. 正式数据接口

当团队后端开发工程师已经成功处理相应功能的接口内容后，通常会给前端提供项目中将要应用的正式数据接口，同时会给出相应的接口文档。不过现在很多的工具可以将接口与文档一同整合，集成一个统一的接口管理应用，比如 swagger 就是其中一种接口文档生成工具。

尚硅谷电商项目的后端开发工程师提供了一套“尚品汇”电商平台的 swagger 接口，其地址为

“http://39.98.123.211:8510/swagger-ui.html”，读者可自行查看。

该接口中除了可以进行 webApi 及 adminApi 不同项目、不同接口的切换，还罗列了指定项目中提供的众多接口，比如 webApi 下的订单、购物车、交易、秒杀、评论、退款等接口，如图 6-2 所示。

当我们点击某个接口分类时，页面将会展示该接口分类下各个具体接口的详细内容，并且清晰标明该接口的请求方式，比如 GET、POST、PUT、DELETE 等。这也对应了 RESTful API 的开发风格，说明 swagger 接口可以遵循 RESTful API 的开发标准。以订单接口为例，如图 6-3 所示。

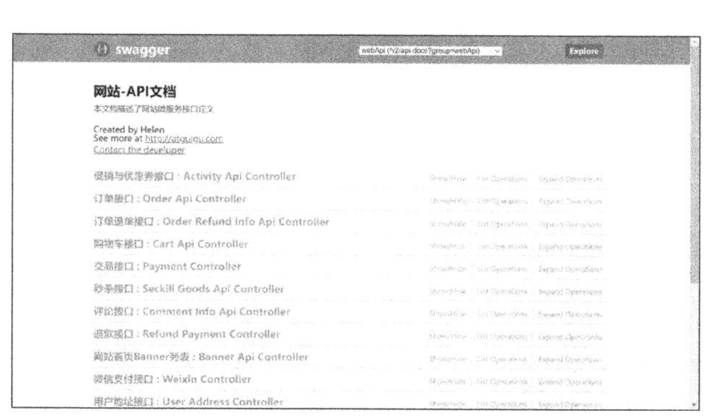

图 6-2　“尚品汇”电商平台的 swagger 接口

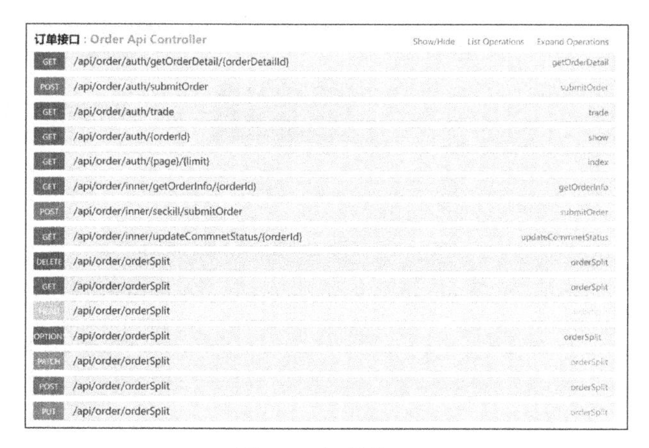

图 6-3　订单接口

其实我们还可以点击具体某个接口的请求方式查看该接口的详情，包括接口的请求地址、请求方式、请求参数和响应体数据结构等，如图 6-4 所示。

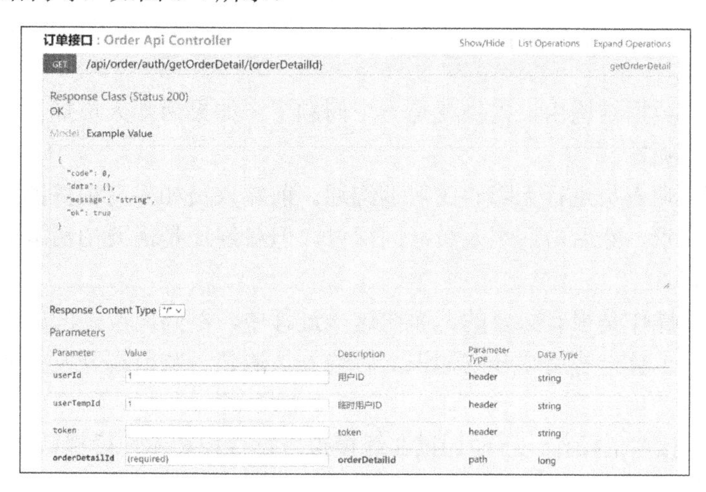

图 6-4　接口的详情

### 2．模拟数据接口

假如当前公司或团队接收了一个全新的项目，这个项目对于产品、设计、前端、开发、测试、运维等技术团队的所有小组成员来说，都是一个从零开始的项目，前端人员在进行 Vue 项目开发时，后端程序处于一个刚起步的阶段，因此后端人员可能没办法在第一时间给前端人员提供相应的真实调试接口，那么需要如何处理呢？前端人员先休息一段时间，然后在后端接口准备好的情况下回来继续进行项目的开发工作是不现实的。这种情况前端项目与后端接口一定是同步开展的，因此就有了模拟数据接口的需求，让前端人员在暂时没有后端接口的情况下能够顺利地继续进行项目的开发。简单地说，我们需要在没有后端接口支持的情况下，先模拟一些测试用的接口数据。

不过，模拟数据接口的操作流程具体应该是什么样的呢？是否只需要前端人员自己定义一个 JSON 数据就可以了呢？我们知道操作一个 JSON 文件可以实现数据的获取，但是只实现数据获取是远远不够的，还需要进行添加、修改、删除等其他操作，也就是 RESTful API 需要操作的内容。这里简单演示一个模拟数据接口的流程，如图 6-5 所示。

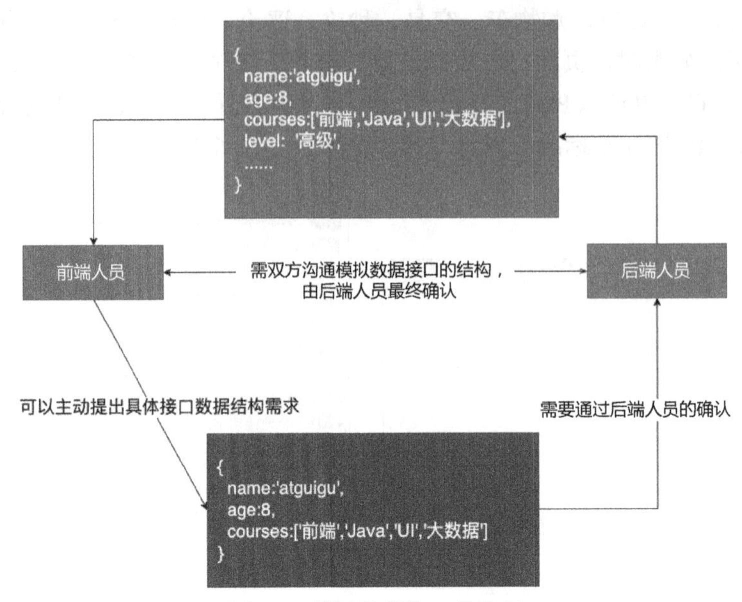


图 6-5 模拟数据接口的流程

除此之外，我们还需要考虑，前端人员自己定义的数据结构后端人员是否知晓，如果后端人员在进行接口开发后，提供的数据结构与前端人员所定义的数据结构有差异，那么这些差异可能会导致前端代码被大量修改（读取数据进行显示的代码、更新数据的代码、读取数据发送请求的代码都有可能被修改），这会严重影响开发进度。

此时模拟数据接口的数据结构由谁提供就是一个问题了。如果后端人员提供的特定结构的数据，前端人员不需要又该如何处理呢？

最好的方式是由前后端人员进行无障碍的协调沟通。前端人员如果有很好的主动性，则可以先主动提出具体的接口数据结构需求，然后与后端人员一同探讨，但最终还是需要由后端人员进行确认，敲定模拟数据接口的数据结构内容。

因此，模拟数据接口操作是很有必要的。而在这一过程中，不同岗位之间的沟通与协调也被放置在一个突出的位置。前端人员了解一些后端开发知识，后端人员清楚一些前端开发技术也成了现代开发技术人员的一些更高能力的要求。

上面提到了模拟数据接口的操作，下面通过在线模拟数据接口和本地模拟数据接口两个部分进行讲解。

1）在线模拟数据接口

根据需求的不同，模拟数据接口也有不同的获取与创建方式。如果现在的项目处于初始阶段，只是为了确认项目中是否可以正常进行数据的增、删、改、查等功能性操作，对数据的结构内容没有过多的要求，那么这时候完全不需要考虑构建模拟数据内容，只需要利用网络上现有的一些在线模拟数据接口平台提供的模拟数据接口就可以实现这一目标。

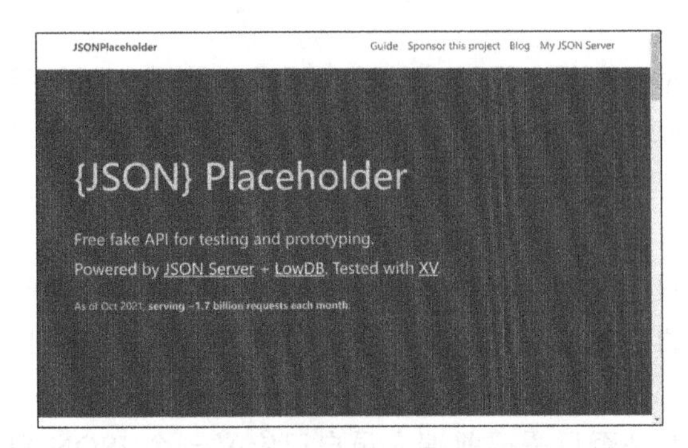


图 6-6 JSONPlaceholder 官方网站首页

JSONPlaceholder 就是一个应用率非常高的在线免费模拟数据接口平台，平台每个月几十万的请求量得益于它的接口支持 RESTful API 风格，如图 6-6 所示。

JSONPlaceholder 在线模拟数据接口的弊端是接口类型少，数据表现形式与项目不一定匹配，甚至请求到的数据内容都是英文示例，对于中文的支持力度几乎没有，而且很难修改其中数据结构的节点属性。那么针对这些弊端应该如何解决呢？答案是：可以尝试配合使用不同的工具。

2）本地模拟数据接口

本地模拟数据接口需要使用 json-server 和 Mock.js，这两个名词在本书中初次出现，那么什么是 json-server 和 Mock.js 呢？

json-server 是一个号称不到 30 秒就可以获得零编码的模拟数据接口的工具，并且它还是一个支持 RESTful API 风格的工具；Mock.js 是一个可以随机生成数据并且可以拦截 AJAX 请求的工具。这样来看，一个是获得数据的工具，另一个是生成数据的工具，配合使用二者就可以解决 JSONPlaceholder 在线模拟数据接口的弊端，实现数据的生成和获取。下面就对这两个工具分别进行讲解，并配合使用。

（1）json-server。

在 GitHub 中搜索关键字 json-server 找到对应的模块内容，我们可以在其中了解相关信息。开发者想要使用该工具需要根据文档先在全局环境下安装 json-server 模块。在终端中输入下方命令。

```
npm install json-server@0.17.4 -g
```

然后新建一个项目，目录名称设为“json-server-mock-server”，并且在该目录下新建文件 db.json，在该文件中指定如下数据。

```
{
  "posts": [
    { "id": 1, "title": "json-server", "author": "typicode" }
  ],
  "comments": [
    { "id": 1, "body": "some comment", "postId": 1 }
  ],
  "profile": { "name": "typicode" }
}
```

下面就可以启动本地服务了，在终端中输入下方命令，并将端口设置为 5000。

```
json-server -p 5000 --watch db.json
```

此时在浏览器中访问“http://localhost:5000”，就可以看到本地服务的首页，从而确认 json-server 已经成功开启，如图 6-7 所示。

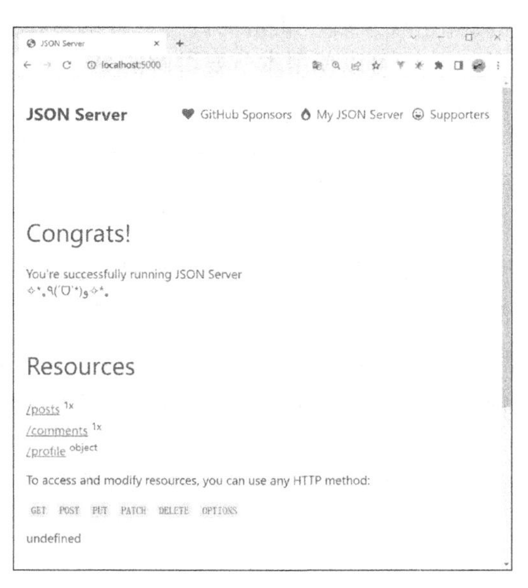


图 6-7　本地服务的首页

从图 6-7 中可以看出，Resources 明确列出了已经支持的接口清单，分别有/posts、/comments 和/profile。其中，posts 和 comments 是数组类型，当前这两个接口下都只有一个数组元素；profile 则是对象类型。

运行项目后，终端显示了一些信息，如图 6-8 所示。终端同样实现了 3 个接口的地址，我们可以选择直接点击地址或者在页面上手动输入地址。

图 6-8　部分终端页面截图

在浏览器中打开第 1 个地址“http://localhost:5000/posts”，可以查看 posts 的数据列表，如图 6-9 所示。如果想要查看 id 为 1 的数据内容，则在地址后面加上“/1”参数，也就是变为“http://localhost:5000/posts/1”，如图 6-10 所示。这个操作过程与在线模拟数据接口平台 JSONPlaceholder 的操作过程有些类似。

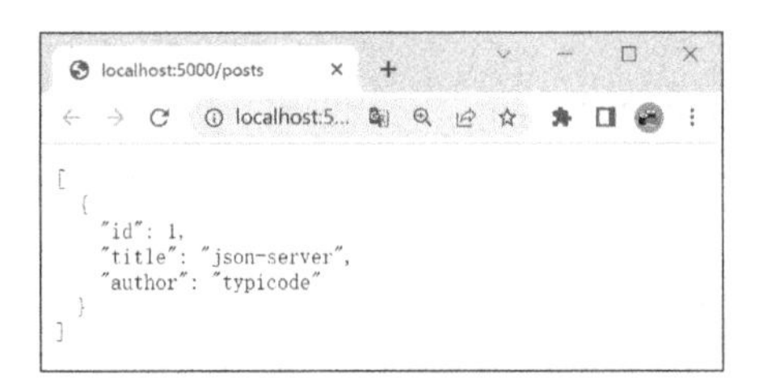


图 6-9　posts 的数据列表

图 6-10　id 为 1 的 posts 数据内容

当前已经基本实现模拟数据接口的功能，但是仍有一个问题，就是在测试数据时，所有的数据内容都需要开发人员手动进行增、删、改、查。每次都需要输入数据，这会耗费开发人员大量的时间与精力。假如需要设置 1 万条数据，并且这些数据还要尽可能地接近真实项目的数据模式，那么是不是需要安排开发人员一条条地增设呢？笔者认为这是不现实的。那么是否有更好的办法帮助开发人员实现一些贴近实际的、可以自定义数量的数据内容呢？这就可以使用本节要讲解的另一个工具——假数据生成器 Mock.js。

（2）Mock.js。

在“2）本地模拟数据接口”开头提及了 Mock.js 是一个可以随机生成数据并且可以拦截 AJAX 请求的工具，它能实现地址、日期、图片、网络、姓名、语句、段落、随机等上百种字段信息的随机生成，并且支持中英文不同的语言内容。

在程序开发和调试阶段，大多数开发人员往往不太重视数据的真实性。例如，姓名、地址、电话等数据，经常会输入“aaa”“bbb”“123”来调试和展示。这经常会导致整体应用和最终的实际效果相差甚远，从而需要耗费更多的时间和精力，有些得不偿失。而 Mock.js 完美地解决了这个痛点。

在使用 Mock.js 之前，先在 json-server-mock-server 目录中安装 Mock.js 模块。在终端中输入下方命令。

```
npm install mockjs --save
```

然后新建一个 index.js 文件，在该文件中引入 Mock.js 模块，并尝试通过此模块随机生成一条假数据。文件结构如图 6-11 所示。

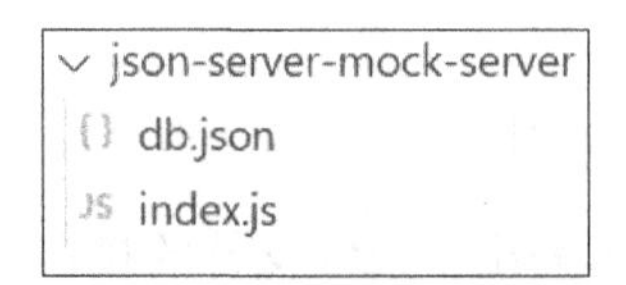


图 6-11　文件结构

json-server-mock-server/index.js 文件代码如下。

```
const Mock = require('mockjs');
console.log(Mock.Random.cname());
```

打开终端运行如下命令。

```
node index.js
```

运行命令后可以发现，每次运行该命令输出的信息都是不同的，由此可见，通过 Mock.js 可以生成一些贴近实际应用的假数据，如图 6-12 所示。

```
PS C:\Users\Administrator\Desktop\Vue3配套代码练习\json-server-mock-server> node index.js
毛涛
PS C:\Users\Administrator\Desktop\Vue3配套代码练习\json-server-mock-server> node index.js
胡秀兰
PS C:\Users\Administrator\Desktop\Vue3配套代码练习\json-server-mock-server> node index.js
徐艳
PS C:\Users\Administrator\Desktop\Vue3配套代码练习\json-server-mock-server> node index.js
贺强
PS C:\Users\Administrator\Desktop\Vue3配套代码练习\json-server-mock-server> node index.js
孟平
```

图 6-12　运行多次命令生成的假数据

读者可能会想既然使用 Mock.js 可以生成一条数据，那么想要生成多条数据应该如何处理呢？

其实完全可以通过循环的方式来实现这个效果。例如，现在的需求是构建一批用户数据，就可以在上面 index.js 文件代码的基础上进行修改。

修改后的 json-server-mock-server/index.js 文件代码如下。

```
const Mock = require('mockjs');
for (let i = 0; i < 58; i++) {
  console.log(Mock.Random.cname());
}
```

依旧运行命令“node index.js”，运行后可以发现生成了多条数据，并且没有一条数据是重复的。这里只截取部分数据，如图 6-13 所示。

图 6-13　生成的部分数据

虽然已经成功地使用 Mock.js 生成了一系列的随机数据，但是似乎现在与 json-server 本地服务接口还没有任何的关联。如果按照原来 json-server 的操作模式，则要把 Mock.js 生成的数据直接复制/粘贴到 db.json 文件中，但这个操作过程过于烦琐。最好的方式就是让 Mock.js 与 json-server 建立合作渠道，从而方便数据的应用。

接下来就在 index.js 中引入 Mock.js，并且利用其内置方法 Mock.Random 随机生成数据。值得一提的是，在生成数据时，我们可以利用 module.exports 函数定义模块，并且通过定义内容为函数的形式暴露模块。读者可能会疑惑，当前的环境是 Mock.js 与 json-server，而 module.exports 函数是 Node 环境下 CommonJS 的规范，为什么还能直接使用呢？这是因为当前程序的运行环境本质上的底层基础就是 Node，这与

CommonJS 的规范是重合的，所以在当前环境下也是可以使用 module.exports 函数的语法的。

在 module.exports 函数中创建一个对象类型的 data，并且包含一个名为 users 的属性节点。利用循环向这个 data 下的 users 数组追加内容，最终将 data 数据返回。这部分的内容比较简单，可以理解为函数定义和随机内容的生成，只不过相比原来的操作多了一个模块暴露，而这个暴露的操作主要是让 json-server 可以应用当前的模拟数据接口模块。

修改后的 json-server-mock-server/index.js 文件代码如下。

```
let Mock = require('mockjs');
let Random = Mock.Random;

module.exports = () => {
  let data = {
    users: [],
  };

  for (let i = 1; i <= 324; i++) {
    data.users.push({
      id: i,
      name: Random.cname(),
      address: Random.cword(10, 20),
      avatar: Random.image('100x100', Random.color(), '#FFF', Random.name()),
    });
  }
  return data;
};
```

将之前运行 db.json 文件的终端命令终止，运行新的命令，让 index.js 文件替换 db.json 文件。

```
json-server -p 5000 index.js
```

运行完毕后，打开浏览器，在地址栏中输入“http://localhost:5000”，就可以看到 users 进入了 json-server 本地服务接口中。

## 6.3 接口调试

无论是正式数据接口，还是在线模拟数据接口、本地模拟数据接口，在请求方式为 GET 的情况下，使用浏览器打开地址都可以直接查看接口请求结果。假如请求方式为 POST、PUT 与 DELETE 呢？仅仅利用浏览器请求似乎是没有办法对请求方式进行接口调试的，这时候就要考虑编写一定的代码了。如果接口最终的请求结果并不是我们预期的内容，那么将会耗费大量的时间与精力，这样看来效果并不理想，此时可以考虑利用前端接口调试工具进行接口的调试。

### 6.3.1 swagger 接口调试

如果是 swagger 接口工具提供的接口，那么可以直接利用 swagger 本身进行接口的调试。比如在图 6-2 中有一个“网站首页 Banner 列表”接口，详情页面里就有一个“Try it out!”按钮。在接口参数设置正确的情况下，可以直接点击该按钮测试当前接口，不管是成功还是失败，都可以查看对应的 Request Headers（请求头报文）、Response Body（响应主体信息）、Response Code（响应状态码）和 Response Headers（响应头报文）信息，如图 6-14 所示。这一过程非常简洁明了，swagger 既提供了接口和接口说明，也集成了接口调试的能力。

Try it out!　Hide Response

Curl


curl -X GET --header 'Accept: application/json' --header 'userId: 1' --header 'userTempId: 1' 'http://39.98.123.211:8510/api/cms/b


Request URL


http://39.98.123.211:8510/api/cms/banner


Request Headers


{
  "Accept": "*/*",
  "userId": "1",
  "userTempId": "1"
}


Response Body


{
  "code": 200,
  "message": "成功",
  "data": [
    {
      "id": 193,
      "title": "大幅度发",
      "imageUrl": "http://139.198.127.41:9000/sph/20221209/QwCBgaD5k4.jpg",
      "linkUrl": "",
      "sort": 0
    },
    {
      "id": 194,
      "title": "DVD",
      "imageUrl": "http://139.198.127.41:9000/sph/20221209/QwCBgaD5k4.jpg",
      "linkUrl": "",
      "sort": 0
    },
    {


Response Code


200


Response Headers


{
  "access-control-allow-credentials": "true",
  "access-control-allow-methods": "*",
  "access-control-allow-origin": "http://39.98.123.211:8510",
  "content-type": "application/json",
  "date": "Tue, 20 Dec 2022 10:23:43 GMT",
  "transfer-encoding": "chunked"
}


图 6-14　返回的信息

## 6.3.2　本地接口调试

如果调试的是在线模拟数据接口或者开发人员自行构建的本地模拟数据接口，并没有通过 swagger 工具进行接口与文档的创建，那么可以利用前端接口调试工具 postman 来调试接口。

读者可自行下载 postman 工具，其官方网站有 postman 工具的下载与安装步骤，整个操作过程是傻瓜式安装处理，这里不多做讲解，读者可以按照顺序操作。

此时我们已经下载并安装了 postman 工具，打开以后可以看到有类似浏览器的访问地址，并且前面还有 GET 等请求方式供用户选择。现在打开在 6.2.3 节中构建的本地模拟数据接口首页地址“http://localhost:5000”，就可以看到接口主页，如图 6-15 所示。

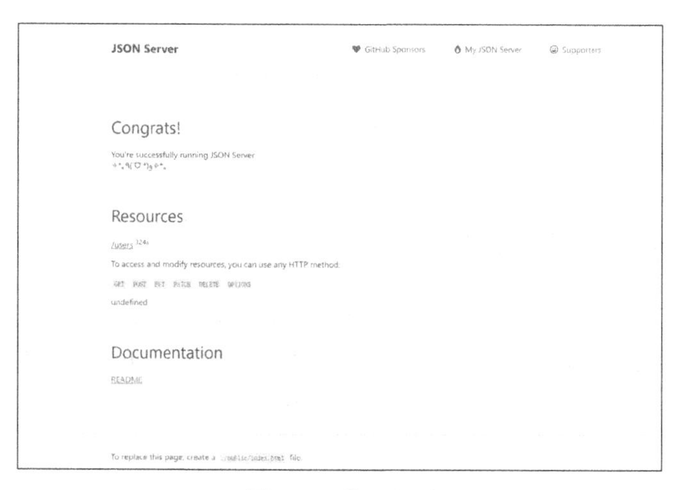


图 6-15　接口主页

/users 也进入了 json-server 本地服务接口中，打开浏览器或者利用 postman 进行接口调试可以看到用户的随机数据。

下面以/users 接口为例来说明 postman 的用法。如果想要请求新增一个用户，则可以在 postman 中新建一个调试选项卡，将请求方式修改成 POST，将请求地址指定为“http://localhost:5000/users”，请求体 body 的数据格式指定为 JSON 格式，同时指定请求体内容为包含 name、address 和 avatar 的 json 对象，点击“Send”按钮发送请求，可以看到成功的响应体数据为包含 name、address、avatar 和 id 的 json 对象，如图 6-16 所示。

图 6-16　使用 postman 发送添加用户的 POST 请求

添加完数据后，可以重新打开 GET 请求的 tab 选项卡页面地址，则会发现新增数据已经被添加进去。修改数据和删除数据也是同样的道理，只不过需要确认修改数据和删除数据的请求方式和具体的 URL 路径。这里就不再截图演示了。

json-server 平台除了支持对接口进行增、删、改、查的基本操作，还支持进行多条件数据查询操作。比如，在 postman 中进行“http://localhost:5000/users?_page=1&_limit=5”接口的 GET 请求，就可以返回 json-server 本地服务分页后的数据内容。因为在 6.2.3 节中模拟数据接口利用了 json-server 与 Mock.js 配合的方式，所以生成的随机数据更接近真实项目的内容，并且支持中文，这从结果上可以明确。其实从 json-server 官方文档上可以进一步查看请求的参数与方式，这些都可以在 postman 中进行不断的尝试与测试。

## 6.4　原生 API 请求

此时一切都已准备就绪，接下来就是考虑 Vue 项目中的数据请求了。不过在此之前要先清楚接口请求的方式，其主要包括原生 API 请求和第三方类库模式的接口请求两大类。溯本求源，不管使用哪种请求方式，都必须先掌握请求的基本原理，下面将带领读者学习 AJAX 这个核心概念。

### 6.4.1　AJAX 基本概念与操作步骤

AJAX（Asynchronous JavaScript and XML），即异步 JavaScript 和 XML。通过 AJAX 可以在浏览器中向服务器发送 AJAX 请求。AJAX 具有很多种优势，比如，无须刷新页面即可与服务器端进行通信、允许根据用户事件更新部分页面内容等，但它也具有一些劣势，比如没有浏览历史、不能回退、存在 AJAX 跨域请求问题、对 SEO 不友好、爬虫爬取不到网页中的内容等。

使用 AJAX 进行数据请求，需要经过如下 5 个主要操作步骤。

（1）创建 XMLHttpRequest 的实例对象。

（2）初始化请求，指定请求方式和请求地址。

（3）给实例对象绑定 readyStateChange 事件监听，用于读取 AJAX 请求的响应结果数据。

（4）发送请求。

（5）当请求完成后，如果请求成功，则读取响应结果数据并处理；如果请求失败，则提示错误信息。

那么在 Vue 项目中如何认证 AJAX 操作的步骤呢？

利用 vite 创建一个请求项目，将项目的名称设置为“vue3-book-request”，命令如下。

```
npm create vite@latest vue3-book-request -- --template vue
```

首先将 App.vue 根组件文件中的代码内容清除，然后直接按照上面描述的 AJAX 操作步骤实现即可。

此时 App.vue 文件代码如下。

```
<script setup>
/* 第 1 步：创建 XMLHttpRequest 的实例对象 */
const xhr = new XMLHttpRequest();
/* 第 2 步：初始化请求，指定请求方式和请求地址 */
const url = 'http://39.98.123.211:8510/api/cms/banner';
xhr.open('GET', url);
/* 第 3 步：给实例对象绑定 readyStateChange 事件监听，用于读取 AJAX 请求的响应结果数据 */
xhr.onreadystatechange = function () {

  /* 第 5 步：当请求完成后，如果请求成功，则读取响应结果数据并处理；如果请求失败，则提示错误信息 */
  /**
   * readyState  0 请求未初始化  刚刚实例化 XMLHttpRequest
   * readyState  1 客户端与服务器端建立连接  调用 open 方法
   * readyState  2 请求已经被接收
   * readyState  3 请求正在处理中
   * readyState  4 请求完成
   */
  // 当请求完成时
  if (xhr.readyState == 4) {
    /**
     * status 是响应状态码，有 2xx（成功）、3xx（重定向）、4xx（客户端错误）、5xx（服务器端错误）
     * responseText 是服务器端返回的响应体文本内容
     */
    // 如果请求成功，则解析响应体 JSON 数据为 JavaScript 对象，并在控制台中输出
    if (xhr.status >= 200 && xhr.status < 300) {
      const result = JSON.parse(xhr.responseText);
      console.log(result);
    } else { // 如果请求失败，则提示错误信息
      alert(`请求失败，错误信息为：${xhr.statusText}`);
    }
  }
};

/* 第 4 步：发送请求 */
xhr.send()
</script>

<template>
  <div>App</div>
</template>
```

不过现在运行项目后，并没有成功请求到接口数据，而是在控制台中报出了错误信息，如图 6-17 所示。错误信息的大致意思是：http://127.0.0.1:5173 的项目地址想去请求 http://39.98.123.211:8510/api/cms/banner 的接口地址产生了违反 CORS（Cross-Origin Resource Sharing，跨域资源共享）同源策略的 AJAX 跨域请求问题。

我们想要解决这个问题，就需要先来了解同源、同源策略和跨域。

在 5.6.1 节中讲解了 URL 结构的组成，已经明确了 URL 各个部分的功能。所谓同源，指的是当前用户所在的 URL 与被请求的 URL 的协议名、域名、端口必须完全相同。一旦有一个或多个不同，就是非同

源请求，也就是我们经常说的跨域请求，简称“跨域”。而同源策略是浏览器端的一个安全策略，它不允许部分跨域请求，在发生部分跨域请求时也就会报上面控制台中提示的错误信息，比如 AJAX 请求就是受同源策略限制的，但常见的<img>、<link>、<script>标签发出的跨域请求，是不受同源策略限制的，也就是它们发送跨域请求，浏览器会正常处理响应，而 AJAX 发送跨域请求，浏览器就不会正常处理响应。

图 6-17　控制台报错

那么我们在进行项目开发时应如何解决 AJAX 跨域请求问题呢？其实是有多种解决方案的，这里就不再一一列举了。下面使用 Vue 项目开发中常用的解决方案——配置代理服务器来解决 AJAX 跨域请求问题。代理服务器的基本思想就是：浏览器发送同源请求（请求当前项目下的地址），由代理服务器将请求转发到跨域的目标服务器上，代理服务器得到响应后，自动传递给浏览器。这就实现了浏览器本质上发送的是同源请求，而请求到的是跨域服务器的接口，从而解决 AJAX 跨域请求问题。

使用 vite 创建的项目，其内部已经集成了代理服务器，我们只需做适当的配置即可。下面分两步实现。

第 1 步：在 vite.config.js 文件中配置代理服务器，修改后的 vite.config.js 文件代码如下。

```
import { defineConfig } from 'vite';
import vue from '@vitejs/plugin-vue';

// https://vitejs.dev/config/
export default defineConfig({
  plugins: [vue()],
  server: {
    proxy: {
      // 只转发请求路径以“/apiPrefix”为前缀的请求
      '/apiPrefix': {
        target: 'http://39.98.123.211:8510/api',           // 转发的目标接口
        changeOrigin: true,                                 // 确认修改来源实现跨域
        rewrite: path => path.replace(/^\/apiPrefix/, ''), // 在转发时去掉路径中的/apiPrefix
      },
    },
  },
});
```

第 2 步：修改组件中 AJAX 请求的路径，将跨域路径修改为当前项目下的路径，也就是将“http://39.98.123.211:8510/api/cms/banner”修改为“/apiPrefix/cms/banner”。需要注意的是，不写基础路径时，就是请求当前项目的运行路径（同源请求）；路径开头部分必须是“/apiPrefix”，这样代理服务器才能匹配到，从而转发跨域请求的对应接口。App.vue 代码修改如下。

```
...
...

/* 第 2 步：初始化请求，指定请求方式和请求地址 */
// const url = 'http://39.98.123.211:8510/api/cms/banner';
const url = '/apiPrefix/cms/banner';

...
...
```

最后，我们可以对 AJAX 请求进行相对简单的封装。定义一个相对通用的函数，接收请求的 url 参数，利用 Promise 的实例对象来封装 AJAX 请求，如果请求成功，则返回一个成功的 promise 对象；如果请求失败，则返回一个失败的 promise 对象。修改完成后的 App.vue 文件代码如下。

```
<script setup>
import { ref, onMounted } from "vue";

/*
AJAX 请求函数
*/
function ajax(url) {
  // 利用 Promise 的实例对象来封装 AJAX 请求
  return new Promise(function(resolve, reject) {
    const xhr = new XMLHttpRequest();
    xhr.open("GET", url);
    xhr.onreadystatechange = function() {
      // 当请求完成时
      if (xhr.readyState == 4) {
        // 如果请求成功，则解析响应体 JSON 数据为 JavaScript 对象，并指定为 promise 成功的 value
        if (xhr.status >= 200 && xhr.status < 300) {
          const result = JSON.parse(xhr.responseText);
          resolve(result);
        } else {
          // 如果请求失败，创建包含错误信息的 error 对象，并指定为 promise 失败的 reason
          reject(new Error(`请求失败，错误信息为：${xhr.statusText}`));
        }
      }
    };
    xhr.send();
  });
}
// 列表数据
const list = ref([]);
// 初始化挂载回调
onMounted(() => {
  // 获取列表数据显示
  ajax("/apiPrefix/cms/banner")
    .then(value => {
      list.value = value.data;
    })
    .catch(error => {
      alert(error.message);
    });
});
</script>

<template>
  <div class="app">
    <div class="item" v-for="item in list" :key="item.id">
      <span>{{ item.title }}</span>
      <img :src="item.imageUrl" alt />
    </div>
  </div>
</template>

<style scoped>
  .item { height: 100px; margin: 10px; display: flex; align-items: center;}
  .item span { display: inline-block; width: 150px;}
```

```
  .item img { height: 100px; width: 100px;  }
</style>
```

运行项目后就可以正常访问和显示接口内容了，如图 6-18 所示。

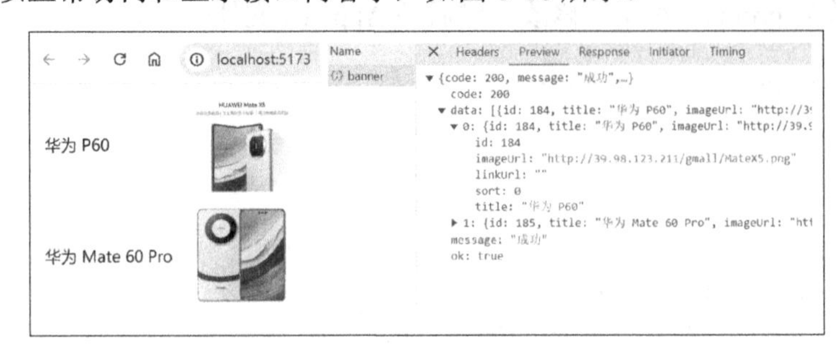

图 6-18 正常访问和显示接口内容

## 6.4.2 fetch 请求

也许有一部分人员对 XMLHttpRequest 并不熟悉，也不想耗费时间和精力自定义封装 AJAX 请求，那么这时候应该怎么办呢？

6.4.1 节中 AJAX 请求函数的封装只是实现了最基本的功能，仅仅抽离 url 为动态参数，像 method 请求方式、headers 请求头、Content-Type 设置等内容都没有实现动态化抽离，后续想要实现完整、强大的自定义 AJAX 还是比较烦琐的。此时可以考虑浏览器自带的 fetch 请求函数。

fetch 是一种可以代替 XMLHttpRequest 的 HTTP 数据请求方式。需要注意的是，fetch 不是对 AJAX 的进一步封装，它们是两种数据请求方式，fetch 函数就是原生 JavaScript，并没有使用 XMLHttpRequest 对象。而 XMLHttpRequest 是一个设计粗糙的 API，配置和调用方式非常混乱，而且基于事件的异步模型写起来也没有 Promise、async 和 await 友好。

fetch 的出现就是为了解决 XMLHttpRequest 的问题的，它实现了 Promise 规范，返回 Promise 的实例对象，而 Promise 是开发者为解决异步回调问题而推出的一套方案。

比如 6.4.1 节中利用 XMLHttpRequest 进行的 AJAX 请求改用 fetch 原生浏览器请求函数实现，就可以修改为异常简洁的代码内容。

此时将 App.vue 文件中的代码改写为下方代码。

```
<script setup>
import { ref, onMounted } from 'vue';

// 列表数据
const list = ref([]);
// 初始化挂载回调
onMounted(()=> {
  // 调用 fetch 函数发送 AJAX 请求获取列表数据显示
  fetch('/apiPrefix/cms/banner')
  .then(function (response) {
    return response.json();
  })
  .then(function (data) { // data 为响应体数据对象
    list.value = data.data;
  })
  .catch(function (error) {
    alert(error.message);
  });
});
</script>
```

因为 fetch 就是 ES6（ECMAScript6）提供的一个异步接口，所以基本的 fetch 操作很简单，就是通过

fetch 请求，返回一个 Promise 的实例对象，在 Promise 实例的 then 方法里面用 fetch 的 response.json()等方法解析数据。由于这个解析返回的也是一个 Promise 的实例对象，因此需要使用两个 then 方法才能得到我们需要的 JSON 数据。

虽然 fetch 具有诸多优势，比如浏览器内置、代码语法简洁、更加语义化、基于标准 Promise 实现、支持 async、await 等，但它也具有很多劣势，比如不支持文件上传进度监测、默认不带 cookie、不支持请求终止、没有统一的请求响应拦截器、使用不完美、需要大量的功能封装等，这对于开发者来说操作依旧很烦琐。

## 6.5 axios 请求

本节主要介绍 axios 的相关内容。

### 6.5.1 axios 基本请求实现

在实际项目开发中，我们一般不会使用原生 XMLHttpRequest 对象来发送 AJAX 请求与后端接口进行交互，而是使用第三方库 axios 来编写请求代码，甚至会对 axios 进行二次封装来简化请求的代码。

axios 是一个具有独立开发功能、目标明确的请求库。它基于 Promise，是一个既可以用于浏览器又可以用于 Node 服务器的 HTTP 请求模块。本质上它是符合最新 ES 规范使用 Promise 实现的原生 XHR 的封装。在服务器端它使用原生 Node 的 HTTP 模块实现，而在客户端则使用 XMLHttpRequests 实现。因为 axios 的作者对于请求操作已经在 axios 第三方库中进行了常用功能的封装，所以开发人员想实现网络请求功能只需直接安装并使用它即可，其拥有诸多特性，主要包括以下几点。

- 支持从浏览器创建 XMLHttpRequests。
- 支持从 Node 创建 HTTP 请求。
- 支持 Promise API。
- 拦截请求和响应。
- 转换请求和响应数据。
- 取消请求。
- 自动转换 JSON 数据。
- 客户端支持防御 XSRF。

在 vue3-book-request 项目中安装 axios，命令如下。

```
npm install axios --save
```

将 6.4 节中 AJAX 与 fetch 的请求操作代码示例转换为 axios 代码模式，此时 App.vue 文件代码如下。

```
<script setup>
import { ref, onMounted } from 'vue';
import axios from 'axios'; // 引入 axios

const list = ref([]);

onMounted(() => {
  // 调用 axios 的 get 方法发送 AJAX 请求获取列表数据显示
  axios.get('/apiPrefix/cms/banner')
    .then(function (response) {
      const result = response.data;
      list.value = result.data;
    })
    .catch(function (error) {
      alert(error.message);
    });
```

```
});
</script>
```

从代码整体来看，它的代码调用十分清爽简洁。

在请求了正式 swagger 接口后，还可以尝试请求在 6.2.3 节中使用 json-server 与 Mock.js 配合构建的模拟数据接口。细心的读者会发现，使用这种模式构建的模拟数据接口在请求时并没有出现 AJAX 跨域请求问题，这是因为 json-server 已经在服务器端通过返回特定响应头的方式解决了 AJAX 跨域请求问题。

将 App.vue 文件中的代码修改为下方代码。

```
onMounted(() => {
  axios.get('http://localhost:5000/users')
    .then(function (response) {
      // axios 中将返回 response 响应对象，从 response 中可以获取 data 数据
      const users = response.data;
      console.log(users);
    })
    .catch(function (error) {
      alert(error.message);
    });
});
```

### 6.5.2 axios 项目功能集成

不管是 XMLHttpRequest、fetch 还是 axios，在实际的复杂项目开发中通常都不会直接请求，而是会进一步封装请求，以简化后续出现的代码重用。接下来将以 axios 库为例，结合 json-server 与 Mock.js 模拟出来的接口数据进行实际项目开发中请求的代码封装应用操作。

在实现 axios 库二次封装前，先来讲解一下 axios 库的几个重要语法。

#### 1. 创建新的 axios 函数

axios 库默认暴露的只有一个函数 axios，我们执行 axios 函数可以发送 AJAX 请求，同时 axios 函数提供了一些发送不同类型的 AJAX 请求的静态方法，如 get、post、put、delete 等。通过 6.5.1 节中组件的多个请求代码，读者应该能发现，每次指定请求地址时都需要携带一个基础路径“http://localhost:5000”，我们可以通过“axios.defaults.baseURL = 'http://localhost:5000/'”进行统一指定，这样在组件中就不再需要指定这个基础路径了。

现在，我们假设当前前台应用还需要请求另一台服务器上的接口，它的基础路径、请求超时时间、请求头等都可能与用户接口不同。此时用一个 axios 函数就不能实现了，我们可以利用 axios 函数提供的 create 静态方法来创建一个新的 axios 函数，并指定新的 baseURL。axios.create 的语法如下。

```
axios.create([config])
```

在 config 对象中，我们可以指定特定的 baseURL（基础路径）、timeout（请求超时时间）等。

#### 2. 使用 axios 拦截器

使用 axios 库来请求数据的一个非常重要的原因就是它有一项功能叫拦截器（Interceptors），这也是 fetch 所没有的。如果想要使用 fetch 实现拦截器功能，就需要编写大量代码进行自定义的封装实现，或者安装一个类似 fetch-intercept 的第三方库，而使用 axios 拦截器就可以一步到位解决这个问题。下面就来介绍 axios 拦截器的相关知识。

axios 拦截器分为两种，分别是请求拦截器和响应拦截器。

（1）请求拦截器：在请求发送前进行必要的操作处理，例如，添加统一 cookie、添加请求验证、设置请求头等，相当于对每个接口中相同操作的一个封装。配置请求拦截器的语法如下。

```
axios.interceptors.request.use()
```

（2）响应拦截器：功能与请求拦截器的功能基本相似，只不过响应拦截器是在请求得到响应后，对

响应体进行处理，通常是用来对数据进行统一处理等，也常用来判断登录是否失效等。配置响应拦截器的语法如下。

```
axios.interceptors.response.use()
```

这里将二者的区别通过图片来展示，如图 6-19 所示。

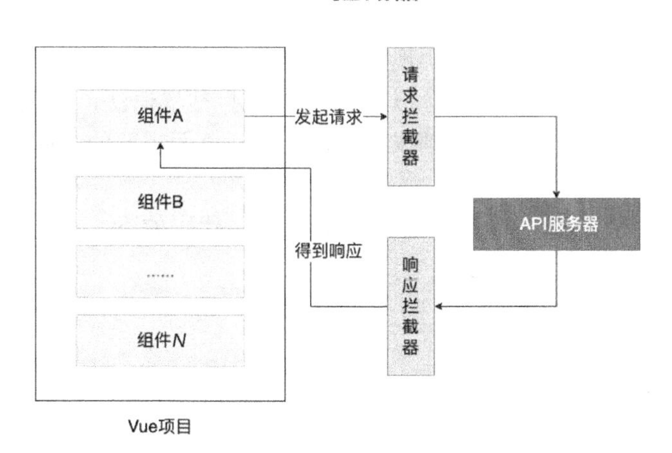


图 6-19　请求拦截器和响应拦截器的区别

从图 6-19 中可以看出，组件 A 发起请求，在到达 API 服务器之前的这个过程中请求拦截器就会生效，也就是说，如果我们想要添加统一 cookie，或者设置请求头就可以在这里执行；当 API 服务器发出响应以后，会将响应内容返回组件中，在这个过程中响应拦截器就会生效，也就是说，我们可以在这里对数据进行统一处理，将处理过的数据返回组件中。

例如，一些网站在一定时间后没有被操作，就会自动退出登录，让用户重新登录。想要实现这样的功能，如果不用拦截器则操作起来会很麻烦，而且从代码上来说也会深度冗余，如果使用拦截器解决这个问题，则操作会变得更加简单。

axios 拦截器的作用强大，每个 axios 函数都可以设置多个请求拦截器或者响应拦截器，同时每个拦截器都可以设置两个拦截函数，分别用于成功拦截和失败拦截。在调用 axios 函数之后，请求流程会先进入请求拦截器中，在正常情况下，可以一直执行请求成功拦截函数；如果有异常，则会执行请求失败拦截函数，但这个时候并不会发起请求。当请求返回后，请求流程会根据响应信息进入响应拦截器中，执行响应成功拦截函数或者响应失败拦截函数。

下面简单演示拦截器的配置，代码如下。

```
// 添加请求拦截器
axios.interceptors.request.use(
  // 请求前成功的拦截器
  function (config) {
    return config
  },
  // 请求前失败的拦截器，一般很少用
  function (error) {
    return Promise.reject(error)
  }
)
// 添加响应拦截器
axios.interceptors.response.use(
  // 成功响应的拦截器
  function (response) {
    return response
  },
```

```
  // 失败响应的拦截器
  function (error) {
    return Promise.reject(error)
  }
)
```

下面对 axios 库进行二次封装。

可以利用 axios 库的 create 方法来创建一个新的 axios 函数，同时封装特定的基础路径和请求超时时间。可以利用 axios 库的请求拦截器语法，实现在发送请求前对请求进行统一处理，比如向请求头中添加需要携带给后台接口的 token 数据。可以利用 axios 库的响应拦截器语法，实现在请求成功或失败返回后，进行请求成功或失败的统一处理，比如，在请求成功后，返回页面需要的响应体数据；在请求失败后，给予统一的请求失败提示。

创建 axios 库的二次封装模块文件 api/jsonServerAxios.js，代码如下。

```
import axios from 'axios';

// 创建针对 json-server 提供的接口的 axios
const jsonServerAxios = axios.create({
  baseURL: 'http://localhost:5000',    // 基础路径
  timeout: 1000 * 20, // 请求超时时间
  headers: {
    'X-Custom-Header': 'custom value', // 在 header 头信息中自定义头信息设置
  },
});

// 模拟保存登录请求返回的 token 到 Local Storage 中
localStorage.setItem('TOKEN_KEY', 'atguigu_123');

// 添加请求拦截器
jsonServerAxios.interceptors.request.use(
  function (config) {                    // 每次请求前执行
    // 读取 Local Storage 中的 token 数据，如果 token 数据被添加到请求头中
    const token = localStorage.getItem('TOKEN_KEY');
    if (token) {
      config.headers['token'] = token;
    }

    // 返回配置
    return config;
  },

  function (error) {
    return Promise.reject(error);
  }
);

// 添加响应拦截器
jsonServerAxios.interceptors.response.use(
  function (response) {
    /*
    请求能够正常响应不代表一定能够获取服务器返回的数据。
    有时候请求成功服务器却会因为具体的业务场景返回一定的错误企业编码与数据信息。

    可以返回指定对象，包括响应状态码（或者企业 code 码）、状态提示文本（或者企业状态提示文本）、响应体数据内容。
    return {
     code: response.status,
```

```
    message: response.statusText,
    data: response.data,
   };
   */

  // 可以直接将 response.data 返回，组件不需要每次都去操作 data 属性节点
  return response.data;
},
function (error) {
  if (!error.response) {
    alert('网络连接不上，请检查网络')
  } else if (error.response) { // 根据响应状态码，设置不同的错误提示信息
    switch (error.response.status) {
      case 400:
        error.message = '错误请求';
        break;
      case 401:
        error.message = '未授权，请重新登录';
        break;
      case 403:
        error.message = '拒绝访问';
        break;
      case 404:
        error.message = '请求错误，未找到该资源';
        break;
      case 405:
        error.message = '请求方式未允许';
        break;
      case 408:
        error.message = '请求超时';
        break;
      case 500:
        error.message = '服务器端出错';
        break;
      case 501:
        error.message = '网络未实现';
        break;
      case 502:
        error.message = '网络错误';
        break;
      case 503:
        error.message = '服务不可用';
        break;
      case 504:
        error.message = '网络超时';
        break;
      case 505:
        error.message = 'http 版本不支持该请求';
        break;
      default:
        error.message = `连接错误${error.response.status}`;
    }
    // 对错误提示信息的处理可以统一存放在这里，如页面提示错误等
    alert(error.message)
  }
  return Promise.reject(error);
```

```
  }
);

export default jsonServerAxios;
```

axios 库二次封装模块实现后，基于当前模块，下一步可以为请求接口封装相应的接口请求函数，并将同一资源的不同操作的多个接口对应的接口请求函数封装在一个模块文件中。当然一个项目中很可能是有不同资源的接口的，需要创建多个包含 *n* 个接口请求函数的模块。当然，当前只有一个通过 json-server 创建的 users 接口，它包含下面 5 个接口。

（1）通过用户 id 获取对应的用户信息。

（2）获取用户列表。

（3）添加用户。

（4）修改用户。

（5）删除用户。

可以定义一个包含对应的 5 个接口请求函数的模块，创建模块文件 api/usersApi.js，代码如下。

```
/*
利用 jsonServerAxios 进行用户 CRUD（增删改查）接口请求函数的封装
*/

// 引入 jsonServerAxios
import jsonServerAxios from './jsonServerAxios';

// 通过用户 id 获取对应的用户信息
export const reqGetUser = async (id) => jsonServerAxios.get(`/users/${id}`);

// 获取用户列表
export const reqGetUserList = async (params) => jsonServerAxios.get('/users', { params });

// 添加用户
export const reqAddUser = async (user) => jsonServerAxios.post('/users', user);

// 修改用户
export const reqUpdateUser = async (user) => jsonServerAxios.put(`/users/${user.id}`, 
user);

// 删除用户
export const reqRemoveUser = async (id) => jsonServerAxios.delete(`/users/${id}`);
```

接口请求函数封装好之后，开发者就可以在任意组件中引入并调用这些接口请求函数来实现数据操作的相应功能了。当前可以在 App 组件中实现用户的增、删、改、查一系列操作，例如，我们可以在 App 组件中引入 usersApi 模块中提供的 5 个接口实现用户的增、删、改、查，包括添加用户、更新用户、删除用户、查看用户详情、获取用户列表，代码如下。

```
<script setup>
import { onMounted, ref } from 'vue';
// 引入用户的接口请求函数
import {
  reqGetUserList,
  reqAddUser,
  reqUpdateUser,
  reqRemoveUser,
  reqGetUser
} from '@/api/usersApi';
const users = ref([]);
const error = ref('');
```

```
// 添加用户
const addUser = async () => {
  // 创建一个新的用户对象（没有 id）
  const user = {
    name: 'atguigu',
    address: '北京',
    avatar: 'http://dummyimage.com/100x100/b6f279/FFF&text=atguigu',
  };
  // 请求新增用户
  await reqAddUser(user);
  // 成功后，重新获取用户列表
  getUsers();
};

// 更新用户
const updateUser = async (id) => {
  // 指定更新信息的用户对象
  const user = {
    id,
    name: '尚硅谷',
    address: '北京',
    avatar: 'http://dummyimage.com/100x100/b6f279/FFF&text=atguigu',
  };
  // 请求修改用户
  await reqUpdateUser(user);
  // 成功后，重新获取用户列表
  getUsers();
};

// 删除用户
const deleteUser = async (id) => {
  // 请求删除用户
  await reqRemoveUser(id);
  // 成功后，重新获取用户列表
  getUsers();
};

// 查看用户详情
const viewUserById = async (id) => {
  // 请求获取用户信息
  const result = await reqGetUser(id);
  // 成功后，得到用户信息，并提示
  const user = result;
  alert(JSON.stringify(user));
};

// 获取用户列表
const getUsers = async () => {
  try {
    // 请求获取用户的分页列表
    const result = await reqGetUserList({
      _page: 1,         // 页码
      _limit: 5,        // 每页数量
      _sort: 'id',      // 根据 id 排序
      _order: 'desc',   // 倒序
    });
```

```
    // 成功后，读取得到的用户列表，更新状态并显示列表
    users.value = result;
  } catch (error) {     // 如果请求失败，则更新错误信息显示
    error.value = error.message;
  }
}

// 初始化获取用户列表显示
onMounted(() => {
  getUsers();
});
</script>

<template>
  <div v-if="error">error:{{ error }}</div>
  <ul>
    <li v-for="user in users" :key="user.id">
      <span class="item-id">{{ user.id }}</span>
      <span class="item-name">{{ user.name }}</span>
      <a href="javascript:void(0)" @click="updateUser(user.id)">修改</a>
       
      <a href="javascript:void(0)" @click="deleteUser(user.id)">删除</a>
       
      <a href="javascript:void(0)" @click="viewUserById(user.id)">查看详情</a>
    </li>
  </ul>
  <button @click="addUser">新增用户</button>
</template>

<style>
.item-id {
  display: inline-block;
  width: 50px;
  margin-right: 10px;
}
.item-name {
  display: inline-block;
  width: 100px;
}
</style>
```

修改后的 vite.config.js 文件代码如下。

```
import { defineConfig } from 'vite'
import vue from '@vitejs/plugin-vue'
import { resolve } from 'path'

// https://vitejs.dev/config/
export default defineConfig({
  plugins: [vue()],
  server: {
    proxy: {
      // 设置代理地址接口前缀
      '/apiPrefix': {
        // 凡是遇到前缀为 /apiPrefix 的路径的请求，都映射到 target 属性中
        target: 'http://39.98.123.211:8510/api',
        changeOrigin: true, // 确认修改来源，实现跨域
```

```
          // 替换代理地址接口前缀为空字符串
          rewrite: (path) => path.replace(/^\/apiPrefix/, ''),
        },
      },
    },
    // 设置别名与省略的后缀
    resolve: {
      alias: [{ find: '@', replacement: resolve(__dirname, 'src') }],
      extensions: ['.js', '.ts', '.vue'],
    },
})
```

运行项目后，页面效果如图 6-20 所示，初始页面显示一个包含 5 个用户的列表，点击“新增用户”按钮，增加一个名为“atguigu”的用户，点击“修改”链接，当前用户名更新为“尚硅谷”，点击“删除”链接，对应的用户被删除，点击“查看详情”链接，提示对应用户的详细信息。

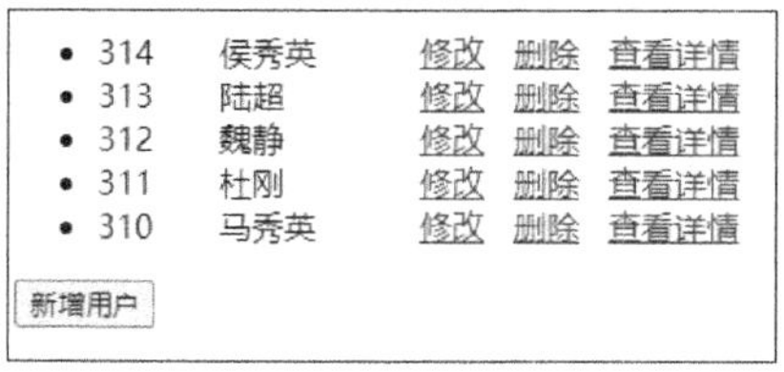

- 314　侯秀英　修改　删除　查看详情
- 313　陆超　修改　删除　查看详情
- 312　魏静　修改　删除　查看详情
- 311　杜刚　修改　删除　查看详情
- 310　马秀英　修改　删除　查看详情

新增用户

图 6-20　页面效果

有一个重要问题需要单独说明一下，上面各个操作对应的请求都是跨域 AJAX 请求，前台并没有做任何处理，但请求都被正常处理了，这是因为 json-server 创建的服务器接口已经在服务器端通过返回特定响应头的方式解决了 AJAX 跨域请求问题。如果后台接口没有进行处理呢？在项目中就需要通过配置代理服务器来解决此问题（6.4.1 节有讲解），只需要两步就可以解决。

第 1 步：在 vite.config.js 中配置代理服务器，也就是在 proxy 配置中添加一个代理配置，代码如下。

```
import { defineConfig } from 'vite'
import vue from '@vitejs/plugin-vue'
import { resolve } from 'path'

// https://vitejs.dev/config/
export default defineConfig({
  plugins: [vue()],
  server: {
    proxy: {
      ...
      ...

      // 针对 jsonServerAxios 处理的相关接口
      '/jsonPrefix': {
        target: 'http://localhost:5000', // 转发的目标接口
        changeOrigin: true, // 确认修改来源，实现跨域
        rewrite: path => path.replace(/^\/jsonPrefix/, ''), // 去掉代理前缀路径
      }
    },
  },
  ...
  ...
})
```

第 2 步：修改 axios 库二次封装的模块文件 jsonServerAxios.js 中的 baseURL 配置的基础路径，将其修改为“/jsonPrefix”。

重新启动项目，功能与之前是一致的。

当然这套接口本身是不需要配置代理服务器的，这里只是为了演示说明。

# 第7章 状态管理

解决一个问题的方案不会只有一种，在提供一种解决问题的方案后总会有另一种更好的方案等待尝试。虽然有很多种方案可以实现 Vue 组件之间的通信，但统一状态管理器 Vuex 和 Pinia 是实现任意组件之间通信的两种优秀方案。Vuex 的单 store、state、getters、mutations、actions、modules、plugins 和 Pinia 的多 store、state、actions、getters 是本章讨论的重点。

## 7.1 常规组件通信的弊端

在正式讲解状态管理相关知识之前，我们先来分析使用常规组件通信的弊端。

随着项目复杂度的增加，组件之间的层次嵌套成了一种十分常见的现象。在一个项目中，嵌套层次少的可能有两三层，多的可能达到五六层。5.5 节讲解的嵌套路由是组件层次嵌套的一种应用场景与表现形式。组件层次嵌套的问题最终会引出组件之间的关系概念，其包括父与子关系、祖与孙关系和其他关系等。那么，这些不同关系的组件之间是否会存在信息的互通操作呢？这里需要特别说明一点，在 Vue 中，组件之间信息的互通通常被称为组件之间的通信。读者可以带着这个疑问向下阅读。

组件之间的关系与生活中人们之间的关系有所不同。在生活中，无论是父亲找你谈话、你找父亲聊天、爷爷找孙子交流、曾孙找祖父玩耍、表姐找表妹谈心，还是堂叔侄之间的偶遇都可以做到直面的交流。Vue 组件之间的关系虽然与生活中的家族谱相似，但是它们之间不能随心所欲地交流。

现在有一个场景，包含父亲、儿子、孙子 3 层关系结构，父亲有 3 个儿子，其中一个儿子还有一个后代（儿子，也就是父亲的孙子），如图 7-1 所示。

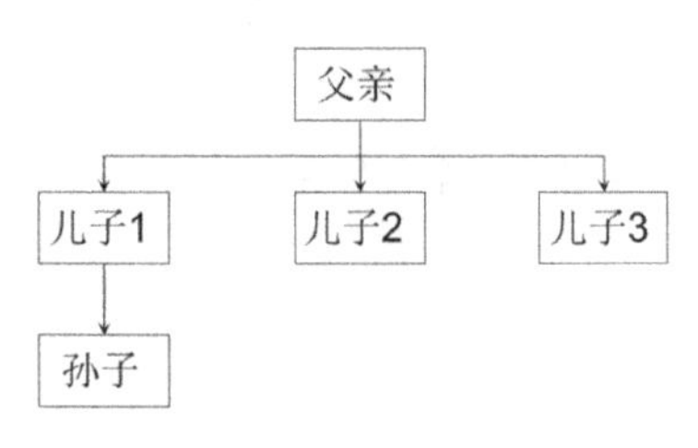

图 7-1 模拟场景

为了方便讲解，这里将如图 7-1 所示的结构称为“父组件”、“子组件 1”、“子组件 2”、“子组件 3”和“孙组件”，对应图中顺序为从上至下，从左至右。

假如孙子（孙组件）想要传递信息给与父亲（儿子 1）同辈的叔叔（子组件 3），就会牵扯到非父子、非祖孙之间的关系。在 Vue 的嵌套组件层次中，想要实现这一信息传递目标是十分困难的。也就是说，在正常情况下，从“孙组件”到“子组件 3”这种非父子、非祖孙之间的跨层级的数据是无法直接传递的。

在 Vue 组件通信关系中，Vue 组件通信尽可能使用单向流程处理。比如父与子、子与孙同属的关系都是父子关系；而孙与子、子与父同属的关系都是子父关系，只不过这里所说的父子与子父包含了两个层次。那么想要实现既定目标从“孙组件”传递数据到“子组件 3”则需要通过 4 步操作流程，如图 7-2 所示。

（1）将属性以回调函数形式从“孙组件”传递到“子组件 1”，这个过程是子与父之间实现交互。

（2）将属性以回调函数形式从“子组件 1”传递到“父组件”，这个过程需要再次利用子与父之间的交互关系。

（3）将属性直接从“父组件”传递到“子组件 3”，这个过程确认的是父与子之间的关系。

（4）在“孙组件”中需要执行回调函数，将“孙组件”的数据传递给“子组件 1”，“子组件 1”的数据再传递给“父组件”，这样才能确保“父组件”将属性传递给“子组件 3”。

这样的传递过程明显很漫长，不仅流程烦琐，而且效率很低。当前我们描述的场景中只有 3 层嵌套结构，如果层次关系是 6 层或 7 层，而且不同层次之间的通信需求又十分强烈，那么通信过程是无法想象的。因此，需要且必须找寻一种更合理的解决方案来优化组件之间的通信工作。

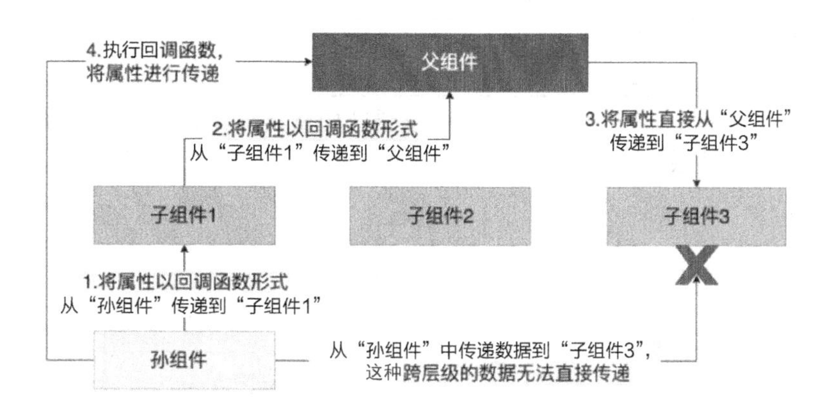


图 7-2　从“孙组件”传递数据到“子组件 3”的操作流程

## 7.2　Vuex 状态管理器的概念

如果在一个大家族中出现了内部沟通无法解决的问题，那么最好的解决办法是什么？最好的解决办法无非就是请一个外部的“和事佬”当作媒介，让“和事佬”作为信息传递的中间转换层，这样就可以解决信息传递的层次问题。

Vuex 就是这个大家族中的“和事佬”，它是一个专门为 Vue 应用程序开发的状态管理器。Vuex 采用集中式存储管理应用的多个组件之间的共享状态数据，并以相应的规则保证状态以一种可预测的方式发生变化。利用 Vuex 可以存储任意层级的组件数据内容，在其他任意层级的组件需要对应的数据时，只需直接从其数据仓库中获取与修改即可，如图 7-3 所示。在如图 7-3 所示的通信流程中，任意层级的组件都可以直接获取或修改数据仓库中的数据，也就是组件与数据仓库之间可以相互通信。

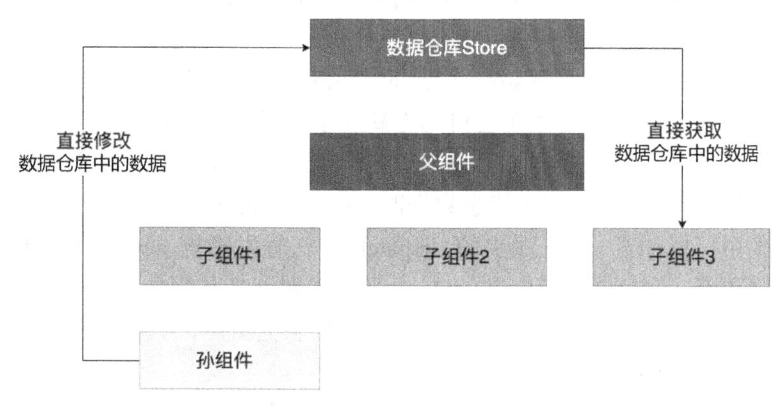


图 7-3　利用 Vuex 实现组件之间的通信

Vuex 中的 7 个核心概念需要读者强化理解，如表 7-1 所示。表 7-1 只是对这些核心概念的作用进行简单讲解，在本章后续内容中将对这些概念进行对应的讲解。

表 7-1　Vuex 中的核心概念

| 核心概念 | 作用 |
|---|---|
| store | 管理状态数据的“大管家”对象，只有一个 |
| state | 包含 $n$ 个状态数据属性的对象 |
| getters | 包含 $n$ 个基于 state 的计算属性的对象 |
| mutations | 包含 $n$ 个直接更新状态数据的方法的对象 |
| actions | 包含 $n$ 个执行同步或异步操作后间接更新状态数据的方法的对象 |
| modules | 包含 $n$ 个 Vuex 模块对象的对象 |
| plugins | 配置 $n$ 个 Vuex 插件的数组 |

图 7-4 所示为 Vuex 的结构，描述了 Vuex 内部的重要结构及其与 Vue 组件、后端接口和 Vuex 开发者调试工具（devtools）的交互关系。

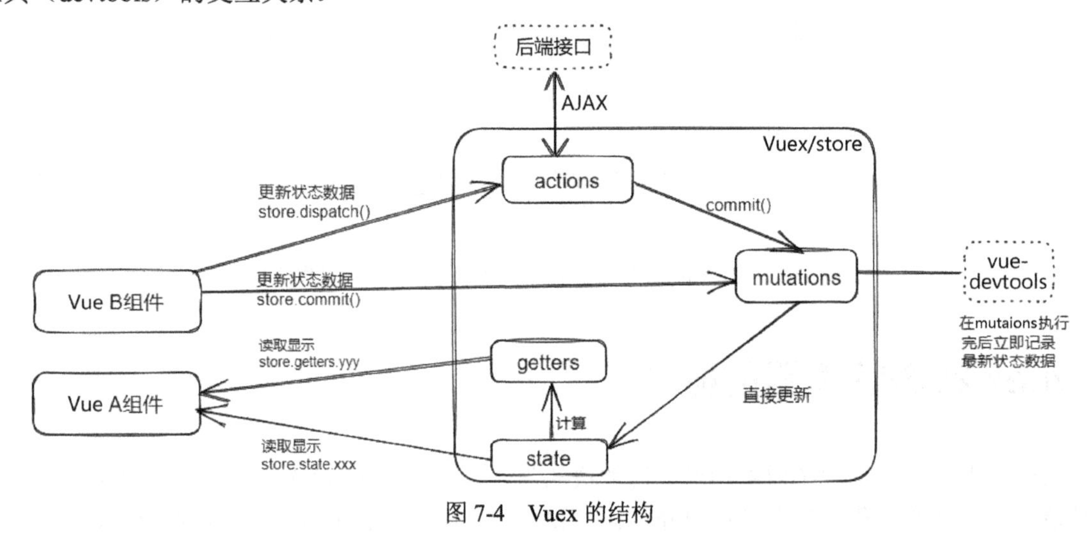


图 7-4　Vuex 的结构

这里整体对 Vuex 进行简单介绍，读者大致有一个了解即可，等真正使用过后，就会对这个结构有一个更真切的理解。

创建一个 Vuex 的 store 对象来统一管理多个组件之间共享的状态数据。在创建 store 对象时，可以配置 state、getters、mutations 和 actions 这 4 个对象，组件之间共享的状态数据在 state 对象中指定，而基于状态数据的计算属性可以在 getters 对象中定义。任意层级的组件都可以通过 state 对象来读取状态（state）数据或 getters 计算属性进行页面的动态初始显示，并且一旦状态数据发生变化，组件就会自动更新显示。

当某个组件需要通过更新状态数据来更新页面显示时，一种情况是在 mutations 对象中定义直接同步更新状态数据的函数，在组件中通过调用 store 对象的 commit 方法来触发对应的 mutation 方法执行，一旦状态数据更新，读取状态数据显示的组件就会自动更新显示；另一种情况是在更新状态数据前，如果需要执行异步操作或一些逻辑处理，就需要在 actions 对象中定义 action 方法，在其中执行异步操作（如发送 AJAX 请求获取数据）或逻辑处理，在更新状态数据时，执行 commit 方法触发特定 mutation 方法执行来更新状态数据。而在组件中可以通过 store 对象的 dispatch 方法触发特定 action 方法执行来最终更新状态数据，从而触发组件页面更新。在 1.3.2 节安装的 Vue 开发者调试工具中包含了 Vuex 的调试工具（也就是 vue-devtools），在初始化状态产生后或 mutation 方法调用状态更新后，它都会记录下最新的状态数据，开发人员可以通过观察状态数据的变化辅助程序的开发调试。

Vuex 虽然解决了任意组件之间的通信需求，但它是一个库，其本身涉及的概念与知识点还是很庞大的。在后续会对 Vuex 一步步进行学习。

## 7.3　使用 Vue 实现一个计数器

本节将使用 Vue 实现一个计数器，效果如图 7-5 所示。

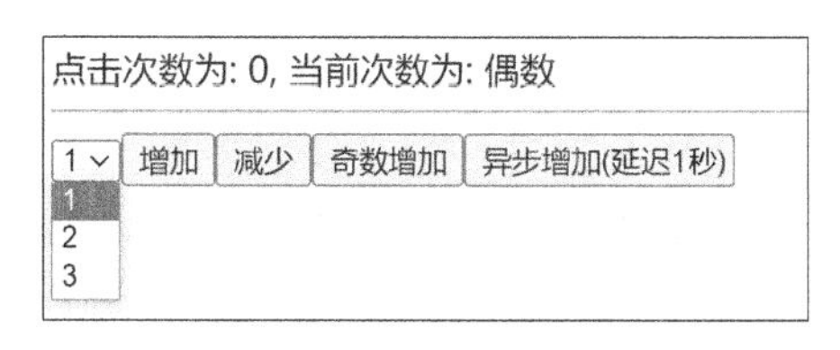


图 7-5　计数器效果

简单描述一下要实现的计数器功能：横线上面显示当前点击的次数，以及次数是奇数还是偶数；横线下面的按钮用于增加或减少横线上面的点击次数，下拉列表用于指定每次变化的数量。比如我们可以选择 3，当点击“增加”按钮时，次数增加 3；当点击“减少”按钮时，次数减少 3；当点击“奇数增加”按钮时，只有当次数是奇数时才增加 3；当点击“异步增加（延迟 1 秒）”按钮时，延迟 1 秒次数增加 3。

下面利用 vite 进行 Vuex 项目的创建，将项目名称设置为“vue3-book-vuex-pinia”，代码如下。

```
npm create vite@latest vue3-book-vuex-pinia -- --template vue
```

删除 assets 和 components 文件夹，并且将 App.vue 组件文件的内容修改为一个最基本的组件内容，此时 App.vue 文件代码如下。

```
<template>
  <div>App</div>
</template>

<script setup>
</script>

<script>
export default {
  name: 'App',
}
</script>
```

为了在 Vue 项目中引入模块时使用路径别名与省略后缀的功能，还需要配置 vite.config.js 文件，添加 resolve 属性，并在其中添加 alias 与 extensions 的配置内容。

vite.config.js 文件代码如下。

```
import { defineConfig } from 'vite';
import vue from '@vitejs/plugin-vue';
import { resolve } from 'path';

// https://vitejs.dev/config/
export default defineConfig({
  plugins: [vue()],

  // 设置路径别名与省略后缀
  resolve: {
    alias: [{ find: '@', replacement: resolve(__dirname, 'src') }],
    extensions: ['.js', '.vue'],
  },
});
```

下面利用 Vue 组件化的编程方式实现计数器功能，将实现效果进行拆分，如图 7-6 所示。

将计数器页面整体定义为 Counter 组件，其内部包含点击次数及显示奇偶数的 CountShow 组件和更新次数的 CountUpdate 组件，创建相关的文件及目录结构，如图 7-7 所示。

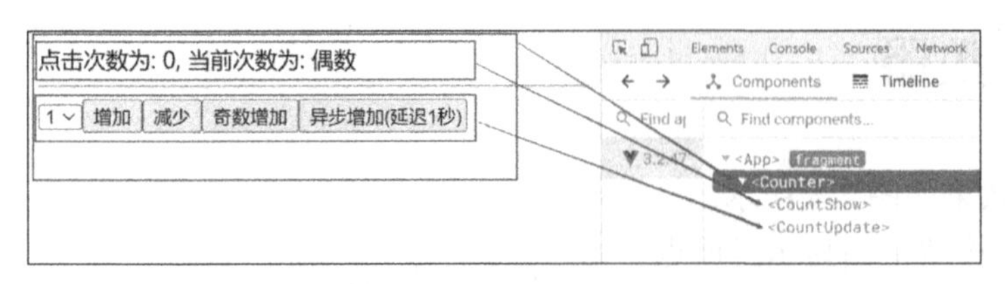


图 7-6　拆分效果

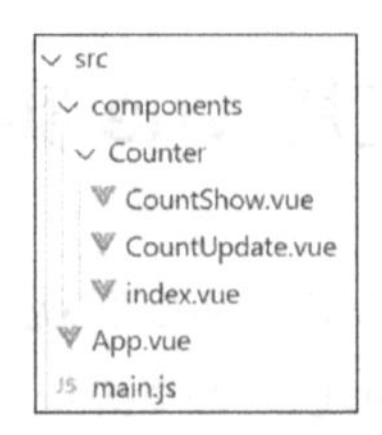


图 7-7　src 目录结构

点击次数 count 是 CountShow 组件与 CountUpdate 组件之间共享的状态数据，基本的实现方式是将 count 定义到共同的父组件 App 中进行统一管理。也就是说，在 App 组件中定义响应式数据 count，通过 props 属性传递给 CountShow 组件来显示，并且在 App 组件中定义 CountShow 组件和 CountUpdate 组件共享的 count 响应式数据，通过 props 属性传递给 CountUpdate 组件，当按钮被点击时调用相应的函数来更新 App 组件中的 count，这样 CountShow 组件页面就会自动更新。

下面列出实现代码。

components/Counter/index.vue 文件代码如下。

```
<template>
  <div>
    <count-show :count="count" />
    <hr />
    <count-update
      :increment="increment"
      :decrement="decrement"
      :incrementIfOdd="incrementIfOdd"
      :incrementAsync="incrementAsync"
    />
  </div>
</template>

<script setup>
import { ref } from 'vue';
import CountShow from './CountShow.vue';
import CountUpdate from './CountUpdate.vue';

// 定义 CountShow 组件和 CountUpdate 组件共享的 count 响应式数据
const count = ref(0);
// 定义将 count 增加指定数量的函数
const increment = (num) => {
  count.value += num;
};
// 定义将 count 减少指定数量的函数
const decrement = (num) => {
  count.value -= num;
};
// 定义当 count 数量为奇数时才增加指定数量的函数
const incrementIfOdd = (num) => {
  if (count.value % 2 === 1) {
    count.value += num;
  }
};
// 定义延迟 1 秒异步将 count 增加指定数量的函数
const incrementAsync = (num) => {
  setTimeout(() => {
    count.value += num;
  }, 1000);
```

```
};
</script>

<script>
export default {
  name: 'Counter',
};
</script>
```

components/Counter/CountShow.vue 文件代码如下。

```
<template>
  <div>
    点击次数为：{{ count }}，当前次数为：{{oddOrEven}}
  </div>
</template>

<script setup>
  import {computed} from 'vue';
  // 定义接收 count 的属性
  const props = defineProps({
    count: Number;
  });
  // 定义显示奇偶数的计算属性
  const oddOrEven = computed(() => {
    return props.count%2 === 1 ? '奇数' : '偶数';
  });

</script>

<script>
export default {
  name: 'CountShow',
}
</script>
```

components/Counter/CountUpdate.vue 文件代码如下。

```
<template>
  <div>
    <select v-model.number="num">
      <option value="1">1</option>
      <option value="2">2</option>
      <option value="3">3</option>
    </select>

    <button @click="clickIncrement">增加</button>
    <button @click="clickDecrement">减少</button>
    <button @click="clickIncrementIfOdd">奇数增加</button>
    <button @click="clickIncrementAsync">异步增加（延迟 1 秒）</button>
  </div>
</template>

<script setup>
  import {ref} from 'vue';

  // 定义接收 4 个更新 count 的函数属性
  const props = defineProps({
    increment: Function,
```

```
    decrement: Function,
    incrementIfOdd: Function,
    incrementAsync: Function,
  });
  // 定义用来收集在下拉列表中选择数量的 ref 对象
  const num = ref(1);
  // 点击“增加”按钮的回调
  const clickIncrement = () => {
    props.increment(num.value);
  };
  // 点击“减少”按钮的回调
  const clickDecrement = () => {
    props.decrement(num.value);
  };
  // 点击“奇数增加”按钮的回调
  const clickIncrementIfOdd = () => {
    props.incrementIfOdd(num.value);
  };
  // 点击“异步增加（延迟 1 秒）”按钮的回调
  const clickIncrementAsync = () => {
    props.incrementAsync(num.value);
  };
</script>

<script>
export default {
  name: 'CountUpdate',
}
</script>
```

App.vue 文件代码如下。

```
<template>
  <Counter></Counter>
</template>

<script setup>
import Counter from './components/Counter';
</script>

<style>
  div {
    padding: 20px;
  }
</style>
```

利用父组件通过 props 属性来管理组件之间的共享数据是可以实现的，但在 7.1 节中我们已经分析过其弊端。下面来看看如何通过 Vuex 管理组件之间的共享数据。

## 7.4 Vuex 基本使用

在项目中使用 Vuex 来进行多个组件之间共享状态数据的管理，首先要下载其对应的工具包。

```
npm install vuex
```

然后要创建 store 对象，并配置其 4 个基本的对象：state、getters、mutations 和 actions。

一般会在 src 目录下创建 store 子目录，并在子目录中创建 index.js 文件，使用 Vuex 提供的 createStore

函数来创建 store 对象，并暴露 store 对象。

src/store/index.js 文件代码如下。

```
import {createStore} from 'vuex';
// 创建 store 对象，并配置 state、getters、mutations 和 actions 对象
const store = createStore({
  // 包含 n 个状态数据属性的对象
  state: { },
  // 包含 n 个基于 state 的计算属性的对象
  getters: { },
  // 包含 n 个直接更新状态数据的方法的对象
  mutations: { },
  // 包含 n 个执行同步或异步操作后间接更新状态数据的方法的对象
  actions: { }
});
// 默认暴露 store 对象
export default store;
```

接着需要将 store 对象在 main.js 文件中引入，并通过 store 配置项进行配置。

```
import { createApp } from 'vue';
import App from './App.vue';
import store from './store';

createApp(App).use(store).mount('#app');
```

下面将 App 组件中的 count 定义到 state 对象中，将 CountShow 组件中的计算属性 oddOrEven 定义到 getters 对象中，将直接更新 count 的 increment 和 decrement 函数定义到 mutations 对象中，将包含逻辑处理的 incrementIfOdd 函数和包含异步定时器的 incrementAsync 函数定义到 actions 对象中，实现代码如下。

```
import { createStore } from 'vuex';
// 创建 store 对象，并配置 state、getters、mutations 和 actions
const store = createStore({
  // 包含 n 个状态数据属性的对象
  state: {
    count: 0,
  },
  // 包含 n 个基于 state 的计算属性的对象
  getters: {
    oddOrEven(state) {
      return state.count % 2 === 1 ? '奇数' : '偶数';
    },
  },
  // 包含 n 个直接更新状态数据的方法的对象
  mutations: {
    increment(state, num) {
      state.count += num;
    },

    decrement(state, payload) {
      state.count -= payload;
    },
  },
  // 包含 n 个在执行同步或异步操作后间接更新状态数据的方法的对象
  actions: {
    incrementIfOdd(context, num) {
      if (context.state.count % 2 === 1) {
        context.commit('increment', num);
      }
```

```
    },

    incrementAsync({ commit }, num) {
      setTimeout(() => {
        commit('increment', num);
      }, 1000);
    },
  },
});
// 默认暴露 store 对象
export default store;
```

下面依次说明 state、getters、mutations 和 actions 对象。state 对象比较简单，将共享数据 count 添加为 state 对象的属性，并指定需要显示的初始值为 0。getters 对象中的计算属性接收一个参数作为当前 state 对象，返回根据 state 中数据计算的结果。

mutations 对象中的 mutation 方法接收的参数个数不是固定的，第 1 个参数固定为当前 state 对象，第 2 个参数是可选的，是 commit 方法执行时指定的数据（第 2 个参数）。关于第 2 个参数的命名说明：一是固定的名称 payload，二是根据数据的意义来取特定的名称，比如增加的数量，可以命名为 num。

actions 对象中的 action 方法接收的参数个数也不是固定的，第 1 个参数固定为包含 state 属性对象、commit 方法、dispatch 方法的 context 对象，第 2 个参数是可选的，为 dispatch 方法执行时指定的数据（第 2 个参数）。在 action 方法中我们可以执行一些复杂逻辑或异步操作，当有了结果后，调用 context 对象的 commit 方法触发对应的 mutation 方法调用来更新状态数据。当然在声明形参时，可以直接对 context 对象进行解构，解构出 commit、state 和 dispatch，至于解构出谁，就看需要谁了。

这里需要对 commit 和 dispatch 方法的使用做一个说明。dispatch 方法的语法为 dispatch(actionName, data)，第 1 个参数为要触发执行的 action 方法的名称，第 2 个参数是可选的，为要传递给 action 方法的数据，其会自动传递为 action 方法的第 2 个参数。commit 方法的语法为 commit(mutationName, data)，第 1 个参数为要触发执行的 mutation 方法的名称，第 2 个参数是可选的，为要传递给 mutation 方法的数据，其会自动传递为 mutation 方法的第 2 个参数。

后面的操作就是在组件中通过 store 对象来读取状态数据和更新状态数据了，先来介绍一下 store 对象的相关语法。

通过 Vuex 提供的统一函数 useStore 来得到 store 对象。

```
import {useStore} from 'vuex';
// 得到 store 对象
const store = useStore();
```

通过 store 对象的 state 属性对象来读取某个状态数据，通过 store 对象的 getters 属性对象来读取某个计算属性数据。

```
// 通过 store 对象的 state 属性对象来读取某个状态数据
const xxx = store.state.xxx;
// 通过 store 对象的 getters 属性对象来读取某个计算属性数据
const yyy = store.getters.yyy;
```

要想更新状态数据，可以通过 store 对象的 commit 方法触发 mutation 方法执行，也可以通过 store 对象的 dispatch 方法触发 action 方法执行。store 对象的 commit 和 dispatch 方法的语法与上面介绍的是一样的。

```
// 通过 store 对象的 commit 方法触发 mutation 方法执行
store.commit(mutationName, data);
// 通过 store 对象的 dispatch 方法触发 action 方法执行
store.dispatch(actionName, data);
```

最后依次改造组件中的代码，利用 Vuex 的 store 对象来读取或更新其中的状态数据 count。这里需要改造 3 个组件。

首先改造 Counter 组件，不需要定义 count 数据，也不需要定义更新 count 数据的函数，这些都转移到了 Vuex 中，而且不需要向 CountShow 和 CountUpdate 组件标签传递属性，它们自己直接与 Vuex 通信就可以了。

```
<template>
  <div>
    <count-show/>
    <hr />
    <count-update/>
  </div>
</template>

<script setup>
import CountShow from './CountShow.vue';
import CountUpdate from './CountUpdate.vue';
</script>
```

然后改造 CountShow 组件，可以通过 Vuex 提供的 useStore 函数得到 store 对象，通过 store 对象的 state 对象属性和 getters 对象属性得到 count 和 oddOrEven。

```
<template>
  <div>
    点击次数为：{{ store.state.count }}，当前次数为：
    {{ store.getters.oddOrEven }}
  </div>
</template>

<script setup>
import { useStore } from 'vuex';
// 得到 store 对象
const store = useStore();
</script>
```

最后改造 CountUpdate 组件，先得到 store 对象，然后在按钮的点击回调中调用 store 的 commit 方法或 dispatch 方法来触发 Vuex 的 mutation 方法或 action 方法的执行，只需要修改 JavaScript 代码。

```
<script setup>
import { ref } from 'vue';
import { useStore } from 'vuex';
const num = ref(1);

// 得到 store 对象
const store = useStore();

const clickIncrement = () => {
  // 触发名为 increment 的 mutation 方法的执行，并传递 num 值
  store.commit('increment', num.value);
};

const clickDecrement = () => {
  // 触发名为 decrement 的 mutation 方法的执行，并传递 num 值
  store.commit('decrement', num.value);
};

const clickIncrementIfOdd = () => {
  // 触发名为 incrementIfOdd 的 action 方法的执行，并传递 num 值
  store.dispatch('incrementIfOdd', num.value);
};
```

```
const clickIncrementAsync = () => {
  // 触发名为 incrementAsync 的 action 方法的执行，并传递 num 值
  store.dispatch('incrementAsync', num.value);
};
</script>
```

至此，所有代码编写完成，我们可以运行项目并测试功能，效果与 7.3 节是一样的。此时我们可以打开 Vue 开发者调试工具，在调试工具栏中选择 Vuex，就可以看到 Vuex 管理的 state 和 getters 数据了，并且在 state 数据更新后，开发者调试工具会记录并显示最新的结果，调试页面如图 7-8 所示。

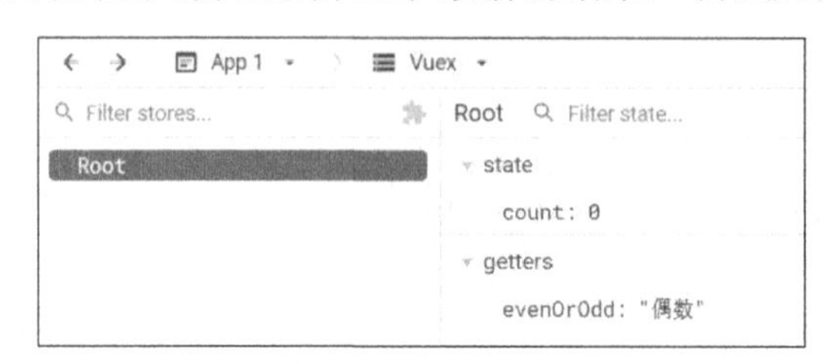


图 7-8　调试页面

# 7.5　Vuex 的多模块开发

到目前为止，Vuex 管理的状态数据只是围绕计数器模块的 count 数据，但实际项目包含的功能模块会有十几个，甚至是几十个，因此需要 Vuex 管理的状态数据就会增加很多，我们定义的 store 模块会变得极其臃肿，也不利于多人协同开发，因为每增加一个新的功能都需要 Vuex 管理状态数据，以及需要开发者修改同一个 store 文件，代码版本控制极易出现冲突。

## 7.5.1　利用 modules 模块拆分

为了解决 7.5 节开头提到的问题，Vuex 提供了 modules 模块拆分的功能。开发者可以利用该功能拆分出不同板块对应不同的 Vuex 数据仓库区。也就是说，仍旧将所有的内容存放在一个大的数据仓库中，只不过对其进行了分模块、分片区的管理，这样不仅代码结构清晰，返回的指定对象也会更小、更轻巧。

在 store 目录下创建 modules 子目录，用来保存各个 Vuex 模块的文件，每个 Vuex 模块的代码整体结构包含 state、mutations、actions、getters 配置对象。

在 modules 目录下创建计数器模块的 Vuex 模块文件 counter.js，将 src/store/index.js 文件中与 count 相关的配置对象转移到 modules/counter.js 文件中，并进行默认暴露。实现代码如下。

```
export default {
  state: {
    count: 0
  },

  mutations: {
    increment (state, payload) {
      state.count += payload;
    },

    decrement (state, payload) {
      state.count -= payload;
    }
  },
```

```
  actions: {
    incrementIfOdd (context, num) {
      if (context.state.count%2 === 1) {
        context.commit('increment', num);
      }
    },

    incrementAsync (context, num) {
      setTimeout(() => {
        context.commit('increment', num);
      }, 1000);
    }
  },

  getters: {
    oddOrEven (state) {
      return state.count%2 === 1 ? '奇数' : '偶数';
    }
  }
};
```

每个 Vuex 模块都需要在 store 模块中通过 modules 模块进行配置。

```
import {createStore} from 'vuex';
import counter from './modules/counter';

const store = createStore({
// 配置 Vuex 模块
  modules: {
    counter
  }
});

export default store;
```

对 Vuex 模块进行拆分后，发生改变的只是 state 对象的内部结构，每个模块的 state 对象都嵌套在对应的模块名称属性下，通过 Vuex 开发者调试工具可以清楚地看出，调试页面如图 7-9 所示。

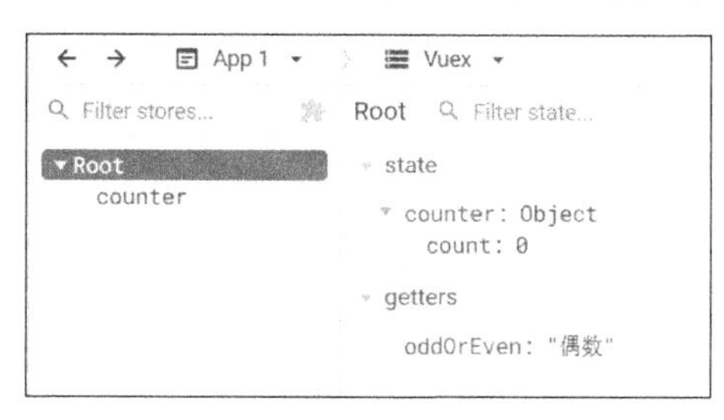


图 7-9　调试页面

此时发生改变的只是 state 对象的内部结构，只需修改 CountShow 组件中显示次数的模板即可。

```
<template>
  <div>
    点击次数为：{{ store.state.counter.count }}，当前次数为：
    {{ store.getters.oddOrEven }}
  </div>
</template>
```

运行项目并测试功能，效果 5.7.4 节是一样的。

### 7.5.2 添加用户列表模块

目前项目的 store 数据仓库中只包含一个 counter 模块，即计数器模块，如何才能快速地添加其他模块呢？

比如，现在考虑添加一个用户列表模块，需要从远程请求获取一个用户列表，在请求过程中显示“正在加载中……”效果，在请求得到数据后显示用户列表，页面效果如图 7-10 所示。

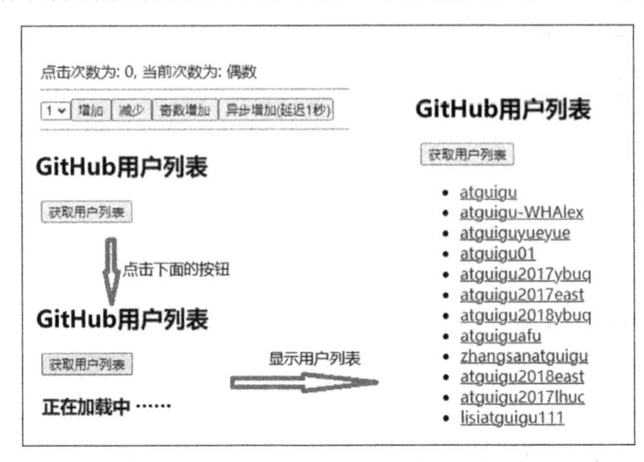


图 7-10　页面效果

用户列表模块请求的是 GitHub 提供的开源接口 https://api.github.com/search/users?q=atguigu，其中 q 参数可以是任意搜索的用户名关键字。

当前页面效果其实使用一个组件就可以实现，不存在多个组件之间共享状态数据的问题，但这里还是用 Vuex 来管理相关的状态数据。此模块需要 Vuex 管理的状态数据是标识是否正在请求中的 loading 和请求得到的用户列表 users。在进行 Vuex 的编码之前，需要先下载 AJAX 请求类库 axios，命令如下。

```
npm install axios
```

在 modules 目录下新建用户列表模块的 Vuex 模块文件 userList.js，在该模块中同样设置 state、mutations、actions 配置对象，同时对其进行默认暴露。

此时 store/modules/userList.js 文件代码如下。

```
import axios from 'axios';
export default {
  state: {
    loading: false, // 是否正在请求中
    users: [], // 请求得到的用户列表
  },

  mutations: {
    // 更新为正在请求中的 mutation 方法
    requesting(state) {
      state.loading = true;
      state.users = [];
    },
    // 更新为请求成功的 mutation 方法
    reqSuccess(state, users) {
      state.loading = false;
      state.users = users;
    },
  },

  actions: {
    // 请求搜索用户列表的异步 action 方法
```

```
    async searchUsers({ commit }, keyword) {
      // 在发送请求前，触发 mutation 方法调用将 state 状态变为正在请求中
      commit('requesting');
      // 发送 AJAX 请求，通过 await 得到请求成功的响应
      const response = await axios.get(
        'https://api.github.com/search/users?q=' + keyword
      );
      // 取出用户列表
      const users = response.data.items;
      // 触发 mutation 方法调用，将 state 状态变为请求成功
      commit('reqSuccess', users);
    },
  },
};
```

同时在 store 模块中注册一个新的 Vuex 模块 userList，即用户列表模块，此时 store/index.js 文件代码如下。

```
import { createStore } from 'vuex';
import counter from './modules/counter';
import userList from './modules/userList';

const store = createStore({
  modules: {
    counter,
    userList,
  },
});

export default store;
```

此时整个 state 属性对象的结构就变为了如下内容。

```
{
  counter:{
      count: 0
  },
  userList:{
      loading: false,
      users: []
  }
}
```

下面来创建一个用户列表模块所对应的组件（这里就定义了一个组件）：components/UserList/index.vue。在组件中通过 store 对象的 dispatch 方法来触发用户列表模块中的 searchUsers action 方法执行，在模板中通过 store.state.userList 来获取用户列表模块的 state 属性对象，进而获取其中的 loading 和 users 数据。

```
<template>
  <h2>GitHub 用户列表</h2>
  <button @click="clickGetUsers">获取用户列表</button>
  <h3 v-if="store.state.userList.loading">正在加载中……</h3>
  <ul v-else>
    <li v-for="user in store.state.userList.users" :key="user.login">
      <a :href="user.html_url" target="_blank">{{ user.login }}</a>
    </li>
  </ul>
</template>

<script setup>
import { useStore } from 'vuex';
```

```
// 得到 store 对象
const store = useStore();
// 在点击回调中分发搜索用户列表的异步 action 方法
// 需要传递一个关键字参数，这里选择传递“atguigu”
const clickGetUsers = () => {
  store.dispatch('searchUsers', 'atguigu');
};
</script>

<script>
export default {
  name: 'UserList',
};
</script>
```

在 App 组件中引入 UserList 组件，并在模板中指定 UserList 组件标签来显示其对应的页面。

```
<template>
  <Counter></Counter>
  <hr>
  <UserList></UserList>
</template>

<script setup>
import Counter from './components/Counter';
import UserList from './components/UserList';
</script>
```

### 7.5.3 开启 Vuex 模块的命名空间

当前 Vuex 多模块编程有一个问题，如果在多个 Vuex 模块中有相同名称的 mutation 方法或 action 方法，那么一旦在组件中调用 store 对象的 commit 方法或 dispatch 方法，所有模块中匹配对应名称的 mutation 方法和 action 方法就都会执行，而我们只是想执行其中某个模块的 mutation 方法或 action 方法。

为了解决此问题，Vuex 设计了 Vuex 模块的命名空间，开发者可以在各个 Vuex 模块中，通过将 namespaced 配置指定为 true 来开启当前 Vuex 模块的命名空间，开启命名空间后会有两个变化，第 1 个变化是在组件中执行 dispatch 方法指定 action 方法名称时，或者在执行 commit 方法指定 mutation 方法名称时，都需要先指定模块名称，语法如下。

```
store.dispatch('模块名/action 方法名称')
store.commit('模块名/mutation 方法名称')
```

第 2 个变化是 Vuex 模块中的 getters 也有模块标识，也就是在访问时要多加一层模块名，语法如下。

```
原来的：store.getters.yyy
新的：store.getters['模块名/yyy']
```

下面我们来改造相关的代码，由于修改的代码不多，因此所有文件只给出主要修改的部分。

在各个 Vuex 模块中开启命名空间，修改 store/modules/counter.js 和 store/modules/userList.js 文件的部分代码。

```
export default {
  namespaced: true, // 开启命名空间
  ......
  ......
};
```

修改 CountShow 组件中 getters 数据的读取代码，添加模块标识。

```
<template>
  <div>
```

```
    点击次数为：{{ store.state.counter.count }}，当前次数为：
    {{ store.getters['counter/oddOrEven'] }}
  </div>
</template>
```

修改 CountUpdate 组件中 commit 方法和 dispatch 方法的调用代码，添加模块标识。

```
...
...

const clickIncrement = () => {
  store.commit('counter/increment', num.value);
};

const clickDecrement = () => {
  store.commit('counter/decrement', num.value);
};

const clickIncrementIfOdd = () => {
  store.dispatch('counter/incrementIfOdd', num.value);
};

const clickIncrementAsync = () => {
  store.dispatch('counter/incrementAsync', num.value);
};

...
...
```

修改 UserList 组件中 dispatch 方法的调用代码，添加模块标识。

```
store.dispatch('userList/searchUsers', 'atguigu');
```

运行项目并测试功能，效果与 7.4 节是一样的。

## 7.6　Vuex 状态数据的持久化处理

当前存在的一个问题是：每次刷新或关闭浏览器后再打开，Vuex 管理的状态数据又会回到初始值。对于当前项目，就是计数器模块的 count 变为了 0，用户列表模块的 loading 变为了 false，users 变为了空数组。而在实际开发中，如果想在刷新或关闭浏览器后再打开时，还能看到之前的最新数据页面，那么该如何实现呢？也就是说，如何进行 Vuex 状态数据的持久化处理呢？

原始的做法是：开发者自己利用 Local Storage 来存储状态数据，在每个 mutation 方法中将最新的状态数据保存到 Local Storage 中，在 state 对象中指定状态数据的初始值为 Local Storage 中保存的对应状态值。这样做虽然可以实现想要的功能，但编码有点小麻烦（需要手动从 Local Storage 中读/写数据）。我们可以利用 Vuex 的第三方插件（如 vuex-persistedstate）来轻松实现该功能。

首先下载 vuex-persistedstate 工具包。

```
npm install vuex-persistedstate
```

然后通过 Vuex 提供的 plugins 配置项来配置刚下载的持久化插件（即 vuex-persistedstate 工具包），修改 store 模块的代码。

```
import createPersistedState from 'vuex-persistedstate';

const store = createStore({
    ......
    ......
  // 配置 Vuex 的插件
```

```
  plugins: [
    createPersistedState()
  ]
});
```

图 7-11　页面效果

运行项目进行测试，点击“增加”按钮更新 count，点击“获取用户列表”按钮获取并显示用户列表，刷新或关闭浏览器后再次打开，最新的状态数据被显示在页面上，效果如图 7-11 所示。

那么使用 vuex-persistedstate 插件保存的状态数据去哪了呢？打开浏览器的“Application”调试面板，查看 Local Storage（本地存储），则可以看到有键名为“vuex”的状态值数据，如图 7-12 所示。

vuex-persistedstate 插件默认保存了 Vuex 管理的所有状态数据，如果我们只想保存指定模块的状态数据（比如，只想保存计数器模块的状态数据），该如何实现呢？

如果已经使用 vuex-persistedstate 插件，那么只需要通过 paths 配置来指定所有需要进行状态数据持久化的模块名就可以轻松实现。下面修改一下 store 模块的代码。

```
// 设置只保存计数器模块的状态数据
plugins: [
  createPersistedState({ paths: ['counter'] });
],
```

点击页面上的按钮更新两个 Vuex 模块中的状态数据，通过“Application”调试面板可以看到 Local Storage 中只有计数器模块的状态数据，如图 7-13 所示。

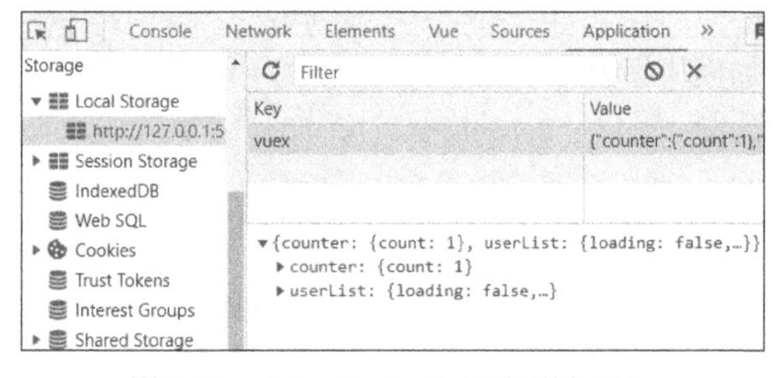


图 7-12　“Application”调试面板（1）

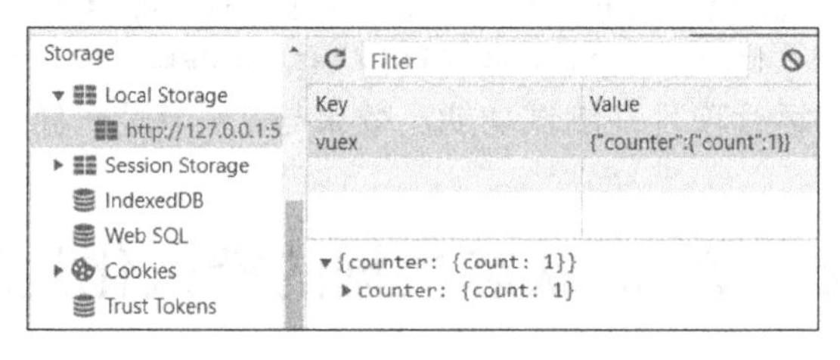


图 7-13　“Application”调试面板（2）

刷新或关闭浏览器后再次打开，count 能显示最新的状态值，而用户列表显示的还是初始值。也就是说，计数器模块的状态数据被持久化了，而用户列表模块的状态数据没有被持久化。

## 7.7　Pinia 状态管理器的概念

到目前为止，我们已经学习了 Vuex 状态管理器的相关知识。虽然 Vuex 的功能非常强大，但不得不说它涉及非常多的概念，如设置状态（state）、获取内容（getters）、修改数据（mutations）、异步操作（actions）、模块拆分（modules）、插件辅助（plugins）、命名空间（namespaced）等。这么多的概念无疑会增加开发者学习 Vuex 的难度和使用 Vuex 的成本。那么是否有一种更好的状态管理器可以和 Vue 配合使用呢？答案是：有的。它就是 Pinia。

Pinia 是由 Vue 项目的核心成员开发的，他们希望利用更简单的操作方式来进行 Vue 项目的状态管理，因此 Pinia 简化了 Vuex 中的很多概念与层次，让开发者能够更容易地使用，Pinia 的结构如图 7-14 所示。

将图 7-14 与图 7-4 进行对比就能发现 Pinia 与 Vuex 的差异。

第 1 个差异是 store 模块中少了 mutations 层。也就是说，Pinia 可以直接在 action 方法中更新状态数据，即代码简化了。

第 2 个差异是 Pinia 是多 store 的设计，而不像 Vuex 的单 store。其优势是每个模块都通过自己的 store 来管理自己的状态数据，而不用像 Vuex 那样整合多个模块的 state 来形成状态数据的嵌套。这样在读取 state 和 getters 数据时，比使用 Vuex 更简单了。

第 3 个差异在图上体现得不明显，在 Vuex 中要触发某个 mutation 或 action 方法调用时，都是通过名称参数来进行匹配的，在书写名称时是不可能有精准的补全提示的。而 Pinia 完美地解决了此问题，所有声明的 action 方法都会成为 store 对象的方法，所有声明的状态数据和 getters 中的计算属性都会成为 store 对象的属性。开发者可以通过 store 对象直接调用 action 方法，以及读取 state 和 getters 中的数据，此时就有精准的补全提示了。

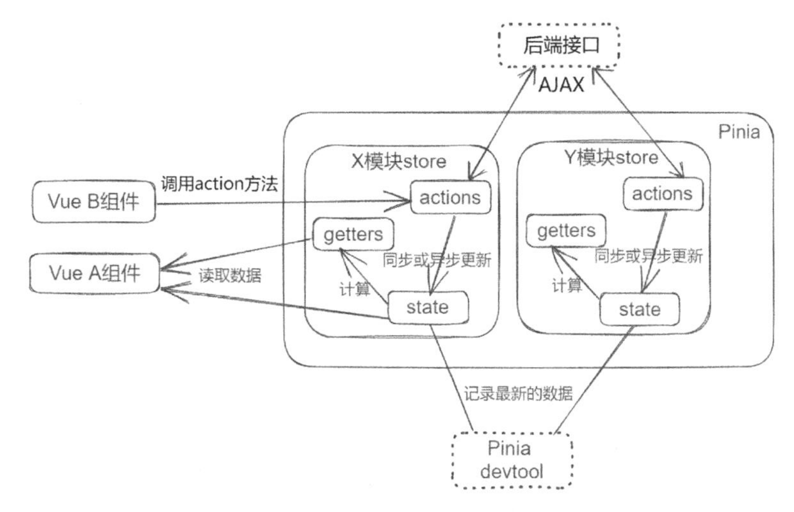


图 7-14　Pinia 的结构

Pinia 状态管理器中的 5 个核心概念需要读者强化理解，如表 7-2 所示。

表 7-2　Pinia 中的核心概念

| 核心概念 | 作用 |
| --- | --- |
| store | 管理状态数据的“大管家”对象，应用中包含多个 |
| state | 返回包含 *n* 个状态数据属性的对象的函数（要求使用箭头函数） |
| getters | 包含 *n* 个基于 state 的计算属性的对象 |
| actions | 包含 *n* 个更新状态数据的方法的对象，可以包含逻辑操作和异步操作 |
| plugins | 配置 Pinia 的插件的数组 |

## 7.8　使用 Pinia 管理状态数据

本节就来看看如何通过 Pinia 来管理计数器模块和用户列表模块的状态数据。

### 7.8.1　Pinia 的安装与语法

在项目根目录下执行下方命令，安装 Pinia 库。

```
npm install pinia
```

在进行具体的编码之前，先介绍一下 Pinia 提供的重要语法。Pinia 向外暴露了几个重要的函数，分别是 createPinia、defineStore 和 storeToRefs，这里重点介绍前两个函数。

createPinia 函数用来创建 Pinia 插件对象，并通过应用对象的 use 方法来安装 Pinia，基本代码如下。

```
// 引入 createPinia 函数
import { createPinia } from 'pinia';

// 创建 Pinia 插件对象
const pinia = createPinia();

// 安装 Pinia
app.use(pinia);
```

defineStore 函数用来创建生成 store 对象的函数，它接收两个参数：第 1 个参数是 store 对象的唯一标识，必须保证多个不同的 store 对象的标识是唯一的；第 2 个参数是配置对象，基本配置包括 state、getters 和 actions。Pinia 要求 state 配置对象必须是返回 state 对象的箭头函数，getters 是包含多个计算属性的对象，而 actions 是包含多个 action 方法的对象，基本代码如下。

```
// 引入 defineStore 函数
import { defineStore } from 'pinia';

// 通过 Pinia 提供的 defineStore 函数来创建一个用来生成 store 对象的函数
// 指定唯一标识为 xxx，并指定 state、getters 和 actions 配置对象
const useXxxStore = defineStore('xxx', {
  // 箭头函数返回 state 对象
  state: () => {
    return {};
  },
  getters: {},
  actions: {}
});
```

后面就可以在组件中通过调用 useXxxStore 函数来创建并管理当前状态数据的 store 对象。store 对象的本质是 Vue3 中十分常见的响应式代理对象。

```
const xxxStore = useXxxStore()
```

有一个非常重要的知识点需要强调一下：state 对象中的所有属性和 getters 对象中的所有计算属性都会成为 store 对象的代理对象的属性，而定义在 actions 对象中的方法会成为 store 对象的代理对象的方法。也就是说，我们可以通过 store 对象来直接访问它们，并且都是响应式的。同时在 getters 对象的计算属性中和在 actions 对象的 action 方法中，this 都是 store 对象。这就意味着我们可以在其中通过 this 来读取状态数据和 getters 的计算属性数据，以及调用 action 方法。这些特点使代码更简洁且有非常精准的补全提示。

### 7.8.2 使用 Pinia 管理计数器模块的状态数据

在创建 Pinia 的计数器模块之前，先在入口文件 main.js 中安装 Pinia，代码如下。

```
import { createApp } from 'vue';
import App from './App.vue';
// 引入 createPinia 函数
import { createPinia } from 'pinia';

// 创建 Pinia 插件对象
const pinia = createPinia();

// 安装 Pinia
createApp(App).use(pinia).mount('#app');
```

Pinia 的应用一般会在 src 目录下创建 stores 子目录，所有 Pinia 模块文件都存放在此目录下。

创建管理计数器模块的 Pinia 模块 counter.js，下面是其实现代码。

src/stores/counter.js 文件代码如下。

```
import { defineStore } from 'pinia';

/*
调用 defineStore 函数创建用于生成 store 对象的函数，专门用来管理 count 数据
参数 1：标识 ID
参数 2：配置对象，包含 state、actions 和 getters，注意没有 mutations
*/
const useCounterStore = defineStore('counter', {
  // 注意 state 配置对象必须是箭头函数，返回 state 对象
  state: () => {
    return {
      count: 0,
    };
  },

  // 包含 n 个更新状态数据的方法的对象
  actions: {
    increment(num) {
      this.count += num;
    },
    decrement(num) {
      this.count -= num;
    },
    incrementIfOdd(num) {
      if (this.count % 2 === 1) {
        this.increment(num);
      }
    },
    incrementAsync(num) {
      setTimeout(() => {
        this.increment(num);
      }, 1000);
    },
  },
  // 包含 n 个基于 state 计算属性的对象
  getters: {
    oddOrEven() {
      return this.count % 2 === 1 ? '奇数' : '偶数';
    },
  },
});

export default useCounterStore;
```

其中通过调用 Pinia 提供的 defineStore 函数来创建用于生成 store 对象的 useCounterStore 函数，并将 useCounterStore 函数向外默认暴露。在调用 defineStore 函数时，需要指定唯一标识 counter，并指定基本的 state、actions 和 getters 配置对象。

state 配置对象必须是箭头函数，返回包含 count 属性的 state 对象。在 getters 对象中定义根据 state 对象中的 count 值来计算返回“奇数”或“偶数”文本的计算属性 oddOrEven，可以直接通过 this 来访问 state 对象中的 count 数据。在 actions 对象中定义 4 个更新 count 数据的 action 方法，这些 action 方法都用来接收要变化的数量 num，在 action 方法中可以通过 this 来更新 state 中的 count 数据，也可以通过 this 来调用其他的 action 方法，并且 action 方法对状态数据的更新可以是同步的，也可以是异步的。

下面来看看计数器模块的组件实现代码，主要修改的是 CountShow 组件和 CountUpdate 组件。

components/Counter/CountShow.vue 文件代码如下。

```
<template>
  <div>
<!-- 在模板中可以通过 store 对象直接读取状态数据和 getters 对象中的计算属性 -->
    点击次数为：{{ counterStore.count }},
    当前次数为：{{ counterStore.oddOrEven }}
  </div>
</template>

<script setup>
// 引入计数器模块的 useStore 函数
import useCounterStore from '@/stores/counter';
// 创建 store 对象
const counterStore = useCounterStore();
</script>
```

components/Counter/CountUpdate.vue 文件代码如下。该代码与 Vuex 的实现代码的最大变化在于：可以通过 store 对象直接调用 action 方法来同步或异步更新状态数据。

```
<template>
  <div>
    <select v-model.number="num">
      <option value="1">1</option>
      <option value="2">2</option>
      <option value="3">3</option>
    </select>

    <button @click="clickIncrement">增加</button>
    <button @click="clickDecrement">减少</button>
    <button @click="clickIncrementIfOdd">奇数增加</button>
    <button @click="clickIncrementAsync">异步增加（延迟 1 秒）</button>
  </div>
</template>

<script setup>
import { ref } from 'vue';
import useCounterStore from '@/stores/counter';

const num = ref(1);
// 产生 store 对象
const counterStore = useCounterStore();

const clickIncrement = () => {
  // 可以直接调用定义在 actions 对象中的 increment 方法，并传入 num 值
  counterStore.increment(num.value);
};

const clickDecrement = () => {
  counterStore.decrement(num.value);
};

const clickIncrementIfOdd = () => {
  counterStore.incrementIfOdd(num.value);
};

const clickIncrementAsync = () => {
  counterStore.incrementAsync(num.value);
};
```

```
</script>

<script>
export default {
  name: 'CountUpdate',
};
</script>
```

## 7.8.3 使用 Pinia 管理用户列表模块的状态数据

完成 7.8.2 节的案例后，要实现 Pinia 对用户列表模块的状态数据的管理就比较容易了。

首先需要在 stores 目录下创建相应的 Pinia 模块文件 userList.js，实现代码如下。

```
import { defineStore } from 'pinia';
import axios from 'axios';

const useUserListStore = defineStore('userList', {
  state: () => {
    return {
      loading: false,
      users: [],
    };
  },

  actions: {
    // 搜索用户列表的异步 action 方法
    async searchUsers(keyword) {
      // 更新状态数据，将 loading 指定为 true，users 指定为空数组
      this.loading = true;
      this.users = [];
      // 发送 AJAX 请求
      const response = await axios.get(
        'https://api.github.com/search/users?q=' + keyword
      );
      // 请求成功后，根据返回的用户列表更新 users，将 loading 指定为 false
      const users = response.data.items;
      this.users = users;
      this.loading = false;
    },
  },
});

export default useUserListStore;
```

其中 state 对象包含 loading 和 users 两个数据，搜索用户列表的异步 action 方法 searchUsers 接收搜索关键字参数 keyword，在发送请求前，通过 this 更新 loading 和 users 数据，在请求成功后再次根据请求得到的用户列表更新 users 和 loading 数据。

然后编写 UserList 组件，components/UserList/index.vue 的实现代码如下。

```
<template>
  <h2>GitHub用户列表</h2>
  <button @click="clickGetUsers">获取用户</button>
  <h3 v-if="loading">正在加载中……</h3>
  <ul v-else>
    <li v-for="user in users" :key="user.login">
      <a :href="user.html_url" target="_blank">{{ user.login }}</a>
```

```
    </li>
  </ul>
</template>

<script setup>
import { storeToRefs } from 'pinia';
// 引入用户列表模块的 useStore 函数
import useUserListStore from '../../stores/userList';
// 创建用户列表模块对应的 store 对象
const userListStore = useUserListStore();
// 利用 storeToRefs 函数使解构出的数据也是响应式的
const { loading, users } = storeToRefs(userListStore);

// 在按钮的点击回调中通过 store 对象调用 searchUsers 方法来请求获取用户列表显示
const clickGetUsers = () => {
  userListStore.searchUsers('atguigu');
};
</script>
```

这里要重点说明 storeToRefs 函数的用法。由于 store 对象是一个 Proxy 类型的响应式对象，因此直接取出其代理对象属性就会失去响应式。

```
const { loading, users } = userListStore; // 错误的
```

Pinia 提供了将 store 对象中的属性转换为 ref 对象的函数 storeToRefs，一旦通过此函数包裹 store 对象后，解构出的属性就是响应式的 ref 对象了。

至此需要添加和修改的文件已经全部操作完成，其他文件不用做任何修改。运行项目，可以看到效果与 7.5.2 节是一致的。打开 Vue 开发者调试工具，可以看到其已经包含 Pinia 的调试工具，如图 7-15 所示。

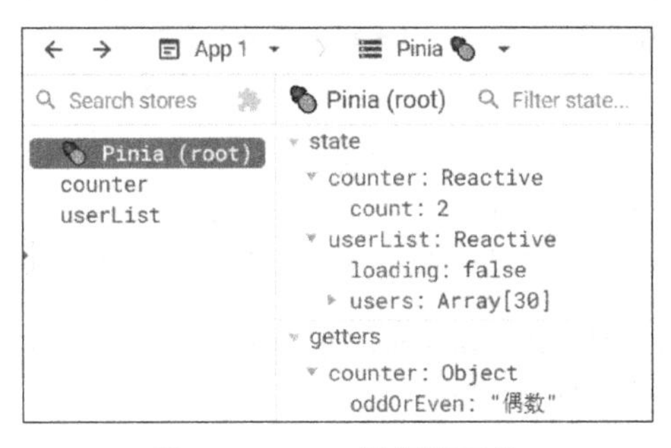


图 7-15　Pinia 的调试工具

## 7.9　Pinia 状态数据的持久化处理

Pinia 管理的状态数据与 Vuex 一样，在刷新和关闭浏览器后再次打开都将重置为初始状态。那么如何实现 Pinia 状态数据的持久化处理呢？其实解决办法与 Vuex 是类似的，开发者可以利用 Pinia 的持久化插件来轻松实现。这里选择使用 pinia-plugin-persistedstate 来实现，它默认使用 Local Storage 存储状态数据。

首先下载 pinia-plugin-persistedstate 工具包。

```
npm install pinia-plugin-persistedstate
```

然后在 main.js 文件中引入并安装 Pinia 的持久化插件（即 pinia-plugin-persistedstate 工具包）。

```
import { createApp } from 'vue';
import App from './App.vue';
import { createPinia } from 'pinia';
// 引入 Pinia 的持久化插件
import piniaPluginPersistedstate from 'pinia-plugin-persistedstate';
```

```
const pinia = createPinia();
// 安装 Pinia 的持久化插件
pinia.use(piniaPluginPersistedstate);

createApp(App).use(pinia).mount('#app');
```

最后对要实现状态数据持久化的 Pinia 模块进行持久化的开启配置，比如我们要对计数器模块的 count 进行持久化处理，只需在 counter.js 文件中添加 persist 为 true 的配置即可。

```
const useCounterStore = defineStore('counter', {
    ...
    ...
  persist: true // 声明开启持久化
});
```

运行项目，点击更新次数的按钮，刷新和关闭浏览器后再次打开，即可显示最新的次数。

我们可以通过 Google Chrome 浏览器的“Application”调试面板查看 Local Storage 中保存的数据，如图 7-16 所示。

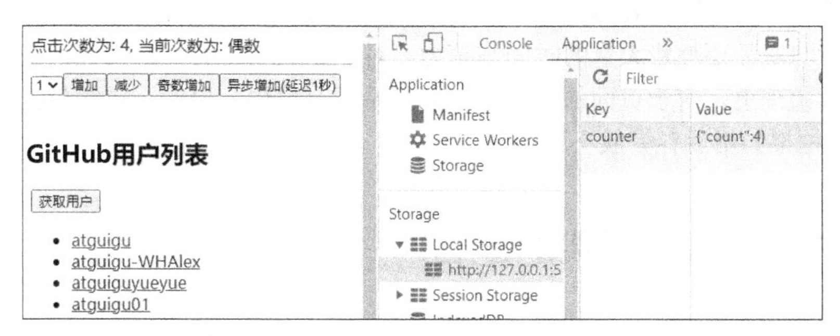


图 7-16　查看“Application”调试面板

当前只保存了计数器模块的状态数据，如果用户列表模块也需要进行状态数据的持久化处理，则只需要在对应的 Pinia 模块中配置 persist 为 true 即可，这里不再演示。

# 第8章 UI 框架

Vue 是一款渐进式 JavaScript 框架，它的核心目标是对数据进行操作与处理。也就是说，页面布局的美化与控制并不是该框架的核心目标。那么在利用 Vue 进行项目开发时，页面布局的美化与控制应该如何实现呢？读者可能会想，可以使用 HTML 与 CSS 来实现，当然可以利用 HTML 与 CSS 进行完全自主的页面布局，不过这就意味着需要耗费大量的时间与精力。对于企业项目的开发来说，企业更愿意将更多的精力花费在业务流程的梳理上，对于页面的美化与控制则希望有更快、更好、更简便的应用来实现。因此，与 Vue 相配合的 UI 框架如雨后春笋般不断涌现。

## 8.1 功能性框架与 UI 框架的配合

在一般情况下，我们习惯将前端的框架通过操作目标的不同进行划分，主要将其划分为功能性框架和 UI 框架。我们将 Vue 这样的 JavaScript 框架划分为功能性框架。功能性框架通常有其特定的设计思想，比如 Vue 框架，它的设计思想是基于 MVVM 双向数据绑定模式。此外，还有不少特定的语法结构和调用方式，比如特定的属性绑定、事件监听等语法内容。对于这些设计思想的理解、特定语法的掌握，通常开发者需要花费较多的时间。

为了加快项目开发速度，就要减少页面因素对整体项目进程的影响，因此 UI 框架应运而生。在使用 Vue 功能性框架的同时，还需要配合 UI 框架来实现整体项目的开发。这样看来，UI 框架成了功能性框架的一个重要辅助。它也是 Vue 框架系统生态环境中的一个重要组成部分，它们在现代企业项目开发过程中是相辅相成、密不可分的。

UI 框架的种类繁多，不同类型的项目对应不同种类的 UI 框架。前台展示型网站项目会使用更具多端适配性，以及以样式效果为主的 UI 框架；中后台管理系统项目会使用更具管理功效的桌面端 UI 框架；移动应用项目会使用更具高效性的移动端 UI 框架。值得一提的是，Vue3 自发布以来，其功能性框架本身逐步趋于稳定，越来越多的企业考虑使用 Vue3 进行手头项目的开发，在这段时间内，一些 UI 框架也在慢慢地发展、完善并日益壮大。

与 Vue3 相配合的 UI 框架有很多种，怎么才能花费最少的时间了解并应用 UI 框架是开发者所需要思考的问题。本节将对几款不同类型的 UI 框架进行介绍，其中包括偏向中后台管理系统项目开发的 Ant Design Vue 和 Element Plus 框架，以及偏向移动应用项目开发的 Vant4 框架，并重点介绍 Element Plus 和 Vant4 框架。

## 8.2 UI 框架分类与常用组件

本节暂且根据项目的不同，将适配的 UI 框架划分为 PC 端与移动端两种不同类型的框架。根据类型在市面上挑选出组件相对丰富、功能比较强大、维护比较稳定的几款框架，它们分别是 Ant Design Vue、Element Plus 和 Vant4。

将 Ant Design Vue 的组件库与 Element Plus、Vant4 两款不同类型的 UI 框架的组件库进行比较，可以得出结论：不管是什么类型的 UI 框架，基本上都包含通用性组件。只不过因为每款 UI 框架的定位不同，所以侧重点可能会有所偏差，不同的 UI 框架会构建一些属于自己特色的组件，但正是因为存在大量相似的组件，所以开发者在掌握了一种 UI 框架后再学习其他 UI 框架就会更容易上手。

Ant Design Vue、Element Plus 和 Vant4 这 3 个 UI 框架的组件库比较如表 8-1 所示。

表 8-1　Ant Design Vue、Element Plus 和 Vant4 这 3 个 UI 框架的组件库比较

| 组件中文名称 | 组件英文名称 | 组件分类 | 框架分类 | | |
|---|---|---|---|---|---|
| | | | PC 端（前台、中后台） | | 移动端 |
| | | | Ant Design Vue | Element Plus | Vant4 |
| 颜色 | Color | 通用 | √ | √ | √ |
| 排版 | Typography | | √ | √ | √ |
| 图标 | Icon | | √ | √ | √ |
| 按钮 | Button | | √ | √ | √ |
| 分割线 | Divider | 布局 | √ | √ | √ |
| 栅格 | Grid | | √ | √ | √ |
| 布局 | Layout | | √ | √ | √ |
| 间距 | Space | | √ | √ | × |
| 固钉 | Affix | 导航 | √ | √ | × |
| 面包屑 | Breadcrumb | | √ | √ | × |
| 下拉菜单 | Dropdown | | √ | √ | √ |
| 导航菜单 | Menu | | √ | √ | × |
| 页头 | PageHeader | | √ | √ | × |
| 分页 | Pagination | | √ | √ | √ |
| 步骤条 | Steps | | √ | √ | √ |
| 自动完成 | AutoComplete | 数据录入 | √ | × | × |
| 级联选择 | Cascader | | √ | √ | √ |
| 复选框 | Checkbox | | √ | √ | √ |
| 日期选择框 | DatePicker | | √ | √ | √ |
| 表单 | Form | | √ | √ | √ |
| 输入框 | Input | | √ | √ | √ |
| 数字输入框 | InputNumber | | √ | √ | √ |
| 提及 | Mentions | | √ | × | × |
| 单选按钮 | Radio | | √ | √ | √ |
| 评分 | Rate | | √ | √ | √ |
| 选择器 | Select | | √ | √ | √ |
| 滑动输入条 | Slider | | √ | √ | √ |
| 开关 | Switch | | √ | √ | √ |
| 时间选择框 | TimePicker | | √ | √ | √ |
| 穿梭框 | Transfer | | √ | √ | × |
| 树形选择 | TreeSelect | | √ | √ | √ |
| 上传 | Upload | | √ | √ | √ |
| 头像 | Avatar | 数据展示 | √ | √ | × |
| 徽标数 | Badge | | √ | √ | √ |

续表

| 组件中文名称 | 组件英文名称 | 组件分类 | 框架分类 | | |
|---|---|---|---|---|---|
| | | | PC 端（前台、中后台） | | 移动端 |
| | | | Ant Design Vue | Element Plus | Vant4 |
| 日历 | Calendar | 数据展示 | √ | √ | √ |
| 卡片 | Card | | √ | √ | √ |
| 走马灯 | Carousel | | √ | √ | √ |
| 折叠面板 | Collapse | | √ | √ | √ |
| 评论 | Comment | | √ | × | × |
| 描述列表 | Descriptions | | √ | × | × |
| 空状态 | Empty | | √ | √ | √ |
| 图片 | Image | | √ | √ | √ |
| 列表 | List | | √ | √ | √ |
| 气泡卡片 | Popover | | √ | √ | √ |
| 统计数值 | Statistic | | √ | × | × |
| 表格 | Table | | √ | √ | × |
| 选项卡 | Tabs | | √ | √ | √ |
| 标签 | Tag | | √ | √ | √ |
| 时间轴 | Timeline | | √ | √ | × |
| 文字提示 | Tooltip | | √ | √ | × |
| 树形控件 | Tree | | √ | √ | × |
| 警告提示 | Alert | 反馈 | √ | √ | √ |
| 抽屉 | Drawer | | √ | √ | √ |
| 全局提示 | Message | | √ | √ | √ |
| 对话框 | Modal | | √ | √ | √ |
| 通知提醒框 | Notification | | √ | √ | √ |
| 气泡确认框 | Popconfirm | | √ | √ | √ |
| 进度条 | Progress | | √ | √ | √ |
| 结果 | Result | | √ | √ | × |
| 骨架屏 | Skeleton | | √ | √ | √ |
| 加载中 | Spin | | √ | √ | √ |
| 锚点 | Anchor | 其他 | √ | × | × |
| 回到顶部 | BackTop | | √ | √ | × |

## 8.3 PC 端 UI 框架 Element Plus

Element Plus 是由饿了么大前端团队开源出品的一套供开发者、设计师和产品经理使用的基于 Vue3 的组件库。Element Plus 框架提供了一系列强大且完善的 UI 组件和设计资源，可以帮助开发者快速地开发出用户体验感很强的网站。Element Plus 框架既可以实现 PC 端前台展示型网站项目，还可以实现 PC 端中后台管理系统项目，且后者的应用频率较高。

本节主要介绍 Element Plus 框架的用法。

### 8.3.1 Element Plus 框架的完整引入操作

Element Plus 框架主要应用于中后台管理系统项目，与前台 UI 框架相比，其表单验证操作更全面。当然，适用于中后台管理系统项目的 UI 框架不只有 Element Plus，还有 Ant Design Vue。这两款 UI 框架的功能相差不大，但因为 Element Plus 框架提供了虚拟化表格、虚拟化选择器、无限滚动等辅助组件的功能，所以使用 Element Plus 框架的群体更庞大。下面将介绍如何在项目中完整引入 Element Plus 框架。

完整引入主要分为 3 步。

（1）创建一个 Vue 项目，将其命名为“vue3-book-element-plus”，命令如下。

```
npm create vite@latest vue3-book-element-plus -- --template vue
```

（2）Element Plus 官方文档中包含了该框架的安装和配置说明，读者只需按照文档引导一步步操作即可。这里其实分为了两步，简单赘述一下。

① 框架的准备工作：在项目中安装 UI 框架，命令如下。

```
npm install element-plus --save
```

② 完整引入与安装：在入口文件 main.js 中完整引入 Element Plus 框架并安装。修改 main.js 文件，具体代码如下。

```
import { createApp } from 'vue';
import App from './App.vue';
// 完整引入 Element Plus 框架
import ElementPlus from 'element-plus';
// 完整引入 Element Plus 框架的样式文件
import 'element-plus/dist/index.css';

// 安装 Element Plus 框架
createApp(App).use(ElementPlus).mount('#app');
```

（3）删除 App.vue 文件中的所有代码，同时删除 components 目录下的 HelloWorld.vue 文件。在 App.vue 文件中使用 Element Plus 框架最简单的按钮组件进行测试。

修改后的 App.vue 文件代码如下。

```
<template>
  <el-button @click="handleClick">Default</el-button>
</template>

<script setup>
const handleClick = () => {
  alert('响应点击');
};
</script>
```

运行项目，我们会发现页面中能够成功显示一个 Element Plus 框架的按钮组件，点击按钮显示警告提示。这一过程远远比开发者自己编写按钮和样式代码更快捷、更简便。按钮的初始样式如图 8-1 所示，按钮被点击后的样式如图 8-2 所示。

图 8-1　按钮的初始样式　　　　图 8-2　按钮被点击后的样式

现在对项目进行产品化打包处理，查看完整引入 Element Plus 框架后项目的整体体积，命令如下。

```
npm run build
```

我们在使用 Element Plus 框架之前和之后分别运行上面的命令，对控制台输出的打包文件大小的日志进行截图，对比打包文件大小，如图 8-3 所示。

从图 8-3 中可以看出，打包生成的 JavaScript 文件增大了，超过 750KB（KB 是 KiB 的简写），多出了超过 312KB 的 CSS 文件。原因很简单，虽然我们只使用了 Element Plus 框架的一个 Button 组件，但默认在打包时，Element Plus 框架会将内部包含的所有组件的 JavaScript 和 CSS 代码都打包进来。这样就会导致项目最终产生的打包文件过大，下面我们要使用 Element Plus 框架提供的按需引入打包操作来缩小打包文件。

```
dist/index.html                    0.39 KiB
dist/assets/index.845f22d9.js     50.63 KiB
```

未使用Element Plus框架

```
dist/index.html                     0.45 KiB
dist/assets/index.6e759b55.css    312.68 KiB
dist/assets/index.e079635d.js     802.86 KiB
```

使用了Element Plus框架（完整引入）

图 8-3　对比打包文件大小

值得一提的是，文件大小不是完全固定的，尤其是当时间相差比较大时，就会出现文件大小不一样的情况，读者不必纠结。

## 8.3.2　Element Plus 框架的按需引入打包操作

Element Plus 框架的按需引入打包操作只需进行简单的插件安装与环境配置即可，代码部分将由安装的插件自动完成解析。

按需引入打包操作只需 3 步即可实现。

（1）在项目中安装 unplugin-vue-components 和 unplugin-auto-import 插件，命令如下。

```
npm install unplugin-vue-components unplugin-auto-import --save-dev
```

（2）修改 vite.config.js 配置文件，将框架引入，并调用对应插件。同时，将在 5.2.2 节中编写的路径别名与省略后缀设置代码在当前项目中进行配置。

修改后的 vite.config.js 文件代码如下。

```
import { defineConfig } from 'vite'
import vue from '@vitejs/plugin-vue'
import { resolve } from 'path'

// 引入 Element Plus 框架按需引入打包的辅助插件
import AutoImport from 'unplugin-auto-import/vite'
import Components from 'unplugin-vue-components/vite'
import { Element PlusResolver } from 'unplugin-vue-components/resolvers'

// https://vitejs.dev/config/
export default defineConfig({
  plugins: [
    vue(),
    // 使用 Element Plus 框架按需引入打包的辅助插件
    AutoImport({
      resolvers: [Element PlusResolver()],
    }),
    Components({
      resolvers: [Element PlusResolver()],
    }),
  ],
  resolve: {
    alias: [{ find: '@', replacement: resolve(__dirname, 'src') }],
    extensions: ['.js', '.vue'],
  },
})
```

（3）删除 8.3.1 节在 main.js 入口文件中编写的完整引入 Element Plus 框架的配置代码，将入口文件中的代码恢复到最初项目的代码结构。特别提醒：这里不需要引入 Element Plus 框架，也不需要通过 vue.use 使用对应的插件。

恢复后的 main.js 文件代码如下。

```
import { createApp } from 'vue';
import App from './App.vue';

createApp(App).mount('#app');
```

再次运行项目，可以发现页面中的按钮仍旧应用 Element Plus 框架的组件样式。再次通过执行“npm run build”命令打包项目，对控制台输出的打包文件大小的日志进行截图，对比打包文件大小，如图 8-4 所示。

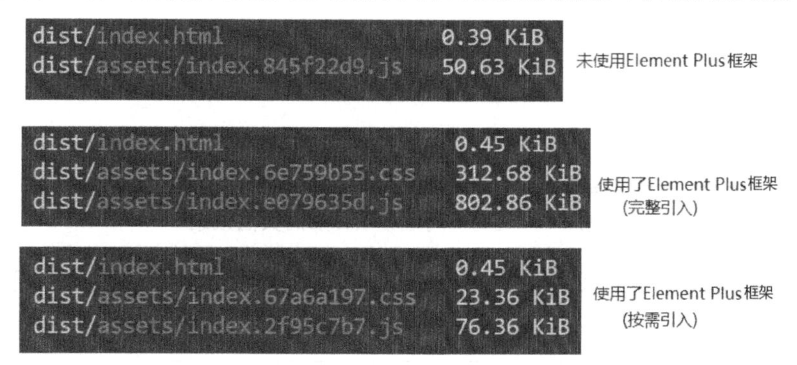


图 8-4　对比打包文件大小

从图 8-4 中可以看出，打包生成的 JavaScript 文件大小缩小了 720KB 以上，CSS 文件大小缩小了 280KB 以上。原因很简单，就是按需引入并没有打包 Element Plus 框架包含的所有组件的 JavaScript 和 CSS 代码，只是按需引入打包了使用的 Button 组件的代码。这样项目总的打包文件就会被极大地缩小，应用能更快地加载显示，提升用户体验。

## 8.3.3　设计业务需求页面

绝大多数中后台管理系统项目的页面会包含菜单、导航、列表等常用展示元素，那么利用 Element Plus 框架是否能够快速地实现这样的功能需求呢？笔者想，或许只需几分钟就可以实现。

菜单部分的布局可以使用 Icon（图标），使用图标可以让页面更加直观和美观，这里需要安装 Element Plus 框架中的图标组件，命令如下。

```
npm install @element-plus/icons-vue --save
```

在 Element Plus 官方文档中找到 Container 布局容器，如图 8-5 所示，将对应的布局容器示例代码进行复制，并粘贴到 App.vue 文件中，将原有代码进行替换，其余文件不需要做任何修改。运行项目后，显示的效果与示例展示的效果完全一致，相信读者可以感觉到使用框架节省了很多时间，如图 8-6 所示。

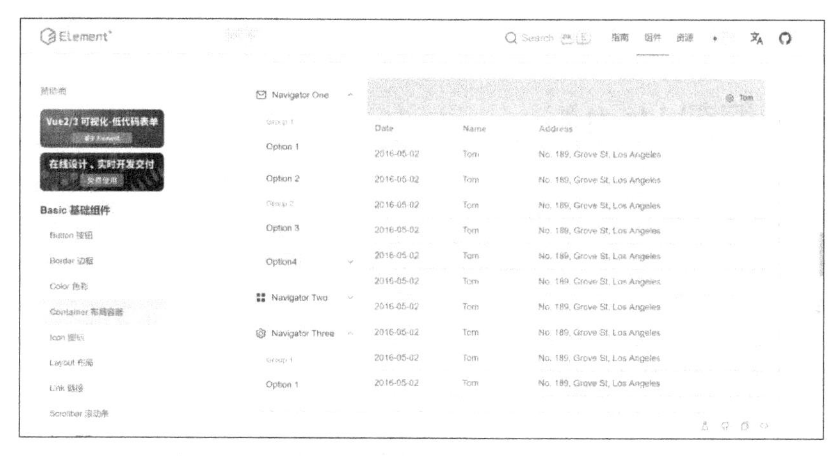


图 8-5　Element Plus 官方文档中的 Container 布局容器示例

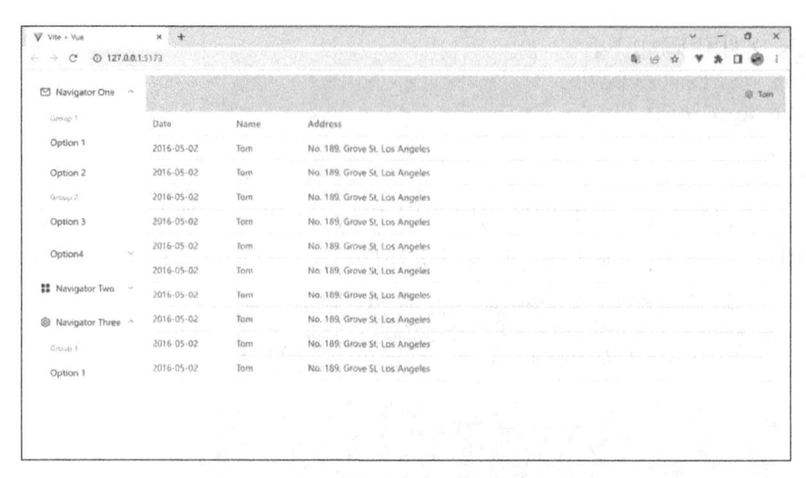


图 8-6 复制代码运行项目后的页面效果

值得一提的是，Element Plus 框架主要适应于 PC 端，尤其是中后台管理系统项目，如果将当前的应用切换至移动端，页面显示就不一定会如预期那么完美了。我们来简单测试下，其页面效果如图 8-7 所示。

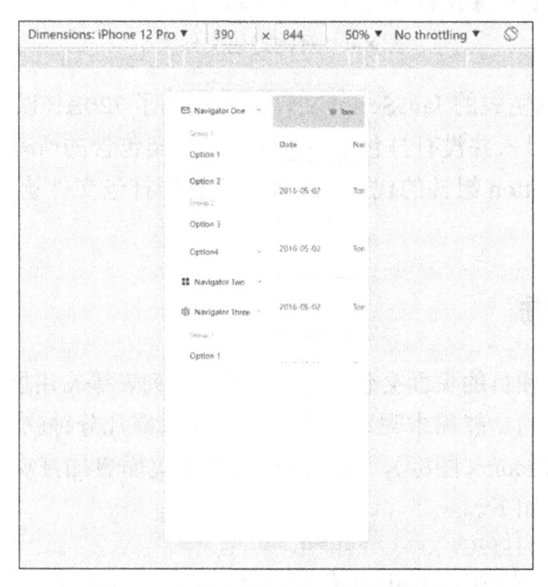


图 8-7 切换至移动端后的页面效果

如果读者想快速应用 Element Plus 框架搭建项目页面，则可以参考其官方文档中各个组件的示例和 API 说明。

## 8.4 移动端 UI 框架 Vant4

8.3 节讲解的 Element Plus 框架适用于 PC 端的中后台管理系统项目，那么针对移动端的项目我们通常选择什么 UI 框架呢？Vant 框架就是一个不错的选择，Vant3 框架适用于 Vue2，而 Vant4 框架则适用于 Vue3。本节主要介绍 Vant4 框架。

### 8.4.1 Vant4 框架的完整引入操作

（1）创建一个新的 Vue 项目，将其命名为“vue3-book-vant4”，命令如下。

```
npm create vite@latest vue3-book-vant4 -- --template vue
```

（2）与 Element Plus 框架相同，Vant4 的官方文档中包含了该框架的安装和配置说明，读者只需按照文档引导一步步操作即可。这里其实分为了两步，简单赘述一下。

① 框架的准备工作：在项目中安装 UI 框架，命令如下。

```
npm i vant@4
```

② 完整引入与安装：在入口文件 main.js 中引入 Vant 框架。修改 main.js 文件，具体代码如下。

```
import { createApp } from 'vue';
import App from './App.vue';
// 完整引入 Vant 框架
import Vant from 'vant';
// 完整引入 Vant 框架的样式文件
import 'vant/lib/index.css';

// 安装 Vant 框架
createApp(App).use(Vant).mount('#app');
```

（3）删除 App.vue 文件中的所有代码，同时删除 components 目录下的 HelloWorld.vue 文件。在 App.vue 文件中使用最简单的按钮组件进行测试。

修改后的 App.vue 文件代码如下。

```
<template>
  <van-button type="primary" @click="handleClick">主要按钮</van-button>
</template>

<script setup>
const handleClick = () => {
  alert('响应点击');
};
</script>
```

我们会发现页面中能够成功显示一个 Vant 框架的按钮组件，点击按钮显示警告提示。这一过程远远比开发者自己编写按钮和样式代码更快捷、更简便。按钮的初始样式如图 8-8 所示。

现在对项目进行产品化打包处理，查看完整引入 Vant 框架后项目的整体体积，命令如下。

```
npm run build
```

主要按钮

图 8-8　按钮的初始样式

我们可以在使用 Vant 框架之前和之后分别运行上面的命令，对控制台输出的打包文件大小的日志进行截图，对比打包文件大小，如图 8-9 所示。

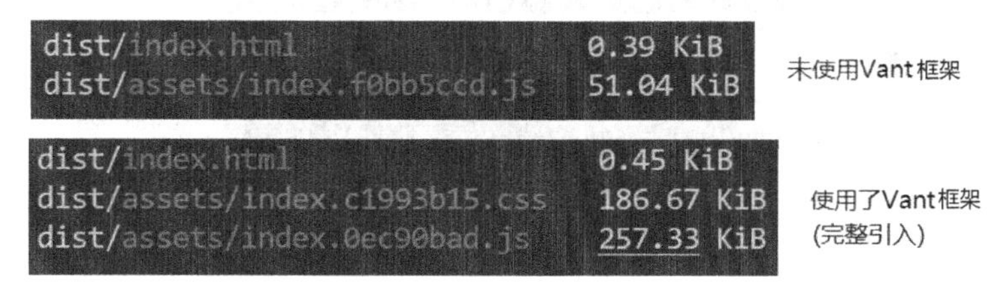


图 8-9　对比打包文件大小

从图 8-9 中可以看出，打包生成的 JavaScript 文件大小增大了 200KB 以上，比 186.67KB 的 CSS 文件更大。原因也是因 UI 框架（Vant4）的完整引入导致的，解决方案依然要实现 UI 框架的按需引入打包。

## 8.4.2　Vant4 框架的按需引入打包操作

Vant4 框架的按需引入打包操作只需要进行简单的插件安装与环境配置即可，在入口文件 main.js 中不再需要引入和配置该库了。

按需引入打包操作只需要 3 步即可实现。

（1）在项目中安装 unplugin-vue-components 插件，命令如下。

```
npm i unplugin-vue-components -D
```

（2）修改 vite.config.js 配置文件，将插件引入，并调用对应插件。

修改后的 vite.config.js 文件代码如下。

```
import { defineConfig } from 'vite';
import vue from '@vitejs/plugin-vue';
// 引入 Vant 框架按需引入打包的插件
import Components from 'unplugin-vue-components/vite';
import { VantResolver } from 'unplugin-vue-components/resolvers';

export default defineConfig({
  plugins: [
    vue(),
    Components({
      resolvers: [VantResolver()],
    }),
  ],
});
```

（3）删除 8.4.1 节在入口文件 main.js 中编写的完整引入 Vant 框架的配置代码。

修改后的 main.js 文件代码如下。

```
import { createApp } from 'vue';
import App from './App.vue';

createApp(App).mount('#app');
```

再次运行项目，可以发现页面中的按钮仍旧应用 Vant 的组件样式。再次通过执行“npm run build”命令打包项目，对控制台输出的打包文件大小的日志进行截图，对比打包文件大小，如图 8-10 所示。

从图 8-10 中可以看出，打包生成的 JavaScript 文件大小缩小了 190KB 以上，CSS 文件大小缩小了 120KB 以上。原因同样是 UI 框架（Vant4）进行了按需引入打包操作。

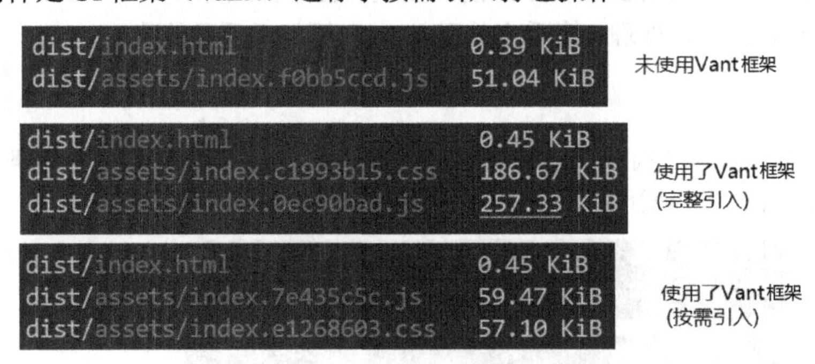


图 8-10 对比打包文件大小

## 8.4.3 设计业务需求页面

在本节之前对框架的讲解中没有调用 method 方法，本节考虑在 Vant4 移动端项目中构建一个 Tabs 选项卡。除了给该选项卡设置初始的 Tabs 展示页，还要设置一个选项卡按钮，在点击该按钮时跳转到指定下标的位置，同时在控制台中显示出当前选项卡的下标。

在 App.vue 组件文件中利用函数定义选中哪个选项的响应式数据 active（默认选中第一个）和选项卡组件的 ref 对象 tabRef，同时设置一个选项卡切换的监听回调函数 changeTab 和按钮的点击回调函数 switchTab，分别实现在控制台中打印当前选项卡的下标和调用 Tabs 的 scrollTo 方法跳转到指定对象。

需要注意的是，想要使用 Tabs 的 scrollTo 方法，要先通过 ref 对象的查找方法找到 Tabs 对象 tabRef，因此我们可以确认属性和事件需要在组件中设置监听，而组件所拥有的 method 方法则需要通过其他组件触发，当然，其他组件触发的前提是找到目标组件的对象，然后才能成功触发。

App.vue 文件代码如下。

```
<script setup>
import { ref } from 'vue';
// 定义选中哪个选项（默认选中第一个）
const active = ref(1);
// 定义选项卡组件的 ref 对象
const tabRef = ref(null);
// 切换选项卡时的事件回调
const changeTab = (index) => {
  console.log('当前选项卡下标：', index);
};
// 点击按钮对选项卡的方法进行调用
const switchTab = () => {
  tabRef.value.scrollTo(2);
};
</script>
<template>
  <!-- 利用第三方按钮，在找到 Tabs 选项卡以后调用其方法 -->
  <van-button type="primary" @click="switchTab">切换至第 3 个标签</van-button>
  <!-- 属性绑定与事件监听 -->
  <van-tabs v-model:active="active" ref="tabRef" @change="changeTab">
    <van-tab title="标签 1">内容 1</van-tab>
    <van-tab title="标签 2">内容 2</van-tab>
    <van-tab title="标签 3">内容 3</van-tab>
    <van-tab title="标签 4">内容 4</van-tab>
  </van-tabs>
</template>
```

运行项目后可以发现，选项卡的初始位置在下标为 1 的“标签 2”上，如图 8-11 所示。切换选项卡后控制台会显示当前下标。当点击“切换至第 3 个标签”按钮后，选项卡会直接跳转至下标为 2 的“标签 3”上，如图 8-12 所示。

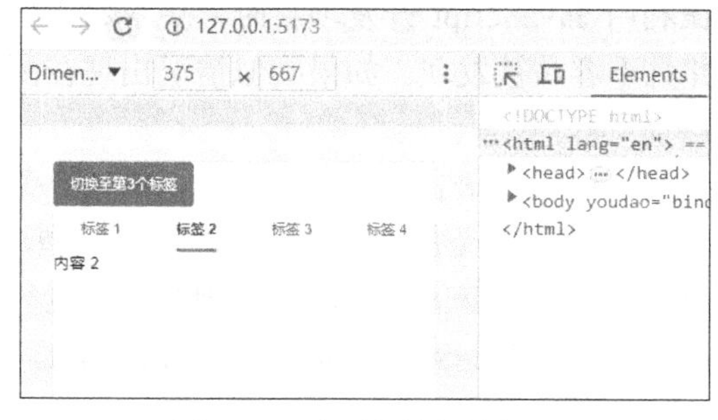


图 8-11　选项卡的初始位置

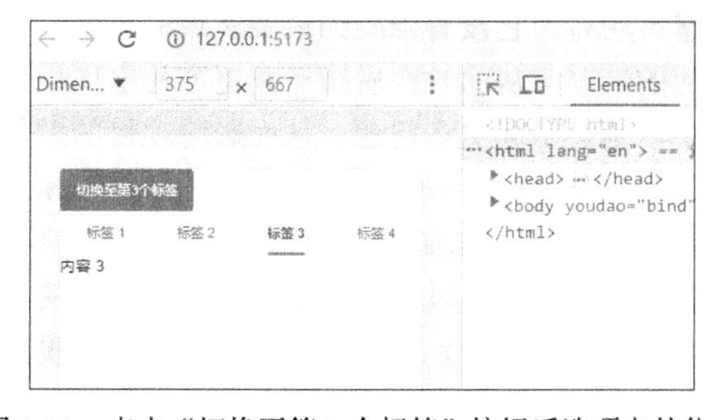


图 8-12　点击“切换至第 3 个标签”按钮后选项卡的位置

此时就完成了 Vant4 框架的学习，在学习了两款 UI 框架后，我们可以发现，不管是 Element Plus 还是 Vant4 框架，其使用的方式都基本类似。其实不仅是本章所讲解的 UI 框架，所有 UI 框架的应用步骤基本都如出一辙，只要将设置属性、监听事件、调用方法这三步牢记心头，并结合组件文档进行使用，读者就可以轻松掌握大部分 UI 框架了。

# 第9章 TypeScript

我们知道，JavaScript是弱类型的程序语言，而TypeScript是强类型的程序语言。对于弱类型的JavaScript来说，在编写代码时，正确语法编写的补全提示能力和错误语法编写的提示能力都非常“弱”，非常不利于开发者的项目编码工作。而强类型的TypeScript具有非常友好的补全提示或错误提示能力，其可以极大地提高项目的编码效率，而且项目运行调试过程中的Bug也会减少很多。

1.2节介绍了Vue2和Vue3的差别，从中我们可以得知，Vue3的源码是使用TypeScript编写的，并且应用层的API对TypeScript有很好的支持。本章主要介绍TypeScript的相关语法。

## 9.1 六何分析 TypeScript

在正式学习TypeScript之前，读者需要先对TypeScript有一个初步认识。下面就利用六何分析，从事件对象（What）、事件相关人员（Who）、事件发展历程（When）、事件应用场景（Where）、事件原因（Why），以及如何了解、应用与掌握该事件（How）6个方面剖析TypeScript，感受TypeScript强大的功能与魅力。

### 1. TypeScript 是什么

这需要从JavaScript说起，因为JavaScript是一门弱类型即时编译型的程序语言，在利用JavaScript进行变量声明时，它没有强制约束要实现的类型，这就使得在利用JavaScript开发项目时，更容易出现类型不对应的情况，从而导致后续操作更容易出现程序错误，并且不容易被发现。如果类似情况出现在团队化开发中，则会引起更多问题，从而影响项目的顺利进展。

为了弥补JavaScript弱类型的不足，TypeScript这一强类型的程序语言就诞生了。TypeScript弥补了JavaScript的不足，添加了更多的语法来支持类型，并且要求开发者在定义各种类型变量时明确类型，从而增强程序的健壮性，以更大程度降低程序出错的概率，实现项目开发速度的提升。不过浏览器等运行环境的解析并不直接支持TypeScript，最终需要通过编译转换工具将TypeScript编译成JavaScript，因此TypeScript是来源于JavaScript，并最终归结于JavaScript的，如图9-1所示。

图9-1　TypeScript被编译成JavaScript的过程

TypeScript是JavaScript的超集，是建立在JavaScript之上的，我们可以将它理解为JavaScript的高级版，如图 9-2 所示。

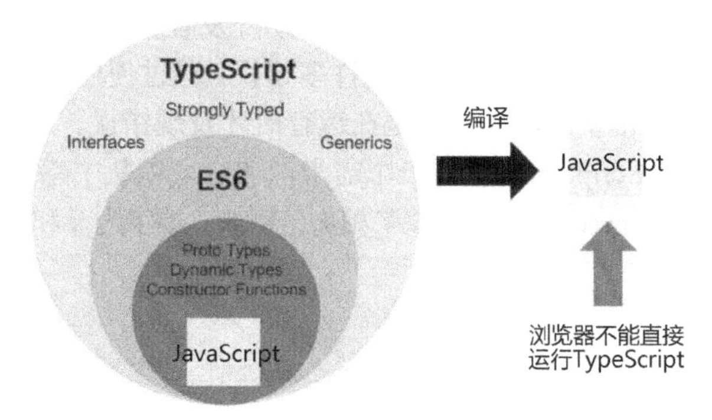


图 9-2 TypeScript 和 JavaScript 的关系

值得一提的是，TypeScript 的文件后缀与 JavaScript 的不同，不再是“.js”，而是“.ts”。

### 2. TypeScript 是谁开发的

TypeScript 是由微软开发的。俗话说“背靠大树好乘凉”，那么由微软开发的 TypeScript 自然是非常值得信赖与依靠的。JavaScript 是目前世界排名前 10 的程序语言，它拥有异常庞大的用户群体，根据 Stack Overflow 的统计，JavaScript 在 2008 年用户量排名进入前 10 后，一直稳步提升，目前是用户量最大的程序语言。TypeScript 作为 JavaScript 的超集，JavaScript 的拥护者也会非常容易地投入 TypeScript 的怀抱，因此 TypeScript 在 TIOBE 排行榜上一直稳步提升。

### 3. TypeScript 是什么时间诞生的

When 在这里的全称为“When was TypeScript born?”，翻译过来就是“TypeScript 是什么时间诞生的？”。

2012 年 10 月，微软发布了 TypeScript 的第 1 个版本（0.8），到目前为止，开发者经过 10 多年的不懈努力，完善了 TypeScript 对前端 Angular、React、Vue 等众多框架的支持，也逐步强化了其对 Node、Deno 等后台运行环境的支撑。

其实在互联网这个优胜劣汰的环境中，任何一个项目或者一门语言能存活 10 年都不是一件容易的事情，与 Java、Python 不同，TypeScript 没有经历 30 年的风雨，也不像 JavaScript 一样经受了 20 年的雷霆磨砺，但它依旧在 10 多年的挫折中不断强大，这样看来，TypeScript 未来的发展将是一片光明。

### 4. TypeScript 适用于什么样的项目

TypeScript 适用于任何规模、任何类型的项目！

TypeScript 更适用于中大型项目。对比 JavaScript，TypeScript 提供的数据类型可以为项目带来更高的可维护性，以及更少的 Bug。TypeScript 的这部分特性在后续章节中会进行相关介绍。

因为 TypeScript 来源于 JavaScript 又归结于 JavaScript，所以原来基于 JavaScript 的项目，可以直接利用 TypeScript 进行改造。因为 TypeScript 完全可以和 JavaScript 共存，所以开发人员可以利用 TypeScript 升级强化 JavaScript 程序代码，将代码逐步替换为 TypeScript 的类型声明和约束，以增强程序的健壮性。

团队化开发的中大型项目如果直接利用 TypeScript 开发会更为有利。TypeScript 可以明确定义各个变量的类型，在多人操作同一程序模块时根本不需要纠结或担心类型是否会出错，因为 TypeScript 有强制约束和智能代码提示，这样可以极大地减少类型不对应等初级错误。也正是因为标准的一致性，在团队化开发时还可以避免成员之间无意义的沟通，大幅度减少沟通成本。

### 5. 为什么引用 TypeScript

想要知道为什么引用 TypeScript，就要清楚 TypeScript 的主要目标：利用强类型定义尽可能降低程序出错的概率，从而增强项目代码的可维护性，提高项目的开发效率。

下面分两点进行详细分析。

（1）TypeScript 可以提高开发者的工作效率，同时帮助开发者避免错误。

TypeScript 提供的数据类型可以帮助开发者避免许多错误。通过使用 TypeScript，开发者可以实现错误前置，在编写代码时就可以获知错误信息，而不是在运行时才发现错误。

下面使用 JavaScript 和 TypeScript 来实现同一个需求，读者可以从中感受 TypeScript 的优势。

需求为：封装一个函数，在函数内部将两个数字相加。例如，数字为 x 和 y，返回的结果为“x+y”的和。

JavaScript 代码实现如下。

```
function add(x, y) {
  return x + y;
}
```

正确调用如下。

```
const result = add(2, 3); // 5
```

错误调用如下。

```
const result2 = add('2', '3'); // '23'
```

如何限制错误调用呢？TypeScript 的语法如下。

```
function add (x: number, y: number): number {
  return x + y;
}
```

从上述代码中可以看出，在形参接口的部分将其接收形参的类型设置为了数值类型，这就代表该函数只能接收数值类型的数据，而不能接收任何其他类型的数据。在使用与上述相同方式调用函数时，可以发现 TypeScript 编译器会报错。TypeScript 成功实现了错误前置，防止了程序在运行时发生错误，这就是 TypeScript 的类型约束，明显可以看出其代码功能性变强、可读性更高。需要注意的是，这里只是简单演示 TypeScript 实现的效果，具体语法在 9.7 节中会详细讲解。

调用 add 函数的代码如下。

```
const result3 = add(2, 3); // 5
const result4 = add('2', '3'); // 直接提示错误
```

（2）与 ECMAScript 标准同步发展。

引用 TypeScript 的另一个重要原因就是它坚持与 ECMAScript 标准同步发展。TypeScript 的发展紧跟 ECMAScript 历史发展的步伐，只要 ECMAScript 标准进入候选阶段，TypeScript 就会尝试实现其功能，这就让企业和开发人员可以放心地使用 TypeScript，而不需要担心是否会与 ECMAScript 标准产生冲突。

#### 6. 怎样学习 TypeScript

TypeScript 名字中的 Type 翻译为中文是“类型”的意思，说明“类型”是 TypeScript 最核心的特性，因此学好 TypeScript 的关键在于掌握 TypeScript 的类型。TypeScript 除了支持 JavaScript 所有的基础和引用类型，还提供了特有的类型，主要包括 tuple（元组）、enum（枚举）、any（任意）、void（空）、union（联合）、interface（接口）、generic（泛型）等。读者只要从 TypeScript 的基础类型出发，细化 TypeScript 中类型的规范、定义、使用等流程，就能够快速掌握 TypeScript。

## 9.2 安装 TypeScript 环境

本节分两个部分介绍安装 TypeScript 环境的相关知识。

### 9.2.1 TypeScript 程序不能直接运行

TypeScript 程序无法在浏览器或者 Node 环境中直接运行，这一点可以通过实操来证实。先创建一个名

为 typescript-setup 的空目录，然后在此目录下新建一个 TypeScript 程序文件 helloWorld.ts，并编写一段简单的 TypeScript 代码，指定变量 hi 的类型为字符串类型。

typescript-setup/helloWorld.ts 文件代码如下。

```
const hi: string = '你好，这是 TypeScript 程序文件';
console.log(hi);
```

现在新建一个 index.html 网页，并在该网页中利用 script 标签引入 helloWorld.ts 文件，打开 Vue 开发者调试工具的控制台，则会看到错误内容显示，表明无法正常运行 TypeScript 程序文件，如图 9-3 所示。

typescript-setup/index.html 文件代码如下。

```
<!DOCTYPE html>
<html lang="en">
  <head>
    <meta charset="UTF-8" />
    <meta http-equiv="X-UA-Compatible" content="IE=edge" />
    <meta name="viewport" content="width=device-width, initial-scale=1.0" />
    <title>TypeScript</title>
  </head>
  <body>
    <script src="./helloWorld.ts"></script>
  </body>
</html>
```

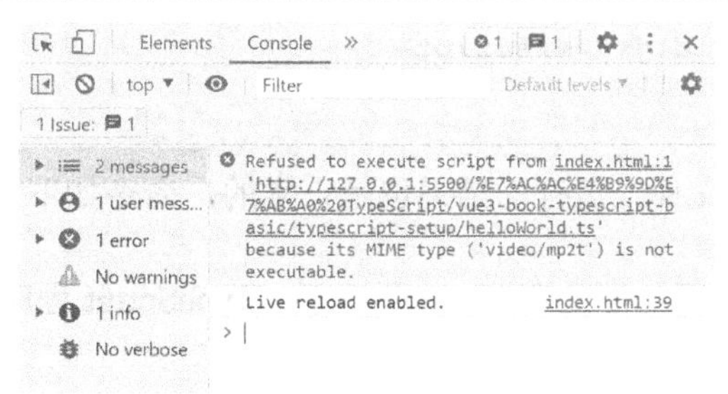


图 9-3　控制台提示错误

读者可能会想，通过 node 命令运行代码是不是就不会报错了呢？下面尝试在 Node 环境中运行代码，命令如下。

```
node helloWorld.ts
```

运行代码后发现，程序依旧报错，表明在 Node 环境下，TypeScript 程序文件也无法直接正常运行，如图 9-4 所示。

```
PS D:\尚硅谷的仓库\Vue编写\Vue3配套代码练习\第9章 TypeScript\vue3-book-typescri
pt-basic\typescript-setup> node helloWorld.ts
D:\尚硅谷的仓库\Vue编写\Vue3配套代码练习\第9章 TypeScript\vue3-book-typescript-
basic\typescript-setup\helloWorld.ts:1
const hi: string = '你好，这是TypeScript程序文件';
        ^^

SyntaxError: Missing initializer in const declaration
    at Object.compileFunction (node:vm:352:18)
    at wrapSafe (node:internal/modules/cjs/loader:1031:15)
    at Module._compile (node:internal/modules/cjs/loader:1065:27)
    at Object.Module._extensions..js (node:internal/modules/cjs/loader:1153:10)
    at Module.load (node:internal/modules/cjs/loader:981:32)
    at Function.Module._load (node:internal/modules/cjs/loader:822:12)
    at Function.executeUserEntryPoint [as runMain] (node:internal/modules/run_main:81:12)
    at node:internal/main/run_main_module:17:47
```

图 9-4　在 Node 环境下运行代码后程序依旧报错

## 9.2.2　安装 TypeScript 环境并测试

在操作系统全局环境下安装 TypeScript 命令行工具，命令如下。

```
npm install -g typescript
```

执行上方命令后，系统会在全局环境下提供 tsc 命令。安装完成之后，我们就可以在任意环境下执行 tsc 命令将.ts 文件编译为.js 文件。

此时再来编译 9.2.1 节中的 TypeScript 程序文件只需执行下方命令即可。

```
tsc helloWorld.ts
```

此时在 helloWorld.ts 文件的同级目录下会产生一个 helloWorld.js 文件，代码内容已经被编译成下方的 JavaScript 代码。

```
var hi = '你好，这是 TypeScript 程序文件';
console.log(hi);
```

那么在 HTML 中也不能再引入“.ts”文件了，而是需要替换成编译以后的“.js”文件，此时浏览器能够正常运行当前的程序。

修改后的 typescript-setup/index.html 文件代码如下。

```
<!DOCTYPE html>
<html lang="en">
  <head>
    <meta charset="UTF-8" />
    <meta http-equiv="X-UA-Compatible" content="IE=edge" />
    <meta name="viewport" content="width=device-width, initial-scale=1.0" />
    <title>TypeScript</title>
  </head>
  <body>
    <script src="./helloWorld.js"></script>
  </body>
</html>
```

在 Node 环境下测试“.js”文件，运行的结果也是正常的，命令如下。

```
node helloWorld.js
```

因此，无论是在浏览器环境下，还是在 Node 环境下，TypeScript 程序都是不能直接运行的。

## 9.3 一切从 HelloWorld 开始

程序语言的学习都是从 HelloWorld 开始的，TypeScript 也不例外，从本节开始对 TypeScript 进行正式操作。

### 9.3.1 在编译时对数据类型进行静态检查

从本节开始会逐步讲解 TypeScript 的一些特殊语法内容。

新建一个名为 typescript-hello 的目录，并在其中新建文件 hello.ts，将下方代码编写在 hello.ts 文件中。

```
function sayHello(person: string) {
  return 'Hello, ' + person;
}

let user = '尚硅谷';
console.log(sayHello(user));
```

在终端中执行下方命令。

```
tsc hello.ts
```

此时生成的编译文件为 hello.js，文件代码如下。

```
function sayHello(person) {
  return 'Hello, ' + person;
}
var user = '尚硅谷';
```

```
console.log(sayHello(user));
```

在 TypeScript 中，可以使用“:”指定变量的数据类型，值得一提的是，“:”的前后可以包含空格。

在上述例子中，我们使用“:”指定 person 参数的数据类型为 string，但在编译为 JavaScript 代码后，可以发现检查的代码并没有被插进来。这是因为 TypeScript 只会在编译时对数据类型进行静态检查，如果发现错误，在编译时就会报错。

下面修改 user 的类型，将原来的 string 类型修改为数组类型。

hello.ts 文件代码如下。

```
function sayHello(person: string) {
  return 'Hello, ' + person;
}

let user = [0, 1, 2];
console.log(sayHello(user));
```

这时候 VSCode 编辑器就会在出错的代码下方显示红色波浪线，将鼠标指针移动到上面会有对应的错误提示，如图 9-5 所示。

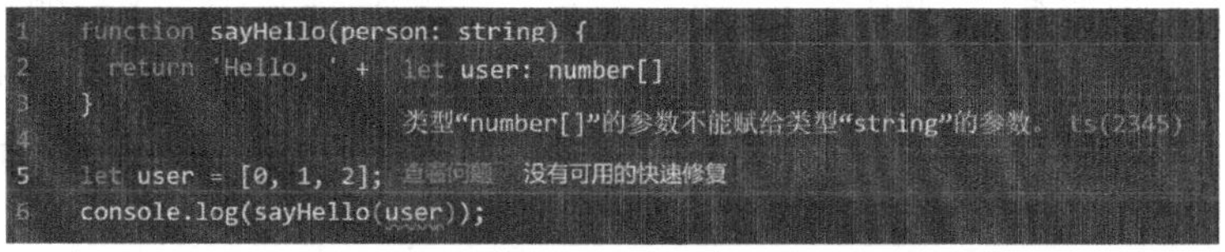

```
1  function sayHello(person: string) {
2    return 'Hello, ' +  let user: number[]
3  }                      类型“number[]”的参数不能赋给类型“string”的参数。 ts(2345)
4
5  let user = [0, 1, 2];  查看问题  没有可用的快速修复
6  console.log(sayHello(user));
```

图 9-5　在 VSCode 编辑器中有错误提示

其实不仅 VSCode 编辑器会提示错误，TypeScript 在编译时也会报错，如图 9-6 所示。

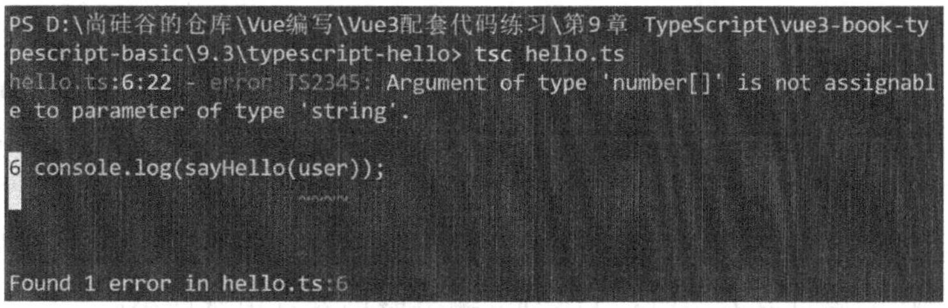

```
PS D:\尚硅谷的仓库\Vue编写\Vue3配套代码练习\第9章 TypeScript\vue3-book-typescript-basic\9.3\typescript-hello> tsc hello.ts
hello.ts:6:22 - error TS2345: Argument of type 'number[]' is not assignable to parameter of type 'string'.

6 console.log(sayHello(user));
                       ~~~~

Found 1 error in hello.ts:6
```

图 9-6　TypeScript 在编译时报错

尽管出现了报错，但系统依旧会生成对应的 JavaScript 文件，如下所示。

```
function sayHello(person) {
  return 'Hello, ' + person
}
var user = [0, 1, 2]
console.log(sayHello(user))
```

虽然 TypeScript 在编译时报错了，但是在默认情况下，我们依旧可以使用这个编译之后的文件。

如果想要在报错时终止生成 JavaScript 文件，则可以在 tsconfig.json 文件中配置 noEmitOnError 属性。那么 tsconfig.json 文件的作用是什么呢？为什么要设置 tsconfig.json 文件呢？在 9.3.2 节中将进行具体讲解。

## 9.3.2　tsconfig.json 环境配置

现在修改 hello.ts 文件，首先在其中添加一个数组并传递给函数 sayHello，然后查看编译后的 hello.js 文件，会发现 hello.ts 文件修改后生成的 hello.js 文件不会发生任何改变。如果每次修改 hello.ts 文件都需要通过 tsc 命令不断编译，则效率是十分低下的，那么是否可以提高 TypeScript 开发的效率，让不包含错误语法的 TypeScript 文件自动编译呢？这个问题可以通过开发工具 VSCode 解决。

对 hello.ts 文件代码做简单修改，具体如下。

```
function sayHello(person: string) {
  return 'Hello, ' + person;
}

let user = [0, 1, 2, 3];
console.log(sayHello(user));
```

在终端中打开当前目录，并执行下方命令。

```
tsc --init
```

下面开始设置自动编译，共分为 3 步。

（1）执行 tsc –init 命令后会生成一个 tsconfig.json 文件。该文件下的配置属性有很多个，找到 noEmitOnError 属性，该属性默认是注释状态，属性值为 false，将其修改为 true 并解除注释状态就可以实现自动编译的功能。

（2）点击 VSCode 菜单栏中的“终端”菜单，选择“运行任务”子菜单，此时页面中会出现一个下拉菜单，选择需要执行的文件。需要注意的是，如果之前已经运行过任务，下拉菜单中就会有最近使用过的任务记录；如果没有，则可以点击“显示所有任务”按钮。

（3）在“所有任务”中找到 tsc:监听 hello 的 tsconfig.json 配置选择项，点击即可运行。

此时还不能正常编译。这是因为之前代码中存在 TypeScript 语法检查出错的情况，现在编译仍旧会出错，在目录中不会生成 hello.js 文件。想要正常实现需求，就需要修复 hello.ts 文件中 user 的类型，将类型修改为 string 类型，此时编译将会自动执行，并成功生成 hello.js 文件。

## 9.4 TypeScript 的类型

TypeScript 内置了丰富的类型，包括 string（字符串）、number（数值）、boolean（布尔值）、array（数组）、object（对象）、function（函数）、tuple（元组）、enum（枚举）、interface（接口）等。在定义变量时，我们可以对变量进行相应的类型约束。一旦添加类型约束，通过变量名加点的方式使用其属性或方法，VSCode 编辑器就会有精准的补全提示；当变量的值不是声明的类型时，VSCode 编辑器会有错误提示；当通过变量来访问其不存在的属性或方法时，VSCode 编辑器也会有错误提示。

下面首先利用 let 声明一个变量 hi，并给 hi 限定不同的类型，然后分别给 hi 赋值。值得一提的是，当操作 hi 时，VSCode 编辑器会提示其对应的变量所拥有的属性和方法，比如当 hi 为 string 类型时，VSCode 编辑器就会提示 length 属性，以及 indexOf、match 等方法；而当 hi 为 number 类型时，并且赋值为 2015，hi 就不会拥有 length 属性，而 VSCode 编辑器只会提示 toFixed 等数值方法；当 hi 为元素是 string 的 array 类型时，那么 hi 所拥有的属性或方法则包括 length、join、keys 等。下面分别进行演示。

将 hi 限定为 string 类型，并调用 indexOf 方法。

```
let hi:string = 'atguigu';
```

在操作变量 hi 时，VSCode 编辑器的提示如图 9-7 所示。

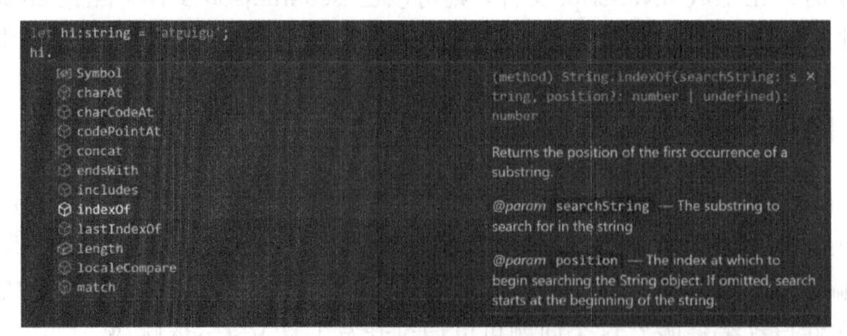


图 9-7 VSCode 编辑器的提示

例如我们不小心将方法名写为了 indexOf2，VSCode 编辑器则会提示错误，如图 9-8 所示。

```
let hi:string = 'atguigu';
hi.indexOf2
    any
    属性“indexOf2”在类型“string”上不存在。你是否指的是“indexOf”? ts(2551)
    lib.es5.d.ts(429, 5): 在此处声明了 "indexOf"。
    查看问题  快速修复...(Ctrl+.)
```

图 9-8 错误的提示信息（1）

假如我们给一个 string 类型的变量赋了一个 number 类型的值，就违背了操作的初心。此时 TypeScript 的 VSCode 编辑器就会提示错误，并且明确给出错误的提示信息，以协助开发人员快速找到出现问题的地方，如图 9-9 所示。

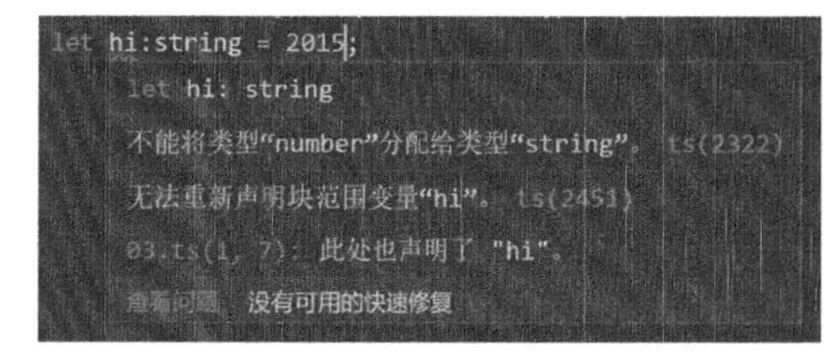


图 9-9 错误的提示信息（2）

因此在 TypeScript 中，使用特定类型显式地声明程序中定义的变量具有的属性和方法，并且每个变量都有一个类型。

JavaScript 中的类型主要有两类，分别为基础类型和引用类型，而 TypeScript 是 JavaScript 的超集，因此它囊括了 JavaScript 中所有的基础类型和引用类型。不过在这个基础上，TypeScript 还扩展了一些其特有的类型，如 tuple（元组）、enum（枚举）、interface（接口）、generic（泛型）等，这都是 JavaScript 不具有的，这些特殊的类型也是本章想要讨论的重点。

## 9.5 TypeScript 中的基础类型

JavaScript 的基础类型主要包括 string、number、boolean、null、undefined、symbol、bigint 等。作为 JavaScript 的超集，TypeScript 同样支持 JavaScript 中的所有基础类型，并扩展了 any、unknown、void 等其他基础类型。

### 9.5.1 TypeScript 中与 JavaScript 一致的基础类型

在 9.4 节中演示了 TypeScript 类型声明的具体操作，只需利用“:类型”的方式就可以显式地声明变量的类型，那么现在只需明确 TypeScript 支持的类型即可。TypeScript 中与 JavaScript 一致的基础类型主要包括 string、number、boolean、undefined、null、symbol、bigint 等。其中 string 类型支持普通字符串和模板字符串的赋值；number 类型需要注意各种不同的数值进制，其中二进制、八进制、十进制、十六进制等都是符合 number 类型约束规范的；boolean 类型的赋值只支持 true 或者 false；undefined 类型和 null 类型都只有一个值，分别是 undefined 和 null。这两种类型一般不会单独使用，而是与其他类型组合成联合类型（在 9.7 节中具体讲解）来使用。

值得一提的是，symbol 和 bigint 是 ES6+提供的类型，而 TypeScript 也支持这两种类型。

请读者思考下面的代码。

```
// string
let myName: string = 'atguigu';                    // 普通字符串
let sayHi: string = `你好，我的名字是 ${myName}。`;  // 模板字符串

// number
let binary: number = 0b1010;                        // 二进制
let octal: number = 0o744;                          // 八进制
```

```
let decimal: number = 10;                          // 十进制
let hex:number = 0xf00d;                           // 十六进制
let infinity:number = Infinity;                    // 无穷

// boolean
let done: boolean = false;                         // true、false 是布尔值

// undefined
// 给变量 u 这一 undefined 类型赋值 undefined 一般没有实际意义
let u: undefined = undefined;

// null
let n: null = null; // 给变量 n 这一 null 类型赋值 null 一般没有实际意义
```

上面这些代码均可以正常运行。

请读者思考下面的代码。

```
// string
// string
let myName: string = 'atguigu';                    // 普通字符串
let sayHi: string = `你好，我的名字是 ${myName}。`;  // 模板字符串
// myName = 2015                                   // error

// number
let binary: number = 0b1010;                       // 二进制
let octal: number = 0o744;                         // 八进制
let decimal: number = 10;                          // 十进制
let hex:number = 0xf00d;                           // 十六进制
let infinity:number = Infinity;                    // 无穷
// decimal = 'ts'                                  // error

// boolean
let done: boolean = false;                         // true、false 是布尔值
done = true
// done = 1                                        // error
// undefined
let u: undefined = undefined;

// null
let n: null = null;

// symbol
let s: symbol = Symbol('abc')

// bigint
let b: bigint = 2n
```

上面的代码违反了类型约束规范，进行了强制赋值处理。比如给 string 类型的变量赋值为 2015，给 number 类型的变量赋值为“ts”，给 boolean 类型的变量赋值为 1 等。这些错误在 VSCode 编辑器中会出现红色波浪线提示。

不过需要注意 undefined 和 null，因为它们两个是任意类型的子类型，所以在一般情况下可以赋值为任意类型的值，并不会报错误提示。这个特点是以非 strict 模式为前提的，如果在 tsconfig.json 的“compilerOptions”编译选项里设置了“"strict": true”属性，则不能将 undefined 赋值给非 undefined 类型的变量，以及不能将 null 赋值给非 null 类型的变量。

### 9.5.2 TypeScript 中特有的基础类型

本节主要介绍 TypeScript 中特有的一些基础类型 any、unknown、void。

#### 1．any

在某种场景下，我们需要为在编程阶段还不能明确类型的变量指定一个类型，此时就可以使用 any 类型。另外，某些值可能来自动态的内容，比如来自用户输入、第三方代码库等。在这种情况下，我们不希望类型检查器检查这些值，而是需要直接让它们通过编译阶段的检查，此时可以使用 any 类型来标记这些变量。演示代码如下。

```
let notSure: any = 4;
notSure = 'maybe a string';
notSure = false;
```

在改写代码时，any 类型是十分有用的，它允许开发者在编译时有选择地包含或移除 any 类型检查，并且当开发者只知道一部分数据的类型时，any 类型也是有用的，比如现在有一个数组，它包含了不同类型的数据，我们就可以使用 any 类型，具体如下。

```
let list: any[] = [1, 'abc', true, () => {}];
```

不过 any 类型声明的变量在使用时是没有一个确定的类型的，从而导致 any 类型没有任何的代码提示功能。

#### 2．unknown

任何变量都可以设置为 any 类型，而 any 类型将会一路“绿灯”进行类型检查的放行处理，它不再检查类型，也没有语法提示。TypeScript 还提供了一个特别的类型，即 unknown，该类型与 any 类型的功能相反，它属于一路“红灯”限制。也就是说，在没有明确变量的类型之前，后面代码在使用时如果直接当作变量值的类型使用，则 VSCode 编辑器会报错误提示，演示代码如下。

```
let myName: unknown = 2015.8;
let num = Math.round(myName);//error
```

我们可以先利用 typeof 进行类型判断，再使用，此时就可以正常通过，不会报错。

```
let myName: unknown = 2015.8;
if (typeof myName === 'number') {
  let num = Math.round(myName);
}
```

#### 3．void

void 类型表示没有任何类型，该类型经常用来约束一个函数的返回值。值得一提的是，约束函数没有返回值，或者返回值是 undefined。

```
function fn(): void {
  // 不返回任何值或返回 undefined 都是合法的
  return undefined;

  // 返回 null 或者其他任意值都是不合法的
  // return null;
  // return 2;
}
```

## 9.6 类型推断

如果我们没有为变量赋初始值，那么 TypeScript 环境会自动将变量的类型推断为 any 类型；如果我们定义了变量并赋予其初始值，但并没有为变量声明类型，那么 TypeScript 环境会自动将变量的类型推断为初始值的类型，这个过程被称为“类型推断”。

我们尝试定义一个 myName 变量，不为其强制声明 string 类型，但为其设置 string 类型的初始值“atguigu”，此时 TypeScript 会根据初始值“atguigu”将 myName 变量的类型推断为 string。后续如果为 myName 变量赋予 number 类型的值，TypeScript 就会显示错误，提示不能将 number 类型分配给 string 类型，这就是类型推断的强大魅力，具体代码如下。

```
let myName = 'atguigu';
myName = 2015; // error，不能将数值赋给 string 类型的变量
```

上面的代码等价于下面的代码。

```
let myName:string = 'atguigu';
myName = 2015;  // error，不能将数值赋给 string 类型的变量
```

如果在声明变量时没有进行初始值赋值处理，那么无论之后有没有为变量赋值，变量都会被推断成 any 类型，后续操作都会将其类型当作 any 类型处理，不再做任何的类型检查，也没有任何类型的语法提示操作，代码如下。

```
let myName;      // 相当于 let myName:any;
myName = 'atguigu';
myName = 2015;
```

## 9.7 联合类型

联合类型（Union Types）表示变量的取值可以为多种类型中的任意一种，在类型定义时使用“|”分隔。比如在将 myName 变量声明为 string 类型或 number 类型中的任意一种类型时，就可以书写为“let myName: string | number”，那么 myName 变量的类型就是 string 或 number 两者之一，但不能是其他类型，代码如下。

```
let myName: string | number;
myName = 'atguigu';
myName = 2015;

myName = true;// error，不能将 true 赋值给类型为 string 与 number 联合类型的变量
```

联合类型涉及多种类型，而不同类型的变量是有其不同属性的，在 9.4 节中也明确了 string 类型的变量有 length 属性、number 类型的变量没有 length 属性。如果将 myName 变量声明为 string 或 number 类型的联合类型，那么其是否会有 length 属性呢？

尝试定义一个函数 getLength，设置形参为 myName，将其类型限定为“string | number”，那么是否可以直接使用 return 返回 myName.length 属性呢？答案是：不可以。虽然 string 类型的变量有 length 属性，但 number 类型的变量是没有 length 属性的，因此会报错，代码如下。

```
function getLength(myName: string | number): number {
  return myName.length;// error, number 类型的变量没有 length 属性
}
```

不过 string 和 number 类型的变量拥有一个共同的方法 toString，调用共同方法不会有任何问题，代码如下。

```
function getString(myName: string | number): string {
  return myName.toString();
}
```

联合类型也可以结合 TypeScript 的类型推断实现相应功能，比如声明“let myName: string | number”，没有为变量赋予初始值，根据 9.6 节所说的类型推断会将其推断为 any 类型，但联合类型的声明并不会直接将其推断为 any 类型，而是会在赋值后根据联合类型中声明的类型进行推断。比如将 myName 变量赋值为“atguigu”string 类型时，myName 变量的类型就会被推断为联合类型中的 string 类型；如果将 myName 变量的类型赋值为“2015”number 类型时，myName 变量的类型又会被推断为联合类型中的 number 类型，

因此 VSCode 编辑器将产生类型“number”的变量不存在属性“length”的错误提示，代码如下。

```
let myName: string | number;
myName = 'atguigu';
console.log(myName.length); // 7
myName = 2015;
console.log(myName.length); // error
```

## 9.8　类型断言

TypeScript 通过类型断言这种方式告诉编译器“相信我，我知道自己在干什么”。类型断言好比其他程序语言里的类型转换，但与类型转换不同的是，类型断言不进行特殊的数据检查。它在运行时不对代码产生影响，只在编译阶段起作用，因为 TypeScript 会假设程序员对代码已经进行了类型检查。类型断言有两种语法形式，分别是“尖括号”语法和 as 语法。

假如我们想要获取一个联合类型“number | string”变量的长度。虽然 string 类型的变量有 length 属性，number 类型的变量没有 length 属性，但我们可以直接通过条件判断确认 x.length 是否可取，代码如下。

```
/* 需求：定义一个函数得到一个 string 或 number 联合类型变量的长度 */
// 错误实现
function getLength(x: number | string) {
  // return x.length     // error，number 类型的变量没有 length 属性
  if (x.length) {        // error，number 类型的变量没有 length 属性
    return x.length;
  } else {
    return x.toString().length;
  }
}
```

为了让 TypeScript 认识到“相信我，我知道自己在干什么”，可以尝试对变量进行类型断言。比如“<string>x”的断言声明已经明确当变量 x 是 string 类型时，就进行条件判断，并且可以利用“(x as string)”将变量 x 进行 string 类型的强制转换，最终得到 length 属性。如果变量 x 是 number 类型，则可以直接利用 number 类型的变量拥有的 toString 方法先将其转化成字符串，再得到其 length 属性，代码如下。

```
// 正确实现：类型断言
function getLength(x: number | string) {
  if ((<string>x).length) {
    return (x as string).length;
  } else {
    return x.toString().length;
  }
}
console.log(getLength('atguigu'), getLength(2015));
```

## 9.9　数组和元组

本节将分两个部分介绍数组和元组的相关内容。

### 9.9.1　数组

TypeScript 可以像 JavaScript 一样操作数组元素，它定义数组的方式有两种：第 1 种是在元素类型后面写“[]”，表示由此类型元素组成的一个数组，代码如下。

```
let list1: number[] = [1, 2, 3];
```

第 2 种方式是使用数组泛型“Array<元素类型>”，代码如下。

```
let list2: Array<number> = [1, 2, 3];
```

上面的两种方式都在定义数组时明确其数组元素的类型为 number，所以数组中的元素只能是 number 类型，而不能是其他类型的。如果尝试给数组添加其他类型的数据，程序就会报错。

向数组中添加元素的代码如下。

```
list2.push(12);         // 正确
list2.push('abc');      // 错误
```

## 9.9.2 元组

元组可以表示一个已知元素数量和类型的数组，各元素的类型不必相同。比如，开发者可以定义一个值分别为 string 和 number 类型的元组。对于元组类型的变量，只有每个元素的类型一一匹配才能够顺利通过编译，元素个数与元素类型在不匹配的情况下，就会出现错误提示信息，代码如下。

```
let t1: [string, number];
t1 = ['hello', 10];      // 每个元素的类型匹配
t1 = ['hello', 10, 2]; // 元素个数多于定义的元素个数，报错
t1 = [10, 'hello'];      // 元素类型不匹配，报错
```

值得一提的是，当访问一个已知索引的元素时，除了可以得到正确的类型，还可以获取该类型下所有属性与方法的提示。

# 9.10 枚举

枚举类型是对 JavaScript 基础类型的一个补充。使用枚举类型可以为一组互异的数值或字符串赋予友好的名字。下面分别对数值枚举和字符串枚举两种类型进行举例讲解。

### 1. 数值枚举

下面介绍数值枚举，一个枚举可以用一个关键字 enum 来定义。请读者思考下面的代码。

```
// 默认是数值枚举
enum Color {
  Red,
  Yellow=2,
  Green
}
console.log(Color);

let cat = {
  name: 'tom',
  color: 1
};

switch (cat.color) {
  case Color.Red:
    console.log('你的猫是红色的');
    break;
  case Color.Yellow:
    console.log('你的猫是黄色的');
    break;
  case Color.Green:
    console.log('你的猫是绿色的');
```

```
    break;
  default:
    console.log('你的猫是其他颜色的');
}
```

在默认情况下，数值枚举从 0 开始为元素编号。当然，开发者也可以手动指定成员的数值。例如，我们将上面的例子改成从 1 开始为元素编号，代码如下。

```
enum Color {Red = 1, Green, Blue}
```

此时 Color 中成员的值依次为 1、2、3。

还可以全部采用手动赋值，代码如下。

```
enum Color {Red = 1, Green = 2, Blue = 4}
```

此时 Color 中成员的值依次为 1、2、4。

枚举类型提供的一个功能是开发者可以通过枚举的值得到它的名字。例如，我们知道元素的数值为 2，但是不确定它映射到 Color 里的哪个名字，就可以通过枚举查找相应的名字，代码如下。

```
enum Color {Red = 1, Green, Blue};
let colorName: string = Color[2];
console.log(colorName);  // 'Green'
```

#### 2. 字符串枚举

字符串枚举要求为每个属性都指定一个特定的字符串值，类似于定义了几个常量，代码如下。

```
enum Status {
  padding = 'Padding',
  resolved = 'Resolved',
  rejected = 'Rejected'
}

let status: Status = Status.padding;
// status = 'abc';  // error，不能是枚举之外的值
```

值得一提的是，上面的代码还为 status 赋予了一个枚举之外的值“abc”，此时就会出现错误提示。而这种情况只限制在字符串枚举中，在数值枚举中则可以实现，这其实也是一个漏洞，只能期待后续 TypeScript 对其进行完善了。

## 9.11 函数

无论是在 JavaScript 中，还是在 TypeScript 中，函数都是非常重要的类型，只不过 TypeScript 为函数添加了额外的功能，让开发者可以更容易地使用。

和 JavaScript 函数一样，TypeScript 函数可以创建具名函数和匿名函数。此外，TypeScript 函数还增加了函数类型、可选参数、默认参数及剩余参数的相关内容，下面分 3 个部分进行介绍。

#### 1. 函数类型

在 JavaScript 中我们会通过下面的代码来定义函数，具体如下。

```
// 具名函数
function sum(x, y) {
  return x + y
}

// 匿名函数
let mySum = function(x, y) {
  return x + y;
}
```

下面使用 TypeScript 为上面定义的函数的参数添加类型，代码如下。

```
function sum(x: number, y: number): number {
  return x + y;
}

let mySum = function(x: number, y: number): number {
  return x + y;
}
```

上面的代码先为函数的每个参数添加类型，再为函数本身添加返回值类型。而 TypeScript 能够根据返回语句自动推断出返回值类型。

改写后 mySum 函数的完整类型如下。

```
let mySum2: (x: number, y: number) => number = function (
    x: number,
    y: number
  ): number {
    return x + y;
  };
```

### 2. 可选参数和默认参数

TypeScript 中的每个函数参数默认都是必需的。编译器会检查开发者是否为每个参数都传入了值。简单地说，传递给一个函数的参数个数必须与函数期望的参数个数一致。

在 JavaScript 中，每个参数都是可选的，在没有传参时，参数的值就是 undefined。而在 TypeScript 中，我们可以在参数名后面添加“?”，以实现可选参数的功能。比如，我们想让 lastName 是可选参数，就可以书写为“lastName?: string”。

在 TypeScript 中，开发者也可以为参数设置一个默认值。当开发者没有传递这个参数或传递的值是 undefined 时，就使用这个默认值，我们也将这样的参数叫作有默认初始值的参数。比如将 firstName 参数的默认值设置为“A”，就可以书写为“firstName: string='A'”。

完整代码如下。

```
function concatName(firstName: string='A', lastName?: string): string {
  if (lastName) {
    return firstName + '-' + lastName;
  } else {
    return firstName;
  }
}

console.log(concatName('C', 'D'));
console.log(concatName('C'));
console.log(concatName());
```

### 3. 剩余参数

默认参数和可选参数有一个共同点：它们表示某一个参数。在某种场景下，如果想同时操作多个参数，或者并不能明确知道会有多少个参数传递进来，就可以使用剩余参数。

在 TypeScript 中，可以把所有参数收集到一个变量中，这样剩余参数会被当作个数不限的可选参数，代码如下。

```
function info(x: string, ...args: string[]) {
  console.log(x, args);
}
info('abc', 'c', 'b', 'a');
```

# 9.12 接口

TypeScript 的核心原则之一是对值所具有的结构进行类型检查，而接口（Interfaces）则可以实现这个功能，它可以用于定义对象的类型。接口是对象的状态（属性）和行为（方法）的抽象（描述）。

## 9.12.1 接口初探

现有需求：创建“人”对象，需要对“人”的属性进行一定的约束，具体如下。

- id 是 number 类型，必须有，只读。
- name 是 string 类型，必须有。
- age 是 number 类型，必须有。
- sex 是 string 类型，可以没有。
- sum 是计算并返回两个数的和的方法，必须有。

接下来通过一个简单示例来观察接口是如何工作的，具体如下。

```
/*
在 TypeScript 中，我们使用接口（Interfaces）来定义对象的类型
接口是对象的状态(属性)和行为(方法)的抽象(描述)
接口类型的对象
    多了或者少了属性都是不允许的
    可选属性: ?
    只读属性: readonly
*/

// 定义“人”的接口
interface IPerson {
  id: number;
  name: string;
  age: number;
  sex: string;
  sum(x: number, y: number): number;
}

const person1: IPerson = {
  id: 1,
  name: 'tom',
  age: 20,
  sex: '男',
  sum(a: number, b: number): number {
    return a + b;
  },
};
```

代码在运行时，类型检查器会查看对象内部的属性是否与 IPerson 接口描述一致，如果不一致，就会提示类型错误。

## 9.12.2 可选属性

接口里的属性不是必需的。有些属性在某些条件下存在，而在某些条件下根本不存在。假设只有 sex 属性不是必需的，那么代码可以书写为下方模式。

```
interface IPerson {
```

```
  sex?: string;
}
```

其实带有可选属性的接口与普通接口的定义差不多，只是在可选属性名字的后面加了一个“?”。

可选属性的好处之一是可以对可能存在的属性进行预定义，好处之二是可以捕获在引用了不存在的属性时出现的错误。比如下方代码没有在接口中定义 age 属性，VSCode 编辑器则会报错，如图 9-10 所示，而 age 属性不是必需的，可以没有。

```
interface IPerson {
  id: number;
  name: string;
  sex?: string;
  sum(x: number, y: number): number;
}
const person2: IPerson = {
  id: 1,
  name: 'tom',
  age: 20,       // 在接口中没有定义 age 属性，VSCode 编辑器会报错
  // sex: '男'  // 可以没有
  sum(a: number, b: number): number {
    return a + b;
  },
};
```

图 9-10　报错

## 9.12.3　只读属性

一些对象属性的值只能在对象刚刚创建时被修改，针对该需求，可以在属性名字前面加上 readonly 指定其为只读属性，具体如下。

```
interface IPerson {
  readonly id: number
}
```

一旦属性被赋值后，就再也不能被改变了。

```
const person2: IPerson = {
  id: 2,
};
person2.id = 2; // error，只读属性不能被修改
```

## 9.12.4　描述函数类型

接口能够描述 JavaScript 中对象拥有的各种各样的外形。除了描述带有属性的普通对象，接口还可以描述函数类型。

为了使用接口描述函数类型，我们需要给接口定义一个调用签名。它就像是一个只有参数列表和返回

值类型的函数定义。参数列表中的每个参数都需要有名字和类型，代码如下。

```
/*
接口可以描述函数类型(参数的类型与返回值的类型)
*/

interface SearchFn {
  (x: string, y: string): boolean;
}
```

这样定义后，我们可以像使用其他接口一样使用这个描述函数类型的接口。下方代码展示了如何创建一个函数类型的变量，并将一个同类型的函数赋值给这个变量。

```
const mySearch: SearchFn = function (a: string, b: string):boolean {
  return a.includes(b);
};

console.log(mySearch('abcd', 'bc'));
```

### 9.12.5 接口继承接口

接口可以相互继承。这让开发者能够从一个接口复制成员到另一个接口中，并且可以更灵活地将接口分割到可重用的模块中，代码如下。

```
interface Alarm {
  alert(): any;
}

interface Light {
  lightOn(): void;
  lightOff(): void;
}

// 此时 LightableAlarm 接口就有了父接口的 3 个方法声明
interface LightableAlarm extends Alarm, Light {
}
```

## 9.13 类

对于传统的 JavaScript 程序，开发者可以使用函数和基于原型的继承来创建可重用的组件，但因为熟悉使用面向对象方式的开发者更习惯使用类的相关语法，所以使用这些语法就不会很顺畅。因此为了提升 JavaScript 的包容性，从 ES6 开始，允许 JavaScript 开发者使用基于类的面向对象的方式进行开发。在 TypeScript 中，允许开发者使用面向对象的相关特性，并且被编译后的 JavaScript 可以在所有主流浏览器和平台上运行，而不需要等到下一个 JavaScript 版本。

下面来看一个使用类的代码，读者可先自行进行分析。

```
/*
类的基本定义与使用
*/

class Person {
  // 声明属性(必须写)
  name: string;
  age: number;
```

```
  // 构造函数
  constructor(name: string, age: number) {
    this.name = name;
    this.age = age;
  }

  // 一般方法
  sayInfo(): void {
    console.log(`我叫${this.name}, 今年${this.age}`);
  }
}
// 创建类的实例对象，内部会调用 Person 的构造函数
const p = new Person('tom', 12);
// 调用实例的方法
p.sayInfo();
```

如果读者学习过 C#或 Java，则会对上面这种语法非常熟悉。在上面的代码中声明了一个 Person 类，该类中有 4 个成员，分别是属性 name、属性 age、构造函数和 sayInfo 方法。

读者可能会注意到，在方法中引用任何一个类中定义的实例成员时都使用了 this.成员名。这就表示访问的是实例成员。在代码中，我们使用 new 构造了 Person 类的一个实例对象。它会调用之前定义的构造函数，创建一个 Person 类型的新实例对象，并执行构造函数来初始化实例对象的属性。最后通过 p 对象调用其 sayInfo 方法。

## 9.13.1 继承

在 TypeScript 中，可以使用面向对象的方式编写代码。在基于类的程序设计中有一种最基本的模式是允许使用继承来扩展现有的类。

请读者思考下面代码的运行结果。

```
/*
类的继承
*/

class Animal {
  run (distance: number) {
    console.log(`Animal run ${distance}m`);
  }
}

class Dog extends Animal {
  cry () {
    console.log('wang! wang!');
  }
}

const dog = new Dog();
dog.cry();
dog.run(100); // 可以调用从父类中继承到的方法
```

上面的代码展示了最基本的继承：类 Dog 从基类 Animal 中继承了属性和方法。其中 Dog 是一个派生类，它通过 extends 关键字派生自 Animal 基类。需要注意的是，派生类通常被称为子类，基类通常被称为父类。

在上面的代码中，因为 Dog 继承了 Animal 的功能，因此可以创建一个 Dog 的实例，该实例能够调用 cry 和 run 方法。

### 9.13.2 多态

所谓多态，就是由继承产生了相关的不同的类，对同一个方法可以有不同的响应。比如 Snake 类和 Horse 类都继承自 Animal 类，但是分别实现了自己的 eat 方法。此时针对某一个实例，开发者无须了解它是 Cat 还是 Dog，就可以直接调用 run 方法，程序会自动判断应该如何执行 run 方法。对于多态简单的理解就是：声明某种类型的对象，但实际指定的可以是“某种类型”的对象，也可以是任意子类型的对象，也就是传入的对象有多种形态。

请读者思考下面代码的运行结果。

```
/*
父类型
*/
class Animal {
  name: string
  constructor (name: string) {
    this.name = name;
  }
  run (distance: number=0) {
    console.log(`${this.name} run ${distance}m`);
  }
}

/*
子类型
*/
class Snake extends Animal {
  constructor (name: string) {
    // 调用父类型构造函数
    super(name);
  }

  // 重写父类型的方法
  run (distance: number=5) {
    console.log('sliding...');
    super.run(distance);
  }
}

/*
子类型
*/
class Horse extends Animal {
  constructor (name: string) {
    // 调用父类型构造函数
    super(name);
  }

  // 重写父类型的方法
  run (distance: number=50) {
    console.log('dashing...');
    // 调用父类型的一般方法
    super.run(distance);
  }
}
```

```
// 声明接收父类型对象
// 多态: 多种形态 => 声明需要的是一个 Animal 类型的对象
// 实际可以传入 animal/horse/snake，最终调用的都是实际对象的方法
function run (animal: Animal) {
  animal.run();
}

run(new Animal('aa'));
run(new Snake('ss'));
run(new Horse('hh'));
```

### 9.13.3 访问修饰符

访问修饰符一共有 3 种，分别是 public、private 和 protected，下面分别进行介绍。

1．public

当我们在类中定义成员时，如果不使用任何访问修饰符，则默认是 public，当然也可以显式地写上 public。一般称该成员为公开的属性或方法，访问它是不受限制的，在类体内部或类体外部都可以通过实例对象来访问它。

2．private

当成员被标记成 private 时，一般被称为私有的属性或方法，只能在类体内部被访问，出了类体就不能被访问了。

3．protected

protected 修饰符与 private 修饰符的作用相似，但有一点不同，protected 成员在派生的子类中仍旧可以被访问。

下面通过一段代码演示上面 3 种访问修饰符的用法。

```
/*
访问修饰符: 用来描述类内部的属性或方法的可访问性
  public: 默认值，公开的，类体内部或外部都可以访问
  private: 只有类体内部才可以访问
  protected: 类体内部或子类可以访问
*/

class Animal {
  public name: string;
  public constructor (name: string) {
    this.name = name;
  }
  public run (distance: number=0) {
    console.log(`${this.name} run ${distance}m`);
  }
}

class Person extends Animal {
  private age: number = 18;
  protected sex: string = '男';

  run (distance: number=5) {
    console.log('Person jumping...');
    super.run(distance);
```

```
  }
}

class Student extends Person {
  run (distance: number=6) {
    console.log('Student jumping...');

    console.log(this.sex);             // 子类能看到父类中受保护的成员
    // console.log(this.age);          // 子类看不到父类中私有的成员

    super.run(distance);
  }
}

console.log(new Person('abc').name);   // 公开的，可见
// console.log(new Person('abc').sex); // 受保护的，不可见
// console.log(new Person('abc').age); // 私有的，不可见
```

### 9.13.4 readonly 修饰符

readonly 修饰符可以将属性设置为只读的。需要注意的是，只读属性必须在声明时或在构造函数中被初始化。

请读者思考下面代码的运行结果。

```
class Person {
  readonly name: string = 'abc';
  constructor(name: string) {
    this.name = name;
  }
}

let john = new Person('John');
// john.name = 'peter' // error
```

### 9.13.5 静态属性

其实，TypeScript 还可以创建类的静态属性，这些属性存在于类本身而不是类的实例对象上，只需利用 static 关键字定义属性即可。比如通过 static 关键字定义 Person 类中的 name2 属性，当要访问这个属性时，需要通过 Person.name2 来访问，而没有添加 static 关键字的属性是非静态属性，需要通过类的实例对象来访问。

请读者思考下面代码的运行结果。

```
/*
静态属性是类本身的属性
非静态属性是类的实例对象的属性
*/

class Person {
  name1: string = 'A';
  static name2: string = 'B';
}

console.log(Person.name2);
console.log(new Person().name1);
```

### 9.13.6 抽象类

场景：有一种类型，它有确定的行为，也有不确定的行为，对于这种场景就可以使用抽象类来实现。

抽象类主要作为其他子类的父类使用，不能被实例化。不同于接口，抽象类可以包含成员的实现细节。可以通过关键字 abstract 定义抽象类和抽象类中的抽象方法。

请读者思考下面代码的运行结果。

```
abstract class Animal {
  abstract cry ()
  run () {
    console.log('run()');
  }
}

class Dog extends Animal {
  cry () {
    console.log(' Dog cry()');
  }
}

const dog = new Dog();
dog.cry();
dog.run();
```

## 9.14 泛型

泛型与接口类似，不同之处在于，泛型没有属性和方法声明。当定义函数、接口或类时，如果有不确定的类型，就可以使用泛型，如果不使用泛型，就只能将其指定为 any 类型。由于在声明时指定类型为 any 类型，在使用具体数据时没有任何提示（错误/正确），因此泛型通常被应用在定义函数、接口或类时，不预先指定具体类型，而是在使用时再指定具体类型的情景中。

### 9.14.1 泛型函数

现有需求：函数根据指定的数量 count 和数据 value，创建一个包含 count 个 value 的数组。

在学习泛型之前，我们先看下面的代码。

```
function createArray(value: any, count: number): any[] {
  const arr: any[] = [];
  for (let index = 0; index < count; index++) {
    arr.push(value);
  }
  return arr;
}

const arr1 = createArray(11.12, 3);
const arr2 = createArray('abcd', 3);
console.log(arr1, arr2);
```

上面代码的功能没有问题，但由于函数声明的返回值为 any[]，因此从 arr1 或 arr2 中取出的元素是 any 类型的，当我们想对元素进行进一步操作时，就不会再有类型检查的提示了。比如下面的代码。

```
// 正确语法没有补全提示
console.log(arr1[0].toFixed(1), arr2[0].split(''));
```

```
// 错误语法没有错误提示
console.log(arr1[0].toFixed2(1), arr2[0].split2(''));
```

如何才能有类型检查的提示呢？此时就可以使用泛型。

在使用泛型实现上面的需求之前，先来明确“使用泛型三部曲”，分别是定义泛型、使用泛型和指定具体类型，具体如下。

（1）定义泛型：在定义的函数名右侧定义泛型，比如“fn<T>”。

（2）使用泛型：形参、返回值、函数体等位置。

（3）指定具体类型：调用函数时在函数名的右侧指定具体类型，比如“fn<number>()”。

此时再来实现上面的需求，代码如下。

```
function createArray2 <T> (value: T, count: number): T[] {
  const arr: Array<T> = [];
  for (let index = 0; index < count; index++) {
    arr.push(value);
  }
  return arr;
}

const arr3 = createArray2(11.12, 3);
const arr4 = createArray2('abcd', 3);
console.log(arr3, arr4);

// 正确语法有补全提示
console.log(arr3[0].toFixed(1), arr4[0].split(''));
// 错误语法有错误提示
console.log(arr4[0].toFixed2(1), arr4[0].split2(''));
```

在一个函数中可以定义多个泛型参数，示例代码如下。

```
function swap <K, V> (a: K, b: V): [K, V] {
  return [a, b];
}
const result = swap<string, number>('abc', 123);
console.log(result[0].length, result[1].toFixed());
```

## 9.14.2 泛型接口

接口中的属性或方法可能存在不确定的类型，这时就可以为接口定义泛型。只需在接口的属性或方法声明中引用这个泛型，在定义接口的实现类时指定泛型的具体类型即可。

比如，现在我们需要定义一个接口来包含不确定类型的对象数组，以及对象的增、删、改、查的方法，这里我们只演示添加和根据 id 查找两种情况。

由于接口内部要管理的数据对象的类型是不确定的，因此我们可以为这个接口定义泛型 T，内部的属性 data 为要管理的数据对象的数组，指定它为 T 类型的数组。add 方法中接收的参数为数据对象，它的类型为 T 类型。getById 方法的返回值为查找到的一个数据对象，因此将返回值声明为 T 类型。

泛型接口的代码如下。

```
interface IbaseCRUD<T> {
  data: T[];
  add: (t: T) => void;
  getById: (id: number) => T|undefined;
}
```

后面添加了不同的类型，比如用户类型 User。

```
class User {
  id?: number;    //id主键自增
```

```
  name: string;     //姓名
  age: number;      //年龄

  constructor (name, age) {
    this.name = name;
    this.age = age;
  }
}
```

我们在定义操作 User 对象的 CRUD 类时，需要实现前面定义的泛型接口，此时就需要指定泛型的具体类型为 User。这样就会约束我们定义的 User 数组类型的 data 属性、add 方法和 getById 方法，且 add 方法接收的参数必须是 User 类型的，getById 方法的返回值必须是 User 类型的。

实现代码如下。

```
// 定义操作 User 对象的 CRUD 类 UserCRUD
class UserCRUD implements IbaseCRUD<User> {
  data: User[] = [];

  add(user: User): void {
    user = { ...user, id: Date.now() };
    this.data.push(user);
    console.log('保存 user', user.id);
  }

  getById(id: number): User|undefined {
    return this.data.find((item) => item.id === id);
  }
}

// 测试使用
const userCRUD = new UserCRUD();
userCRUD.add(new User('tom', 12));
userCRUD.add(new User('tom2', 13));
console.log(userCRUD.data);
```

这样利用泛型就实现了对指定类型进行约束的效果。如果我们需要扩展定义其他类型的数据和对应的 CRUD 类，只需要实现此泛型接口，就可以起到完美的约束效果。

### 9.14.3 泛型类

如果在定义类时，类中定义的属性、类中方法的参数或返回值是不确定的，就可以使用泛型类，并且具有泛型类型的属性可以没有属性值，具有泛型类型的方法可以没有方法体。

现在我们想要实现这样的类：包含一个初始值 initValue 属性，但该属性值的类型是不确定的，还包含一个 add 方法，其接收的两个参数和返回值是不确定的，但它们都与 initValue 属性值的类型是一致的。

此时就可以使用泛型类来定义。在类名右侧通过<T>来定义泛型类，类的实例属性 initValue、add 方法的形参和返回值都引用了泛型类型 T。

```
// 定义类，指定泛型类型
class GenericData<T> {
  // 在类体中使用泛型类型
  initValue: T;
  add: (x: T, y: T) => T;
}
```

接下来可以创建泛型类的实例，在类名右侧指定具体类型，随后指定实例的 initValue 属性和 add 方法。如果指定的具体类型是 number，那么 initValue 属性值和 add 方法接收的参数和返回值都必须是 number

类型的。同理，如果指定的具体类型是 string，那么 initValue 属性值和 add 方法接收的参数和返回值都必须是 string 类型的。

```
// 在创建实例时指定泛型具体类型
const gNumber = new GenericData<number>();
gNumber.initValue = 4;
gNumber.add = function (a, b) {
  return a + b;
};
console.log(gNumber.add(gNumber.initValue, 5));

const gString = new GenericData<string>();
gString.initValue = 'abc';
gString.add = function (a, b) {
  return a + b;
};
console.log(gString.add(gString.initValue, 'cba'));
```

### 9.14.4 泛型约束

在 9.14 节开头提到过，泛型是没有属性和方法声明的。如果直接读取一个泛型变量的某个属性，程序就会报错，因为这个泛型变量根本就不知道它有这个属性。比如下面的代码读取了一个泛型变量的 length 属性，程序就会报错。

```
function fn <T>(x: T): void {
  console.log(x.length);  // error
}
```

上面代码出现的问题可以使用泛型约束来解决。所谓泛型约束，是指在定义泛型时，指定其继承特定接口。这样泛型就能从父接口中继承特定属性或方法了。

重写上面的代码，定义包含 length 属性的接口 Lengthable，在函数 fn2 定义泛型 T 时，指定 T 继承 Lengthable 接口，这样具有 T 类型的 x 变量就有了 length 属性，类型检查就可以正常通过，代码如下。

```
interface Lengthable {
  length: number;
}

// 指定泛型约束
function fn2 <T extends Lengthable>(x: T): void {
  console.log(x.length);
}
```

在调用函数 fn2 时，需要传入符合约束类型的值，并且该值必须包含 length 属性。

```
fn2('abc');
// fn2(123); // error, number 类型的值不包含 length 属性
```

## 9.15 其他常用语法

TypeScript 的常用语法不仅包括前面所讲解的那些，还包括类型别名、获取类型、内置对象类型、声明文件、4 个特别的常用操作符等内容，本节对相关内容进行介绍。

### 9.15.1 类型别名

类型别名是指给特定的值或类型通过 type 来指定别名，在后续代码中可以通过别名来代表这个值或类

型。类型别名并没有定义新的类型，只是为了方便使用友好名称。

下面的代码演示了值类型别名和类型别名两种情况。

```
// 1. 值类型别名
type Status = 1 | 2 | 3;   // 使用 Status 来代表 1/2/3 的可选值别名

// 不使用值类型别名
let status: 1 | 2 | 3 = 2;
// status = 4;               // error

// 使用值类型别名
let status2: Status = 3;
// status = 5;               // error

// 2. 类型别名
type Key = string | number;
let a: Key = 'abc';
a = 123;

interface Person {
  username: string;
  age: number;
}
type Persons = Person[];   // 使用 Persons 代表 Person[]

// 不使用类型别名
let persons: Person[] = [
  { username: 'tom', age: 12 },
  { username: 'jack', age: 13 },
];
// 使用类型别名
let persons2: Persons = [
  { username: 'tom', age: 12 },
  { username: 'jack', age: 13 },
];
```

## 9.15.2 获取类型

在 JavaScript 中可以通过 typeof 获取一个表达式的类型名称；在 TypeScript 中，可以通过 typeof 获取一个表达式的类型，并且 typeof 只能用于类型约束。

请读者思考下面代码的运行结果。

```
const person = {
  name: 'tom',
  age: 12
};
function fn (x: number): string {
  return x + 'abc';
}

// JavaScript 的 typeof
console.log(typeof person);         // 'object'
console.log(typeof fn);             // 'function'
console.log(typeof person.name);    // 'string'
```

上面代码打印的是类型名称，即代码中的 typeof 是 JavaScript 中的 typeof，而不是 TypeScript 中的 typeof。

TypeScript 中的 typeof，可以获取变量的类型、函数的类型或对象属性的类型，并用于类型约束，代码如下。

```
// 要求 a 的类型与 person 的类型一致
let a: typeof person = {
  name: 'jack',
  age: 23
};

// 要求 b 的类型与 fn 的类型一致
let b: typeof fn = (val: number): string => {
  return val.toString();
};

// 要求 b 的类型与 person 对象的 name 属性的类型一致
let c: typeof person.name = 'abc';
// c = 123; // error
```

在 TypeScript 中，也可以为使用 typeof 获取的类型定义类型别名，并通过类型别名来进行类型约束，代码如下。

```
type Person = typeof person;
let d: Person = {
  name: 'bob',
  age: 25,
};
```

### 9.15.3 内置对象类型

JavaScript 中的内置对象类型在 TypeScript 中可以直接被当作定义好的类型使用。内置对象类型包括 ECMAScript 和 Web API 在全局作用域中添加的一些对象类型。下面将对这两个部分进行讲解。

#### 1. ECMAScript 的内置对象类型

ECMAScript 的内置对象类型有 Boolean、Number、String、Date、RegExp 和 Error 等，直接来看案例。

```
/* ECMAScript 的内置对象类型 */
let b: Boolean = new Boolean(1);
let n: Number = new Number(true);
let s: String = new String('abc');
let d: Date = new Date();
let r: RegExp = /^1/;
let e: Error = new Error('error message');
b = true;
// let bb: boolean = new Boolean(2);  // error
```

#### 2. Web API 的内置对象类型

Web API 的内置对象类型有 Document、HTMLElement、DocumentFragment、MouseEvent 和 NodeList 等，直接来看案例。

```
/*
document 就是 Document 类型的对象
div 就是 HTMLElement 类型的对象
divs 就是 NodeList 类型的对象
fragment 就是 DocumentFragment 类型的对象
event 就是 MouseEvent 类型的对象
*/
const div: HTMLElement = document.getElementById('test');
```

```
const divs: NodeList = document.querySelectorAll('div');
const handleClick = (event: MouseEvent) => {
  console.log(event.target);
};
document.addEventListener('click', handleClick);
const fragment: DocumentFragment = document.createDocumentFragment();
```

### 9.15.4 声明文件

当使用第三方库时，我们需要引用它的声明文件，才能获得对应的代码补全、接口提示等功能。声明文件是一个包含声明语句的单独文件，声明语句主要用来对新的语法进行检查，简单来说，就是加载对应类型的说明代码。

比如我们想使用第三方库 jQuery，就需要首先在 HTML 中通过 script 标签引入 jQuery，然后就可以使用全局变量"$"或"jQuery"了。而在 TypeScript 中，编译器并不认识全局变量"$"或"jQuery"，代码如下。

```
jQuery('#foo');
// ERROR: Cannot find name 'jQuery'.
```

此时就可以通过"declare var"来定义"jQuery"的类型，代码如下。

```
declare var jQuery: (selector: string) => any;
jQuery('#foo');
```

在通常情况下，声明文件都会单独写成一个 xxx.d.ts 文件。下面创建 jQuery.d.ts 文件，将声明语句定义在其中，TypeScript 编译器会扫描并加载项目中所有的 TypeScript 声明文件。

```
declare var jQuery: (selector: string) => any;
```

其实很多第三方库都定义了对应的声明文件库，库文件名一般为@types/xxx，读者可以自行在 npm 中央仓库中搜索。值得注意的是，有的第三方库在下载时会自动下载对应的声明文件库，如 Webpack，而有的第三方库则需要单独下载对应的声明文件库，如 jQuery。可以通过下方命令下载 jQuery 库对应的声明文件库。

```
npm i -D @types/jquery
```

### 9.15.5 4 个特别的常用操作符

TypeScript 提供了 4 个非常有用的操作符：可选链操作符、空值合并操作符、非空断言操作符和非空断言链操作符。

（1）可选链操作符对应的是"?."，它的使用语法为"表达式?.xxx"或"函数表达式?.()"，它的作用为：如果左侧表达式的值为 undefined 或 null，则结果为 undefined，不会抛出错误，否则正常处理。下面来进行代码测试。

```
interface State {
  name?: string;                  // name 的值为 string 或 undefined 类型
  fn?(): void;                    // fn 的值为函数或 undefined 类型
}
// 指定 State 类型的 s 对象，并指定 name 和 fn
let s: State = {
  // name: 'tom',
  // fn ():void {
  //  console.log('fn');
  // }
};

// 错误的写法：不使用?.
s.name.length;
```

```
s.fn();

// 正确的写法：使用?.
console.log(s.name?.length);   // undefined
console.log(s.fn?.());         // undefined
```

（2）空值合并操作符对应的是“??”，它的使用语法为“表达式 1 ?? 表达式 2”，它的作用为：如果左侧表达式 1 的值为 null 或 undefined，则返回右侧表达式 2 的值，否则返回左侧表达式 1 的值。下面来进行代码测试。

```
const person = {
  name: null,
  age: undefined
}

// 当左侧表达式 1 的值为 null 或 undefined 类型时，返回右侧表达式 2 的值
const a1 = person.name ?? 'A'; // 'A'
const a2 = person.age ?? 18; // 18
console.log(a1, a2);

// 当左侧表达式 1 的值不为 null 和 undefined 类型时，返回左侧表达式 1 的值
const a3 = false ?? 'B';          // false
const a4 = 0 ?? 1;                // 0
console.log(a3, a4);
```

（3）非空断言操作符对应的是“!”，它的使用语法为“表达式!”，它的作用为：通知 TypeScript 编译器，左侧表达式的值不会为 null 或 undefined 类型，从而避免编译器报错。下面来进行代码测试。

```
/*
有问题：根据 id 获取元素的结果值类型为 HTMLElement | null，也就是可能为 null 类型，
      之后 container1 不能直接进行.操作
*/
const container1 = document.getElementById('container');
container1.textContent = 'Hello'; // error

/*
加上!后，TypeScript 编译器看到的就是 HTMLElement 类型，之后 container2 可以进行.操作
*/
const container2 = document.getElementById('container')!;
container2.textContent = 'Hello';
```

（4）非空断言链操作符对应的是“!.”，它的使用语法为“表达式!.xxx = value”或“表达式!.xxx()”，它的作用为：断言表达式的值不会为 null 或 undefined 类型，整个表达式可以被赋值或作为对象调用内部方法。下面来进行代码测试。

```
const container3 = document.getElementById('container');
container3!.textContent = 'Hello!';
container3!.getAttribute('name');
```

需要注意的是，非空断言后即使这个 container 元素是不存在的，TypeScript 的编译也是可以通过的，但在运行时会报错。

# 第10章

# Vue3 对 TypeScript 的支撑

Vue3 设计的所有组合函数为 TypeScript 数据的类型约束提供了强有力的支撑，即使开发者没有给数据指定类型，系统内部也会根据初始值的类型，利用 TypeScript 的类型推断来进行类型约束，但类型推断得到的类型有时并不准确，并且它不能约束初始值的类型，因此 Vue3 为组合函数提供了泛型用于约束数据的类型。比如“ref<number>(1)”就是通过泛型来指定 ref 对象的 value 只能是 number 类型的。也就是说，传入的初始值只能是数值，后面更新的 value 值也只能是数值。

在实际项目开发中，我们经常通过组合函数指定泛型类型的方式来约束数据的初始值和更新后的值的类型，这样就可以对要操作的数据进行精准约束。而 vue-router 路由、axios 请求及 Pinia 状态管理器中能否很好地结合 TypeScript 也是本章想要分享的内容。

## 10.1 创建支撑 TypeScript 的 Vue 项目

第 1～8 章所实现的 Vue 项目都是使用 JavaScript 编写的，而通过 3.1 节的学习我们也知道 Vue3 框架本身就是基于 TypeScript 开发的，它对于 TypeScript 非常友好。而且 TypeScript 有强大的类型约束能力，可以将项目开发中出现的编译与逻辑错误大幅减少，因此在 Vue 项目中结合使用 TypeScript 可以为开发者提供极大的便利。特别是随着项目的业务功能越来越丰富，逐步从小型功能系统发展成中大型项目时，需要进行团队化开发，在 Vue 项目中使用 TypeScript 则可以增强开发约束、优化代码结构、强化后期维护。同时因为 TypeScript 具有类型约束、语法检查、自动友好提示等优点，所以使用 TypeScript 不仅可以降低项目的复杂度，还可以让开发者形成语法习惯，从而提高项目的开发速度。

想要在 Vue3 中得到 TypeScript 的支撑，项目在创建时采用的模板类型就不能是 Vue，而是需要切换成 vue-ts。下面创建一个以 TypeScript 语法结构为基础的 Vue3 项目，代码如下。

```
npm create vite@latest vue3-book-typescript -- --template vue-ts
```

此时将创建一个名称为“vue3-book-typescript”，以“vue-ts”模板为基础的项目，并且该项目中的语法结构将使用 TypeScript。

在项目创建后，会发现许多文件的后缀都从原来的“.js”变成了“.ts”，包括项目的配置文件 vite.config.ts、入口文件 main.ts，并且会多出相应的描述类型文件 vite-env.d.ts。读者可以自行观察它们与之前的“.js”文件是否存在语法区别，此时文件结构如图 10-1 所示。

```
> public
∨ src
  > assets
  > components
  App.vue
  TS main.ts
  # style.css
  TS vite-env.d.ts
<> index.html
{} package.json
ⓘ README.md
tsconfig.json
{} tsconfig.node.json
TS vite.config.ts
```

图 10-1 文件结构

首先在观察配置文件 vite.config.ts 中的配置代码后，可以发现该文件除了修改了后缀，初始配置的代码与原来“.js”文件的内容完全一致，没有发生任何变化。

vite.config.ts 文件代码如下。

```
import { defineConfig } from 'vite'
import vue from '@vitejs/plugin-vue'

// https://vitejs.dev/config/
export default defineConfig({
  plugins: [vue()],
})
```

然后比较入口文件 main.ts 和 main.js，初始配置的代码也没有任何差异。

main.ts 文件代码如下。

```
import { createApp } from 'vue'
import './style.css'
import App from './App.vue'

createApp(App).mount('#app')
```

项目中新增的 vite-env.d.ts 文件是描述类型文件，因为在当前的 Vue 项目中存在后缀为“.ts”和“.vue”的文件，二者都会应用 TypeScript 的语法，所以需要一定的语法声明文件的支持，这样开发者在后期进行 Vue 项目开发时，就可以在组件文件中轻松愉快地编写 TypeScript 代码了，而 TypeScript 也会对其中的代码进行语法检查与约束等。

vite-env.d.ts 文件代码如下。

```
/// <reference types="vite/client" />
```

接着比较根组件文件 App.vue，这里可以发现该文件发生了一些变化，主要集中在 script 部分。在<script setup>的语法描述中多了一个 lang 属性，该属性主要用于确定当前的程序类型为 TypeScript 类型。template 和 style 部分与原来的 Vue 项目没有任何差别。

App.vue 文件代码如下。

```
<script setup lang="ts">
import HelloWorld from './components/HelloWorld.vue'
</script>

<template>
  <div>
    <a href="https://vitejs.dev" target="_blank">
      <img src="/vite.svg" class="logo" alt="Vite logo" />
    </a>
    <a href="https://vuejs.org/" target="_blank">
      <img src="./assets/vue.svg" class="logo vue" alt="Vue logo" />
    </a>
  </div>
  <HelloWorld msg="Vite + Vue" />
</template>

<style scoped>
.logo {
  height: 6em;
  padding: 1.5em;
  will-change: filter;
  transition: filter 300ms;
}
.logo:hover {
  filter: drop-shadow(0 0 2em #646cffaa);
}
```

```
.logo.vue:hover {
  filter: drop-shadow(0 0 2em #42b883aa);
}
</style>
```

最后比较 components 目录下的 HelloWorld.vue 组件文件，会发现只存在 TypeScript 语法和 JavaScript 语法的区别，除了需要在 script 中显式声明其 lang 属性类型为 ts，还需要对接收的 msg 属性利用泛型进行类型约束，利用的语法是 TypeScript 中的泛型，强制约束 msg 为 string 类型，并且不是可选参数。

components/HelloWorld.vue 文件代码如下。

```
<script setup lang="ts">
import { ref } from 'vue'

defineProps<{ msg: string }>()

const count = ref(0)
</script>

<template>
  <h1>{{ msg }}</h1>

  <div class="card">
    <button type="button" @click="count++">count is {{ count }}</button>
    <p>
      Edit
      <code>components/HelloWorld.vue</code> to test HMR
    </p>
  </div>

  <p>
    Check out
    <a href="https://vuejs.org/guide/quick-start.html#local" target="_blank"
      >create-vue</a
    >, the official Vue + Vite starter
  </p>
  <p>
    Install
    <a href="https://github.com/johnsoncodehk/volar" target="_blank">Volar</a>
    in your IDE for a better DX
  </p>
  <p class="read-the-docs">Click on the Vite and Vue logos to learn more</p>
</template>

<style scoped>
.read-the-docs {
  color: #888;
}
</style>
```

如果在 App.vue 组件文件中，应用 HelloWorld 子组件时属性传递操作不遵守 TypeScript 对于属性接收的类型约束，VSCode 编辑器中就会出现对应的语法错误提示。例如，如果不设置 msg 属性，则 VSCode 编辑器会提示缺少了属性“msg”，如图 10-2 所示。

至此，相信读者已经可以看出在 Vue 中应用 TypeScript 的优势了。正如本章开头所说，在开发阶段，TypeScript 就可以对很多错误进行修复，以减少编译和逻辑错误的发生。

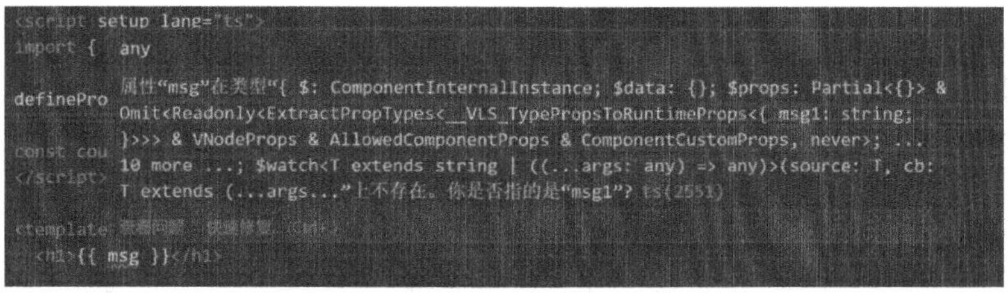

```
<script setup lang="ts">
import {  any
           属性“msg”在类型“{ $: ComponentInternalInstance; $data: {}; $props: Partial<{}> &
definePro  Omit<Readonly<ExtractPropTypes<__VLS_TypePropsToRuntimeProps<{ msg1: string;
           }>>> & VNodeProps & AllowedComponentProps & ComponentCustomProps, never>; ...
const cou  10 more ...; $watch<T extends string | ((...args: any) => any)>(source: T, cb:
</script>  T extends (...args...”上不存在。你是否指的是“msg1”? ts(2551)

<template
  <h1>{{ msg }}</h1>
```

图 10-2　出现错误提示

## 10.2　Vue3 组合函数对 TypeScript 的支撑

本节将依次介绍 reactive、ref、computed、props 和 emits 这 5 个组合函数对 TypeScript 的支撑。

### 10.2.1　reactive 对 TypeScript 的支撑

当我们使用 reactive 函数定义响应式数据时，如果没有通过泛型来指定目标对象的类型，Vue3 就会根据 reactive 函数调用传入的参数，也就是目标对象的初始值来给目标对象推断一个对应的类型，如下面代码所示。

```
import { reactive } from 'vue';

const person = reactive({
  name: 'tom',
  age: 0,
});
```

此时目标对象的类型就会被推断为包含 string 类型的 name 属性和包含 number 类型的 age 属性的对象。如果我们要更新 name 或 age 属性，就必须指定为其对应类型的值，否则 VSCode 编辑器会直接提示类型错误。

```
// 下面是更新的正确写法
person.name = 'Jack';
person.age = 3;

// 下面是更新的错误写法
person.name = 3;
person.age = 'Jack';
```

但这种方式并不能对初始值进行约束，比如，我们要求目标对象 name 属性的初始值必须是 string 类型的，age 属性的初始值必须是 number 类型的，那么下面的写法就不会提示类型错误。

```
const person = reactive({
  name: 0,      // name 属性的初始值被指定为 number 类型
  age: 'tom',   // age 属性的初始值被指定为 string 类型
});
```

此时就可以利用泛型来进行精准约束，代码如下。

```
const person = reactive<{
  name: string;
  age: number;
}>({
  name: 'tom',
  age: 0,
});
```

上面的代码在 reactive 函数调用时，在函数名右侧尖括号中通过大括号来包裹对象中的属性名和对应的属性值来进行类型约束。这样无论是初始值，还是更新后的值都有了类型约束，也就是 name 属性值必

须是 string 类型的，age 属性值必须是 number 类型的。如果 name 或 age 属性的初始值类型不正确，VSCode 编辑器就会直接给出错误提示。比如下面的代码就是错误的。

```
const person = reactive<{
  name: string;
  age: number;
}>({
  name: 0,      // name 属性的初始值只能是 string 类型的，不能是 number 类型的
  age: 'Tom',   // age 属性的初始值只能是 number 类型的，不能是 string 类型的
});
```

在指定泛型约束时，除了直接在尖括号中通过大括号来进行类型约束，还可以利用 TypeScript 的接口来进行类型约束，代码如下。

```
// 定义接口
interface PersonState {
  name: string;
  age: number;
}
// 使用接口来指定泛型的具体类型
const person = reactive<PersonState>({
  name: 'tom',
  age: 0,
});
```

在上面的代码中，首先定义接口来指定属性值类型，然后在泛型的尖括号中通过接口名来约束目标对象的类型。

这种方式的编码要麻烦一些，但它的好处是定义的接口可以被多次复用。如果我们再定义一个具有同样结构的 reactive 对象，就可以直接通过接口名来进行泛型约束，而不用重复定义，来看下面的代码。

```
// 定义一个新的包含 name 和 age 属性的 reactive 响应式对象
const person2 = reactive<PersonState>({
  name: 'Jack',
  age: 3,
});
```

### 10.2.2 ref 对 TypeScript 的支撑

ref 与 reactive 函数类似，Vue3 对于 ref 对象内部的 value 值也有类型约束。value 值的类型默认是通过 ref 函数调用传入的初始值来推断的，但用得更多的是通过函数调用的泛型来指定 value 值的类型。

比如，现在想要定义两个 ref 对象：一个是数量，初始值为 1；另一个是名称的列表，初始值为空列表。如果不使用泛型，就会写出下方代码。

```
const count = ref(1);
const names = ref([]);
```

此时 count 的 value 值被推断为 number 类型，names 值的 value 被推断为 never[]类型（never[]类型表示那些永不存在的值的类型。因为初始值是空数组，所以无法推断出元素的类型）。而根据我们的需求，names 应该是 string 类型的数组，因此第 2 个类型推断是不能满足我们的要求的，此时就必须使用泛型来明确指定 value 值的类型。比如下方代码。

```
const count = ref<number>(1);        // 指定 value 值的类型必须是 number
const names = ref<string[]>([]);   // 指定 value 值的类型必须是 string[]
```

这样无论是 ref 函数传入的 value 初始值参数，还是将来更新后的 value 值，其类型都必须是泛型指定的对应类型。

```
// 更新的正确写法
count.value += 2;
names.value.push('atguigu');
```

```
// 更新的错误写法
count.value += '2';            // count 的 value 值不能是 string 类型的，只能是 number 类型的
names.value.push(2);           // names 是 string[]类型的，不能放入 number 类型的值
```

当 ref 对象中的 value 是对象时，既可以直接在泛型尖括号中指定各个属性值的类型，也可以在利用接口定义类型约束后，在泛型尖括号中使用定义好的类型接口。这一特点其实与 reactive 函数是非常类似的，比如现在想把 count 和 names 使用一个 ref 函数定义，就可以写出下方代码。

（1）不使用接口的方式。

```
const refData = ref<{
  count: number;
  names: string[];
}>({
  count: 1,
  names: [],
});
```

（2）使用接口的方式。

```
interface RefData {
  count: number;
  names: string[];
}
const refData = ref<RefData>({
  count: 1,
  names: [],
    });
```

当更新 count 或 names 时，不管使用上面哪种编码方式，效果都是相同的，代码如下。

```
refData.value.count += 2;
refData.value.names.push('atguigu');
```

ref 函数除了用于定义响应式数据，还可以用于保存组件内部的 HTML 标签对象或子组件对象，那怎么对其进行类型约束呢？下面分两种情况进行相关讲解。

（1）组件内部的 HTML 标签对象。

比如，在显示输入框时其自动获取焦点，下面通过定义测试组件文件 components/ChildHtml.vue 进行代码实现。

```
<template>
  <h3>输入框自动获取焦点</h3>
  <input type="text" ref="inputRef" />
</template>

<script lang="ts" setup>
import { onMounted, ref } from 'vue';

// 用于保存 input 标签的 ref 对象
const inputRef = ref();

// 在组件挂载后，让输入框获取焦点
onMounted(() => {
  inputRef.value.focus();
});
</script>
```

当前并没有利用泛型来进行 ref 的类型约束，这就导致了一个问题：inputRef 的 value 值被推断为 any 类型，通过 inputRef.value 得到 input 标签对象后，在通过“.”调用 focus 方法时不会出现任何补全提示，或者不小心写错了 focus 的名称，也不会有任何语法错误提示。此时就可以通过泛型来指定 value 值的类型

为 input 标签的类型，从而得到 focus 方法调用的补全提示和语法错误提示。这里要注意的是，input 标签的类型为 HTMLInputElement，通过泛型来指定该类型可以写出下方代码。

```
const inputRef = ref<HTMLInputElement>(); // 进行泛型约束
```

这样 inputRef 的 value 值的类型就为 HTMLInputElement 和 undefined 的联合类型（value 的初始值为 undefined），调用 focus 方法的代码如下。

```
inputRef.value?.focus();
```

读者可能会发现，在“.”的左侧出现了一个“?”，这个“?”是 VSCode 编辑器在补全时自动生成的。inputRef.value 的值有可能是 undefined，而“?”的意思是只有当 value 有值时，才会调用 focus 方法。

在 App.vue 文件中引入并使用 ChildHtml 组件，运行项目进行测试，可以看到输入框自动获取了焦点。

```
<script setup lang="ts">
import ChildHtml from './components/ChildHtml.vue';
</script>

<template>
  <ChildHtml />
</template>
```

（2）子组件对象。

通过 ref 函数可以得到任意子组件对象，后面就可以访问子组件通过 defineExpose 向外暴露的方法。下面定义一个简单的子组件文件 components/ChildComp.vue，并通过 defineExpose 向外暴露 fn 方法，代码如下。

```
<template>
  <h3>ChildComp 组件标题</h3>
</template>

<script lang="ts" setup>
const fn = () => {
  alert('fn()');
};

defineExpose({
  fn,
});
</script>
```

在 App 组件中可以使用 ChildComp 组件，并通过 ref 函数得到 ChildComp 组件的对象，之后就可以调用其暴露的 fn 方法了。

```
<script setup lang="ts">
import { onMounted, ref } from 'vue';
import ChildComp from './components/ChildComp.vue';

const childRef = ref();
onMounted(() => {
  childRef.value.fn();
});
</script>

<template>
  <ChildComp ref="childRef" />
</template>
```

此时出现的问题与组件内部的 HTML 标签对象代码演示出现的问题类似：在调用 fn 方法时，代码没有补全提示，方法名写错了也不会有语法错误提示。这是因为 childRef 的 value 值被默认推断为 any 类型。

其实我们可以添加针对 ChildComp 组件的类型约束，代码如下。

```
const childRef = ref<InstanceType<typeof ChildComp>>();
```

上面代码中的泛型稍微有点复杂，用到了 TypeScript 的两个语法：第 1 个是 typeof，可以得到某个组件的类型；第 2 个是 InstanceType，可以得到指定组件类型的组件对象类型。对于当前代码来说，“typeof ChildComp”得到了 ChildComp 组件的类型，可以通过“InstanceType<typeof ChildComp>”得到 ChildComp 组件对象的类型。这样当通过 childRef.value 调用其内部暴露的 fn 方法时，就会有补全提示或语法错误提示了，代码如下。

```
childRef.value?.fn();
```

上面代码中“?”的含义与组件内部的 HTML 标签对象中“?”的含义相同，这里不多做赘述。

### 10.2.3　computed 对 TypeScript 的支撑

computed 函数对 TypeScript 的支撑分为两种情况：如果不指定类型，则 computed 函数内部会根据计算属性函数返回值的类型推断出计算属性值的类型；反之，可以通过泛型精确地指定计算属性值的类型，这也意味着计算属性函数的返回值不能返回别的类型。

下面对这两种情况分别进行演示。

（1）不使用泛型，代码如下。

```
import { ref, computed } from 'vue';

const count = ref(1);
// 不使用泛型的写法
const double = computed(() => {
  return count.value * 2;
});
```

我们知道，computed 函数返回的计算属性值本质是一个 ref 对象，所有计算属性值都是保存在 double 对象的 value 属性上的，而当前计算属性函数的返回值明显是 number 类型的，所有计算属性值（double 的 value 值）也就被推断为 number 类型的。

（2）使用泛型。方式（1）并不能对计算属性函数的返回值类型进行约束，如果想将其约束为只能返回 number 类型，就必须给 computed 函数指定泛型类型为 number，代码如下。

```
// 使用泛型的写法
const double = computed<number>(() => {
  return count.value * 2;
});
```

### 10.2.4　props 对 TypeScript 的支撑

在 Vue3 中可以通过 defineProps 给组件定义接收的 props 数据的类型。请读者思考下方代码。

```
// 定义接收属性——不使用泛型
defineProps({
  msg: {
    type: [String, Number],      // string 或 number 类型
    required: false,             // 不是必选的
  },
  setMsg: {
    type: Function,              // 函数
    required: true,              // 必选的
  },
});
```

上面代码直接使用 Vue3 本身约束的 JavaScript 写法，定义接收两个属性：一个是 msg，它是可选的，但值必须是 string 或 number 类型，也可以不传递；另一个是 setMsg，它是必需的，且必须是函数。

如果想约束 setMsg 函数接收的参数或返回值类型，比如限定接收的参数是字符串，且没有返回值，就只能使用泛型来约束 props 数据的类型了，实现代码如下。

```
// 定义接收属性——使用泛型
defineProps<{
  msg?: string | number;
  setMsg: (val: string) => void;
}>();
```

当然也可以通过预先定义接口来实现，代码如下。

```
// 定义接收属性——使用接口+泛型
interface Props {
  msg?: string | number;
  setMsg: (val: string) => void;
}
defineProps<Props>();
```

上面的代码通过“?”来约束 msg 属性是可选的，并通过联合类型来指定属性值是 string 或 number 类型中的一种，还通过函数类型来约束 msg 接收的参数为字符串，且没有返回值。至此我们可以看到：泛型的代码更简洁，功能也更强大。

如果需要指定属性默认值，泛型写法就需要使用一个全局函数 withDefaults 来实现。例如，给可选的 msg 属性指定默认值为“atguigu”，实现代码如下。

```
// 指定属性默认值
withDefaults(defineProps<Props>(), { msg: 'atguigu' });
```

### 10.2.5 emits 对 TypeScript 的支撑

在 4.6 节中介绍过，一个组件如果要分发 Vue 自定义事件，则需要通过调用 defineEmits 函数来返回用于分发自定义事件的函数，示例代码如下。

```
const emit = defineEmits(['increment', 'setMsg']);
// 分发事件，事件名是特定的，但传递的数据是任意的
emit('increment', 3);
emit('setMsg', 'atguigu');
```

上方代码通过调用 defineEmits 函数，指定了包含两个事件名 increment 和 setMsg 的数组，这样就声明了可以分发 increment 和 setMsg 两个自定义事件，同时返回可以分发这两个事件的函数 emit，后面就可以通过调用函数 emit 来分发 increment 或 setMsg 事件，并携带要传递的数据。

这种方式的缺点在于，没有约束要传递的数据的类型和必要性，如果想要约束它们，就需要通过泛型来实现，代码如下。

```
const emit = defineEmits<{
  (e: 'increment', num: number): void;
  (e: 'setMsg', value?: string): void;
}>();
```

上方代码通过泛型中的函数类型声明来约束自定义事件的事件名和传递数据的类型及其必要性。函数的第 1 个参数指定的是事件名，第 2 个参数指定的是传递数据的类型，并在其中通过“?”来指定数据是可选的。

分发事件的代码如下。

```
// 分发事件的正确写法
emit('increment', 3);
emit('setMsg', 'atguigu');

// 分发事件的错误写法
// 事件名或传递数据的类型不正确
```

```
emit('increment2', 3);
emit('increment', 'abc');
```

## 10.3　vue-router 对 TypeScript 的支撑

vue-router 从 V4 版本开始，全面支持 TypeScript 语法。其实整个 vue-router 需要进行 TypeScript 类型约束的地方并不多，主要集中在路由的配置和自定义扩展配置的约束上。在 src 目录下新建一些文件，如图 10-3 所示。

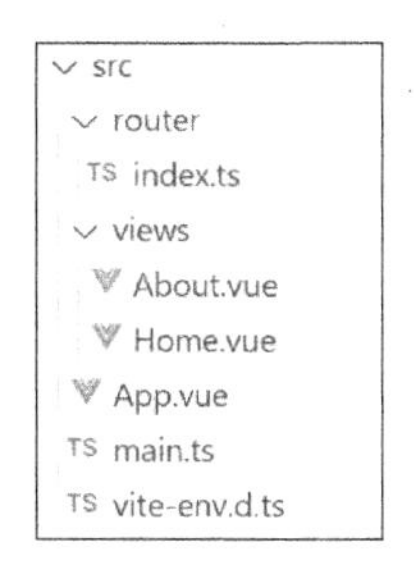


图 10-3　src 文件目录

将 Home.vue 和 About.vue 定义成最简单的路由组件，如下所示。

views/Home.vue 文件代码如下。

```
<template>
  <h1>Home 页</h1>
</template>

<script lang="ts" setup>
</script>
```

views/About.vue 文件代码如下。

```
<template>
  <h1>About 页</h1>
</template>

<script lang="ts" setup>
</script>
```

在 router/index.ts 文件中创建路由器，注册路由，代码如下。

```
import { createRouter, createWebHashHistory } from 'vue-router';
import Home from '../views/Home.vue';
import About from '../views/About.vue';

// 定义路由表
const routes = [
  {
    name: 'Home',
    path: '/',
    component: Home,
  },
  {
    name: 'About',
    path: '/about',
    component: About,
  },
];
```

```
// 创建路由器
const router = createRouter({
  history: createWebHashHistory(), // 指定为锚点模式
  routes, // 配置路由表
});

export default router;
```

在 App.vue 文件中指定路由视图来显示路由组件页面。

```
 template>
  <div>
    <router-link to="/about">去 About 页</router-link>
     
    <router-link to="/">去 Home 页</router-link>
    <hr>
    <router-view />
  </div>
</template>
```

在 main.ts 文件中注册路由器，代码如下。

```
import { createApp } from 'vue';
import App from './App.vue';
import router from './router';

createApp(App).use(router).mount('#app');
```

此时已经实现简单的路由页面切换效果，但路由表中路由配置的属性并没有被约束。也就是说，在编写配置时，缺少精准的补全提示。vue-router 提供了路由配置对象的接口类型 RouteRecordRaw，可以给路由表 routes 指定类型为 RouteRecordRaw[]，这样在编写 name、page、component、meta 等配置时，就会有非常精准的补全提示，也避免了配置名称写错的情况。

此时修改后的 router/index.ts 文件代码如下。

```
import {
  createRouter,
  createWebHashHistory,
  RouteRecordRaw,
} from 'vue-router';

...
...

// 定义路由表
const routes: RouteRecordRaw[] = [
  {
    name: 'Home',
    path: '/',
    component: Home,
  },
  {
    name: 'About',
    path: '/about',
    component: About,
    meta: {}
  },
];

……
```

```
export default router;
```

但这里有一个问题需要解决，具体如下。

RouteRecordRaw 只是约束了 meta 属性是一个对象，并没有约束这个对象中的属性，应该如何约束 meta 属性对象中的属性呢？

要想解决这个问题，可以在项目 src 目录下创建一个扩展 vue-router 的类型声明文件 src/vue-router.d.ts，并在其中编写下方代码。

```
import 'vue-router';

declare module 'vue-router' {
  // 扩展路由配置的 meta 属性对象中的自定义属性，也就是在写 meta 属性对象中的属性时会有补全提示
  interface _RouteRecordBase {
    hidden: boolean;
  }
  // 扩展路由对象的 meta 属性对象中的自定义属性，也就是在写 route.meta.时会有补全提示
  interface RouteMeta {
    hidden: boolean;
  }
}
```

有了上面的配置，在配置路由表编写路由配置的 meta 配置对象中的属性时，就有了 hidden 属性的补全提示，代码如下。

```
...
...

{
  name: 'About',
  path: '/about',
  component: About,
  meta: {
    hidden: true, // 也可以是 false
  },
},

...
...
```

此时在 About 组件中读取 meta 属性对象中的属性，也有了 hidden 属性的补全提示，代码如下。

```
<script lang="ts" setup>
import { useRoute } from 'vue-router'
const route = useRoute()

// 读取 meta 属性对象中的 hidden 属性时有补全提示
const hidden = route.meta.hidden
console.log(hidden)
</script>
```

## 10.4　Pinia 对 TypeScript 的支撑

在 Pinia 中应用 TypeScript 主要是对 state 中的数据、getters 中的计算属性和 actions 中方法的参数进行类型约束。这样当进行 Pinia 中某个 store 的相关编码时，比如在 action 方法中和在 getter 计算属性中操作状态数据，就会有类型约束。不仅如此，在组件中读取 Pinia 管理的状态数据或 getters 数据，以及在组

件中调用某个 store 的 action 方法传递参数时也会有类型约束。组件与 Pinia 的交互过程如图 10-4 所示。

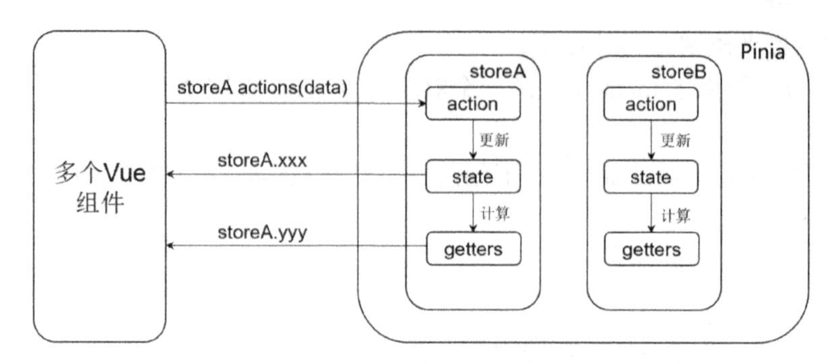


图 10-4　组件与 Pinia 的交互过程

下面以一个简单的 TodoList 为例来说明 Pinia 与 TypeScript 配合使用的方法，初始页面如图 10-5 所示，添加数据后的页面如图 10-6 所示。

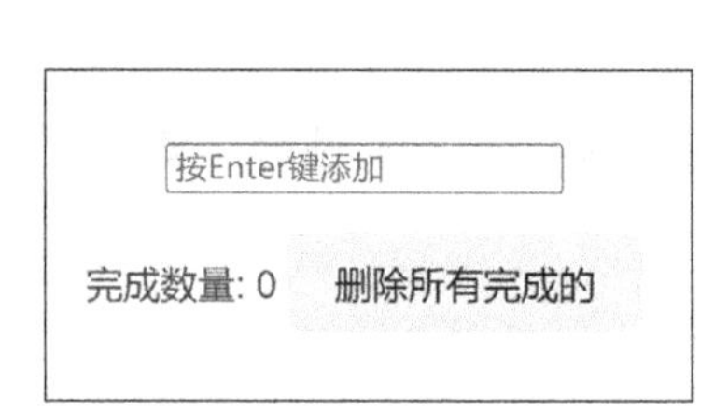


图 10-5　初始页面

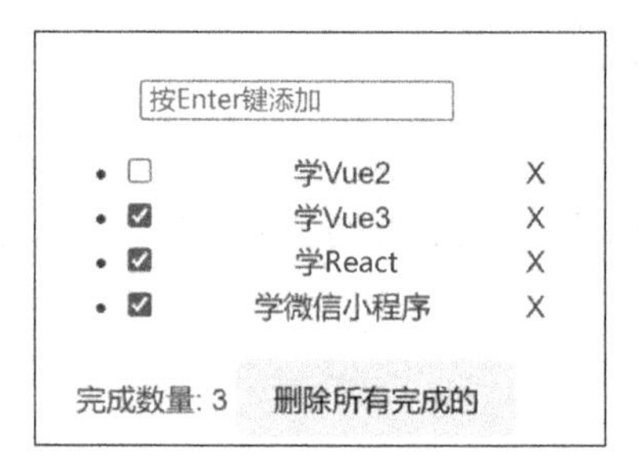


图 10-6　添加数据后的页面

需要由 Pinia 管理的 state 是 todo 对象的列表，因此需要对 todo 对象列表的结构进行 TypeScript 的类型约束定义，当然也需要对 state 对象的结构进行类型约束定义。

首先在 src 目录下创建 stores 子目录，然后在其中创建类型约束文件 types.ts，stores/types.ts 文件代码如下。

```
// todo 对象的类型
export interface Todo {
  id?: number;
  title: string;
  completed: boolean;
}

// todo 对象列表的类型别名
export type TodoList = Todo[];

// todos state 对象的类型
export interface TodosState {
  todos: TodoList;
}
```

在 stores 目录下创建管理 todo 的 Pinia 模块文件 todos.ts 文件，stores/todos.ts 文件代码如下。

```
import type { Todo, TodosState } from './types';
import { defineStore } from 'pinia';

const useTodosStore = defineStore('todos', {
  // 定义返回初始化 state 对象的函数
  // 指定返回值类型为 TodosState 类型
  state: (): TodosState => ({
    todos: [],
```

```
  }),

  actions: {
    // 根据传入的 title 添加一个新的 todo
    // 指定传入的 title 为 string 类型
    addTodo(title: string) {
      const todo: Todo = {
        id: Date.now(),
        title: title,
        completed: false,
      };
      this.todos.unshift(todo);
    },

    // 切换指定 id 的 todo 的完成状态
    // 指定传入的 id 为 number 类型
    toggleTodo(id: number) {
      this.todos.some((todo) => {
        if (todo.id === id) {
          todo.completed = !todo.completed;
          return true;
        }
        return false;
      });
    },

    // 删除指定 id 的 todo
    // 指定传入的 id 为 number 类型
    deleteTodo(id: number) {
      this.todos = this.todos.filter((todo) => todo.id !== id);
    },

    // 删除所有已完成的 todo
    deleteCompleteTodos() {
      this.todos = this.todos.filter((todo) => !todo.completed);
    },
  },

  getters: {
    // 完成的数量
    // 指定返回值类型为 number 类型
    completedSize(): number {
      return this.todos.reduce(
        (pre, todo) => pre + (todo.completed ? 1 : 0),
        0
      );
    },
  },
});

export default useTodosStore;
```

在上面的代码中，首先给返回 state 对象的箭头函数指定返回值类型为 TodosState 类型，然后给 action 方法中传递的参数定义对应的类型，最后给 getters 中的计算属性指定返回值类型。

在 App.vue 文件中利用 Pinia 进行 todos 数据管理，代码如下。

```
<template>
  <div>
    <input
      type="text"
      v-model="title"
      placeholder="按 Enter 键添加"
      @keyup.enter="addTodo"
    />
    <ul>
      <li v-for="todo in todosStore.todos" :key="todo.id">
        <input type="checkbox" @click="toggleTodo(todo.id!)" />
        <span style="display: inline-block; width: 200px">{{
          todo.title
        }}</span>
        <span @click="deleteTodo(todo.id!)">X</span>
      </li>
    </ul>
    <div>
      完成数量: {{ todosStore.completedSize }}
      <button @click="deleteAllCompleted">删除所有完成的</button>
    </div>
  </div>
</template>

<script lang="ts">
export default {
  name: 'Todos',
};
</script>

<script lang="ts" setup>
import { ref } from 'vue';
import useTodosStore from './stores/todos';

const todosStore = useTodosStore();
const title = ref('');

// 添加 todo
const addTodo = () => {
  todosStore.addTodo(title.value);
  title.value = '';
};

// 切换指定 id 的 todo 的完成状态
// 指定传入的 id 为 number 类型
const toggleTodo = (id: number) => {
  todosStore.toggleTodo(id);
};

// 删除指定 id 的 todo
// 指定传入的 id 为 number 类型
const deleteTodo = (id: number) => {
  todosStore.deleteTodo(id);
};

// 删除所有已完成的 todo
```

```
const deleteAllCompleted = () => {
  todosStore.deleteCompleteTodos();
};
</script>
```

main.ts 文件代码如下。

```
import { createApp } from 'vue';
import { createPinia } from 'pinia';
import './style.css';
import App from './App.vue';

const pinia = createPinia();

createApp(App).use(pinia).mount('#app');
```

运行代码，测试项目的功能效果。

## 10.5　axios 库对 TypeScript 的支撑

axios 库对于 TypeScript 的支撑主要体现在对请求参数和响应体数据的类型约束上，实现的途径是通过泛型来约束。axios 库本身提供了一些接口来约束与 axios 库相关的一些对象的结构，比如请求配置对象、响应对象等。

下面简单地介绍两个 axios 库内置的重要类型接口，具体如下。

（1）请求配置对象对应的是 AxiosRequestConfig 接口，如图 10-7 所示。

```
export interface AxiosRequestConfig<D = any> {
  url?: string;
  method?: Method | string;
  baseURL?: string;
  transformRequest?: AxiosRequestTransformer | AxiosRequestTransformer[];
  transformResponse?: AxiosResponseTransformer | AxiosResponseTransformer[];
  headers?: AxiosRequestHeaders;
  params?: any;
  paramsSerializer?: (params: any) => string;
  data?: D;
  timeout?: number;
  timeoutErrorMessage?: string;
  withCredentials?: boolean;
  adapter?: AxiosAdapter;
```

图 10-7　请求配置对象对应的 AxiosRequestConfig 接口

AxiosRequestConfig 接口的主要属性如表 10-1 所示。

**表 10-1　AxiosRequestConfig 接口的主要属性**

| 属性名 | 类型 | 说明 |
| --- | --- | --- |
| url | string | 请求地址 |
| method | string 或各种请求方式名称 | 请求方式 |
| baseURL | string | 基础路径 |
| headers | key(string)与 value(string/number/boolean)组成的对象 | 请求头 |
| params | 任意类型 | query 参数 |
| data | 接口的泛型类型 D，默认为任意类型 | 请求体参数 |
| timeout | number | 超时时间 |

（2）响应对象对应的是 AxiosResponse 接口，如图 10-8 所示。

```
export interface AxiosResponse<T = any, D = any>  {
  data: T;
  status: number;
  statusText: string;
  headers: AxiosResponseHeaders;
  config: AxiosRequestConfig<D>;
  request?: any;
}
```

图 10-8　响应对象对应的 AxiosResponse 接口

AxiosResponse 接口的主要属性如表 10-2 所示。

表 10-2　AxiosResponse 接口的主要属性

| 属性名 | 类型 | 说明 |
| --- | --- | --- |
| data | 接口的第 1 个泛型类型，默认为任意类型 | 响应体数据 |
| status | number | 响应状态码 |
| statusText | string | 状态提示文本 |
| headers | key(string)与 value(string)组成的对象 | 响应头 |

同时，axios 库为发送请求的静态方法提供了 3 个泛型，通过它们可以来约束请求体参数和响应体数据结构，下面展示 4 个常用静态方法的泛型，如图 10-9 所示。

从图 10-9 中可以看出，这 4 个常用静态方法都可以依次接收 T、R 和 D 这 3 个泛型，下面对这 3 个泛型分别进行介绍。

- 泛型 T：T 传递给了 AxiosResponse 的泛型，用来指定响应体数据 data 的类型，默认为 any 类型。

```
get<T = any, R = AxiosResponse<T>, D = any>(
  url: string,
  config?:
  AxiosRequestConfig<D>
): Promise<R>;

delete<T = any, R = AxiosResponse<T>, D = any>(
  url: string,
  config?: AxiosRequestConfig<D>
): Promise<R>;

post<T = any, R = AxiosResponse<T>, D = any>(
  url: string,
  data?: D,
  config?: AxiosRequestConfig<D>
): Promise<R>;

put<T = any, R = AxiosResponse<T>, D = any>(
  url: string,
  data?: D,
  config?: AxiosRequestConfig<D>
): Promise<R>;
```

图 10-9　常用静态方法的泛型

- 泛型 R：默认是响应对象 AxiosResponse 类型，但如果响应拦截器成功回调返回其他值，比如返回 response.data，R 的类型就是响应体数据的类型。也就是说，R 对应的是响应拦截器成功回调返回值的类型，而默认的返回值类型就是响应对象，所以 R 默认是响应对象 AxiosResponse 类型。
- 泛型 D：默认是 any 类型，D 传递给了 AxiosRequestConfig 的泛型，用来指定请求体数据 data 的类型。

在项目开发中通过 axios 库发送请求时，就可以利用泛型来约束请求体参数和响应体数据结构。

为了方便读者理解，下面通过代码进行演示，使用 json-server 快速搭建一个 REST API（REST 是一种接口风格），整个过程分为 3 步。

（1）在终端中执行下方命令，全局安装 json-server。

```
npm i -g json-server
```

（2）在项目根目录下创建 db.json 文件，并指定下方数据。

```
{
  "students": [
```

```
    {
      "id": 1,
      "username": "Tom",
      "age": 23,
      "salary": 15000
    },
    {
      "id": 2,
      "username": "Jack",
      "age": 24,
      "salary": 14000
    },
    {
      "id": 3,
      "username": "Bob",
      "age": 22,
      "salary": 12000
    }
  ]
}
```

数据说明：students 代表参加学习的多名毕业学生，每名学生都有 id（唯一标识）、username（姓名）、age（年龄）和 salary（每月薪资）4 个属性。

（3）在终端中执行下方命令，在项目根目录下启动 json-server 服务器。

```
json-server --watch db.json
```

此时可以通过“http://localhost:3000/students”来发送请求，请求的响应体数据如图 10-10 所示。

```
[
  {
    "id": 1,
    "username": "Tom",
    "age": 23,
    "salary": 15000
  },
  {
    "id": 2,
    "username": "Jack",
    "age": 24,
    "salary": 14000
  },
  {
    "id": 3,
    "username": "Bob",
    "age": 22,
    "salary": 12000
  }
]
```

图 10-10　请求的响应体数据

通过“http://localhost:3000/students”接口，我们可以发送 POST、PUT、DELETE 和 GET 请求来实现对 students 数据的增、删、改、查操作。

我们需要为响应体数据定义类型接口，在 main.ts 文件中添加下方代码。

```
// 学生的类型接口
export interface Student {
   id: number;
   username: string;
   age: number;
   salary: number;
}
// 学生列表的类型别名
export type StudentList = Student[];
```

在 App.vue 文件中直接通过 axios 库请求此接口，此时 App.vue 文件代码如下。

```
<template>
  <h1>首页</h1>
  <button @click="getStudentList">查询学生列表</button>
  <button @click="addStudent">添加学生</button>
  <button @click="updateStudent">更新学生</button>
  <button @click="deleteStudent">删除学生</button>
</template>

<script lang="ts" setup>
import axios from 'axios';

// 定义响应体 todo 对象的类型
interface Student {
  id?: number;
  username: string;
  age: number;
  salary: number;
};
// 学生列表类型别名
type StudentList = Student[];

// 指定基础路由
axios.defaults.baseURL = 'http://localhost:3000';

// 请求获取学生列表
const getStudentList = async () => {
  // 发送 GET 请求获取所有学生列表
  // 通过泛型指定响应体数据的类型为 StudentList 类型
  const response = await axios.get<StudentList>('/students');
  // 响应对象的 data 的类型就是 StudentList 类型
  const studentList = response.data;
  console.log(studentList);
};

// 请求添加一名学生
const addStudent = async () => {
  // 创建一个不包含 id 的新的学生对象
  const s = {
    username: 'AAA',
    age: 23,
    salary: 15000,
  };
  // 发送 POST 请求添加学生
  // 通过泛型指定返回的响应体数据为 Student
  const response = await axios.post<Student>(
    '/students',
    s
  );
  // 得到请求返回的响应体数据：新添加的学生对象（包含 id）
  const student = response.data;
  console.log(student);
};

// 更新学生
```

```
const updateStudent = async () => {
  // 创建一个带 id 的学生对象（假设它是接口后台当前存在的对象）
  const s = {
    id: 2,
    username: 'BBB',
    age: 23,
    salary: 15000,
  };

  // 发送 PUT 请求更新学生，需要注意的是，学生的 id 需要使用 params 参数提交
  // 通过泛型指定返回的响应体数据为 Student
  const response = await axios.put<Student>(
    `/students/${s.id}`,s);
  // 得到请求返回的响应体数据：修改的学生对象
  const student = response.data;
  console.log(student);
}

// 删除学生
const deleteStudent = async () => {
  const id = 2;
  // 发送 DELETE 请求删除学生
  // 请求返回的响应体数据是一个空对象，不需要指定任何泛型类型
  const response = await axios.delete(`/students/${id}`);
  console.log(response.data);
};
</script>
```

此时就实现了对 students 数据的增、删、改、查操作。读者可以尝试运行项目，点击相应按钮后查看控制台输出。

# 10.6 综合应用案例

本节将完成一个包含计划列表管理和 GitHub 用户搜索两大功能的案例，综合应用本书讲解过的大部分技术和工具包（vue3、vue-router、pinia、pinia-plugin-persistedstate、axios 等），以及 TypeScript。

## 10.6.1 搭建整体路由页面

在 10.1～10.5 节中所搭建的项目是支持 TypeScript 的 Vue3 项目，并且已经下载 vue3、vue-router、pinia 和 axios 等工具包。

本综合应用案例包含两个路由功能页面：计划列表和用户搜索。计划列表路由功能页面如图 10-11 所示，用户可以在本页面中进行添加任务、删除任务、完成任务和清除已完成任务的操作。用户搜索路由功能页面如图 10-12 所示，用户可以在本页面中输入名称关键字后，点击“搜索”按钮进行 GitHub 用户搜索。

在开始编码之前，需要先对路由功能页面进行组件化拆分。如图 10-13 所示，整体页面是 App 组件，上面是静态头部，无须单独定义组件，下面左侧是两个 RouterLink 组件（也就是路由链接），下面右侧是 RouterView 组件（也就是路由组件页面）。本综合应用案例包含两个 RouterLink 组件：计划列表 TodoList 和用户搜索 UserSearch。

根据组件化拆分结果，在 src 目录下创建路由组件文件和注册路由的路由器模块文件，完整目录结构如图 10-14 所示。

图 10-11　计划列表路由功能页面

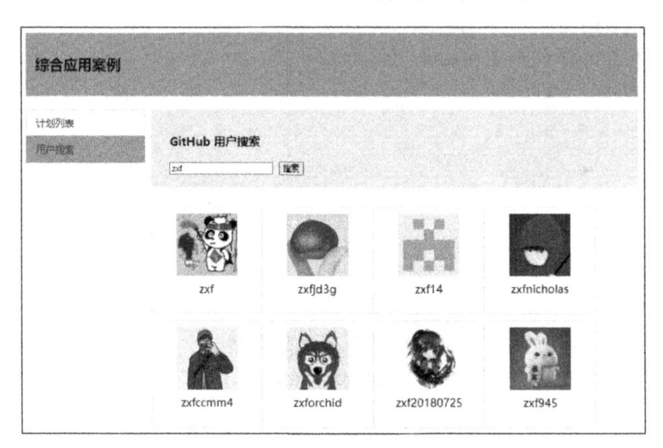


图 10-12　用户搜索路由功能页面

图 10-13　路由功能页面的组件化拆分

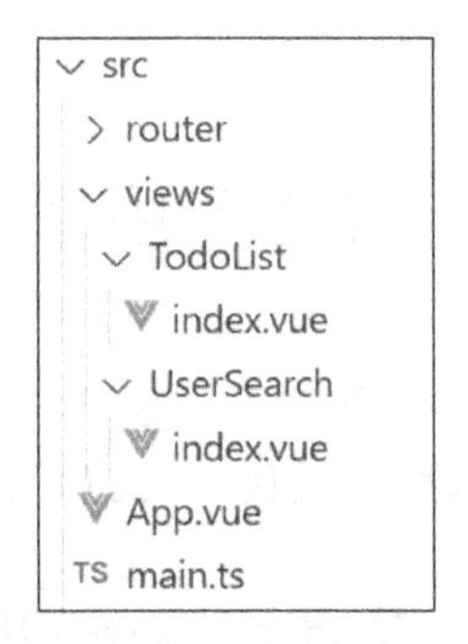


图 10-14　src 完整目录结构

计划列表组件文件 views/TodoList/index.vue 代码如下。

```
<template>
  <div>TodoList</div>
</template>

<script lang="ts">
export default {
  name: 'TodoList',
}
</script>

<script lang="ts" setup>
</script>
```

```
<style scoped>
</style>
```

用户搜索组件文件 views/UserSearch/index.vue 代码如下。

```
<template>
  <div>UserSearch</div>
</template>

<script lang="ts">
export default {
  name: 'UserSearch',
}
</script>

<script lang="ts" setup>
</script>

<style scoped>
</style>
```

注册路由的路由器模块文件 router/index.ts 代码如下。

```
import { createRouter, createWebHistory } from 'vue-router';
import type { RouteRecordRaw } from 'vue-router' // 引入用于约束路由对象的类型
import TodoList from '../views/TodoList/index.vue';
import UserSearch from '../views/UserSearch/index.vue';

// 路由表
const routes: RouteRecordRaw[] = [
  {
    name: 'TodoList',
    path: '/todolist',
    component: TodoList,
  },
  {
    name: 'UserSearch',
    path: '/usersearch',
    component: UserSearch,
  },
  {
    path: '/',
    redirect: '/todolist'
  }
];

// 创建路由器对象
const router = createRouter({
  history: createWebHistory(), // 指定为 H5 history 模式
  routes, // 配置路由表
  linkActiveClass: 'active',   // 当前路由链接的类名
});

export default router;
```

App 组件文件 App.vue 代码如下。

```
<template>
  <div class="app">
    <div class="app-header">
      <h2>案例合集(ts + vue3 + vue-router + pinia + axios)</h2>
```

```
    </div>
    <div class="app-body">
      <div class="app-left">
        <!-- 路由链接 -->
        <router-link class="left-link" to="/todolist">计划列表</router-link>
        <router-link class="left-link" to="/usersearch">用户搜索</router-link>
      </div>
      <div class="app-right">
        <!-- 在此显示路由组件 -->
        <router-view></router-view>
      </div>
    </div>
  </div>
</template>


<style>
  .app {
    margin: 0 auto;
    width: 60%;
  }
  .app-header {
    padding: 15px;
    margin: 20px 0 20px;
    border-bottom: 1px solid #eee;
    background:#aaa;
  }
  .app-body {
    display: flex;
  }
  .app-left {
    flex: 1;
    margin-right: 10px;
  }
  .app-right {
    flex: 4
  }
  .left-link {
      position: relative;
      display: block;
      padding: 10px 15px;
      margin-bottom: -1px;
      background-color: #fff;
      border: 1px solid #ddd;
  }
  .left-link:first-child {
      border-top-left-radius: 4px;
      border-top-right-radius: 4px;
  }
  a.left-link {
    color: #333;
    text-decoration: none;
  }
  a.active {
    background-color: #aaa;
    border-color: #aaa;
```

```
  }
</style>
```

入口文件 main.ts 代码如下。

```
import { createApp } from 'vue';
import App from './App.vue';
import router from './router';

createApp(App).use(router).mount('#app');
```

运行项目后，可以点击左侧的路由链接进行路由页面切换，计划列表路由功能静态页面如图 10-15 所示，用户搜索路由功能静态页面如图 10-16 所示。

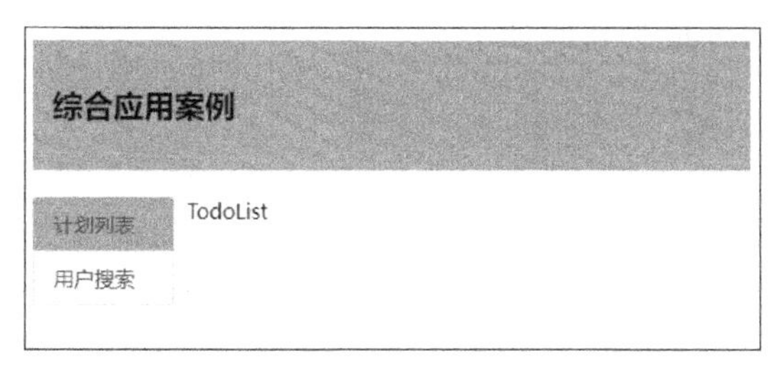


图 10-15　计划列表路由功能静态页面

图 10-16　用户搜索路由功能静态页面

## 10.6.2　实现计划列表路由功能页面

本节来实现计划列表路由功能页面的功能组件。对计划列表路由功能页面进行组件化拆分，TodoList 组件的子组件结构如图 10-17 所示。由上至下，依次为 TodoHeader 组件、TodoMain 组件和 TodoFooter 组件。其中，TodoMain 组件是一个列表，其内部包含的每一行均为 TodoItem 组件。

在 TodoList 组件下创建各个子组件，如图 10-18 所示。

图 10-17　TodoList 组件的子组件结构

图 10-18　TodoList 组件的目录结构

TodoList 组件的头部子组件文件 Components/TodoHeader.vue 代码如下。

```
<template>
  <div class="todo-header">
    <input type="text" placeholder="请输入你的任务名称，按 Enter 键"/>
  </div>
</template>

<style scoped>
.todo-header {
  margin-bottom: 10px;
}
.todo-header input {
  width: 100%;
  height: 32px;
  font-size: 14px;
```

```
  border: 1px solid #ccc;
  border-radius: 4px;
  padding: 4px 0 4px 7px;
}

.todo-header input:focus {
  outline: none;
  border-color: rgba(82, 168, 236, 0.8);
  box-shadow: inset 0 1px 1px rgba(0, 0, 0, 0.075), 0 0 8px rgba(82, 168, 236, 0.6);
}
</style>
```

TodoList 组件的主体子组件文件 components/TodoMain.vue 的代码如下。

```
<template>
  <ul className="todo-main">
    <TodoItem />
    <TodoItem />
    <TodoItem />
  </ul>
</template>

<script lang="ts" setup>
import TodoItem from './TodoItem.vue';
</script>

<style scoped>
.todo-main {
  margin-left: 0px;
  border: 1px solid #ddd;
  border-radius: 2px;
  padding: 0px;
}
</style>
```

TodoMain 组件的子组件文件 components/TodoItem.vue 代码如下。

```
<template>
  <li className="todo-item">
    <label>
      <input type="checkbox"/>
      <span>学前端</span>
    </label>
    <button class="btn btn-danger">删除</button>
  </li>
</template>

<script lang="ts" setup>
</script>

<style scoped>
.todo-item {
  list-style: none;
  height: 40px;
  line-height: 40px;
  padding: 5px;
  border-bottom: 1px solid #ddd;
}
```

```
.todo-item label {
 cursor: pointer;
}

.todo-item label input {
 margin-right: 6px;
 position: relative;
}

.todo-item button {
 float: right;
 margin-top: 3px;
}

.todo-item:last-child {
 border-bottom: none;
}
.todo-item .done {
 color: #999;
 text-decoration: line-through;
}
</style>
```

TodoList 组件的底部子组件文件 components/TodoFooter.vue 代码如下。

```
<template>
  <div className="todo-footer">
    <label>
      <input type="checkbox"/>
    </label>
    <span>
      <span>已完成 1 / 全部 3</span>
    </span>
    <button className="btn btn-danger">清除已完成任务</button>
  </div>
</template>

<script lang="ts" setup>
</script>

<style scoped>
.todo-footer {
 height: 40px;
 line-height: 40px;
 padding-left: 6px;
 margin-top: 5px;
}

.todo-footer label {
 display: inline-block;
 margin-right: 20px;
 cursor: pointer;
}

.todo-footer button {
 margin-top: 5px;
 float: right;
```

```
}
</style>
```

TodoList 组件文件 index.vue 代码如下。

```
<template>
  <div className="todo-list">
    <div className="todo-wrap">
      <TodoHeader />
      <TodoMain />
      <TodoFooter />
    </div>
  </div>
</template>

<script lang="ts" setup>
import TodoHeader from './components/TodoHeader.vue'
import TodoMain from './components/TodoMain.vue'
import TodoFooter from './components/TodoFooter.vue'

</script>


<style>
.todo-list .btn {
  display: inline-block;
  padding: 4px 12px;
  margin-bottom: 0;
  font-size: 14px;
  line-height: 20px;
  text-align: center;
  vertical-align: middle;
  border-radius: 4px;
}

.todo-list .btn-danger {
  color: #fff;
  background-color: #da4f49;
  border: 1px solid #bd362f;
}

.todo-list .btn-danger:hover {
  color: #fff;
  background-color: #bd362f;
}
.todo-list .btn:focus {
  border: none;
  box-shadow: none;
}
</style>
<style scoped>
.todo-list {
  width: 100%;
}
.todo-list .todo-wrap {
  padding: 10px;
  border: 1px solid #ddd;
```

```
  border-radius: 5px;
}
    </style>
```

以上代码实现了静态组件效果，接下来实现动态组件效果。当前路由功能页面需要管理的状态数据为计划列表 todos，todos 内的每个 todo 都需要包含标识 id、标题名称 title 和是否已完成标识 completed 3 个属性。todos 是 TodoHeader、TodoMain、TodoFooter 和 TodoItem 这 4 个组件共享的状态数据，这 4 个组件都需要对其进行读取或更新。也就是说，我们可以将 todos 交给 Pinia 进行统一管理。

todos 状态数据的更新操作包括添加 todo、删除指定 id 的 todo、切换指定 id 的 todo 的完成状态、全选或全不选 todo 和删除所有已完成的 todo，以上操作需要在对应 store 的 actions 对象中定义相应的方法来实现。

下面来实现计划列表的 Pinia 相关编码。在入口文件 main.ts 中安装 Pinia，代码如下。

```
...
...
import {createPinia} from 'pinia';

// 创建 Pinia
const pinia = createPinia();

createApp(App)
  .use(router)
  .use(pinia) // 安装 Pinia
  .mount('#app');
```

首先在 src 目录下创建 stores 子目录，然后在其中创建 todos 对应的 store 模块文件 todos.ts，stores/todos.ts 文件代码如下。

```
import type { Todo, TodosState } from './types';
import { defineStore } from 'pinia';

const useTodosStore = defineStore('todos', {
  state: (): TodosState => ({
    todos: []
  }),

  actions: {
    // 添加 todo
    addTodo(title: string) {
      const todo: Todo = {
        id: Date.now(),
        title,
        completed: false,
      };
      this.todos.unshift(todo);
    },

    // 切换指定 id 的 todo 的完成状态
    toggleTodo(id: number) {
      this.todos.some((todo) => {
        if (todo.id === id) {
          todo.completed = !todo.completed;
          return true;
        }
        return false;
      });
```

```
    },

    // 删除指定 id 的 todo
    deleteTodo(id: number) {
      this.todos = this.todos.filter((todo) => todo.id !== id);
    },

    // 删除所有已完成的 todo
    deleteCompleteTodos() {
      this.todos = this.todos.filter((todo) => !todo.completed);
    },

    // 全选或全不选 todo
    selectAllTodos (isCheck: boolean) {
      this.todos.forEach(todo => todo.completed = isCheck)
    }
  },

  getters: {
    // 完成的数量
    completedSize(): number {
      return this.todos.reduce(
        (pre, todo) => pre + (todo.completed ? 1 : 0),
        0
      );
    },

    // 是否全选
    isCheckAll (): boolean {
      return this.todos.length===this.completedSize && this.completedSize>0
    }
  },
});

export default useTodosStore;
```

此时，需要定义与 todos 相关的 interface 类型，在 stores 目录下创建类型文件 types.ts，stores/types.ts 文件代码如下。

```
// todo 对象的类型
export interface Todo {
  id?: number;
  title: string;
  completed: boolean;
}

// todo 对象列表的类型别名
export type TodoList = Todo[];

// todos state 对象的类型
export interface TodosState {
  todos: TodoList;
}
```

现在，就可以在 TodoList 组件的各个子组件中读取或更新由 Pinia 管理的 todos 状态数据了。

首先完成 TodoHeader 组件的编码，实现输入标题内容，按 Enter 键添加一个 todo 的功能，这里需要调用 todosStore 对象的 addTodo 方法，代码如下。

```
<template>
  <div class="todo-header">
    <input type="text" placeholder="请输入你的任务名称，按 Enter 键" v-model.trim="title"
@keyup.enter="handleEnter"/>
  </div>
</template>

<script lang="ts" setup>
import { ref } from 'vue';
import useTodosStore from '../../../stores/todos';

const todosStore = useTodosStore();
const title = ref<string>('');

// 按 Enter 键的回调
const handleEnter = (e) => {
  // 如果没有输入内容，则提示必须输入
  if (title.value==='') {
    alert('必须输入');
    return;
  }
  // 调用函数，添加 todo
  todosStore.addTodo(title.value);
  // 清除输入
  title.value = '';
}
</script>
```

然后完成 TodoMain 组件的编码，这里只需要遍历 todosStore 的状态数据 todos 生成 *n* 个 TodoItem 组件，并将对应的 todo 传递给 TodoItem 组件进行每一行的显示，代码如下。

```
<template>
  <ul className="todo-main">
    <TodoItem v-for="todo in todosStore.todos" :key="todo.id" :todo="todo" />
  </ul>
</template>

<script lang="ts" setup>
import TodoItem from './TodoItem.vue';
import useTodosStore from '../../../stores/todos';

const todosStore = useTodosStore();
</script>
```

接着完成 TodoItem 组件的编码，这里有两个重点：一个是通过 defineProps 属性和泛型来指定接收的属性是 todo 对象；另一个是通过计算属性和泛型来控制复选框的动态显示和点击改变，具体代码如下。

```
<template>
  <li className="todo-item">
    <label>
      <input type="checkbox" v-model="isCheck"/>
      <span :class="{done: todo.completed}">{{ todo.title }}</span>
    </label>
    <button class="btn btn-danger" @click="todosStore.deleteTodo(todo.id!)">删除</button>
  </li>
</template>

<script lang="ts" setup>
import { computed } from 'vue';
```

```
import useTodosStore from '../../../stores/todos';
import type { Todo } from '../../../stores/types';

const todosStore = useTodosStore();
// 声明接收属性，通过泛型来指定
const props = defineProps<{todo: Todo}>();

// 通过计算属性和泛型来控制复选框的动态显示和点击改变
const isCheck = computed<boolean>({
  get () {
    return props.todo.completed;
  },
  set (value) {
    todosStore.toggleTodo(props.todo.id!);
  }
});
</script>
```

最后完成 TodoFooter 组件的编码，它的重点也是通过计算属性和泛型来控制复选框的动态显示和点击改变，代码如下。

```
<template>
  <div className="todo-footer">
    <label>
      <input type="checkbox" v-model="isCheck"/>
    </label>
    <span>
      <span>已完成 {{ todosStore.completedSize }} / 全部 {{ todosStore.todos.length }}
      </span>
    </span>
    <button v-if="todosStore.completedSize" className="btn btn-danger"
        @click={clickClear}>清除已完成任务</button>
  </div>
</template>

<script lang="ts" setup>
import { computed } from 'vue';
import useTodosStore from '../../../stores/todos';
const todosStore = useTodosStore();

// 是否勾选复选框的计算属性
const isCheck = computed<boolean>({
  get () {
    return todosStore.isCheckAll
  },
  set (value) {
    todosStore.selectAllTodos(value)
  }
})

// 点击“清除已完成任务”按钮的回调
const clickClear = () => {
  if (window.confirm('确定清除吗?')) {
    todosStore.deleteCompleteTodos()
  }
}
</script>
```

运行项目，我们会发现，此时没有 todos 列表，我们可以输入内容添加 todo、勾选或不勾选某个 todo、全选或不全选 todo、删除一个 todo 和删除所有已完成的 todo。

当前功能存在的问题是，刷新页面后，之前添加的所有 todo 都会丢失。这是因为我们没有对 todos 列表进行保存和读取，也就是没有进行 todos 状态数据的持久化。在第 7 章中已经讲解过，我们可以利用 Pinia 的一个插件 pinia-plugin-persistedstate 实现状态数据的持久化，解决页面刷新后数据丢失的问题，过程如下。

首先下载插件包。

```
npm i pinia-plugin-persistedstate
```

然后在入口文件 main.ts 中为 Pinia 安装此插件。

```
...
...

// 引入 Pinia 持久化插件
import piniaPluginPersistedstate from 'pinia-plugin-persistedstate';

// 创建 Pinia
const pinia = createPinia();
// 为 Pinia 安装持久化插件
pinia.use(piniaPluginPersistedstate)
```

最后在 todos 的 store 模块中进行状态数据的持久化处理，在 todos.ts 文件中添加如下代码。

```
...
...

const useTodosStore = defineStore('todos', {
  ...
  ...

  persist: true // 对当前状态数据进行持久化处理
});
```

再次运行项目，刷新页面后之前添加的 todo 还在，效果如图 10-19 所示。

图 10-19　刷新后的页面效果

查看浏览器的“Application”调试面板，发现 todos 状态数据被插件自动存储在了 Local Storage 中，如图 10-20 所示。

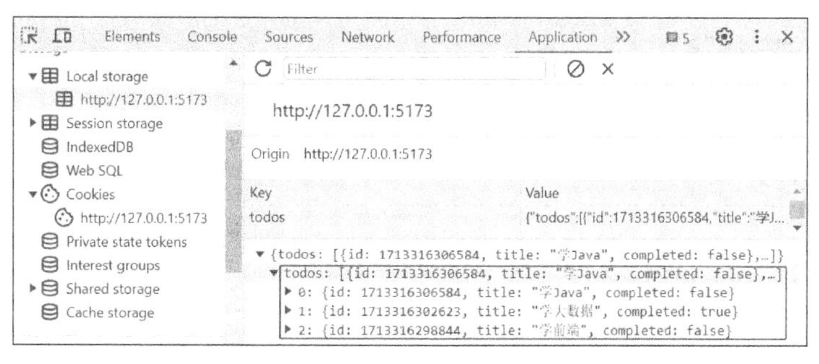


图 10-20　Local Storage 数据存储

### 10.6.3 实现用户搜索路由功能页面

本节来实现用户搜索路由功能页面的功能组件。对用户搜索路由功能页面进行组件化拆分，将其拆分为上下两个部分，上面为头部子组件 SearchHeader，下面为主体子组件 SearchMain，UserSearch 组件的子组件组成如图 10-21 所示。

在 UserSearch 组件下创建各个子组件，UserSearch 组件的目录结构如图 10-22 所示。

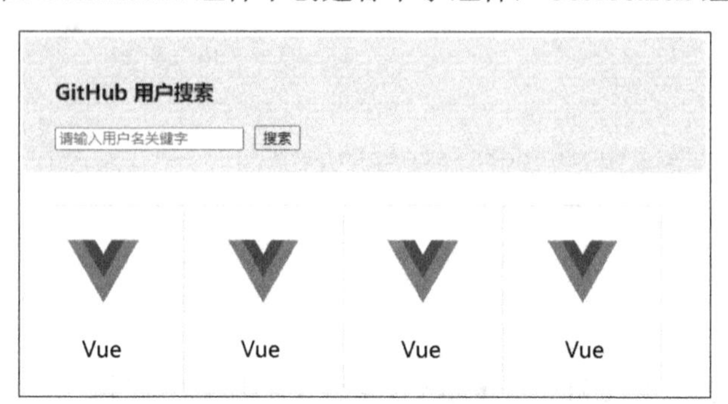


图 10-21 UserSearch 组件的子组件组成

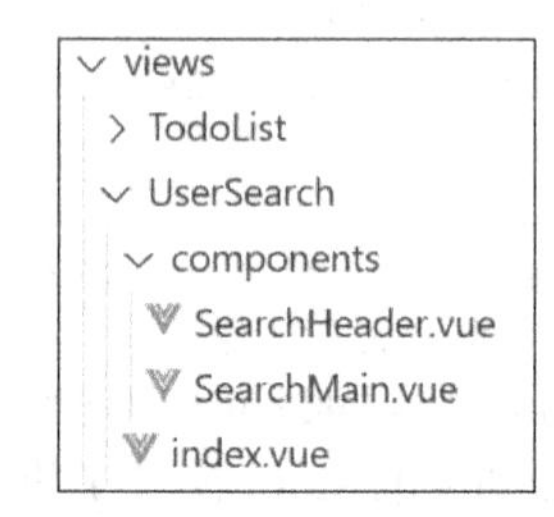


图 10-22 UserSearch 组件的目录结构

UserSearch 组件的头部子组件文件 SearchHeader.vue 代码如下。

```
<template>
  <section class="search-header">
    <h3>GitHub 用户搜索</h3>
    <div>
      <input type="text" placeholder="请输入用户名关键字"/>
      <button>搜索</button>
    </div>
  </section>
</template>
<style>
  .search-header {
    padding: 20px 30px;
    border-radius: 6px;
    margin-bottom: 30px;
    color: inherit;
    background-color: #eee;
  }
  .search-header button {
    margin-left: 10px;
  }
</style>
```

UserSearch 组件的主体子组件文件 SearchMain.vue 代码如下。

```
<template>
  <div class="search-main">
    <!--
      这里是另外 3 种可能的页面
      <h2>请输入关键字进行搜索</h2>
      <h2>请求中...</h2>
      <h2>错误信息</h2>
    -->
    <div class="row">
      <div class="card">
        <a href="https://github.com/vuejs" target="_blank">
          <img  src="https://avatars.githubusercontent.com/u/6128107?s=200&v=4"  alt="logo"
```

```
style="width: 100px" />
        </a>
        <p class="card-text">vuejs</p>
      </div>
      <div class="card">
        <a href="https://github.com/vuejs" target="_blank">
          <img  src="https://avatars.githubusercontent.com/u/6128107?s=200&v=4"  alt="logo"
style="width: 100px" />
        </a>
        <p class="card-text">vuejs</p>
      </div>
      <div class="card">
        <a href="https://github.com/vuejs" target="_blank">
          <img  src="https://avatars.githubusercontent.com/u/6128107?s=200&v=4"  alt="logo"
style="width: 100px" />
        </a>
        <p class="card-text">vuejs</p>
      </div>
      <div class="card">
        <a href="https://github.com/vuejs" target="_blank">
          <img  src="https://avatars.githubusercontent.com/u/6128107?s=200&v=4"  alt="logo"
style="width: 100px" />
        </a>
        <p class="card-text">vuejs</p>
      </div>
    </div>
  </div>
</template>

<script lang="ts">
export default {
  name: 'SearchMain',
}
</script>

<style scoped>
.card {
  float: left;
  width: 20%;
  padding: 10px;
  margin-bottom: 10px;
  border: 1px solid #efefef;
  text-align: center;
}

.card > img {
  margin-bottom: 10px;
  border-radius: 100px;
}

.card-text {
  font-size: 18px;
  margin-top: 5px;
}
</style>
```

UserSearch 组件文件 index.vue 代码如下。

```
<template>
  <div class="user-search">
    <SearchHeader />
    <SearchMain />
  </div>
</template>

<script lang="ts" setup>
import SearchMain from './components/SearchMain.vue'
import SearchHeader from './components/SearchHeader.vue'
</script>

<style>
  .user-search {
    width: 100%;
  }
</style>
```

以上代码实现了静态组件效果，接下来实现动态组件效果。当前路由功能页面需要实现根据用户名关键字搜索 GitHub 用户的功能。在 SearchHeader 组件中输入搜索的关键字，点击“搜索”按钮开始搜索。SearchMain 组件在点击“搜索”按钮前显示初始提示页面，在点击“搜索”按钮后显示请求中的提示页面，在请求得到 GitHub 用户列表数据后显示 GitHub 用户列表页面，在请求失败后显示请求失败的提示页面。我们需要定义对应的 4 个状态数据，具体如下。

- firstView：布尔值，代表是否显示初始页面，初始值为 true。
- loading：布尔值，代表是否显示 loading 页面，初始值为 false。
- users：用户对象的数组，代表请求成功的 GitHub 用户列表，初始值为空数组。
- errorMsg：字符串，代表请求失败的错误信息，初始值为空字符串。

我们可以将请求代码和上面与请求相关的 4 个状态数据统一定义在 Pinia 的 store 模块中。

在开始编码之前，需要先说明的是，本案例使用的用户搜索接口是 GitHub 开源的接口，请求地址为“https://api.github.com/search/users?q=关键字”，此接口已经使用 CORS 解决了 AJAX 跨域请求问题，在项目中可以直接进行接口请求。

首先，我们来完成接口请求的两个相关模块：请求接口响应数据的 TypeScript 类型模块和搜索用户列表的接口请求函数模块。

根据搜索用户列表接口返回值的结构来定义 TypeScript 接口，首先在 src 目录下创建 api 子目录，然后在其中创建接口定义文件 types.ts，api/types.ts 文件代码如下。

```
/*
根据搜索用户列表接口返回值的数据结构定义 TypeScript 接口
*/
// 用户类型
export interface User {
  id: number;
  login: string;
  avatar_url: string;
  html_url: string;
}

// 用户列表的类型别名
export type Users = User[]

// 搜索用户返回的类型
```

```
export interface ReqSearchUsersResponse {
  items: Users
}
```

为搜索用户列表接口定义对应的接口请求函数，在 api 目录下创建 userSearch.ts 文件，api/userSearch.ts 文件代码如下。

```
/*
接口请求函数使用 axios 发送请求，返回值是 promise
*/
import axios from "axios";
import type { ReqSearchUsersResponse } from "./types";

// 添加响应拦截器
axios.interceptors.response.use(response => {
  // 返回响应体数据
  return response.data
})

// 搜索用户列表的接口请求函数
export function reqSearchUsers(keyword: string) {
  return axios.get<any, ReqSearchUsersResponse>('https://api.github.com/search/users', {
    params: { q: keyword }
  })
}
```

有了接口请求函数后，我们来实现针对用户搜索的 Pinia 编码。在 stores 目录下创建对应的 store 文件 userSearch.ts，我们需要在此 store 文件中管理与请求相关的 4 个状态数据，并实现用户列表请求的异步 action 方法 searchUsers。stores/userSearch.ts 文件代码如下。

```
import { defineStore } from 'pinia';
import { UserSearchState } from './types';
import { reqSearchUsers } from '../api';

const useUserSearchStore = defineStore('userSearch', {
  state: (): UserSearchState => {
    return {
      firstView: true,
      loading: false,
      errorMsg: '',
      users: [],
    };
  },

  actions: {
    // 用户列表请求的异步 action 方法
    async searchUsers(keyword: string) {
      // 更新为请求中
      this.firstView = false;
      this.loading = true;
      try {
        // 请求用户搜索接口
        const result = await reqSearchUsers(keyword);
        // 更新为请求成功
        this.loading = false;
        this.users = result.items;
      } catch (error: any) {
        this.loading = false;
```

```
        this.errorMsg = error.message;
      }
    },
  },
});

export default useUserSearchStore;
```

然后，我们需要为当前管理的状态数据定义对应的 TypeScript 接口，在 stores/types.ts 文件中添加如下代码。

```
// userSearch state 对象的类型
export interface UserSearchState {
  firstView: boolean;
  loading: boolean;
  errorMsg: string;
  users: Users;
}
```

最后，在完成请求和 Pinia 的相关编码后，就可以在组件中读取状态显示或调用 action 方法进行状态更新了。

首先完成 SearchHeader 组件的编码，它的重点是调用 userSearchStore 的 action 方法 searchUsers 进行搜索请求，代码如下。

```
<template>
  <section class="search-header">
    <h3>GitHub 用户搜索</h3>
    <div>
      <input type="text" placeholder="请输入用户名关键字" v-model="keyword" />
      <button @click="search">搜索</button>
    </div>
  </section>
</template>

<script lang="ts" setup>
import { ref } from 'vue';
import useUserSearchStore from '../../../stores/userSearch';

const userSearchStore = useUserSearchStore();
const keyword = ref<string>('');

// 点击"搜索"按钮的回调
const search = () => {
  if (keyword.value) {
    // 调用 userSearchStore 的 action 方法启动搜索
    userSearchStore.searchUsers(keyword.value);
  }
};
</script>
```

然后完成 SearchMain 组件的编码，它的重点是读取 userSearchStore 中的 4 个状态数据进行多条件显示，代码如下。

```
<template>
  <div class="search-main">
    <h2 v-if="firstView">请输入关键字进行搜索</h2>
    <h2 v-else-if="loading">请求中...</h2>
    <h2 v-else-if="errorMsg">{{ errorMsg }}</h2>
    <div v-else class="row">
```

```
      <div class="card" v-for="user in users" :key="user.id">
        <a :href="user.html_url" target="_blank" rel="noreferrer">
          <img :src="user.avatar_url" alt="logo" style="width: 100px" />
        </a>
        <p class="card-text">{{ user.login }}</p>
      </div>
    </div>
  </div>
</template>

<script lang="ts" setup>
import useUserSearchStore from '../../../stores/userSearch';
import { storeToRefs } from 'pinia';

const {firstView, loading, errorMsg, users} = storeToRefs(useUserSearchStore());
</script>
```

最后运行项目，测试搜索功能，可以看到显示了成功的搜索结果。如果想要测试搜索请求失败的结果，则可以先将请求地址改成错误的地址，如 https://api.github.com/search/users2，再进行搜索测试，会显示请求 404 的请求失败提示页面。

至此，综合应用案例的编码与测试已全部完成，读者最好能进行多次编码测试，这将对读者今后独立开发 Vue 项目有非常大的帮助。

# 反侵权盗版声明